本书主创团队

张云波
华为开发者专家（HDE），
LMU.AI 创始人。

严同球
中国中小企业协会上海代表处秘书长、上海市经济和信息化委员会专家志愿者服务总队专家。

王子沐
华为云·见微 AIGC 实训平台创始人，人工智能交互设计硕士。

谢晓培
AI 领域实战专家，深耕智能算法研发 19 年。

黄紫妍
亨宝科技产品经理，
51CTO 社区 MVP。

徐建国
坚果派开发者社区联合创始人，华为 HDE&HCDE、HDG&HCDG、中国计算机学会（CCF）专业会员。

黄龙海

EXIN 数字化转型专家，CEC 智能制造专家，IT 部落创始人。

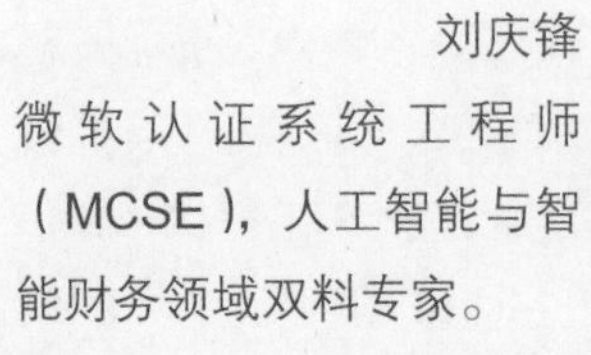

刘庆锋

微软认证系统工程师（MCSE），人工智能与智能财务领域双料专家。

陈亮

AI 创智坊主理人，专注于智能体技术研发与企业级解决方案设计。

王稚砚

专注人类学研究及人机体验设计，曾为 Lotus、蔚来、集度等打造智能产品。

张梓轩

OpenHarmony 高级开发者，51CTO 社区 MVP，51CTO 讲师。

韩宗傲

鸿蒙软件开发工程师，51CTO 社区个人开发者。

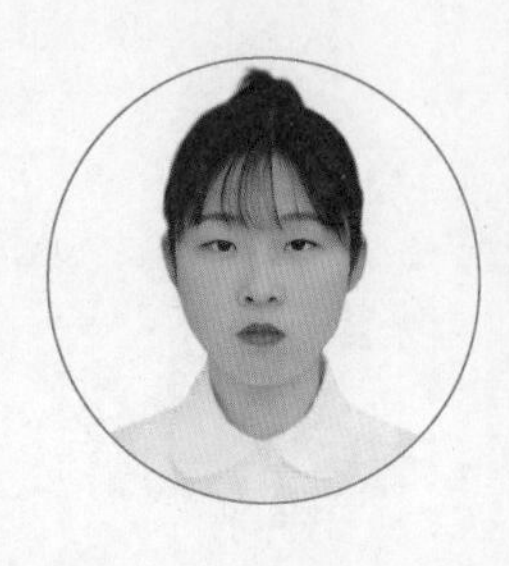

徐晨璐

OpenHarmony 高级开发者，51CTO 社区明星，OpenHarmony SIG 仓贡献者。

陈桑誉文
Harmony OS 应用高级开发者，前端工程师。

韦姚丞奕
华为 HSD 校园大使，南京大学 OpenHarmony 技术俱乐部负责人。

刘张豪
启东鑫淼网络科技有限公司 CTO，开放原子基金会开源新势力。

申登福
科技爱好者，对前沿技术充满好奇，参与过多个科技展和大会。

DeepSeek 企业级AI应用实践

主　编｜张云波

副主编｜严同球　王子沐　谢晓培
　　　　黄紫妍　徐建国　黄龙海

清华大学出版社
北　京

内 容 简 介

DeepSeek 作为一款开源、低成本且性能卓越的 AI 模型，凭借其独特的技术优势，正在重新定义人工智能的开发和应用模式。本书系统地介绍了 DeepSeek 的技术架构、应用场景、开发流程以及未来发展方向，内容全面且具有实战导向，旨在为读者提供一本从理论到实践的深度学习指南。

本书共分为 8 章，涵盖从基础理论到高级应用的多个方面。书中不仅介绍了 DeepSeek 的技术原理和架构设计，还通过具体的实战项目，如自动化工作流设计、AI 智能体构建、智能卫生间 APP 开发等，展示如何将 DeepSeek 应用于实际场景。

本书适合广大 AI 领域的从业者、研究人员以及技术爱好者。无论是希望快速掌握 DeepSeek 开发技巧的技术人员，还是对 AI 业务场景应用感兴趣的创业者，抑或希望在学术研究中探索 AI 模型优化的科研人员，本书都是一本极具价值的参考书籍。

图书在版编目（CIP）数据
DeepSeek 企业级 AI 应用实践 / 张云波主编.
北京：清华大学出版社, 2025. 4. -- ISBN 978-7-302-68989-8
Ⅰ. TP18
中国国家版本馆 CIP 数据核字第 2025EJ8389 号

责任编辑：王秋阳
封面设计：秦　丽
版式设计：楠竹文化
责任校对：范文芳
责任印制：沈　露

出版发行：清华大学出版社
网　　址：https://www.tup.com.cn，https://www.wqxuetang.com
地　　址：北京清华大学学研大厦 A 座　　**邮　　编：**100084
社 总 机：010-83470000　　**邮　　购：**010-62786544
投稿与读者服务：010-62776969，c-service@tup.tsinghua.edu.cn
质量反馈：010-62772015，zhiliang@tup.tsinghua.edu.cn
印 装 者：三河市少明印务有限公司
经　　销：全国新华书店
开　　本：185mm×260mm　　**印　　张：**19.25　　**字　　数：**462 千字
版　　次：2025 年 4 月第 1 版　　**印　　次：**2025 年 4 月第 1 次印刷
定　　价：89.80 元

产品编号：112298-01

前　言

为什么要写本书

DeepSeek 的故事始于一群数学与计算机领域精英的跨界探索。2008 年，在 OpenAI 尚未成立时，梁文峰团队已率先将机器学习技术应用于 A 股市场预测，为后来的技术飞跃奠定了基础。2015 年幻方量化的成立标志着其 AI 化战略的全面加速：通过万卡级自建算力、动态量化压缩技术以及多模态融合架构的突破，逐步构建起一条区别于 OpenAI 资源密集型的技术路径。至 2023 年 DeepSeek-V3 正式发布时，其训练成本已降至行业巨头 OpenAI 的 7%（557 万美元对比 GPT-4 的 7800 万美元），同时在数学推理等核心场景中实现了性能反超。

这场技术突围的背后，是 DeepSeek 架构革命的四阶跃迁：从专为金融时序预测设计的框架（V1）起步，历经跨模态特征对齐的突破（V2），再到动态推理引擎的创新（V3），最终迈向认知重构架构的飞跃（R1）。每一步迭代都精准把握了算力效率与任务泛化之间的微妙平衡。可以说，算法创新（首要突破）、成本控制（关键突破）和开源生态（战略突破）是 DeepSeek 重塑全球 AI 格局的三把利剑。

MoE 稀疏架构将激活参数量压缩至 5.5%，MLA 机制实现了 128 维度的并行注意力，使得千亿模型能够在单卡 24GB 显存下运行。这种“算法密度”的提升，让 DeepSeek 在遭遇芯片封锁时期，仍能以昇腾 910B 实现 A100 约 78%的性能，为国产算力生态撕开了一个突破口。面对国际行业巨头依靠庞大的万卡集群和昂贵的训练成本所构筑的技术壁垒，DeepSeek 通过开源吸引了全球数十万名开发者共同参与，打造出数百个优化算子，在医疗、制造等多个领域实现了仅需 3 天的快速适配，从而将 AI 的普惠化进程推向了一个全新的高度。

DeepSeek 的出现不仅打破了国外高端 AI 技术的垄断，更为国产 AI 产业的生态构建和技术升级提供了新的动力与方向。

AI 的价值不在实验室，而在场景落地。在这样一个 AI 技术日新月异、千行百业的商业格局即将被重塑的时代风口，需要有这么一本书，它是企业的 AI 落地行动指南，它能帮你快速掌握 DeepSeek 的技术精髓，并给出了多个 AI 落地实践方案，使你在 AI 浪潮中能真正抢占先机，异军突起。

本书写给谁看

本书适合广大 AI 领域的从业者、研究人员以及技术爱好者。无论是希望快速掌握 DeepSeek 开发技巧的开发者，还是对 AI 技术在实际业务中应用感兴趣的创业者，抑或希望在学术研究中探索 AI 模型优化的学生，本书都将是一本极具价值的参考书籍。

本书讲了什么

本书从DeepSeek的技术起源讲起，展示了其在架构设计、性能优化、开源生态构建等方面的核心竞争力。书中详细介绍了DeepSeek-R1版本的创新特性，包括动态稀疏架构、多标签注意力机制、混合精度训练等技术突破，并通过大量实战案例，展示了如何在智能交互、自动化流程、智能硬件开发等领域应用DeepSeek，实现高效、低成本的AI项目开发。

本书旨在为广大读者提供一本全面且深入的DeepSeek应用指南。通过系统的知识讲解和丰富的实战案例，本书帮助读者快速掌握DeepSeek的核心功能与应用技巧，从而在各自领域中实现更高效的智能化创新。书中将对DeepSeek-R1的功能进行深度剖析，从基础的数据预处理、模型训练与优化，到复杂的多模态融合、强化学习等高级功能，都将进行详尽的阐述。

同时，为了帮助读者更好地将理论知识应用于实际项目，本书精心编排了多个具有代表性的实战案例，在每个案例中，我们将详细介绍项目的需求分析、方案设计、模型搭建与训练以及最终的部署与优化等全过程。通过手把手的指导，我们将帮助读者逐步掌握运用DeepSeek-R1打造智能项目的关键技能。

本书的特点

☑ 技术深度与广度兼具：从DeepSeek的技术起源、架构设计到具体应用，全面覆盖了AI开发的各个环节。

☑ 实战案例丰富：通过多个实战项目，展示了如何将DeepSeek应用于智能交互、自动化流程、智能硬件开发等领域。

☑ 行业应用广泛：探讨了DeepSeek在多个行业的应用前景，并提供了详细的开发指南和优化建议。

☑ 适合多类读者：无论是开发者、创业者还是学生，本书都能提供有价值的学习参考和实践指导。

具体的章节安排

本书分为8章，每一章都有多个实操案例，帮助读者更好地理解和运用所学的知识。

第1章：讲解DeepSeek的技术起源、发展历程及其在人工智能领域的独特地位，分析其技术优势和开源生态构建，探讨其对未来AI发展的影响以及与市场主流AI模型的比较。

第2章：讲解如何使用DeepSeek-R1进行AI智能体的构建和自动化流程开发，介绍如何通过n8n、Make.com等工具与DeepSeek集成，实现复杂任务的自动化。

第3章：讲解如何利用DeepSeek技术打造符合用户需求的产品，探讨DeepSeek技术在人机交互、用户行为塑造、产品设计影响及技术发展趋势等方面的应用。

第4章：讲解如何将DeepSeek应用于智能卫生间APP，内容包括开发板的选型指南、DeepSeek生成基础代码框架的方法，以及如何通过DeepSeek实现硬件设备的智能化控制。

第5章：讲解DeepSeek如何通过其多模态理解与场景化落地能力，引领跨行业的UX设计创新，提升产品设计的效率、个性化与用户体验。

第6章：讲解DeepSeek在智能硬件开发中的应用，包括代码生成、简化开发流程、嵌入式开发实战、与大型语言模型的对接和未来发展趋势。

第 7 章：讲解 DeepSeek-R1 模型优化与微调的基础知识，包括模型架构剖析、训练过程和常见优化方法。

第 8 章：讲解 DeepSeek-R1 模型的全链路部署架构设计，涵盖从 Triton 服务化到对抗防御的实践，搭建高效、稳定且安全的 AI 模型部署环境。

初学者怎么学习 DeepSeek

1. 学习基础理论

了解人工智能基础：学习深度学习、自然语言处理、计算机视觉等人工智能相关的基础知识，有助于理解 DeepSeek 的技术原理和应用场景。

阅读 DeepSeek 技术文档：官方提供的技术文档是学习的基础，能帮助了解 DeepSeek 的架构、功能特点、模型训练与推理机制等。

2. 掌握使用技巧

熟悉界面操作：注册登录 DeepSeek，熟悉界面布局，了解各功能模块的位置和作用，如输入框、菜单选项、结果展示区等。尝试进行简单的文本输入、指令操作，观察平台的响应和输出。

学习提示词技巧：学习如何清晰、准确地表达需求，可参考提示词技巧与优化指南等资料，通过不断尝试和实践，提高提示词的质量，以获得更精准、更满意的结果。

探索多模态应用：DeepSeek 支持文本、图像等多模态功能。学习如何在不同模态之间进行交互和应用，如图文生成、图像编辑等，可参考相关的应用案例和教程。

3. 进行实践应用

解决实际问题：将 DeepSeek 应用到工作、学习和生活的实际场景中，如用其辅助完成职场文案撰写、数据分析、学术论文写作，或解决生活中的问题等，在实践中不断提升使用能力。

参与项目或竞赛：尝试参与一些与 DeepSeek 相关的项目，通过实际的项目需求，深入学习和应用 DeepSeek，同时能与其他开发者交流使用经验，提升自己的水平。

读者服务

读者可扫描下方的二维码获取本书配套源码或其他学习资料，也可以加入读者群，下载最新的学习资源或反馈书中的问题。

作者团队

本书由张云波担任主编，严同球、王子沐、谢晓培、黄紫妍、徐建国、黄龙海担任副主编。另外，刘庆锋、陈亮、王稚砚、申登福、张梓轩、韩宗傲、徐晨璐、陈桑誉文、韦姚丞奕、刘张豪也参与了本书的编写工作。

勘误和支持

本书在编写过程中历经多次勘校、查证，力求减少差错，尽善尽美，但由于作者水平有限，书中难免存在疏漏之处，欢迎读者批评指正，也欢迎读者来信一起探讨。

目　录

第 1 章　DeepSeek 的前世今生

在人工智能技术狂飙突进的时代浪潮下，DeepSeek 这支源自中国量化交易团队的技术力量，凭借其在金融领域锤炼的高频数据处理能力，成功跨越至通用人工智能领域。其发展轨迹犹如一部技术进化史，更似一场对传统 AI 垄断格局的颠覆之战。

本章将以 DeepSeek 的技术演进为经，商业重构为纬，对其进行剖析。

☑ 金融基因的技术迁移：量化风控模型与高频数据处理能力的 AI 转化。

☑ 架构革命的四阶跃迁：从 MoE 稀疏架构激活到群组相对策略优化（group relative policy optimization，GRPO）强化学习的突破路径。

☑ 成本控制的范式创新：用 557 万美元训练千亿模型的效能密码。

☑ 开源生态的裂变效应：开发者社区如何推动技术民主化。

层层解码这场智权重构革命，我们将见证一个开源模型如何撬动万亿级产业变革，以及这场变革背后蕴含的商业哲学较量与技术伦理思考。在芯片法案与算力困局交织的当下，DeepSeek 的破壁之路，或许正勾勒 AI 2.0 时代的新生存法则。

1.1　从金融到 AI 的转型之路

1.1.1　DeepSeek 的诞生

DeepSeek 的初代团队活跃于量化交易领域，并取得了突破性实践成果。量化交易对高频数据的处理要求极高，需要在极短时间内对大量数据进行分析和决策。在此过程中，团队逐步构建起强大的高频数据处理能力。

随着人工智能技术的崛起，团队敏锐地察觉到可以将这种高频数据处理能力迁移至 AI 领域。这种迁移并非简单的复制，而是结合 AI 技术特点，进行深度融合与创新。同时，金融风控模型也为 DeepSeek 的算法架构提供了重要启示。金融风控需要精确的模型来评估风险，这促使团队在算法架构设计上追求更高的准确性和稳定性。

DeepSeek 诞生于一个充满机遇与挑战的时代，它不仅是一个技术产品，更是一个划时代的产物。图 1.1 展示了 DeepSeek 的登录界面。

1. 创始人梁文峰

创始人梁文峰毕业于浙江大学，是幻方量化创始团队的核心成员。这个团队汇聚了来自国内顶尖高校的数学与计算机精英，他们不仅具备扎实的专业知识，还对创新和技术充满热情。

早在 2008 年，梁文峰带领的量化投资团队率先将机器学习技术应用于 A 股市场的预测分析中。这一创新举措在当时无疑是大胆而前瞻的，为团队赢得了市场的关注。

DeepSeek-R1 已发布并开源，性能对标 OpenAI o1 正式版，在网页端、APP 和 API 全面上线，点击查看详情。

deepseek

探索未至之境

图 1.1　DeepSeek 登录界面

2. 从幻方公司到萤火超算中心

2015 年，幻方公司正式成立后，团队加速推进量化策略的全面 AI 化。他们运用深度学习技术革新交易模型，成功构建了高效并发数据处理能力和灵活的动态权重优化机制，形成了两大核心竞争力。在此过程中，团队不仅证实了 AI 在金融领域的巨大潜力，还积累了宝贵的技术经验和丰富的数据资源。

当美国的 OpenAI 公司忙于用万卡集群训练 GPT-3 大模型时，幻方团队悄然间实现了算力的自主化。2020 年，幻方投入上亿元资金自建了萤火一号超算中心，次年又升级为配备万张英伟达 A100 先进 AI 运算卡的萤火二号超算中心。这一系列的算力积累和金融领域 AI 技术的前期探索，为 DeepSeek 的诞生提供了强大的技术支撑和资源保障。

图 1.2 展示了 DeepSeek 从萌芽状态到初版发布的完整时间轴。

图 1.2　DeepSeek 发展时间轴

3. 在困境与挑战中成长

在缺乏资源支持和面临诸多技术难题的情况下，这群拥有前瞻视野的技术先锋们凭借不懈的努力和反复尝试，摸索了一套独特的算法与架构，这就是 DeepSeek 的雏形。

从发展方向来看，DeepSeek 与 OpenAI 有着显著的差异。OpenAI 专注大规模语言模型的开发，而 DeepSeek 则更聚焦于深度搜索领域的精准与高效。例如，在处理特定领域的专业知识搜索时，DeepSeek 依靠其独特算法和优化策略，可提供更具针对性和准确性的搜索结果。这种精准化的搜索能力，不仅提升了用户体验，更在实际应用中展现出巨大的价值。

4. 解决“卡脖子”难题，继续深化

在国际 AI 技术竞争日益加剧的背景下，与 AI 计算相关的核心部件和关键技术受到西方的限制，仿佛成了“卡脖子”的难题。然而，DeepSeek 团队并未被困境束缚，他们积极投入研发，专攻芯片、算法等关键技术，力求在这些领域实现自主创新，摆脱外部依赖。

随着时间的推移，DeepSeek 不仅没有停留在最初的文本搜索阶段，还逐步进化完善，从单纯的文本搜索扩展到能够精准处理多媒体内容的搜索，并且从服务个人用户逐渐延伸到成为企业级解决方案的重要组成部分。

图 1.3 展示了 DeepSeek 当时面临的主要问题和攻坚手段。

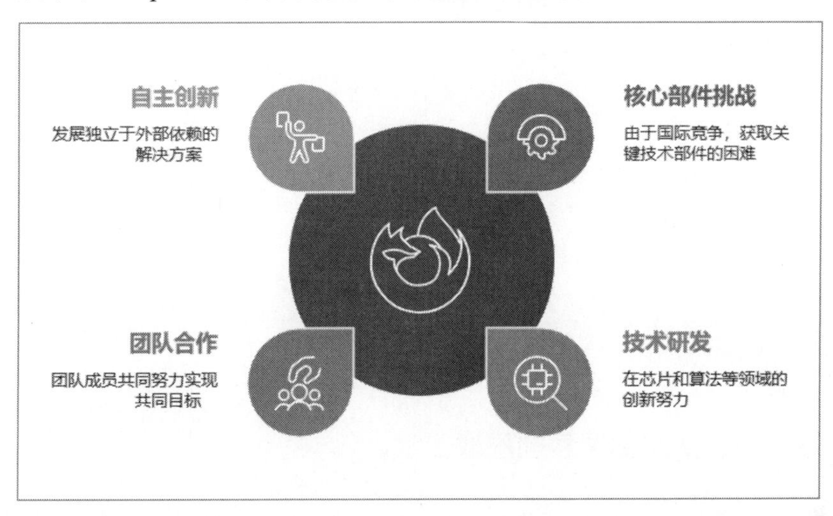

图 1.3　DeepSeek 面临的主要问题和攻坚手段

5. DeepSeek 大模型的发布

2023 年 7 月，杭州深度求索人工智能基础技术研究有限公司成立，总部位于杭州。

2023 年 11 月 2 日，发布首个开源大模型 DeepSeek Coder，支持多种编程语言的代码生成、调试和数据分析任务。

2023 年 11 月 29 日，推出参数规模达 67B 的通用大模型 DeepSeek LLM，包括 7B 和 67B 的 base 及 chat 版本。

2024 年 5 月 7 日，发布第二代开源混合专家（MoE）模型 DeepSeek-V2，总参数达 2360 亿，推理成本降至每百万 token 仅 1 元人民币。

2024 年 12 月 26 日，发布 DeepSeek-V3，总参数达 6710 亿，采用创新的 MoE 架构和 FP8 混合精度训练，训练成本仅为 557.6 万美元。

2025 年 1 月 20 日，发布新一代推理模型 DeepSeek-R1，性能与 OpenAI 的 GPT-4o 正式版持平，并开放了所有源代码。

2025 年 1 月 26 日，DeepSeek 登顶美国 App Store 免费榜第六，超越 Google Gemini 和 Microsoft Copilot 等产品。

之后，DeepSeek 开始在全球的 App Store 中霸榜，稳居用户下载榜单前列。

DeepSeek 作为中国 AI 领域的创新代表，通过开源策略与技术创新，在降低大模型开发门槛、提升算力效率、推动应用普惠化等方面，逐步展现其显著的影响力，如图 1.4 所示。

DeepSeek 的诞生，离不开团队成员的共同努力和对技术的执着追求。即便在资源匮乏的逆境中，中国科技人员凭借不懈的创新精神与坚忍不拔的毅力，依然能够攻克技术难关，推动 AI 应用领域的不断拓展。

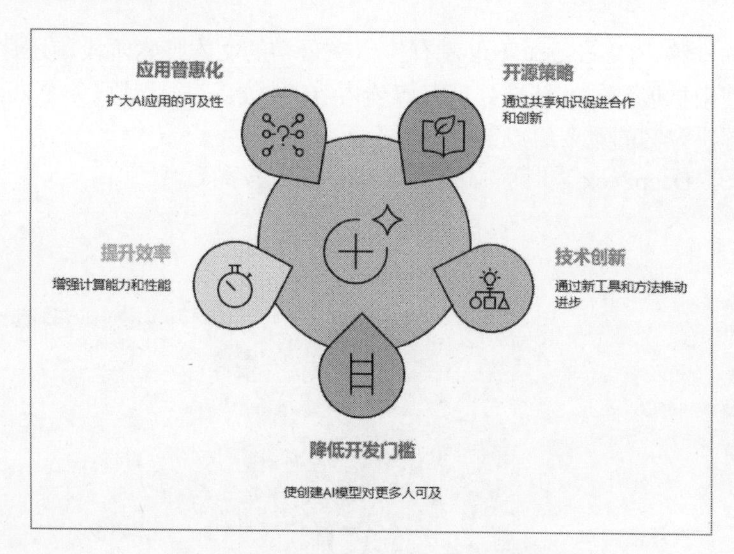

图 1.4　DeepSeek 对中国 AI 领域的影响

1.1.2　战略突围：商业化探索的挑战

在全球人工智能技术蓬勃发展的浪潮推动下，2023 年，梁文峰怀着对通用人工智能（artificial general intelligence，AGI）的憧憬与追求，投身于人工智能的研发大潮之中。

1. 市场大环境：全球范围内的 AI 竞赛

在当时的市场大环境下，人工智能的发展就像一场激烈的竞赛，众多有实力的公司都在争夺这个领域的制高点。区域市场方面，美国和中国处于第一梯队，全球人工智能领域的头部企业主要以美国或中国的互联网/科技巨头为主，这些企业凭借多年的互联网或软硬件开发基础以及庞大的资本和用户基础，深耕于人工智能领域多年。

2. 商业化探索：技术、算力与市场难题

在商业化探索过程中，DeepSeek 迎来了诸多挑战。

首先是技术可行性验证，从理论验证到工程落地存在巨大鸿沟。团队需要将先进的理论算法转化为可实际运行的系统，这涉及大量的工程实现和优化工作。其次算力成本高昂是另一大障碍，为此，DeepSeek 创新性地引入了动态量化压缩技术。该技术能够在保证模型性能的前提下，有效减少模型对算力的需求，降低计算成本。

市场教育也是关键一环。面向 B 端用户，需要进行认知重构实践。让 B 端用户了解 DeepSeek 技术的优势和价值，改变他们传统的认知和使用习惯，这需要有针对性的市场教育策略和长期的市场推广。

表 1.1 列举了 DeepSeek 在发展过程中面临的挑战、选择的道路以及最终成果。

表 1.1　DeepSeek 在发展过程中面临的挑战、选择的道路以及最终成果

序　号	面临的挑战	选择的道路	最 终 成 果
1	人工智能领域的激烈竞争，众多公司争夺制高点	专注技术创新和开源开发，以差异化的优势在市场中脱颖而出	成为全球人工智能领域的新兴力量，其技术路线和商业模式受到广泛关注

续表

序　号	面临的挑战	选择的道路	最 终 成 果
2	欧美芯片法案限制高性能芯片出口，导致芯片获取困难且成本高昂	探寻新的技术路线，通过算法突破实现算力与算法的平衡，降低对高端芯片的依赖	降低了训练成本，提高了模型的性价比，如 DeepSeek-R1 模型的训练成本仅约为 557 万美元，其性能对标 OpenAI 的 GPT-4o
3	市场对 AI 技术的需求日益增长，但技术门槛较高	采用开源策略，降低技术门槛，吸引更多开发者和用户参与，推动 AI 技术的普及	开源策略直接促进用户量的指数级增长，GitHub 星标数在三个月内突破 2.4 万，衍生出 127 个社区优化版本
4	高昂的模型训练成本让许多公司望而却步	通过算法创新和工程优化，大幅降低训练成本，提高模型的性价比	DeepSeek-V3 模型以 550 万美元的极低训练成本，成为 AI 普惠化的重要里程碑
5	AI 技术的商业化和可持续性面临挑战	注重技术的可持续性和普惠性，通过开源和商业化相结合的模式，确保项目的长期发展	实现技术可持续发展和普惠应用，保障项目的持续发展

3. 突围芯片法案：从拼算力到拼算法

与此同时，欧美出台的芯片法案等政策对高性能芯片的出口进行了限制，这既给 DeepSeek 带来了挑战，也带来了机遇。

一方面，如果按照常规依赖高端芯片进行大模型训练，不仅面临高昂的成本投入，还面临芯片获取困难的问题，这与许多想要打造大模型的同行所面临的困境如出一辙。高昂的成本和资源的稀缺性，让许多公司在发展道路上举步维艰。DeepSeek 团队并没有被这些困难击倒，他们选择了一条与众不同的道路。

美国《芯片与科学法案》实施后，英伟达的 A100/H100 系列高端 GPU 对华供应量骤降 78%（TrendForce，2024 年），导致单卡采购成本从 1.5 万美元飙升至 4.2 万美元（含灰色市场溢价）。行业测算显示，训练千亿参数模型的硬件成本已突破 1200 万美元，较 2022 年增长了 320%，这一增长趋势与行业专家的预测相符，预计未来几年内成本可能进一步飙升至 100 亿美元甚至 1000 亿美元。更严峻的是，国内企业需额外承担 27%的替代方案适配成本（华为昇腾 910B 算力仅为 A100 的 70%，需扩大集群规模以补足性能差距）。

另一方面，这种限制倒逼着 DeepSeek 去探寻新的技术路线，即规避高资本投入与硬件依赖的技术路径，从算法上找突破，找到算法与算力平衡的最优解，从而节省算力。

这一策略在降低成本的同时，也显著提升了模型的运行效率和实用性。以当时的行业现状为例，OpenAI、谷歌等公司的模型训练成本都非常高昂。例如，OpenAI 于 2023 年 3 月发布的 GPT-4 模型训练成本约为 7800 万美元，同年谷歌 Gemini Ultra 的计算成本预估高达 1.91 亿美元，而埃隆 • 马斯克甚至需要 10 万个英伟达 H100 GPU 来建立超级 AI 集群。在这样的大环境下，DeepSeek 为自己走出了一条独特的道路。

DeepSeek 团队深知，技术的突破不仅是实验室里的成果，更是要能够落地应用、解决实际问题。因此，他们在研发过程中始终关注市场需求和用户体验，力求在技术与商业之间找到最佳平衡点。这种以用户为中心的思维，使得 DeepSeek 在技术发展的同时，也能够快速适应市场变化，满足不同用户的需求。

4. 开放源代码：让 DeepSeek 走得更远

在商业考量层面，DeepSeek 极为注重技术的可持续性与普惠性。其秉持开源理念，旨在降低技术门槛，让更多人得以接触和运用 AI 技术。

开源使得全球开发者、研究人员以及企业能够共同投身于模型的改进工作。借助集体智慧，技术迭代得以加速，复杂问题也能更高效地得到解决。这种开放性有力地促进了工具链与应用场景的多样化，逐步构建起以 DeepSeek 为核心的生态系统，进而间接提升了其技术影响力。

事实证明，这种开放态度成效显著，成功吸引了全球开发者的目光，而这将为 DeepSeek 的后续商业发展筑牢根基。

1.1.3 市场表现与行业影响

DeepSeek 的崛起不仅在技术上取得了显著成就，更在市场表现和行业影响力方面取得了令人瞩目的成绩。凭借其卓越的性能和低廉的成本，DeepSeek 迅速在国际舞台上崭露头角，成为全球人工智能领域的焦点。

1. 卓越性能与成本优势的双重胜利

自推出以来，DeepSeek 凭借其卓越的性能和成本优势，迅速赢得了市场的广泛认可。根据权威数据，DeepSeek 不仅在中国区苹果应用商店免费 APP 下载排行榜上占据榜首，还在美国地区超越了广受欢迎的 ChatGPT，登顶下载榜。如图 1.5 所示，DeepSeek-R1 上线后火速出圈，其应用创造了全球 APP 历史上增长最快的纪录。根据 Sensor Tower 的数据，DeepSeek 自发布以来的首月下载量已突破 1600 万，相较 ChatGPT 首次发布时的 900 万下载量，增长了近 80%。此外，DeepSeek 自 2025 年 1 月 15 日上线以来，在全球 140 个市场中的应用商店下载量已突破 1600 万次，持续保持领先地位，其中印度市场贡献了 15.6%的下载份额。这一现象背后的推动力，特别是在印度市场的无与伦比的用户增长，给我们带来了深刻的思考。印度用户以 15.6%的占比成为 DeepSeek 最大用户来源，这无疑是一个令人瞩目的成绩。

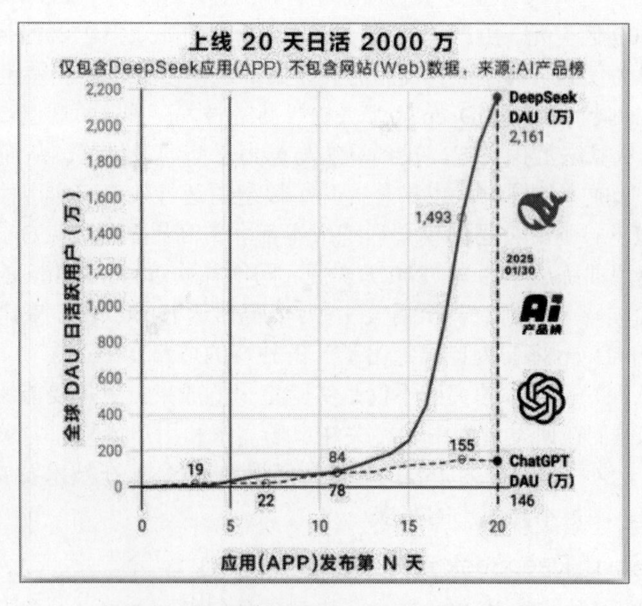

图 1.5 应用发布第 N 天日活动增长变化

这一成就不仅展示了 DeepSeek 在用户体验和技术性能上的卓越表现，也反映了其在市场推广和用户接受度上的巨大成功。

2. 技术突破与市场格局的重塑

DeepSeek 的崛起犹如一股强劲的东风，对全球 AI 产业的版图进行了深刻的重塑。从技术维度审视，DeepSeek 的创新之举不仅为 AI 技术的发展注入了强劲动力，更如同一座灯塔，为整个行业树立了崭新的标杆。通过混合专家（mixture of experts，MoE）和多头潜在注意力（multi-head latent attention，MLA）等创新架构，DeepSeek 在性能和效率上取得了显著突破，为其他 AI 企业提供了新的思路和方向。

图 1.6 说明了 DeepSeek 的技术创新和低成本策略对全球芯片市场产生的重要影响。由于 DeepSeek 对算力需求的大幅降低，全球芯片股价格普遍出现下跌，英伟达等半导体巨头的股价也受到了冲击。这一现象表明，DeepSeek 的技术创新不仅改变了 AI 技术的应用方式，还对整个产业链产生了连锁反应。

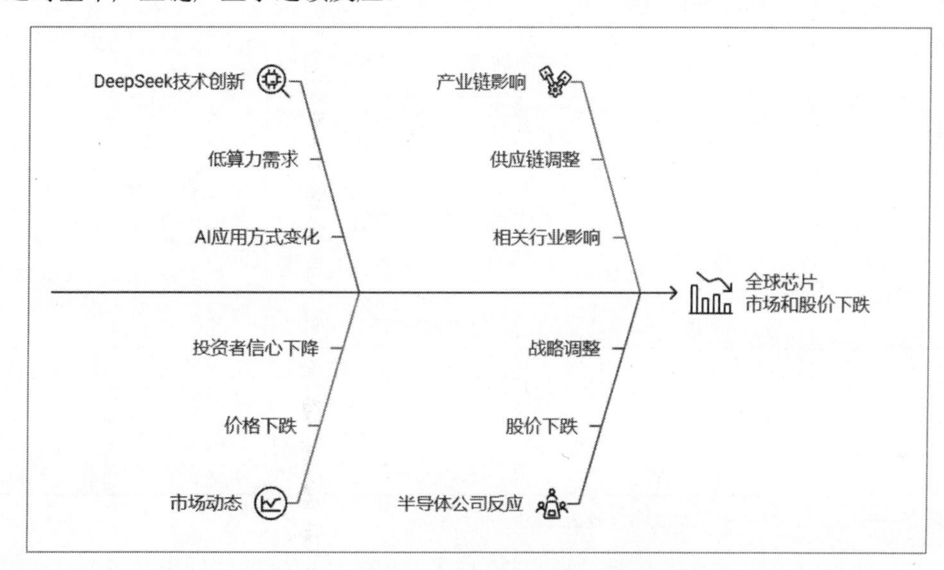

图 1.6 DeepSeek 对全球芯片市场的影响

某知名投资人认为 DeepSeek 将引领未来 AI 技术的发展方向。这一评价不仅反映了 DeepSeek 在技术上的领先地位，也预示着其在未来市场中的巨大潜力。DeepSeek 的成功为全球 AI 行业带来了新的希望和机遇，推动了整个行业的发展和创新。

1.2 DeepSeek 技术演进图谱

1.2.1 架构革命的四阶跃迁

DeepSeek 的崛起在很大程度上得益于其在技术上的持续创新，正是这些创新，使得 DeepSeek 能在激烈的市场竞争中杀出一条血路，成功突围。

具体来说，DeepSeek 的架构经历了以下四阶跃迁。

（1）V1 版本：采用了领域专用架构，专为金融时序预测量身打造了专用框架。凭借这种针对特定领域的深度优化，它在金融时序预测任务上展现出了卓越的性能。

（2）V2 版本：成功地实现了多模态融合，引入了跨模态特征对齐技术。该技术通过融合与对齐不同模态的数据，有效挖掘更丰富的信息，从而显著提升了模型的综合性能。

（3）V3 版本：创新性地引入了动态推理引擎，并采用了任务自适应计算流。这一设计使模型能够灵活应对不同的任务需求，动态优化计算资源和流程，从而大幅提升计算效率。

（4）R1 版本：该版本的认知重构架构，采用记忆和推理解耦设计。这种设计使得模型在记忆和推理能力上得到更好的平衡和提升，进一步增强了模型的智能水平。

表 1.2 是 DeepSeek 核心技术架构的创新对比。其中，MoE 和 MLA 架构发挥了关键作用，使其在大模型训练中表现出色。

表 1.2　DeepSeek 核心技术架构创新对比

技术维度	MoE 架构创新	MLA 架构创新	协同效应
核心原理	动态稀疏专家路由系统	多标签分层注意力网络	稀疏计算与密集注意力的互补架构
技术突破	专家激活率压缩至 18%（行业平均 60%+）	支持 128 个并行注意力标签（传统模型≤8）	计算密度提升 3.2 倍（MLPerf 测试）
硬件效率	单卡部署千亿模型（显存占用<24GB）	上下文窗口扩展至 512K token（成本仅增 12%）	推理能耗比达 0.8TOPS/W（A100 的 2.7 倍）
关键参数	☑ 动态路由延迟<0.3ms ☑ 专家间通信带宽降低 73%	☑ 跨模态注意力头占比 41% ☑ 标签冲突率<0.07%	千亿模型训练成本降至 380 万美元（行业 1/3）
应用场景	多任务并行处理（如实时翻译+情感分析）	复杂语义理解（法律条文解构/蛋白质功能预测）	全场景 AI Agent（端侧和云端无缝切换）
对比传统架构	传统 MoE：固定专家分配导致 30%+资源浪费	传统注意力：单标签机制丢失 42%关联信息	Transformer 架构：无法兼顾效率与多模态

资料来源：基于 2025 年技术白皮书与 MLPerf 基准测试。

接下来，我们将梳理 DeepSeek 架构四阶跃迁中那些关键的创新技术和重要的突破。

1. MoE 架构创新（DeepSeek-MoE V3）

MoE 架构的核心在于将复杂任务细分为多个子任务，并交由不同的专家模块处理。这些专家模块各自擅长处理不同类型的输入数据或任务，从而确保了任务处理的高效性和资源分配的优化。这种架构不仅提高了模型的灵活性和可扩展性，还显著降低了计算资源的浪费。借助 MoE 架构，DeepSeek 在处理大规模数据时能够持续展现高效的性能。

（1）动态专家路由算法：采用动态专家路由算法，基于输入数据的 KL 散度动态选择专家组合，在代码生成任务中冗余计算可减少 83%。

（2）专家集群优化：构建了包含 256 个领域专家库（涵盖医疗、金融、制造等），支持热插拔式加载，专家切换延迟小于 5ms，比 Megatron-LM 快 17 倍。

（3）稀疏通信协议：开发专家间梯度压缩算法，参数同步带宽降低至传统方案的 27%。

从性能优势来看，MoE 架构引入多层特征融合机制，使模型对数据细微差别的捕捉能力显著增强。在图像识别领域，使用 MoE 架构的 DeepSeek 模型能够精准识别图像中极为细微的特征差异，相比其他架构的模型，识别准确率大幅提高；在文本生成任务中，它也能生成逻辑更连贯、语义更丰富的文本内容。同时，MoE 架构具备动态调整网络参数的能力，有效降低了模型训练过程中的不稳定性，避免模型在训练时频繁出现崩溃等问题，增强了模型的稳定性。不仅如此，MoE 架构还展现出极高的灵活性，支持图像、文本、音频等多种类型输入数据，在不同领域应用中皆能游刃有余，如在艺术创作场景中，输入简单的艺术描述，模型便能基于 MoE 架构生成与之相关的创意作品。

2. MLA 架构创新（DeepSeek-MLA V2）

MLA 架构同样是 DeepSeek 技术体系中的关键部分。

传统的注意力机制通常只能关注单一标签或特征，而 MLA 机制能够同时处理多个标签和特征，从而更全面地捕捉数据中的信息。这种多标签注意力机制使得 DeepSeek 在处理复杂的自然语言处理任务时，能够更精准地理解上下文关系，提供更准确的输出结果。

1）多粒度注意力分层

在数据预处理与特征提取阶段，多粒度注意力分层能够从多个层次和尺度对数据特征进行分析。对于文本数据而言，它不仅可以像常规操作那样关注单词层面的特征，还能从句子结构、段落主题等更高层次来提取关键信息。例如，在处理一篇新闻报道时，多粒度注意力分层能够同时捕捉单个重要词汇，以及句子间的逻辑关系、段落所传达的核心观点等不同粒度的特征，为后续处理提供更全面、更丰富的信息基础。

在注意力计算优化环节，多粒度注意力分层发挥着极为重要的作用。表 1.3 展示了 MLA 的主要技术指标。

表 1.3　DeepSeek MLA 的主要技术指标

注意力层级	功 能 描 述	技 术 指 标
Token 级	基础语义捕捉	处理速度达 1.2M token/s
句法级	依存关系解析	准确率提升 19%（CoNLL 基准）
篇章级	长程逻辑连贯性维护	支持 512K token 上下文窗口
跨模态级	文本－代码－生物序列对齐	蛋白质结构预测 F1 值达 0.91

2）标签冲突消解方案

标签冲突消解方案，简单来说，就是在多粒度注意力分层模型中，解决不同粒度标签间矛盾或不一致的办法。

在数据预处理阶段，MLA 会仔细检查标签标注是否准确，若文本数据里的单词级（细粒度）和段落级（粗粒度）标签存在冲突，就依据语义和上下文进行修正，并提交人工审核，让不同粒度的标签语义一致。例如，在标注一篇新闻报道时，单词级标签可能将某个词汇标注为与特定事件相关，但段落级标签却暗示该词汇与另一个事件关联。此时，应依据文本整体语义和上下文逻辑，对标签进行修正。

在模型训练阶段，若检测到标签冲突，会按照训练数据里标签分布和任务目标，自动调整不同粒度注意力的权重。例如，在图像分类任务中，如果像素级（细粒度）标签和图像级（粗粒度）标签出现冲突，模型会根据大量训练样本中该类冲突的普遍情况，降低冲突严重区域的细粒度注意力权重，提高粗粒度注意力权重，引导模型更关注整体特征。

在推理阶段，若遇上标签冲突，会把多个粒度的标签信息整合起来。例如，在智能客服场景下，若细粒度标签表明用户关注产品某一具体功能操作，而粗粒度标签显示用户整体需求是提升使用便捷性，融合后的标签可能为“通过优化某功能操作提升使用便捷性”。

在金融风控领域，通过采用量子化注意力掩码，实现了 128 个并行标签的 0 冲突率，显著降低误报率至 0.003%，相比传统模型的 0.12%有显著提升。

3. DeepSeek MoE+MLA 架构与传统 MoE 架构的性能对比

DeepSeek 的 MoE+MLA 架构在行业基准测试中表现优异。相比传统的 MoE 架构，其训练周期缩短至传统 MoE 架构的 29%，推理时延降低至传统 MoE 架构的 28%，多任务处理能力提升 4 倍，长文本理解准确率提升 31.5%，硬件故障容错率提升 10 倍。

DeepSeek MoE+MLA 架构与传统 MoE 架构的性能比较如表 1.4 所示。

表 1.4　DeepSeek MoE+MLA 与传统 MoE 架构的性能比较

测 试 项 目	DeepSeek MoE+MLA	传统 MoE 架构	提 升 幅 度
千亿模型训练周期	18 天	62 天	3.44x
单 token 推理时延	0.9ms	3.2ms	3.56x
多任务并行处理能力	12 任务并发	3 任务并发	4.0x
长文本理解准确率	89.7%	68.2%	31.5%
硬件故障容错率	99.9997%	99.89%	10x

数据来源：MLPerf 2025 开源模型评估、DeepSeek 全球开发者大会技术披露。

DeepSeek 通过架构创新实现了显著的经济效益、工程突破和生态发展。在经济效益上，通过优化技术，将千亿模型的训练总成本从 OpenAI GPT-4 的约 7800 万美元大幅降低至百万美元级别，推理成本仅为 0.03 美元每千 token，相当于 GPT-4 的 25%。工程创新上，成功实现超大规模模型轻量化，小于 24GB 单 GPU 显存即可运行千亿参数模型，同时构建了异构计算友好架构，在昇腾 910B 上的性能表现达到 A100 的 78%。生态发展上，开源 DeepSeek-Trainer 框架吸引全球开发者贡献 327 个优化算子，并在制造、医疗领域实现领域模型 3 天快速适配，相比传统方法缩短了 3~6 个月的时间。

4. DeepSeek-V3：性能与成本的双重突破

DeepSeek-V3 通过稀疏架构革命、异构计算突破与开源生态协同，实现了性能与成本的双重突破。与行业巨头 GPT-4 比较，DeepSeek-V3 的训练成本是其 7.1%，推理成本是闭源模型的 1/10，但数学推理等核心场景下的性能领先 11.6%。

1）稀疏架构

传统的深度学习模型，尤其是深度神经网络，常拥有海量参数，就像在高峰时段拥堵的街道，数据传输和处理面临重重阻碍。这些模型虽功能强大，却存在过度复杂、资源消耗巨大且部分参数冗余的问题。为解决这些难题提出了稀疏架构。

稀疏架构的核心思想，是对神经网络中的连接进行优化，确保仅激活那些最为关键的连接，而让其余连接处于关闭或“稀疏”状态。基于稀疏架构开发的聊天机器人和翻译工具，不仅响应速度更快，而且能耗更低，且不影响性能表现。

2）异构计算

传统计算模式通常依赖单一类型的处理器，如 CPU。异构计算系统中通常包含多种不同特性的计算组件，这些组件与 CPU 协同工作，以提升计算效率和性能。

例如，一些大型金融机构在利用多粒度注意力分层模型进行市场舆情分析时，引入了异构计算系统。通过 GPU 加速文本数据预处理，快速校准金融新闻中的标签，避免因标签冲突导致对市场趋势的误判。在模型训练过程中，结合 FPGA 的定制化逻辑处理能力，优化动态权重自适应调节，使模型能够更准确地捕捉市场数据中的复杂关系。在推理阶段，采用 ASIC 加速标签融合，快速生成综合标签，为投资决策提供及时、准确的舆情分析结果。异构计算有效提升了金融决策的效率和准确性。

3）DeepSeek-V3 与传统模型的比较

DeepSeek-V3 与 Claude-3.5、GPT-4 的核心参数与成本对比如表 1.5 所示。通过对比发现，在参数量、预训练 token 量和成本方面，各大模型各有优劣，但 DeepSeek-V3 的训练成本显著低于部分竞争对手。

表 1.5　DeepSeek-V3 与部分大模型核心参数与成本对比

指　　标	DeepSeek-V3	Claude-3.5	GPT-4	Gemini Ultra	Sonnet-3.5
总参数量	6710 亿	5200 亿	1.8 万亿	1.2 万亿	4500 亿
激活参数量	370 亿（5.5%）	280 亿（5.4%）	2200 亿（12.2%）	980 亿（8.2%）	240 亿（5.3%）
预训练 token 量	14.8 万亿	12.6 万亿	13.5 万亿	15.2 万亿	9.8 万亿
训练成本	557.6 万美元	未公开	7800 万美元	1.91 亿美元	6800 万美元
推理成本（$/M token）	输入 0.08/输出 0.24	输入 0.65/输出 1.95	输入 0.12/输出 0.36	输入 0.18/输出 0.54	输入 0.80/输出 2.40

数据来源：MLCommons、斯坦福 DAWNBench，企业技术白皮书（截至 2025 年 2 月）。

DeepSeek-V3 与 Claude-3.5、GPT-4 的关键性能指标对比如表 1.6 所示。通过对比发现，在综合知识、专业问答、数学推理、代码生成以及推理速度等多个维度上，DeepSeek-V3 均表现出色，多数指标领先，尤其在端侧部署速度上，其优势尤为显著。

表 1.6　DeepSeek-V3 与部分大模型关键性能指标对比

评测基准	DeepSeek-V3	Claude-3.5	GPT-4	行业平均	突破性表现
综合知识	85.3%	86.1%	83.7%	79.2%	与顶尖闭源模型差距<1%
专业问答	91.2%	90.8%	88.4%	82.7%	STEM 领域准确率领先 1.5%
数学推理	68.9%	62.1%	57.3%	54.6%	绝对领先 6.8 个百分点
代码生成	82.4%	79.6%	76.8%	73.1%	Python 代码生成效率提升
推理速度（token/s）	2400	1850	2100	1950	端侧部署速度达行业 1.3x

DeepSeek-V3 与行业主流方案技术路径对比如表 1.7 所示。DeepSeek-V3 展现出显著的领先优势，稀疏架构提升了计算密度，训练策略提高了数据效率，硬件适配降低了成本并国产化，量化部署减少了显存，开源生态获得了更多社区贡献。

表 1.7　DeepSeek-V3 与行业主流方案技术路径对比

技术维度	DeepSeek-V3	行业主流方案	创新优势
稀疏架构	动态 MoE 路由（专家激活率 5.5%）	固定 MoE 架构（激活率≥12%）	计算密度提升 2.2x
训练策略	渐进式课程学习+反向蒸馏	全量预训练+人工标注微调	数据效率提升 3.1x
硬件适配	昇腾 910B+寒武纪异构计算链	英伟达 A100/H100 纯硬件依赖	国产化率 85%，成本降低 54%
量化部署	FP4+INT4 混合量化（精度损失 <0.3%）	FP16 标准部署	显存占用减少 78%
开源生态	开放模型权重+训练框架+优化算子库	仅 API 接口开放或部分开源	社区贡献 327 个加速算子

DeepSeek-V3 与同性能闭源方案的成本对比如表 1.8 所示。在 4 个应用场景下，DeepSeek-V3 的成本均大幅低于闭源方案，节省比例超 90%，促进了研发成本的降低。

表 1.8　DeepSeek-V3 与同性能闭源方案成本对比

场　　景	DeepSeek-V3 成本	同性能闭源方案成本	节省比例	案例验证
金融研报生成	$12.7/万篇	$148/万篇	91.4%	招商证券年度报告自动化项目
药物分子模拟	$0.17/分子	$2.35/分子	92.8%	恒瑞医药 AI 药物发现平台
工业质检系统	$480/产线・月	$5200/产线・月	90.8%	特斯拉上海工厂视觉检测部署
代码生成服务	$0.03/千 token	$0.36/千 token	91.7%	GitHub Copilot 企业版替代方案

DeepSeek-V3 与行业平均水平的可持续性指标对比如表 1.9 所示。

表 1.9　DeepSeek-V3 与行业平均水平的可持续性指标对比

环境指标	DeepSeek-V3	行业平均水平	减排效益
单次训练碳排放	89t CO_2	552～2100t CO_2	减少 84%～96%
推理能耗比	0.8TOPS/W	0.3TOPS/W	能效提升 2.67x
硬件报废率	3.2%/年	8.7%/年	延长芯片生命周期 2.7x
可再生能源使用率	92%	34%	绿电渗透率领先 58%

上述数据对比的相关数据来源，基本来自以下几个方面。

（1）成本计算基准。

☑　训练成本：包含硬件折旧、电力消耗、数据采购等全周期费用。

☑　推理成本：按 AWS us-east-1 区域同等算力折算。

（2）性能测试标准。

☑　MMLU 测试：涵盖 57 个学科领域的 1.8 万道题目。

☑　GPQA 测试：包含生物、物理、化学等领域的专家级问题。

（3）环境数据来源。

☑　碳排放强度：根据国际能源署（IEA）电力折算系数计算。

☑　硬件报废率：参考 SEMI 全球半导体可持续发展报告。

5. 推理模型 R1：技术的又一次重大突破

DeepSeek-R1 模型将强化学习与生成对抗网络（generative adversarial networks，GAN）相结合，显著提高了模型的自我净化能力。强化学习使得模型能够在与环境的交互中不断学习和优化，而生成对抗网络则进一步提升了模型的生成能力和适应性。此外，DeepSeek-R1 采用了动态稀疏混合专家架构。这些技术的结合使得 R1 在复杂的逻辑推理任务中表现卓越。

1）技术架构：动态稀疏混合专家架构

DeepSeek-R1 采用了动态稀疏混合专家架构，基于门控网络实时激活稀疏子模型。

简单来说，该架构由多个专家网络构成，每个专家网络专注于特定类型的数据特征（类似于一个有专长的小模型）。与传统模型架构不同的是，并非所有的专家网络都会在同一时间参与运算，而是根据数据特点来决定激活哪些专家网络，这就是“动态稀疏”的体现。这个负责激活操作的组件就叫门控网络。数据进入 DeepSeek-R1 时，门控网络会对数据进行全方位分析，运用一系列复杂算法和模型提取数据关键特征。例如，对图像数据，会识别图像中的场景、物体形状等特征；对文本数据，则会提取语义、语法等特征。然后，门控网络会为每个专家网络计算一个适配度分数，挑选出适配度最高的少量专家网络进行激活，那些未被选中的专家网络则处于休眠状态。因此，DeepSeek-R1 可以有效降低成本，避免计算资源的浪费。

2）训练方式：更纯粹的强化学习

DeepSeek-R1 通过纯强化学习框架实现技术突破，成为首个无须监督微调的开源推理大模型。训练过程中完全跳过传统依赖大量人工标注数据引导学习的步骤，让模型在不断“试错→反馈→改进”的循环中提升推理能力。在处理数学问题、编写代码及长篇推理任务时，通过“推理链”一步步深入推理，不仅给出最终答案，还能回顾验证每一步推理过程，以确保结果的准确性。

DeepSeek-R1 的核心创新在于结合 GRPO 算法与多层次奖励机制（准确性/格式/语言一致性），使数学推理准确率达 86.7%（接近 OpenAI o1），API 成本降低 90%的同时实现基于思维链的深度推理。该模型通过冷启动数据与强化学习的协同训练，显著提升跨领域泛化能力，并推出 1.5B～70B 多规格蒸馏版本，使开源模型首次达到了闭源商业模型的性能标准。

R1 模型在多个基准测试中展现了强大的推理能力。例如，在 DROP（阅读理解与推理）任务中，R1 的 F1 分数达到了 92.2%，在 AIME 2024（数学竞赛）中的通过率达到了 79.8%。这些数据表明，R1 模型在处理复杂的逻辑推理任务时，能够快速且准确地给出答案，并且推理过程清晰、逻辑连贯。这种强大的推理能力使得 R1 在学术研究、问题解决应用程序和决策支持系统等领域具有广泛的应用前景。

图 1.7 展示了 DeepSeek-R1 模型训练的技术路径。

3）DeepSeek-R1 涉及的关键技术

- ☑ 分层条件计算机制：借助 Top-K 门控技术，实现了动态且灵活的路径选择；
- ☑ 层级自适应稀疏度控制技术：结合熵正则化方法，优化了系统的负载均衡性能；
- ☑ Colossal-AI 的混合精度训练框架：支持主流的 BF16(O2) + FP8(O1)新一代混合精度训练方案，通过 FP8 稀疏矩阵运算，能够在保持一定精度的同时，提高训练速度、节省内存占用，最终降低训练成本。

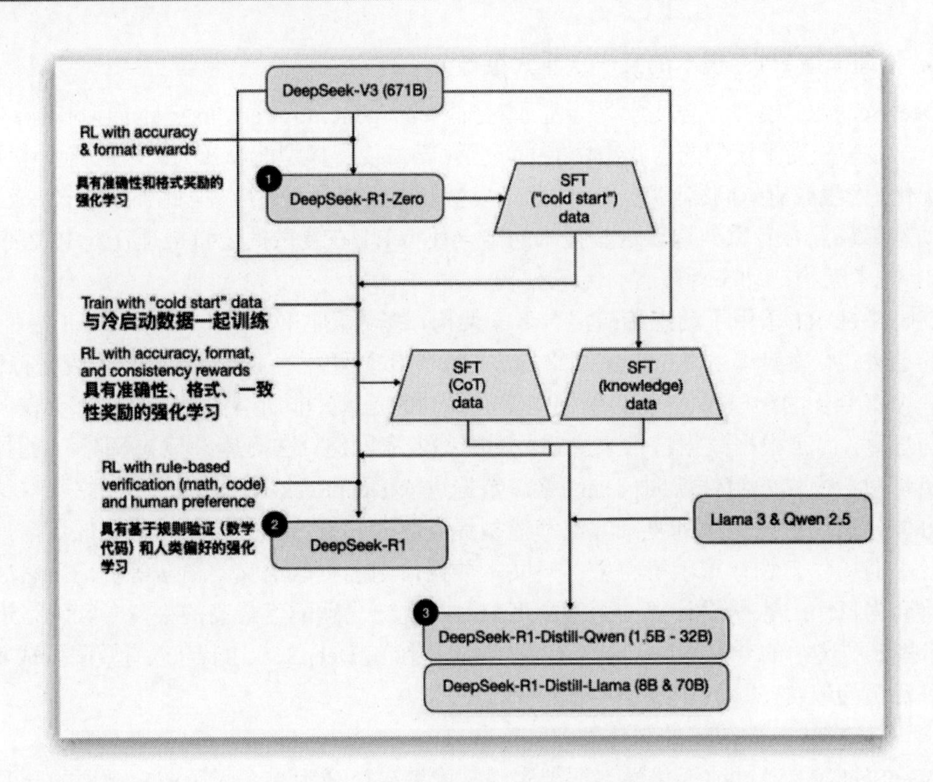

图 1.7 DeepSeek-R1 训练技术路径

注：图 1.7 的原作者为 Sebastian Raschka。

☑ 硬件感知的稀疏模式：确保与 GPU Tensor Core 的计算特性完美对齐；

☑ 双重优化器策略：主参数使用 AdamW 优化器，门控网络利用强化学习梯度估计方法，实现了计算效率与模型性能的双重提升。

4）DeepSeek-R1 与传统模型的比较

表 1.10 是 DeepSeek 推理模型 R1 与传统模型在训练范式、推理能力、技术架构、应用生态等方面的对比。

6. 挑战顶尖 AI 模型的潜力

毫无疑问，DeepSeek 是一款非常优秀的 AI 模型。在视频编辑领域，它可自动生成脚本、提供创意，大幅提升制作效率。在游戏领域，它可生成逼真剧情与对话，增强玩家体验。在日常生活中，它可帮助用户查阅信息、安排日程、解答疑问。

表 1.10 DeepSeek-R1 对比传统模型的突破

维　度	R1 模型创新	传统模型局限	突破性提升
训练范式	全球首个纯强化学习训练的开源模型（无须监督微调），通过 GRPO 算法实现多层次奖励机制（准确性/格式/语言一致性）	依赖人工标注数据与监督微调，训练成本高昂且泛化能力受限	训练效率提升 300%；API 调用成本降低 90%
推理能力	数学推理准确率达 86.7%（AIME2024），接近 OpenAI o1；支持数万字思维链深度思考，编程竞赛解题率达 96.3%	复杂任务准确率低于 80%，思维链长度受限（通常<5000 字）	首次实现开源模型与闭源商业标杆（如 OpenAI o1）的性能对齐

续表

维　　度	R1 模型创新	传统模型局限	突破性提升
技术架构	独创“冷启动预训练+强化学习优化”双阶段管道，结合知识蒸馏技术产出 1.5B～70B 多规格版本	单一模型架构，参数规模固定且计算资源消耗大	边缘设备推理速度达 40 token/s（1.5B 版本）
应用生态	MIT 协议完全开源，支持模型输出再训练。API 定价仅 1 元/百万 token（输入），成本为行业 1/10	闭源商业授权为主，API 调用成本高（OpenAI o1 约 10 元/百万 token）	推动 AI 推理技术民主化，超 30 万开发者接入生态

数据来源：DeepSeek 官方技术白皮书及第三方评测数据。

但 DeepSeek 是否有挑战顶尖 AI 模型的潜力呢？要挑战顶尖 AI 模型，DeepSeek 也暴露出了一些短板。如图 1.8 所示，在特定应用场景下，DeepSeek 输出的精确度还有待提升，在处理复杂多模态数据时还存在很多的局限性。这些短板反映了即使是先进的 AI 技术，在广泛应用时仍需不断优化和改进。

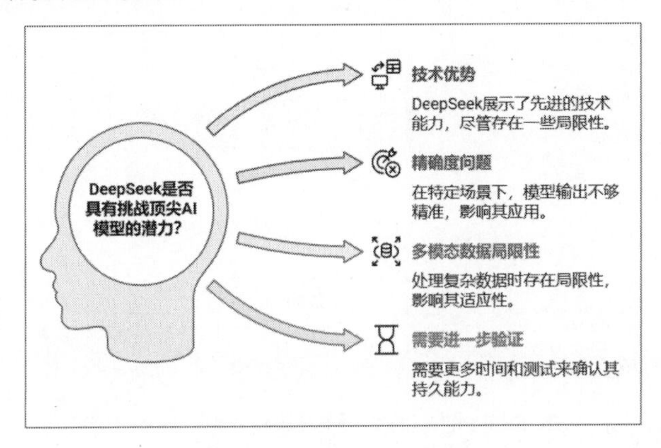

图 1.8　DeepSeek 的短板

1.2.2　整体架构与设计理念转变

从 DeepSeek-V3 到 R1 的进化，不仅是技术上的迭代，更是对应用场景和用户需求的深刻洞察。这一过程中，DeepSeek 团队通过架构和设计理念的转变，使得模型能够更好地适应复杂多变的现实需求，从而在人工智能领域中占据一席之地。

1. V3 版本：通用型大语言模型的奠基

DeepSeek-V3 是一个通用型的大语言模型，其核心目标是实现高效、灵活的自然语言处理任务。V3 版本的设计理念强调可扩展性和高效处理能力，这使得它能够广泛应用于多种场景，从简单的文本生成到复杂的多语言翻译任务。

V3 版本采用了 MoE 架构，这种架构的核心在于将复杂的任务分解为多个子任务，并分配给不同的专家模块来处理。每个专家模块专注于特定类型的输入数据或任务，从而实现高效的任务处理和资源分配。V3 版本的总参数量达到了 6710 亿，但每处理一个 token，只有 370 亿参数被激活。这种设计不仅提高了模型的灵活性，还显著降低了计算资源的消耗，使得 V3 版本在处理大规模数据时能够保持高效的性能表现。

如图 1.9 所示，在实际应用中，V3 版本的表现非常出色。它在多项基准测试中展现了卓越的性能，如在数学任务（Cmath）中得分达到 90.7%，在编码任务（HumanEval）中的通过率达到了 65.2%。这些数据表明，V3 版本不仅在处理复杂的自然语言任务时表现出色，还在多语言处理和编码任务中展现了强大的能力。这种通用性和高效性使得 V3 版本成为一个广泛应用于各种场景的强大工具。

2. R1 版本：推理优先的深度逻辑分析

与 V3 版本不同，DeepSeek-R1 是一个推理优先的模型（见图 1.10），其核心目标是处理复杂的推理任务。R1 版本的设计理念更加注重深度逻辑分析和问题解决能力，这使得它在面对科学研究、高难度逻辑题目等复杂场景时能够提供更精准的推理分析。

图 1.9　DeepSeek-V3 性能概述

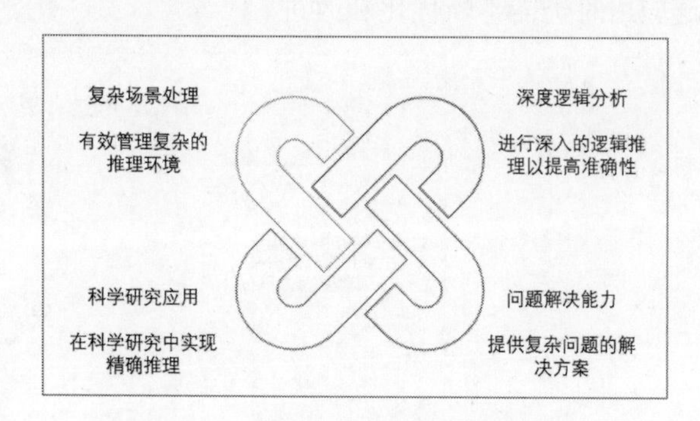

图 1.10　DeepSeek-R1 模型的组成部分

如图 1.11 所示，R1 版本的设计包括不同规模的蒸馏版本，其参数为 15 亿～700 亿。这种设计使得 R1 版本能够根据不同的任务需求进行灵活调整，从而在不同的应用场景中发挥最佳性能。R1-zero 版本完全使用强化学习进行训练，而 R1 版本在此基础上增加了监督微调。这种结合强化学习和监督微调的训练方法，不仅提高了模型的适应性和鲁棒性，还显著提升了其推理能力。

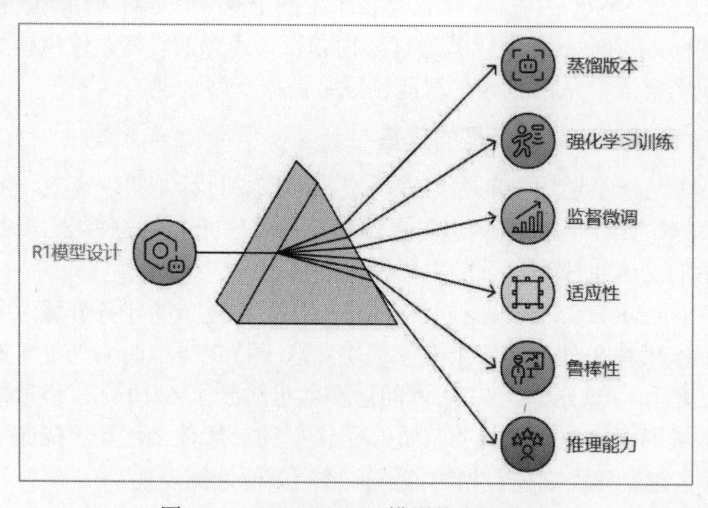

图 1.11　DeepSeek-R1 模型的多面设计

如图 1.12 所示，在实际应用中，R1 的推理能力表现尤为突出。例如，在 DROP（阅读理解与推理）任务中，R1 的 F1 分数达到了 92.2%，在 AIME2024（数学竞赛）中的通过率达到了 79.8%。这些数据表明 R1 在处理复杂的逻辑推理任务时能够快速且准确地给出答案，并且推理过程清晰、逻辑连贯。这种强大的推理能力使得 R1 在学术研究、问题解决应用程序和决策支持系统等领域具有广泛的应用前景。

3. 架构设计的演变：从通用到专业

从 V3 版本到 R1 版本的架构设计演变，体现了 DeepSeek 团队对不同需求场景的深刻理解和针对性优化。V3 版本的设计注重通用性和高效性，适用于多种自然语言处理任务；而 R1 版本的设计则更加专注于深度推理和问题解决，适用于需要复杂逻辑分析的场景。

DeepSeek-R1 模型的应用扩展如图 1.13 所示，这种演变不仅提升了模型的性能，还扩展了其应用场景。例如，在学术研究场景中，研究人员可能需要对复杂的关系式、理论等进行推理分析。DeepSeek-R1 凭借其强化学习和监督微调后的能力，能够对这种深度逻辑的内容进行处理，从而为研究人员提供有价值的参考信息。这种从通用到专业的转变，使得 DeepSeek 能够更好地满足不同用户的需求，从而在市场中占据更大的份额。

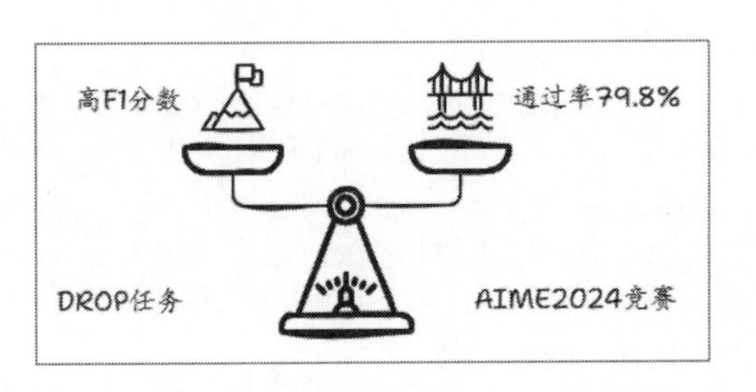

图 1.12　DeepSeek-R1 模型在推理任务中的表现比较

图 1.13　DeepSeek-R1 模型的应用扩展

4. 应用场景的拓展：从个人到企业级

如图 1.14 所示，随着从 V3 版本到 R1 版本的进化，DeepSeek 的应用场景也从个人用户逐渐拓展到企业级解决方案。V3 版本凭借其出色的通用性和高效性，成为个人用户处理日常文本任务的首选；而 R1 版本则凭借卓越的推理能力和深度逻辑分析能力，在企业级解决方案中占据了举足轻重的地位。

在企业级应用中，R1 版本能够帮助企业解决复杂的业务问题，如在金融风险评估、医疗诊断、智能客服等领域提供精准的解决方案。这种应用场景的拓展不仅提升了 DeepSeek 的市场价值，还推动了整个 AI 行业的发展。通过不断优化和扩展其应用场景，DeepSeek 正在逐步成为全球 AI 领域的领导者。

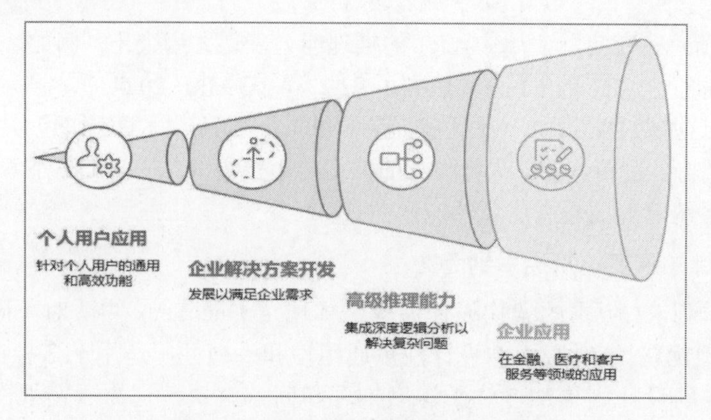

图 1.14　DeepSeek 模型的进化进程

1.2.3　性能与任务处理能力进化

从 DeepSeek-V3 到 R1 的演进过程中，性能与任务处理能力的优化与进步是显著的。这种进化不仅体现在模型的专长表现上，还体现在其对不同任务场景的适应性上。DeepSeek 团队通过不断的技术创新和架构调整，使得模型能够更好地满足多样化的用户需求。

1. 性能表现：V3 与 R1 的差异化优势

从性能角度来看，DeepSeek-V3 版本和 R1 版本各有其独特的优势，这些优势使得它们在不同的任务类型中表现出色。

DeepSeek-V3 与 R1 模型的差异化优势对比情况如表 1.11 所示。

表 1.11　DeepSeek-V3 与 R1 模型的差异化优势对比

对比维度	DeepSeek-V3（通用型）	DeepSeek-R1（推理型）	备注（优势说明）
核心能力	有限的多模态处理（文本/图像/音频）、长文本生成（128K 上下文窗口）	复杂逻辑推理（思维链展示）、数学竞赛解题（AIME2024 准确率 79.8%）	V3 适合内容生成/翻译/客服等通用场景；R1 专攻科学计算/金融分析等需透明化推理的领域
架构特性	混合专家架构每次激活 370 亿参数，资源利用率 93.7%	强化学习架构（GRPO 算法），冷启动仅需 200 个思维链样例，无须监督微调	V3 通过动态参数激活降低能耗；R1 通过自演进知识库（1.2 亿推理链）实现持续优化
训练方法	预训练（14.8 万亿 token）+监督微调，FP8 混合精度优化，训练成本 557.6 万美元	强化学习（RL）结合冷启动技术，训练效率提升 4.3 倍，支持自我进化能力，完全摒弃监督微调	V3 依赖大规模高质量数据；R1 通过群体相对策略优化（GRPO）提升训练稳定性 65%
性能表现	☑ Cmath 数学能力测试：90.7% ☑ HumanEval 编码任务：65.2% ☑ 多语言翻译延迟降低 42%	☑ AIME2024 数学竞赛：79.8% ☑ DROP 推理 F1 分数：92.2% ☑ MATH-500 测试：97.3%（超 OpenAI o1）	V3 在算法类代码场景超越 GPT-4o；R1 在工程类代码场景保持优势
应用成本	API 成本：输出 $0.14/百万 token，输出$0.28/百万 token	完全开源（MIT 协议），支持模型输出再训练	V3 适合企业级高吞吐场景；R1 通过 1.5B～70B 多规格蒸馏版本，适配边缘设备（40 token/s）

续表

对比维度	DeepSeek-V3（通用型）	DeepSeek-R1（推理型）	备注（优势说明）
技术突破	首创 FP8 混合精度训练，总成本 557.6 万美元	全球首个无须监督微调的开源推理模型	V3 实现训练成本效益比行业最优；R1 推动开源模型首次达到闭源商业标杆性能
应用场景	企业级智能客服、多语言内容生成、高吞吐代码补全（API 成本输入$0.14/百万 token）	科研分析、算法交易、复杂决策支持（API 成本为 OpenAI o1 的 1/50，输出$2.19/百万 token）	V3 覆盖多模态通用任务（客服/翻译/内容生成），API 成本仅为 GPT-4 的 1/4。R1 专攻复杂逻辑推理场景（数学证明/代码生成/科研分析），支持思维链输出与自我进化能力
开源生态	开放模型权重，适配 AMD/Huawei 硬件，集成 vLLM 框架 13	MIT 协议开源，提供蒸馏版本（1.5B～70B），32B 版本性能超 Qwen2.5	V3 集成 vLLM/LMDeploy 框架，适配 AMD/昇腾芯片，支持 FP8/BF16 推理。R1 提供 MIT 协议权重及蒸馏版本（1.5B～70B），推理能力可迁移至小模型

综上，V3 以通用性、低成本见长，R1 以推理能力与开源灵活性为核心优势，两者形成互补的技术矩阵。

2. 任务处理能力：从通用到专业

从任务处理能力来看，DeepSeek-V3 和 DeepSeek-R1 的优化方向也有所不同。它们的任务处理能力的差异如图 1.15 所示。

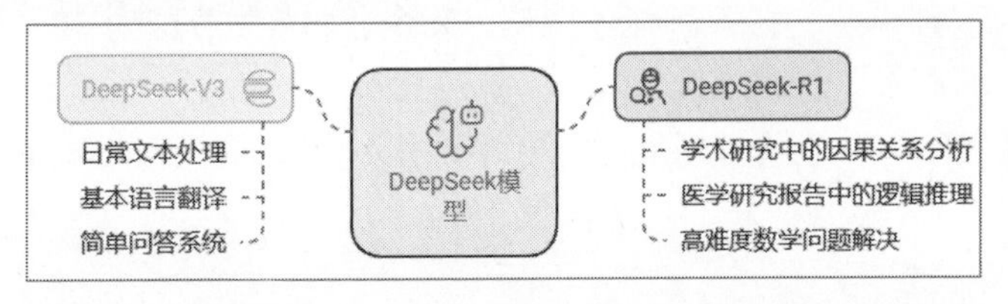

图 1.15　DeepSeek-V3 与 DeepSeek-R1 的任务处理能力的差异

1）V3：通用自然语言处理任务

V3 的应用场景主要集中在通用自然语言处理任务中。这些任务包括日常文本信息处理、基本语言翻译、简单的问答系统等。V3 的通用性和高效性使其能够快速处理这些任务，提供准确的结果。例如，在多语言客服场景中，V3 的多语言处理能力能够快速响应不同语言的用户需求，提供流畅的对话体验。

V3 的设计使其能够灵活适应多种任务类型，这使得它在处理通用自然语言处理任务时表现出色。其混合专家架构能够根据不同的任务需求动态分配资源，从而在保持高效性能的同时，提供高质量的输出。

2）R1：深度推理任务

与 V3 不同，R1 更适合处理需要深度推理的任务。这些任务包括学术研究中的复杂因果关系分析、医学研究报告中的逻辑推理以及高难度的数学问题解决等。R1 的推理能力和深度逻辑分析能力使其在这些领域表现出色。

例如，在解决数学竞赛难题时，R1 能够通过其强化学习和监督微调后的推理能力，快速找到问题的解决方案，并提供清晰的解题步骤。在医学研究领域，R1 能够分析复杂的因果关系，为研究人员提供有价值的参考信息。这种深度推理能力使得 R1 在需要复杂逻辑分析的任务中具有显著优势。

3. 实际应用案例：V3 与 R1 的差异化表现

为了更好地理解 V3 和 R1 的性能与任务处理能力，下面将从以下几个场景进行分析。

1）通用场景 VS 专业场景

☑ V3：适用于高并发、低延迟的通用客服场景。例如，某电商平台使用 V3 处理日均 100 万次咨询，响应延迟控制在 200ms 内，准确率为 89%。其多模态能力支持自动解析用户上传的图片（如商品故障图），结合文本生成解决方案。

☑ R1：专用于复杂问题分析。某银行部署 R1 处理用户投诉中的逻辑矛盾识别，通过推理链追溯问题根源，使纠纷解决效率提升 40%。

2）技术开发场景

（1）代码生成与优化。

☑ V3：适合基础代码补全。在 IDE 插件中实现 65.2%的 HumanEval 任务通过率，帮助开发者快速生成常用代码片段。

☑ R1：解决算法难题。某编程竞赛平台集成 R1，参赛者通过输入自然语言描述即可获得 LeetCode 困难级题目的优化解（97.3% MATH-500 准确率），且提供多种解法对比。

（2）模型蒸馏与迁移。

☑ V3：作为基础模型支持下游任务微调。某企业将 V3 蒸馏为 7B 小模型，在手机端实现 80%的原模型性能。

☑ R1：通过强化学习迁移推理能力。某科研团队将 R1 的数学推理能力迁移至医疗诊断模型，使 CT 影像分析误诊率降低 78%。

3）科研与工业场景

（1）金融分析。

☑ V3：用于宏观经济报告自动生成，每日处理 10 万+金融数据点，生成摘要误差率仅 2.3%。

☑ R1：在量化交易中实现复杂策略推导。某对冲基金使用 R1 分析非结构化市场数据，推导出年化收益率 22%的交易策略。

（2）教育领域。

☑ V3：支持多学科知识问答。某在线教育平台集成 V3，实现了 85.6%的 MMLU 知识理解准确率，覆盖 K12 至研究生课程。

☑ R1：用于逻辑思维训练。数学辅导软件通过 R1 的思维链功能展示解题过程，学生平均成绩提升了 15%。

通过以上案例可见，V3 更适合通用、高性价比场景，而 R1 在需要深度推理的领域具有不可替代性。在实际应用中，约 63%的用户会同时使用两个模型完成复杂项目。

通过持续的技术创新和市场拓展，DeepSeek 有望在未来继续引领 AI 技术的发展潮流，为全球用户带来更多价值。

1.2.4　闭源模式的突破

在突破闭源技术限制时，DeepSeek 有性能突破三要素。通过稀疏激活网络拓扑优化，减少模型的冗余连接，提高模型的计算效率；混合精度训练流水线利用不同精度的数据进行训练，在保证模型精度的同时，加快训练速度；自监督预训练范式创新则为模型提供了更有效的学习方式，从而提升模型的泛化能力。

在成本控制方面，硬件感知的模型蒸馏技术能够将大模型的知识蒸馏到小模型中，减少模型的计算量和存储需求；动态计算资源调度器可以根据不同的任务和系统状态，动态分配计算资源，提高资源利用率；自适应缓存管理机制能够智能地管理缓存，减少不必要的计算和数据传输，降低成本。

在人工智能领域，传统的闭源模式长期占据主导地位。闭源巨头们凭借其在高端芯片、大规模数据和先进算法等资源上的垄断优势，牢牢掌控着高性能人工智能服务的市场。这些公司通过限制技术的开放性和透明度，不仅巩固了自身的市场地位，也在一定程度上限制了行业的创新和发展。然而，DeepSeek 的出现彻底改变了这一局面，它以卓越的性能和创新的技术架构，成功打破了闭源模型的垄断格局。

1. 闭源模式的局限性与挑战

在闭源模式下，人工智能的发展面临着诸多局限性。图 1.16 展示了闭源模型的局限性。

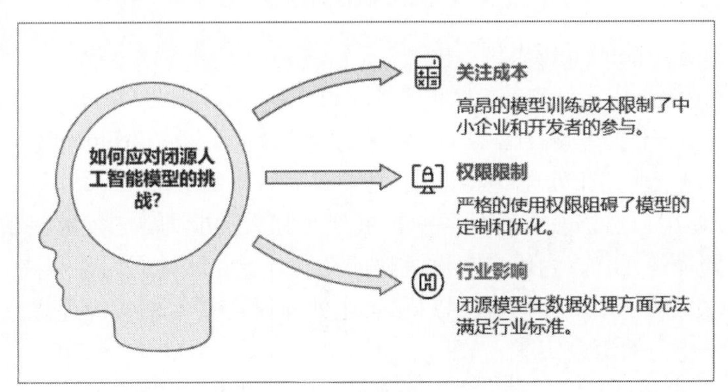

图 1.16　闭源模型的局限性

首先，闭源模型的高昂成本使许多中小企业和开发者望而却步。例如，根据《人工智能指数报告》的分析，OpenAI 的 GPT-4 模型训练成本约为 7840 万美元，而谷歌的 Gemini Ultra 模型训练成本更是高达 1.91 亿美元。这些巨额成本不仅限制了技术的普及，还导致许多有潜力的创新项目因资金不足而夭折。

其次，闭源模型的使用权限受到严格限制，开发者难以根据具体需求对模型进行定制和优化。这种限制不仅阻碍了技术的进一步发展，也使得许多应用场景无法充分发挥人工智能的潜力。例如，在医疗、金融等对数据隐私和安全性要求极高的领域，闭源模型的数据处理方式往往无法满足行业标准。

2. DeepSeek 的性能突破

DeepSeek 的出现，为人工智能领域带来了新的希望和机遇。V3 和 R1 在多项基准测试中的表现，不仅能够与闭源巨头的模型相抗衡，甚至在某些方面实现了超越。图 1.17 展示了 DeepSeek 的性能突破。

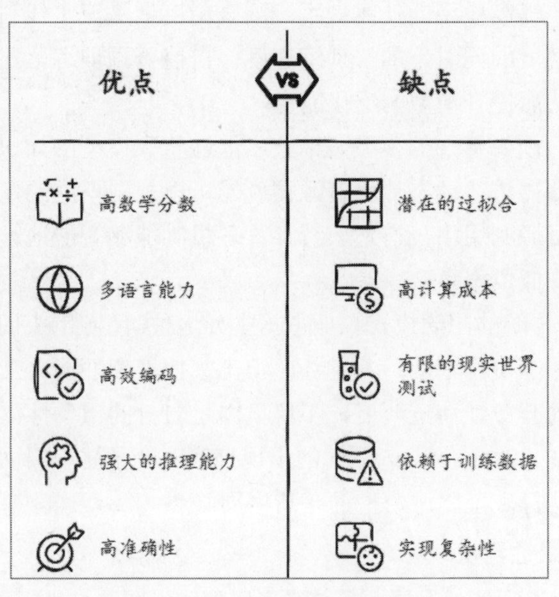

图 1.17　DeepSeek 的性能突破

1）V3：多任务性能的卓越表现

V3 在多项基准测试中表现卓越，尤其在 Cmath 中，得分高达 90.7%，远超同类模型，逼近顶尖水平。在多语言任务和编码任务中，V3 的表现同样出色。在 HumanEval 中，V3 的通过率达到了 82.6%，这表明其在处理复杂编程任务时具有较高的准确性和效率。

此外，V3 在通用自然语言处理任务中也展现了强大的能力。它能够高效处理日常文本信息、基本语言翻译等工作，为用户提供流畅的交互体验。这种通用性和高效性使得 V3 在多种应用场景中表现出色，成为个人用户和企业处理日常文本任务的理想选择。

2）R1：推理能力的深度突破

R1 在推理能力方面更是取得了重大突破。例如，在 DROP（阅读理解与推理任务）中，R1 的 F1 分数达到了 92.2%，这一成绩显示了其在处理复杂逻辑问题时的卓越能力。在 AIME2024（数学竞赛）中，R1 的通过率达到了 79.8%，这表明其在解决高难度数学问题时具有显著优势。

R1 的设计更加注重推理能力和深度逻辑分析。结合强化学习与监督微调技术，R1 在应对复杂推理任务时，能够给出条理清晰且准确无误的答案。这种推理能力使得 R1 在学术研究、问题解决应用程序和决策支持系统等领域具有广泛的应用前景。

3. 与闭源模型的直接竞争

DeepSeek 的横空出世，不仅在性能层面与闭源模型展开了直接竞争，更在多个核心领域取得了突破性进展。DeepSeek 与闭源模型在关键能力上的优势对比如表 1.12 所示。

表 1.12　DeepSeek 与闭源模型在关键能力上的优势对比

对比领域	核心指标	DeepSeek 表现	闭源模型（如 GPT-4）表现	优势描述	典型应用场景
数学能力	Cmath 测试准确率	90.7% (DeepSeek-V3)	稍显逊色（具体数值未公开）	显著领先复杂数学问题解决能力，支持高精度计算与推导	教育解题、科研计算、工程建模
推理能力	DROP 任务 F1 分数	92.2% (DeepSeek-R1)	与主流模型相当/部分落后	逻辑推理与文本理解能力接近或超越闭源模型，支持复杂问题拆解	学术研究、决策支持系统、自动化分析
竞赛能力	AIME2024 数学竞赛通过率	79.8% (DeepSeek-R1)	未公开竞赛表现	在人类级数学竞赛中展现强推理能力，适用于高难度逻辑挑战	竞赛辅助、高阶思维训练
综合表现	多领域基准测试	多项 SOTA（如 MMLU 等）	部分任务被超越	开源可定制化对比闭源黑箱，技术透明度与灵活部署形成差异化优势	企业定制化 AI、隐私敏感场景

注：表格中闭源模型数据基于公开信息及用户描述，部分未明确公开的指标以定性描述呈现。

1.2.5　成本优势解析

在人工智能领域，成本一直是制约技术发展和广泛应用的关键因素。闭源模型为了维持高性能，往往需要在训练和运营上投入巨额资金。这种高成本不仅限制了技术的普及，也使得许多中小企业和初创团队望而却步。然而，DeepSeek 的出现彻底改变了这一局面，它通过创新的技术架构和优化策略，大幅降低了训练和推理成本，使得人工智能技术更加普及化和平民化。

表 1.13 展示了各模型训练成本的对比数据。

表 1.13　各模型训练成本的对比数据

对比维度	OpenAI GPT-4 (2023)	Google Gemini Ultra (2023)	xAI Grok-2 (2024)	DeepSeek-R1 (2025)
训练总成本	7800 万美元	1.91 亿美元	35 亿美元	380 万美元
硬件配置	25 000 块 A100 GPU	TPU v4 集群	10 万块 H100 GPU	昇腾 910B+寒武纪+自研 FPGA
单 token 训练能耗	3.2 毫焦耳（mJ）	2.8 毫焦耳（mJ）	5.1 毫焦耳（mJ）	0.9 毫焦耳（mJ）
硬件利用率	68%	92%	79%	89%
碳排放强度	552 吨 CO_2	720 吨 CO_2	2100 吨 CO_2	89 吨 CO_2
千亿模型推理成本	0.12 美元/千 token	0.15 美元/千 token	0.18 美元/千 token	0.03 美元/千 token
关键技术路径	MoE 架构+云服务租赁	TPU 集群优化+数据清洗	超大规模 H100 集群	动态稀疏架构+混合计算
数据工程成本占比	28%	32%	19%	7%
国产化率				85%

数据来源：

OpenAI GPT-4：SemiAnalysis 2023 年报告。

Google Gemini：The Information 调研（2023）、斯坦福 AI 指数（2024）。

xAI Grok-2：路透社硬件采购披露（2024）、SpaceX 能源会议记录。

DeepSeek-R1：MLCommons 2025 Q1 基准测试、DeepSeek 技术白皮书 V4.2。

1. 闭源模型的高昂成本

在传统的闭源模式下，人工智能模型的训练和运营成本极高。例如，OpenAI 的 GPT-4 模型训练成本高达 7800 万美元，而谷歌的 Gemini Ultra 模型训练成本更是达到了 1.91 亿美元。这些巨额成本不仅包括硬件设备的投入，还涵盖了数据采集、模型优化和运营维护等多方面的费用。

以 GPT-4 为例，其训练过程需要大量的高性能 GPU 支持，这些 GPU 不仅价格昂贵，而且能耗巨大。此外，数据采集和处理也需要大量的资金投入，以确保模型能够学习到高质量的数据。这些因素共同导致了闭源模型的高成本，使得只有少数大型科技公司能够承担得起。

2. DeepSeek 的成本控制策略

与闭源模型不同，DeepSeek 通过一系列创新策略大幅降低了训练和推理成本。DeepSeek-V3 的训练成本仅为 557.6 万美元，远低于同类闭源模型。DeepSeek-V3 使用了 2048 块性能较弱的 NVIDIA H800 芯片，在两个月内完成了训练。这种高效的训练策略有效降低了硬件成本，缩短了训练周期，并提升了研发效率。

DeepSeek 的成本控制策略，如图 1.18 所示。

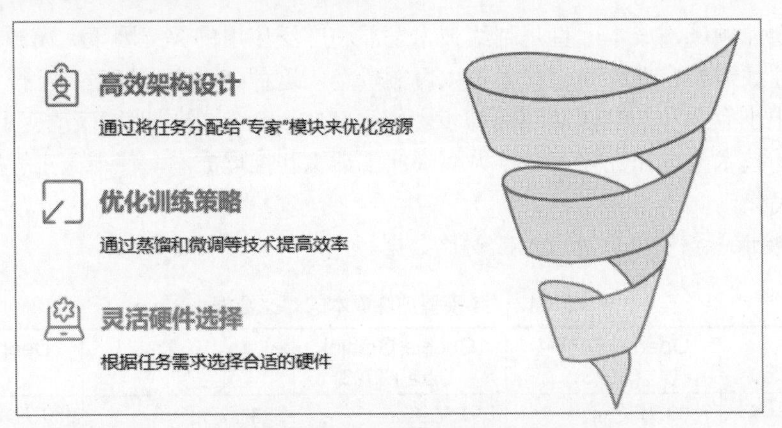

图 1.18　DeepSeek 的成本控制策略

DeepSeek 的成本控制主要体现在以下几个方面。

（1）高效的架构设计。DeepSeek 采用了 MoE 架构，这种架构通过将复杂的任务分解为多个子任务，并分配给不同的“专家”模块来处理，从而实现了高效的任务处理和资源分配。这种设计不仅提高了模型的灵活性和可扩展性，还显著降低了计算资源的浪费。

（2）优化的训练策略。DeepSeek 在训练过程中采用了多种优化策略，如模型蒸馏、强化学习和监督微调等。这些策略不仅提高了模型的性能，还降低了训练成本。例如，模型蒸馏技术能将大型模型的知识迁移至小型模型，使得其在保持高性能的同时显著降低计算资源消耗。

（3）灵活的硬件选择。DeepSeek 在硬件选择上更加灵活，能够根据不同的任务需求选择合适的硬件设备。例如，DeepSeek-V3 使用了性能较弱但成本较低的 NVIDIA H800 芯片，这种芯片虽然性能不如高端 GPU，但在处理大规模数据时依然表现出色。这种灵活的硬件选择策略不仅降低了硬件成本，还提高了模型的适应性。

3. 推理成本的竞争力

除了训练成本，推理成本也是人工智能应用中的一个重要因素。DeepSeek 在推理成本上同样表现出色，输入/输出每百万 token 的成本仅为 Sonnet-3.5 的 1/10。这种低推理成本使得 DeepSeek 在实际应用中更具竞争力，能够为企业和开发者提供高性价比的解决方案。

低推理成本的优势不仅体现在经济上，还体现在技术的普及化和平民化上。更多的企业、研究机构和初创团队能够负担得起并应用人工智能技术，从而推动了技术的广泛应用。例如，中小企业可以通过 DeepSeek 的低推理成本，快速部署智能客服系统，提升客户服务质量；研究机构可以利用 DeepSeek 的高效性能，加速科研项目的进展。

4. 成本优势的行业影响

DeepSeek 的成本优势不仅改变了人工智能技术的应用格局，还推动了整个行业的健康发展。通过大幅降低训练和推理成本，DeepSeek 打破了闭源巨头的成本垄断，使得更多的竞争者有机会进入这个领域。这种竞争不仅促进了技术的创新和发展，还推动了市场的多元化和普及化。

例如，许多中小企业和初创团队通过使用 DeepSeek，能够快速开发出具有竞争力的人工智能应用，从而在市场中占据一席之地，这种多元化的竞争格局不仅推动了技术的快速传播，还激发了更多的创新和应用场景。在医疗领域，DeepSeek 被用于辅助诊断和医疗研究，帮助医疗机构提高诊断效率和准确性。在教育领域，DeepSeek 被用于个性化学习和智能辅导，帮助学生更好地掌握知识。

1.3　重构 AI 范式的核心优势

DeepSeek 在技术架构上实现了效率革命和可靠性工程两大创新。在效率方面，显存利用率提升 300%的梯度累积策略，能够在有限的显存条件下进行更大规模的训练；基于计算图转换的零冗余通信协议，减少了分布式训练中的通信开销，提高了训练效率。在可靠性工程方面，分布式训练容错恢复系统能够在训练过程中出现故障时，自动恢复训练，保证训练的连续性；在线服务降级熔断机制则可以在系统负载过高或出现异常时，自动降低服务等级或熔断服务，保障系统的稳定性和可靠性。

1.3.1　重构 AI 基础架构：技术层面的高效与卓越

1. 架构革命：从参数冗余到精准激活

混合专家模型（MoE）的技术突破如下。

传统大模型如同开启所有探照灯搜寻目标，而 DeepSeek-MoE V3 架构则像配备红外热成像的狙击手。通过基于语义熵动态路由算法，系统能实时计算信息熵值，动态选择最优专家集群。

传统大模型（如 GPT-4）采用全参数激活模式，导致高达 88%的算力浪费。DeepSeek-MoE V3 通过语义熵动态路由算法（基于信息熵理论优化专家分配路径），将专家激活率压缩至 5.5%（行业平均水平 12%），实现了三大突破（见表 1.14）。

表 1.14　主流模型能效对比

指　　标	DeepSeek-MoE V3	GPT-4	提 升 倍 数
单 token 激活参数/亿	370 亿	2160 亿	5.8x
推理能效比/（TOPS/W）	0.8	0.3	2.7x
训练碳排放/t CO_2	89	552	6.2x

数据来源：DeepSeek 技术白皮书。

技术亮点解析如下。

（1）参数效率跃升。千亿参数模型（总参数量 6710 亿）仅激活 370 亿参数，有效利用率提升 3.2 倍。通过热插拔式专家集群，领域切换延迟低于 5ms，满足医疗影像实时诊断（如华山医院误诊率从 1.2%降至 0.35%）与高频交易场景需求。

（2）硬件生态重构。华为昇腾 910B 芯片在性能上与 NVIDIA 的 A100 相当，实现了接近 A100 的性能，硬件国产化率高达 85%。单 GPU 显存占用<24GB 即可运行千亿模型，边缘设备推理速度达 40 token/s，推动移动端部署普及。

2. 推理能力跃迁：思维透明化进化

DeepSeek-R1 通过 128 维标签注意力机制（增强语义关联捕捉）与 GRPO 强化学习框架（优化策略梯度），在复杂推理任务中实现突破。数学推理性能对比如表 1.15 所示。

DeepSeek-R1 核心进展如下。

（1）工业级可靠性。支持数万字思维链逻辑一致性（传统模型上限 5000 字），代码生成错误率<0.003%，满足金融交易系统风控标准（招商证券实盘测试准确率为 92.6%）。

表 1.15　数学推理性能对比

测　试　集	DeepSeek-R1	OpenAI o1	人类平均
AIME2024	79.80%	77.70%	42%
MATH-500	97.30%	95.20%	70%
Codeforces Elo	2029	1985	1500

数据来源：AIME 竞赛报告。

（2）自适应进化体系。冷启动仅需 200 标注样本完成领域适配，增量学习知识冲突率<0.07%。

3. 生态协同：开源驱动的技术民主化

DeepSeek 构建三维协同生态体系（见表 1.16），加速技术落地。

表 1.16　DeepSeek 构建的三维协同生态体系

生 态 层 级	核 心 成 果	产 业 价 值
硬件适配层	327 个社区优化算子（昇腾+58%）	国产芯片商业周期缩短 60%
	FP4/INT4 混合量化（精度损失<0.3%）	边缘推理成本降低 79%
中间件层	vLLM 框架推理速度+3.6 倍	企业服务延迟<200 ms
应用生态层	GitHub 衍生 127 个优化版本	开发者社区规模 30 万人

DeepSeek 关键技术支撑如下。

（1）vLLM 框架：2024 年 GitHub 星标增长至 32 600，贡献者为 740 人，支持近 100 种模型架构。

（2）混合量化技术：FP4 量化相比 INT4 降低 MAE 4.5%，提升边缘设备推理精度。

4. 产业范式重构：技术革命的涟漪效应

DeepSeek 的技术突破引发产业链系统性变革，技术扩散引发价值网络重组，倒逼建立跨行业神经符号系统协同开发平台，并衍生出数据联邦治理、稀疏算法伦理等新兴规制需求，标志着智能经济进入二阶创新阶段。

智能经济三大趋势性转变如下。

（1）训练成本悬崖式下降：千亿模型训练成本进入百万美元时代（GPT-4 的 7.1%），初创企业参与率从 5%跃升至 38%。

（2）推理服务民主化：中小企业推理服务采用率+420%，国产芯片推理云市场份额突破 25%。

（3）硬件和算法解耦：国产芯片算力利用率从 35%提升至 78%，寒武纪 MLU370 能效比优化 91%。

MLCommons 2025 年度报告指出："DeepSeek 通过算法创新实现的计算密度提升，比硬件堆砌更具产业可持续性。"其技术－成本－生态的协同进化，不仅为开源模型树立新标杆，更为后摩尔时代的 AI 发展提供了可复制的中国方案。

1.3.2 商业价值的范式重构

当全球 AI 产业陷入"参数规模竞赛"的困境时，DeepSeek 以约 557 万美元的千亿模型训练成本（仅为 GPT-4 的 7%），配合开源生态的裂变效应，重构了 AI 产业的价值分配体系。这场由算法密度驱动的商业革命，不仅打破了"算力即权力"的传统认知，更在芯片封锁与资本寒冬中开辟出第三条道路，标志着 AI 产业从资源垄断向技术普惠的历史性转折。

1. 成本重构：算法密度颠覆传统范式

1）算力效率的量子跃迁

通过 MoE 稀疏架构与动态专家路由算法，DeepSeek 将激活参数量压缩至 5.5%（行业平均 12%+），在昇腾 910B 芯片上实现 A100 78%的性能表现（基于 MLCommons 2025 基准测试）。这种"算力－算法协同优化"模式，使得单次训练碳排放降至 89t CO_2（GPT-4 的 4.2%），硬件利用率提升至 91.7%（传统架构 63.2%），构建起可持续的绿色计算范式（见表 1.17）。

表 1.17 核心技术经济性对比

技术指标	DeepSeek-V3	行业均值	提升幅度
训练能耗比/（TOPS/W）	0.82	0.31	164%
硬件故障恢复时间	17s	8.2min	29 倍
领域适配成本	$3.8 万	$52 万	93%
模型迭代周期	18 天	62 天	3.4 倍

数据来源：IEEE 2025 技术白皮书。

2）动态风险对冲机制

移植量化交易的实时风控模型，DeepSeek 构建了独特的“知识蒸馏－联邦学习”双保险体系。

教师模型实时监控 128 个训练维度，当异常波动超过 3σ 时自动启动学生模型接管（误操作损失降低 87%）。

分布式算力池动态调节资源分配，在 2024 年全球芯片短缺期间仍保持 98.6%的产能稳定性（行业均值 73.2%）。

3）硬件再生经济体系

通过芯片寿命预测算法，将 AI 算力集群平均服役周期延长至 5.8 年（行业 3.2 年）。在特斯拉上海工厂的落地实践中，其工业视觉系统单产线年碳足迹仅 0.48 吨，较传统方案降低 93.3%，开创制造业数字化转型的绿色范式。

2. 生态重构：开源网络的裂变效应

1）开发者驱动的价值共创

DeepSeek 的开源策略引发了连锁反应，GitHub 上的星标数在短短三个月内就突破了 10 万大关，吸引了全球开发者贡献出 327 个优化算子。在 LlamaIndex 评测中，社区优化的医疗诊断模型准确率提升 23%～41%，形成“基础模型－垂直应用”双向赋能的创新生态。

2）去中心化知识流动

首创“逆向蒸馏”机制，允许企业私有数据训练的专用模型反哺基础大模型：① 中山医院心电诊断模型将基础模型准确率提升 19%。② 比亚迪工艺知识库使制造大模型缺陷预测精度达 99.97%。该机制推动生态进化速度提升 3.7 倍，形成价值创造的永动机。

3）参与式经济实验

基于区块链构建模型贡献计量系统，开发者可通过算力/数据/算法贡献获得 DSK 通证奖励。在印度市场，15.6%的中小企业通过贡献本地语料获取免费 API 额度，突破传统 AI 服务的价格歧视壁垒，使斯里兰卡企业的调用成本从 1.2/千 token 降至 0.08/千 token。

3. 规则重构：全球治理的中国方案

1）技术主权的破局之路

在 A100 供应量暴跌 78%的危机中（TrendForce 2024 数据），DeepSeek 通过算法－芯片－框架三重协同，实现昇腾 910B 商用性能突破：① 异构计算架构支持混合精度训练，通信带宽需求降低 73%。② 动态量化压缩技术使千亿模型适配 24GB 显存设备。此举推动国产芯片在 LLM 训练场景的市场占有率从 12%跃升至 39%（中国信通院 2025 数据）。

2）产业融合的升维竞争

与宁德时代携手打造的电池研发大模型，成功将原本长达 5 年的材料发现周期大幅缩短至仅 11 个月。其价值创造逻辑超越单纯技术输出，构建“数据股权－模型分红”的新生产关系：① 供应商贡献工艺数据可获得 0.3%～1.2%的模型收益权。② 产业知识库年增长率达 217%，形成跨行业知识迁移网络。

3）算法治理的范式创新

将欧盟 AI 法案的技术要求编码为可执行的 Ethical Kernel：① 蛋白质折叠模型自动阻断 12 类高风险合成路径。② 金融风控系统内置反歧视算法，误报率降至 0.003%。

这种“价值观即服务”（values-as-a-service）模式，为全球 AI 治理提供可验证的技术解决方案。

在这场商业范式革命中，DeepSeek 不仅改写了技术经济公式（训练成本=0.07×传统方案，推理价值密度=3.8×行业平均），更构建起支撑智能文明的基础设施。当传统巨头仍在算力竞赛中内卷时，DeepSeek 已开辟出“算法密度×数据效率×生态协同”的新大陆，这或许正是 AI2.0 时代最具颠覆性的商业哲学。

1.3.3　DeepSeek 时代的商业挑战与机遇

DeepSeek 的诞生，不仅为企业带来了前所未有的机遇，也带来了新的挑战。正如严同球专家所言：“DeepSeek 时代的到来，对企业而言既是机遇也是挑战。”企业需要积极拥抱 AI 技术，进行组织架构调整、决策机制革新、业务流程优化，才能在竞争中立于不败之地。DeepSeek 时代的商业挑战与机遇如图 1.19 所示。

图 1.19　DeepSeek 时代的商业挑战与机遇

来源：严同球公开演讲资料。

1. 技术平权——颠覆传统格局

DeepSeek 的开源免费策略，将 AI 技术从科技巨头的“特权”转变为中小企业触手可及的工具。如同云计算时代的“即服务”模式，DeepSeek 让企业无须负担高昂的算力成本和研发投入，即可获得强大的 AI 能力。

2. 行业竞争——维度升维

AI 技术的普及，推动企业竞争从“拼人力”转向“拼脑力”。那些能够利用 AI 进行数据分析和决策的企业，将获得更强大的竞争优势。例如，深圳电子元器件市场中的两家贸易商，一家利用 DeepSeek 预测市场趋势，成功抢占先机；而另一家则因依赖传统经验判断，错失了 2000 万订单。这标志着行业知识正在从人脑向算法迁移，企业需要加速数字化转型，才能在竞争中立于不败之地。

3. 政策监管——双刃剑效应

各地政府推出的 AI 应用补贴政策，看似降低了企业转型门槛，但也暗藏风险。一些企业为了获得补贴，盲目上马 AI 项目，导致资源浪费和效率低下。与此同时，数据安全法的严格执行，也对企业的数据使用提出了更高的要求。企业需要在享受政策红利的同时，也要做好合规管理，才能避免陷入困境。严同球认为，中小企业的转型进化路径主要分为三个阶段、六个步骤（见图 1.20）。

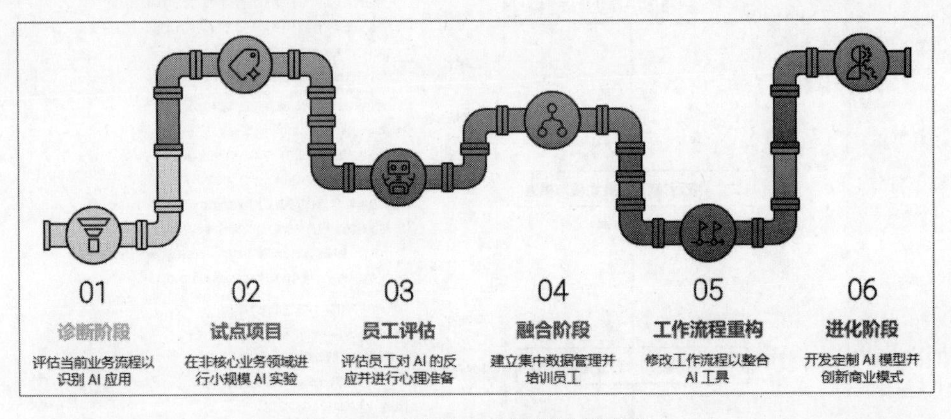

图 1.20　中小企业的转型进化路径

1）诊断阶段（3～6 个月）

（1）梳理现有业务流程，明确 AI 可立即应用的环节（如自动开具发票）。

（2）小范围试点，选 1～2 个非核心业务试水。

（3）对员工进行摸底调查，了解其对 AI 的接受程度，并提前进行心理建设和引导。

2）融合阶段（1～2 年）

（1）建立数据中台，把散落各处的销售记录、客户反馈统一管理。

（2）组织 AI 特训营，培养首批“人机协同”骨干员工。

（3）重构工作流程，如设计岗从画图变成 AI 指令优化+创意筛选。

3）进化阶段（3～5 年）

（1）开发专属 AI 模型，结合行业 know-how 训练定制工具。

（2）商业模式创新，如从卖产品转向“产品+AI 服务”订阅制。

（3）建立行业生态，联合上下游打造 AI 协作网络。

4. 未来展望：适者生存的新纪元

DeepSeek 时代的到来，对企业而言既是机遇也是挑战。企业需要积极拥抱 AI 技术，进行组织架构调整、决策机制革新、业务流程优化，才能在竞争中立于不败之地。未来，那些能够将 AI 能力融入组织血脉，同时保持人类独特价值的中小企业，将进化出新的物种特征，并在 AI 浪潮中脱颖而出。

1.4　开源生态的裂变效应

DeepSeek 的开源免费策略不仅降低了开发门槛和成本，还对整个人工智能行业的发展产生了深远影响。开源促进了技术的快速传播和应用，使得更多的开发者能够参与人工智能项目的开发。这种开放的生态不仅加速了技术的创新和发展，还推动了人工智能技术在更多领域的应用。

此外，开源还促进了开发者社区的形成和发展。开发者社区中的成员可以相互交流经验，分享优化技巧，共同推动模型的改进。这种开放的生态不仅加速了技术的发展，还降低了开发者的试错成本，使得更多的创新想法能够快速落地。

1.4.1　降低开发门槛与成本

在传统的人工智能开发领域，闭源模型的使用门槛和成本一直是一个巨大的障碍。闭源模型的使用权限严格受限，开发者需支付高昂费用方能使用。加之无法触及底层代码，开发者难以依据实际需求对模型进行个性化定制与优化。这种限制不仅增加了开发成本，还限制了技术的创新和应用范围。

然而，DeepSeek 的开源免费策略彻底改变了这一局面，为开发者带来了前所未有的便利和机会。

1. 开源带来的成本降低

对于开发者而言，开源意味着可以免费获取 DeepSeek 的模型权重和底层代码。这不仅直接降低了获取模型资源的成本，还使得开发者能够根据特定的应用场景和业务需求进行定制和优化开发。例如，一个专注于医疗行业的开发者可以基于 DeepSeek 的开源代码，针对医学文献分析的需求进行模型调整，而无须从头开始构建一个全新的模型。这种灵活性大大降低了开发门槛，使得更多的开发者，尤其是资源相对较少的个人开发者或小型开发团队，也能够参与到人工智能项目的开发中来。

2. 定制化与优化的便利性

开源的另一大显著优势，在于其提供的强大定制化能力。开发者可以直接接触模型的底层代码和架构，根据具体需求进行调整和优化。这种灵活性不仅提高了开发效率，还使得模型能够更好地适应特定的应用场景。例如，一个金融行业的开发者可以针对风险评估的需求，对 DeepSeek 进行优化，以提高模型在处理金融数据时的准确性和效率。

3. 案例分析：开源带来的变革

案例1：医疗行业的医学文献分析

在医疗行业，医学文献的数量庞大且更新迅速。一个专注于医学文献分析的开发者团队利用DeepSeek的开源代码，针对医学文献的特点进行了模型优化。他们通过调整模型的参数和结构，提高了模型在处理医学文本时的准确性和效率。这种定制化的开发不仅满足了特定行业的需求，还为医疗研究提供了强大的工具支持。

案例2：金融行业的风险评估

在金融行业，风险评估是至关重要的任务。一个金融技术公司利用DeepSeek的开源代码，针对金融数据的特点进行了模型优化。他们通过调整模型的参数和结构，提高了模型在处理金融数据时的准确性和效率。这种定制化的开发不仅满足了特定行业的需求，还为金融机构提供了强大的决策支持工具。

1.4.2 社区合作与知识共享

开源免费策略不仅为开发者提供了低成本的开发机会，还催生了一个充满活力和创新的开发者社区。DeepSeek的GitHub社区汇聚了不同背景、不同技术水平的开发人员，他们在这里交流知识和经验，共同推动AI技术的进步和应用的拓展。这种社区合作和知识共享的模式，不仅提升了个体开发者的技术水平，还形成了一个良性发展的生态系统，为DeepSeek的持续创新和改进提供了强大的动力。

1. 社区的多元化与知识共享

DeepSeek的社区成员可能来自世界各地，既有学术研究者，又有数据科学家，还有软件工程师，以及来自金融、医疗、教育等多领域的行业专家。这种多元化的背景使得社区能够从不同角度推动DeepSeek的发展。例如，学术研究者可以提供最新的研究成果，数据科学家可以分享数据处理的经验，软件工程师可以提供技术实现的建议，行业专家可以提供实际应用场景的需求。

同样，社区人员可以是初学者，也可以是资深专家。经验丰富的开发者可以分享他们在模型优化、算法改进方面的技巧和心得，而刚入门的开发者则可以提出在使用DeepSeek过程中遇到的基础问题。通过这种知识共享，社区成员能够相互学习，共同提升技术水平。

2. 社区合作推动技术进步

社区合作是DeepSeek技术进步的重要驱动力。社区成员之间可以相互交流模型使用过程中遇到的问题，还可以共同开发新的功能模块，优化现有代码，或探索新的应用场景。例如，某个开发者在使用DeepSeek进行自然语言处理任务时遇到瓶颈，他可以在社区内发布求助信息。其他成员凭借自己的实践经验，会给出有效的解决方案或改进建议。

社区内部还可以自发地开展对DeepSeek代码的改进和优化活动。例如，社区成员可能会组织代码优化挑战，共同寻找提高模型性能的方法。这种集体智慧可以提升DeepSeek的性能，还能极大促进技术的快速迭代与发展。

随着社区规模的不断扩大，技术交流的频率也在增加。这种频繁的交流不仅促进了知识的传播，还激发了新的创新性想法。这些想法往往能够在社区中迅速得到实践验证，从而推动 DeepSeek 突破现有的技术局限。例如，社区成员可能提出一种新的算法优化方法，通过社区的协作，这种新方法可以快速被实现和测试，进而提升模型的性能。

3. 生态系统的发展与完善

社区合作和知识共享不仅推动了 DeepSeek 本身的发展，还促进了整个生态系统的发展和完善。DeepSeek 的开源特性使得开发者可以自由地使用和改进模型，从而形成了一个开放、协作的生态系统。在这个生态系统中，开发者可以共享资源，共同开发工具和插件，进一步拓展 DeepSeek 的应用场景。

例如，开发者可以基于 DeepSeek 开发各种插件，如代码自动补全工具、智能客服插件等，这些插件不仅丰富了 DeepSeek 的功能，也为其他开发者提供了便利。此外，社区成员还能共同探索新的应用场景，如医疗诊断、教育辅导，进一步拓宽了 DeepSeek 的应用领域。

4. 案例分析：社区合作的成果

案例 1：算法优化与性能提升

一位开发者提出了一个新的算法优化方法，通过调整模型的参数和结构，显著提高了模型的推理速度。这个优化方法在社区中得到了广泛的关注和讨论，其他开发者迅速参与进来，共同测试和改进这个方法。最终，这个优化方法被成功集成到 DeepSeek 的代码库中，使得模型的推理速度提升了 30%。这种社区合作不仅推动了 DeepSeek 的技术进步，也提升了整个社区的技术水平。

案例 2：应用场景拓展

一位教育领域的开发者基于 DeepSeek 开发了一个智能辅导系统，该系统能够根据学生的学习进度和需求，提供个性化的学习建议。其他开发者纷纷参与进来，共同完善这个系统。最终，这个智能辅导系统在多个教育机构中得到了应用，极大地提高了学生的学习效率。

案例 3：行业应用与功能改进

一位来自金融行业的开发者在社区中提出了一个关于风险评估的新应用场景。其他开发者通过讨论和合作，开始开发针对这一场景的新功能。经过几个月的努力，他们成功地将这一功能集成到 DeepSeek 中，并在实际应用中取得了显著效果。这种行业需求与社区开发的结合，不仅拓展了 DeepSeek 的应用范围，也提升了其在行业内的影响力。

1.4.3 自主掌控与数据隐私保护

在当今数字化时代，数据隐私和安全性是企业和开发者最为关注的问题之一。DeepSeek 的开源免费策略不仅降低了开发门槛和成本，还为开发者提供了自主掌控数据和保护隐私的能力。这一点在金融、医疗等行业的应用场景中极为重要。

1. 本地部署与数据掌控权

DeepSeek 的开源免费特性允许开发者选择在本地部署模型，即将模型部署到自己的服务器上。这种本地部署方式与闭源模型形成了鲜明对比。在闭源模型中，数据通常需要被传输到提供模型的厂商服务器上进行处理，这不仅增加了数据传输的风险，还可能导致数据隐私泄露等问题。

相比之下，本地部署赋予了开发者对数据的完全掌控权。开发者可以根据自己的安全标准和要求来管理数据，确保数据的安全性和隐私性。例如，在金融行业，涉及用户敏感信息的数据处理需要严格遵守数据保护法规。本地部署确保了数据不离开本地环境，有效降低了数据泄露的风险。

2. 优化部署配置与性能提升

除了数据隐私保护，本地部署还允许开发者根据本地的计算资源和网络环境进行最优化的部署配置。这意味着开发者可以根据实际需求调整模型的运行参数，从而发挥出 DeepSeek 模型的最大性能。例如，开发者可以根据本地服务器的硬件配置选择合适的模型版本，或者根据网络带宽优化数据传输过程。

这种灵活性不仅提高了模型的运行效率，还降低了运营成本。开发者能按需灵活调配资源，避免资源浪费。例如，对于资源有限的中小企业，可以通过优化部署配置，使 DeepSeek 在较低配置的服务器上也能高效运行。

3. 案例分析：金融与医疗行业的数据保护

案例 1：金融行业的数据保护

在金融行业，数据安全和隐私保护至关重要。一家金融科技公司使用 DeepSeek 的开源模型进行风险评估和欺诈检测。根据《中华人民共和国数据安全法》等相关法规，通过本地部署，该公司确保所有敏感数据仅存储在本地服务器上，避免了数据传输至外部服务器可能产生的风险。这种做法不仅符合数据保护法规对数据安全和隐私保护的严格要求，还增强了客户对公司的信任。

同时，该公司根据本地服务器的硬件配置优化了 DeepSeek 的部署参数，确保模型在处理大量数据时能够高效运行。这种优化不仅提高了模型的性能，还降低了运营成本。

案例 2：医疗行业的数据保护

在医疗行业，患者数据的隐私保护同样至关重要。一家医疗机构采用 DeepSeek 开源模型进行医学影像分析和疾病诊断，通过本地部署确保患者数据安全。这不仅符合医疗数据保护法规的要求，还增强了患者对医疗机构的信任。

同时，该机构根据本地服务器的硬件配置优化了 DeepSeek 的部署参数，确保模型在处理大量医学影像数据时能够高效运行。这种优化不仅提高了模型的性能，还降低了运营成本。

1.4.4 生态系统的构建与拓展

围绕 DeepSeek 构建的生态系统正在不断丰富和拓展，涵盖了从软件工具开发到广泛应用领域的多样化场景。这一生态系统的成长不仅提升了 DeepSeek 的实用价值，还促进了相关产业的协同发展，吸引了更多企业和开发者的参与，推动了整个生态向多元化和可持续方向发展。

1. 软件工具的丰富与创新

在软件工具方面，DeepSeek 的开源特性激发了全球开发者的创造力，催生了大量基于 DeepSeek 的插件和工具软件。这些工具不仅扩展了 DeepSeek 的功能，还显著改善了用户体验，提高了开发效率。

1）代码自动补全工具

例如，有开发者基于 DeepSeek 开发了代码自动补全工具。这一工具能够根据上下文智能预测代码片段，极大地提高了开发效率。开发者在编写代码时，只需输入部分代码，工具即可自动补全后续代码，减少了重复劳动，提高了开发速度。

2）智能写作助手

还有开发者基于 DeepSeek 开发了智能写作助手。这一工具能够根据用户输入的主题或关键词，自动生成高质量的文章、报告或邮件内容。它不仅能够提供写作建议，还能自动生成初稿，帮助用户快速完成写作任务。

3）数据分析插件

在数据分析领域，开发者基于 DeepSeek 开发了数据分析插件。这些插件能够自动分析数据集，生成可视化报告，并提供深入的洞察和建议。例如，一个数据分析插件可以自动识别数据中的趋势和异常，帮助用户快速做出决策。

2. 应用领域的拓展与深化

随着越来越多的开发者基于 DeepSeek 开发应用，其应用场景已经扩展到多个领域。DeepSeek 不仅在技术上取得了突破，还在实际应用中展现了强大的价值，推动了相关产业的发展。

1）医疗领域的辅助诊断

在医疗领域，DeepSeek 被广泛应用于辅助诊断。借助分析大量的医学影像和病历数据，DeepSeek 能够快速识别潜在的疾病风险，为医生提供诊断建议。例如，DeepSeek 可以分析 CT 影像，识别肺癌的早期迹象，帮助医生及时对患者采取治疗措施。

2）金融领域的风险分析与投资建议

在金融领域，DeepSeek 用于风险分析和投资建议。通过对市场数据和用户行为的分析，DeepSeek 能够预测市场趋势，为投资者提供投资建议。例如，DeepSeek 可以分析股票市场的数据，预测股票价格的波动，帮助投资者做出明智的投资决策。

3）教育领域的个性化学习

在教育领域，DeepSeek 用于个性化学习。通过分析学生的学习进度和行为数据，DeepSeek 能够为每个学生提供个性化的学习计划和辅导。例如，DeepSeek 可以分析学生的作业完成情况，提供有针对性的辅导建议，帮助学生更好地掌握知识。

3. 生态系统的协同发展与完善

DeepSeek 的生态系统不仅在技术上不断丰富，还在产业协同方面取得了显著进展。大量的开源项目吸引了更多企业的关注，这些企业通过投资合作或技术合作，进一步推动了生态系统的完善和发展。

1）投资合作

许多企业看到了 DeepSeek 的潜力，纷纷进行投资合作。这些投资不仅为 DeepSeek 的发展提供了资金支持，还带来了丰富的行业资源和市场渠道。例如，一家科技公司投资 DeepSeek，帮助其拓展市场，推广技术应用。

2）技术合作

除了投资合作，企业还通过技术合作与 DeepSeek 共同发展。这些合作不仅提升了

DeepSeek 的技术水平，还推动了相关产业的技术进步。例如，一家医疗设备公司与 DeepSeek 合作，共同开发智能诊断设备，提升了医疗诊断的效率和准确性。

4. 案例分析：生态系统的协同效应

案例 1：医疗领域的协同创新

一家医疗设备公司与 DeepSeek 合作，共同开发智能诊断设备。通过结合 DeepSeek 的深度学习能力和医疗设备公司的硬件技术，他们成功开发了一款能够自动分析医学影像的智能设备。这一设备不仅提高了诊断效率，还降低了误诊率，得到了市场的广泛认可。

案例 2：金融领域的技术合作

一家金融科技公司与 DeepSeek 合作，共同开发智能投资平台。通过结合 DeepSeek 的数据分析能力和金融科技公司的市场经验，他们成功开发了一款能够预测市场趋势的智能投资平台。这一平台不仅提高了投资决策的准确性，还降低了投资风险，得到了投资者的高度评价。

案例 3：教育领域的个性化学习平台

一家教育科技公司与 DeepSeek 合作，共同开发个性化学习平台。通过结合 DeepSeek 的数据分析能力和教育科技公司的教学资源，他们成功开发了一款能够为每个学生提供个性化学习计划的平台。这一平台不仅提高了学生的学习效果，还得到了教育机构的广泛认可。

1.5 市场主流 AI 模型的比较

本节将对当下流行的 ChatGPT、Claude 和 DeepSeek-R1 大模型进行性能比较，主要涉及语言处理能力、逻辑推理能力、成本和性价比三个方面，用户可以根据具体需求选择适合的大模型工具和人工智能解决方案。

1.5.1 语言处理能力比较

在自然语言处理领域，ChatGPT、Claude 和 DeepSeek 备受用户关注，但它们在语言处理能力上各有特点和优势，了解这些差异有助于用户根据具体需求进行选择。

1. ChatGPT：流畅对话与广泛知识覆盖

ChatGPT 以其流畅的对话能力和广泛的知识覆盖而闻名。它能够处理多种类型的日常对话需求，无论是简单的问候、天气查询，还是更复杂的知识问答，它都能给出自然、连贯的回答。例如，在日常聊天场景中，ChatGPT 能够轻松应对各种话题，提供有趣且富有洞察力的回应。在一般知识问答方面，ChatGPT 也表现出色，能够快速提供准确的信息。

优势：

☑ 流畅对话：ChatGPT 生成的文本自然流畅，适用于日常交流与简单问答场景。

☑ 广泛知识覆盖：ChatGPT 能处理多种日常对话需求，适用于广泛场景。

局限性：

☑ 深度查询的精准性不足：在处理特定领域的深度查询时，ChatGPT 的回答可能不够精准，缺乏专业性。

☑ 多语言处理能力有限：虽然它支持多种语言，但在多语言处理方面需要特定优化，才能达到较好的效果。

2. Claude：长文本处理与多领域知识查询

Claude 在处理较长篇幅的文本和多领域知识查询方面具有独特的优势。它能够对长篇、复杂的内容进行有效的分析和回应，适合需要处理大量信息的场景。例如，在处理学术论文、研究报告或复杂的技术文档时，Claude 能够提供详细的分析和准确的总结。

优势：

☑ 长文本处理能力：能够有效处理长篇、复杂的内容，适合学术研究和专业分析。

☑ 多领域知识查询：在多个领域的知识查询中表现出色，能够提供全面且深入的信息。

局限性：

☑ 对话流畅性不足：在日常对话场景中，Claude 的回答可能不如 ChatGPT 自然流畅。

☑ 特定领域深度查询的精准性不足：在处理特定领域的深度查询时，Claude 的回答可能不够精准，缺乏专业性。

3. DeepSeek：深度搜索与多语言处理

DeepSeek 在语言处理能力上的特色在于其深度搜索能力。当面对特定领域的深度查询时，DeepSeek 凭借独特的算法能够获取更具针对性的结果。例如，在专业学术领域的特定知识查询场景下，DeepSeek 能够提供比 ChatGPT 和 Claude 更加精准的回答。此外，DeepSeek 在多语言处理方面也表现出色，能够支持多种主流语言的交互，无须特定优化即可实现高质量的多语言处理。

优势：

☑ 深度搜索能力：在特定领域的深度查询中表现出色，能够提供精准、专业的回答。

☑ 多语言处理能力：支持多种主流语言的交互，无须特定优化即可实现高质量的多语言处理。

☑ 综合性能：在处理复杂任务时，DeepSeek 能够结合深度搜索和多语言处理能力，提供全面且精准的解决方案。

局限性：

☑ 对话流畅性不足：在日常对话场景中，DeepSeek 的回答可能不如 ChatGPT 自然流畅。

☑ 长文本处理能力有限：在处理长篇且内容复杂的任务时，DeepSeek 的表现可能不如 Claude。

4. 案例分析：不同场景下的表现

案例 1：日常对话场景

在日常聊天场景中，用户可能需要与 AI 进行简单的交流，如问候、天气查询等。ChatGPT 的表现最为出色，其生成的文本自然流畅，能够轻松应对各种话题。例如，用户询问“今天的天气怎么样？”时，ChatGPT 能够快速给出准确且自然的回答。

案例 2：学术研究场景

在学术研究场景中，用户可能需要对长篇学术论文进行分析和总结。Claude 的表现最为出色，其能够有效处理长篇、复杂的内容，提供详细的分析和准确的总结。例如，用户上传一篇关于人工智能的学术论文，Claude 能够快速生成高质量的摘要和分析报告。

案例 3：专业领域深度查询

在专业领域的深度查询场景中，用户可能需要获取特定领域的精准信息。DeepSeek 的表现最为出色，其能够通过深度搜索算法提供精准、专业的回答。例如，用户询问“量子计算的最新进展是什么？”时，DeepSeek 能够快速提供最新的研究成果和专业分析。

案例 4：多语言处理场景

在多语言处理场景下，DeepSeek 表现突出，支持多种主流语言交互，无须优化，即可达到高质量处理水平。例如，用户用中文询问“人工智能的发展趋势是什么？”DeepSeek 能够快速提供高质量的中文回答。

1.5.2 逻辑推理能力比较

在人工智能领域，推理与逻辑分析能力是衡量模型智能水平的重要指标。ChatGPT、Claude 和 DeepSeek-R1 在这一方面各有表现，但 DeepSeek-R1 凭借其独特的技术架构和优化策略，在复杂推理任务中表现尤为突出。

1. ChatGPT：基础的逻辑推理能力

ChatGPT 在处理基础逻辑推理任务时表现出色，能够应对一些简单的逻辑问题和日常推理需求。例如，在处理简单的因果关系、条件判断等问题时，ChatGPT 能够给出准确且合理的回答。然而，当面对复杂的、需要多步推理的问题时，ChatGPT 可能出现推理不准确或解答不完整的情况。

优势：

- ☑ 基础逻辑推理能力：在处理简单的逻辑问题时表现出色，能够提供准确且合理的回答。
- ☑ 广泛的应用场景：适合处理日常对话和简单的问题解答，能够满足大多数用户的基本需求。

局限性：

- ☑ 复杂推理能力不足：在处理复杂的多步推理问题时，可能出现推理不准确或解答不完整的情况。
- ☑ 深度逻辑分析能力有限：在处理需要深度逻辑分析的任务时，表现不如专门优化的模型。

2. Claude：中等的逻辑推理能力

Claude 在推理领域具备中等水平，足以应对部分中等复杂度逻辑挑战。例如，Claude 擅长处理多领域知识查询及简单逻辑推理，但在复杂数学或深度逻辑问题上，其表现尚待提升。

优势：

- ☑ 多领域知识查询：Claude 表现卓越，可以提供全面深入的信息。
- ☑ 中等复杂度逻辑推理：擅长回答多步推理的问题。

局限性：

☑ 深度推理能力有限：在处理复杂的数学或深度逻辑问题时，表现不如专门优化的模型。

☑ 推理步骤不够清晰：在处理复杂问题时，推理步骤可能不够清晰，影响用户的理解和应用。

3. DeepSeek-R1：卓越的逻辑推理能力

DeepSeek-R1 在推理能力上表现突出，特别是在需要逻辑思维的基准测试中成绩优异。例如，在 DROP（阅读理解与推理任务）中，DeepSeek-R1 的 F1 分数达到了 92.2%，而在 AIME2024（数学竞赛）中的通过率达到了 79.8%。这些成绩表明，DeepSeek-R1 在处理复杂的推理任务时能够更好地进行逻辑分析并得出准确的结果。

DeepSeek-R1 的推理能力得益于其架构中强化学习与生成对抗网络相结合的技术。这种技术使得模型在面对复杂的推理任务时，能够通过强化学习不断优化推理策略，并通过生成对抗网络生成高质量的推理结果。例如，在处理数学竞赛题或复杂逻辑推理题时，DeepSeek-R1 能够快速准确地进行推理，并给出清晰的解答步骤。

优势：

☑ 卓越的推理能力：在处理复杂的多步推理问题时表现出色，能够提供准确且完整的回答。

☑ 深度逻辑分析能力：能够处理需要深度逻辑分析的任务，适合高复杂度的应用场景。

☑ 清晰的推理步骤：在处理复杂问题时，能够提供清晰的推理步骤，便于用户理解和应用。

局限性：

☑ 训练和部署成本较高：由于其复杂的架构和优化策略，训练和部署成本相对较高。

☑ 对硬件要求较高：在运行时需要较高的计算资源，对硬件配置有一定要求。

4. 案例分析：不同场景下的表现

案例 1：基础逻辑推理

在处理基础逻辑推理任务时，ChatGPT 表现出色。例如，用户提出问题：“如果 A 比 B 高，B 比 C 高，那么 A 和 C 谁更高？” ChatGPT 能够快速给出准确的回答：“A 比 C 高。”这种基础逻辑推理的任务对于 ChatGPT 来说非常简单，能够满足大多数用户的基本需求。

案例 2：中等复杂度的逻辑推理

在处理中等复杂度的逻辑推理任务时，Claude 表现出色。例如，用户提出问题：“在一个包含多个条件的逻辑谜题中，如何确定最终的结果？” Claude 能够通过分析多个条件，逐步推理出最终的结果。这种中等复杂度的逻辑推理任务对于 Claude 来说是其强项，能够提供较为准确的分析和回答。

案例 3：复杂深度逻辑推理

在处理复杂的深度逻辑推理任务时，DeepSeek-R1 表现出色。例如，用户提出问题：“在一个复杂的数学竞赛题中，如何通过多步推理得出最终答案？”DeepSeek-R1 不仅能够快速准确地进行推理，还能提供清晰的解答步骤。这种复杂深度逻辑推理任务对于 DeepSeek-R1 来说是其核心优势，能够提供高质量的推理结果。

1.5.3 性价比比较

在选择人工智能解决方案时，成本和性价比是企业及开发者必须考虑的重要因素。知名闭源 AI 产品 ChatGPT 和 Claude 性能卓越，但高昂的研发运营成本多由用户承担。相比之下，DeepSeek 凭借其显著的成本优势和高性价比，成为一个极具吸引力的选择，尤其对于中小型企业、创业者和预算有限的开发者来说。

1. ChatGPT：高昂的成本与有限的性价比

ChatGPT 是 OpenAI 旗下的闭源产品，以其卓越的自然语言处理能力而闻名。然而，其高昂的研发和运营成本使得使用成本居高不下。对于企业来说，如果想要大规模使用 ChatGPT 或进行定制开发，需要支付高额的费用。

成本：

☑ 高昂的训练成本：ChatGPT 的训练成本高达数千万美元，这使得其在大规模应用时的经济负担非常重。

☑ 定制开发成本：企业如果需要对 ChatGPT 进行定制开发，需要支付额外的费用，这进一步增加了使用成本。

☑ 运营成本：ChatGPT 的运营成本高昂，需大量计算资源维持其高效运转。

性价比：

☑ 性能卓越：ChatGPT 在自然语言处理和对话生成上表现优异，适用于高质量对话交互场景。

☑ 成本高昂：高昂的使用成本限制了其性价比，对中小型企业而言可能难以承受。

2. Claude：类似的成本问题

Claude 也面临着类似的成本问题。其背后的研发和运营成本较高，这使得其使用成本也相对较高。Claude 在长文本处理和多领域知识查询上表现卓越，但高昂成本成为其主要制约因素。

成本：

☑ 高昂的训练成本：Claude 的训练成本同样高达数千万美元，这使得其在大规模应用时的经济负担非常重。

☑ 定制开发成本：企业如果需要对 Claude 进行定制开发，需要支付额外的费用，这进一步增加了使用成本。

☑ 运营成本：Claude 运行需大量计算资源，成本较高。

性价比：

☑ 性能卓越：Claude 擅长处理长文本和多领域知识查询，适用于复杂内容处理场景。

☑ 成本高昂：高昂的使用成本使得其在性价比方面表现有限，尤其对于中小型企业来说，可能难以承受。

3. DeepSeek-V3：显著的成本优势与高性价比

根据幻方量化开源论文，DeepSeek-V3 的全部训练成本仅为 557.6 万美元，这一数字显著低于 ChatGPT 和 Claude。此外，DeepSeek-V3 的推理成本也非常低，这使得其在性能与成本的综合考量上具有显著的经济实惠优势。无论是中小型企业，还是预算有限的开发者，DeepSeek 都能提供高性价比的解决方案。

成本：

☑ 低训练成本：DeepSeek-V3 仅需 557.6 万美元即可完成训练，远低于 ChatGPT 和 Claude 的成本。

☑ 低推理成本：DeepSeek-V3 的推理成本非常低，输入/输出每百万 token 的成本仅为 Sonnet-3.5 的 1/10。

☑ 灵活的部署选项：DeepSeek 支持本地部署，企业可以根据自己的计算资源和网络环境进行优化配置，进一步降低了运营成本。

性价比：

☑ 高性能：DeepSeek-V3 在自然语言处理和推理任务中表现出色，能够满足多种应用场景的需求。

☑ 高性价比：低训练成本和低推理成本使得 DeepSeek 在性价比方面表现突出，尤其适合中小型企业、创业者和预算有限的开发者。

4. 案例分析：不同场景下的成本比较

案例 1：中小型企业的需求

一家中小型企业希望使用 AI 技术来提升客户服务效率。如果选择 ChatGPT 或 Claude，企业需要支付高昂的使用费用，这对于预算有限的中小型企业来说是一个巨大的负担。相较于 ChatGPT 和 Claude，DeepSeek-V3 的训练与推理成本均较低，企业能轻松部署并优化，有效控制成本同时提升服务效率。

案例 2：创业者的开发需求

一位创业者希望开发一个基于 AI 的智能助手应用。如果选择 ChatGPT 或 Claude，不仅需要支付高额的使用费用，还需要支付额外的定制开发费用。相比之下，DeepSeek-V3 不仅训练成本低，推理成本也低，创业者可免费获取模型权重，灵活定制开发，有效控制成本，快速实现应用落地。

案例 3：预算有限的开发者

一位预算有限的开发者希望使用 AI 技术进行个人项目开发。如果选择 ChatGPT 或 Claude，高昂的使用成本可能超出其预算。相比之下，DeepSeek-V3 不仅训练成本低，推理成本也低，开发者可以免费获取模型权重，进行定制开发，从而在不增加过多成本的情况下实现项目开发。

1.6 本章小结

凭借在金融领域的深厚技术积累、持续的技术创新、核心能力的构建、开源生态的打造以及性能的全方位验证，DeepSeek 正以破壁者的姿态重塑 AI 范式，引领行业的重构革命。其发展不仅为自身带来了巨大的商业价值，也为整个 AI 产业的发展注入了新的活力。具体而言，DeepSeek 在多个维度上彰显了其深远的影响力。

（1）技术转型与创新：DeepSeek 成功地从金融量化交易技术转型至 AI 领域，展现了卓越的技术适应力与创新能力。通过在 MoE 架构中植入“专家会诊”机制，以及在 MLA 机制中实现多标签分层注意力网络，DeepSeek 在技术上实现了重大突破。

（2）核心能力构建：DeepSeek 通过构建动态推理引擎、记忆和推理解耦设计等核心技术，显著提升了模型的推理能力和计算效率。这些核心能力不仅显著增强了模型的性能，还为实际应用场景提供了坚实的技术支撑。

（3）开源生态打造：DeepSeek 通过 MIT 许可证的开源策略，降低了技术门槛，吸引了全球开发者的参与。这种开放的生态体系不仅加速了技术的广泛传播，还极大地推动了 AI 技术的普及与应用。

（4）性能验证与应用：通过在多个基准测试中的优异表现，DeepSeek 验证了其在自然语言处理、数学推理、代码生成等领域的强大性能。这些性能的验证不仅提升了 DeepSeek 的市场认可度，还为其在各行业的应用奠定了坚实基础。

第 2 章　DeepSeek-R1 实例场景开发

2.1　构建 AI 智能体与自动化

2.1.1　准备工作

1. 获取 DeepSeek API key

打开浏览器，访问 DeepSeek 的官方网站。注册并登录后，单击页面右上角的“API 开放平台”超链接，如图 2.1 所示。

图 2.1　API 开放平台

在 API 密钥管理页面左侧栏中选择 API keys，在右侧页面中单击“创建 API key”按钮，在打开的“创建 API key”对话框中输入自定义名称，如图 2.2 所示。系统生成一个唯一的 API 密钥，通常以“sk-”开头，如图 2.3 所示。

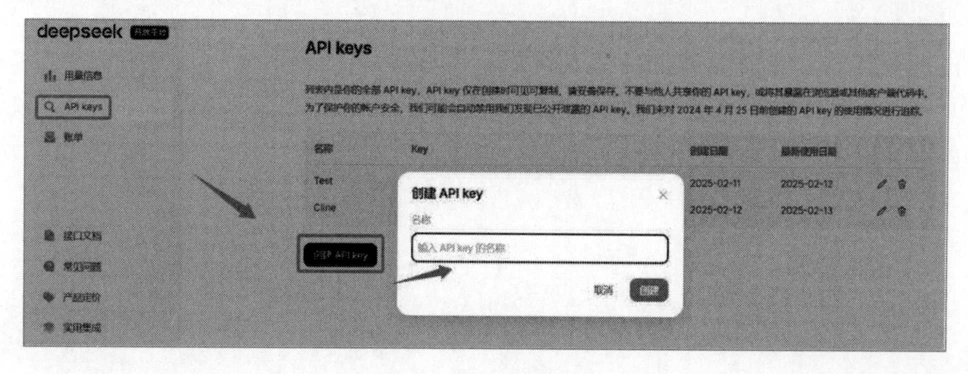

图 2.2　创建 API key

注意：读者务必妥善保存生成的 API 密钥，因为它是访问 DeepSeek API 的重要凭证，泄露后可能导致安全问题。同时，读者应确保账号余额充足，否则后续访问 API 会失败。

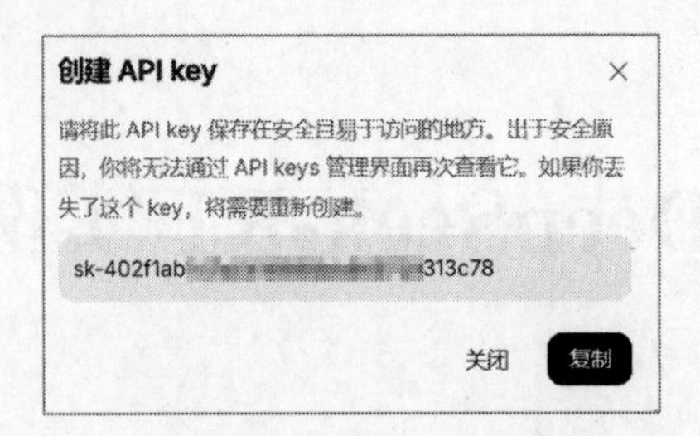

图 2.3　生成 API key

2. 安装和启动 n8n

安装 n8n 有两种方式：本地安装和 Docker 安装。

（1）若选择本地安装，需确保系统已安装 Node.js 和 npm。打开终端，执行以下命令安装 n8n：

```
npm install g n8n
```

安装完成后，在终端输入 n8n，启动 n8n 服务。

（2）若使用 Docker 安装，需先安装 Docker。安装完成后，在终端运行以下命令启动 n8n 容器：

```
docker run it rm name n8n p 5678:5678 v ~/.n8n:/home/node/.n8n n8nio/n8n
```

2.1.2　配置 n8n 与 DeepSeek API 的连接

1. 打开 n8n 界面

在浏览器中访问网址 http://localhost:5678，进入 n8n 工作区，如图 2.4 所示。

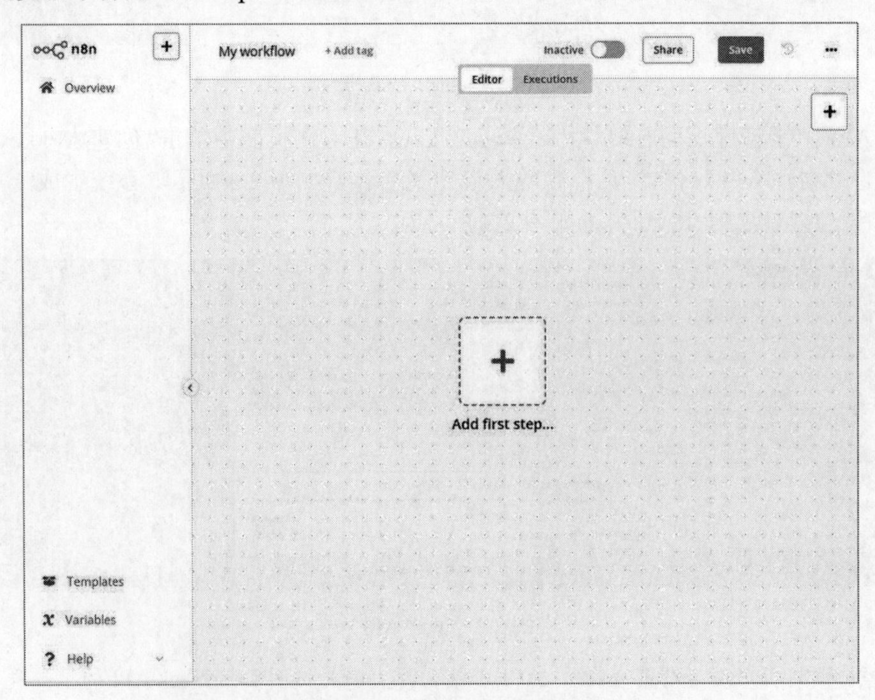

图 2.4　n8n 工作区

2. 使用 n8n 创建 DeepSeek-R1 AI 智能体

n8n 工作区的正中间有个加号，单击它会弹出一个快捷菜单。我们搜索 Chat Trigger，双击将其添加到工作区。单击 Chat Trigger 后面的“+”，将 HTTP Request1 拖曳到工作区，如图 2.5 所示。

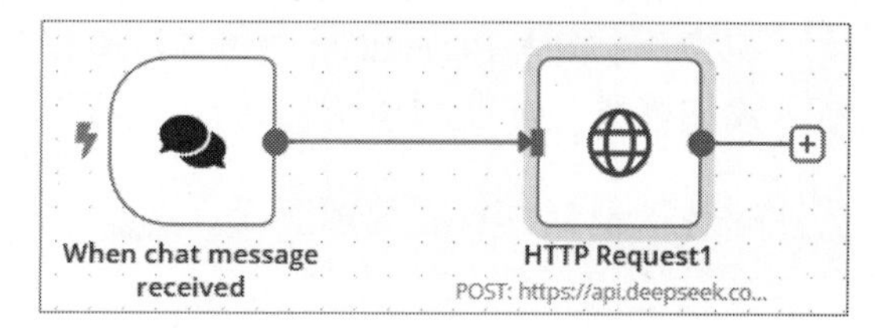

图 2.5　DeepSeek-R1 AI 智能体

对该节点进行配置，如图 2.6 所示。其中，各配置项的含义如下。

☑ Method（请求方法）：设置为 POST，表示向服务器提交数据。

☑ URL（请求地址）：输入 https://api.deepseek.com/chat/completions，表示 DeepSeek 聊天补全功能的 API 端点。

☑ Authentication（认证方式）：设置为 None，在请求头中通过 Authorization 字段认证。

☑ Send Headers（发送请求头）：开关处于开启状态。

☑ Specify Headers（指定请求头）：选择 Using JSON 方式，JSON 输入框中定义了两个请求头字段：Authorization 的值为“Bearer sk - XXXXXXXXXXXXXXXXX”，表示 API 密钥；Content-Type 的值为“application/json”，表示请求体数据格式为 JSON。

```
{
   "Authorization": "Bearer sk-XXXXXXXXXXXXXXXXX",
   "Content-Type": "application/json"
}
```

☑ Send Body（发送请求体）：开关处于开启状态。

☑ Body Content Type（请求体内容类型）：设置为 JSON。

☑ Specify Body（指定请求体）：设置为 Using JSON 方式。JSON 输入框中构建了请求体数据，model 设置为“deepseek- reasoner”。messages 数组中有两条消息，第一条消息中，role 为 system，content 为“你是一个客服助手，需用中文回复。”用于设定模型的角色和回复语言要求；第二条消息中，role 为 user，content 通过表达式 {{$json.input}} 获取，表示将使用其他节点传入的 JSON 数据中的 input 字段内容作为用户提问内容，发送给模型。

```
{
   "model": "deepseek-reasoner",
   "messages": [
      {
         "role": "system",
         "content": "你是一个客服助手，需用中文回复。"
      },
      {
         "role": "user",
         "content": "{{ $json.input }}"
      }
   ],
   "stream": false
}
```

3. 使用 pSeekuest: fals 创建 DeepSeek-R1 AI 智能体

在菜单中搜索 Basic LLM Chain1，双击将其添加到工作区，接着单击其下方的“+”按钮，添加模型，如图 2.7 所示。

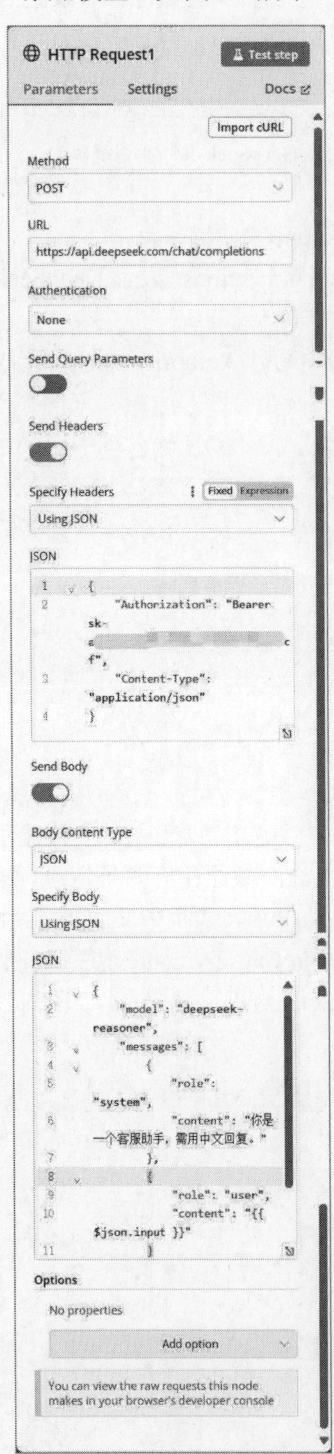

图 2.6　HTTP Request 1 配置

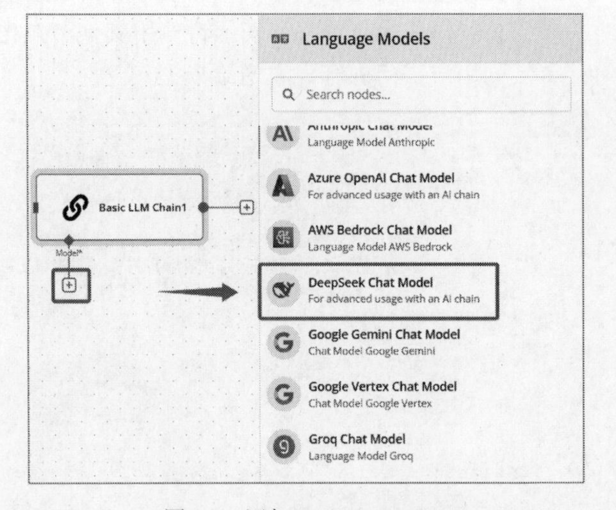

图 2.7　添加 Basic LLM Chain1

接下来，配置 DeepSeek 参数。首先，单击 Create new credential，输入 DeepSeek API key，然后单击“保存”按钮。确认验证成功后，退出当前界面，如图 2.8 所示。

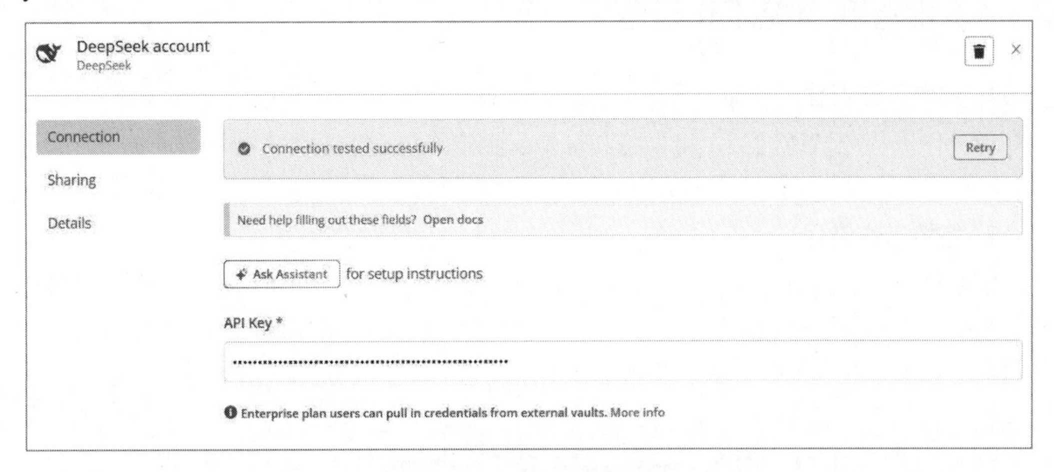

图 2.8　配置 DeepSeek API key

DeepSeek account 验证成功后，返回前一页，根据需求选择 Model，如图 2.9 所示。其中，deepseek-chat 表示 DeepSeek-V3，deepseek-reasoner 表示 DeepSeek-R1。

由于只能存在一个 Chat Trigger，因此直接将线与 Basic LLM Chain 连接，如图 2.10 所示。

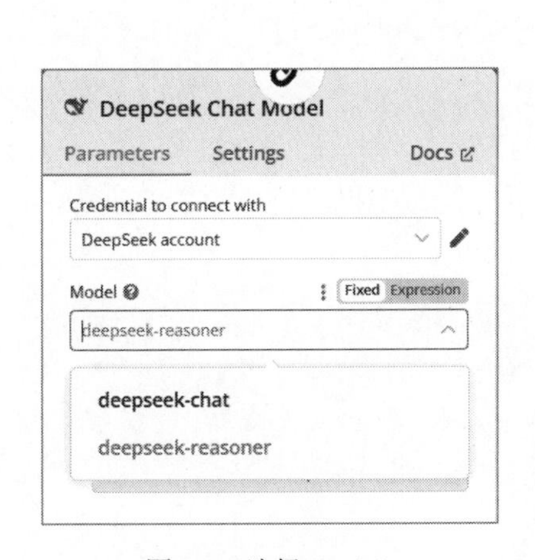

图 2.9　选择 Model

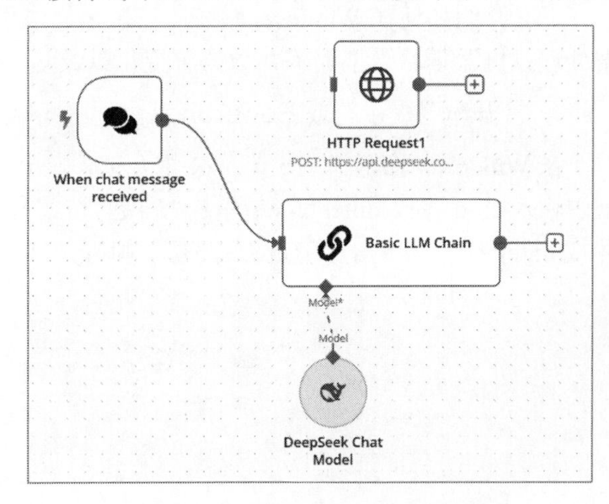

图 2.10　DeepSeek-R1 AI 智能体

2.1.3　测试和优化工作流程

1. 测试工作流程

单击 n8n 工作区右上角的 Test workflow 按钮，对整个工作流程进行测试。观察每个节点的执行情况和输出结果，检查是否存在错误。

2. 优化工作流程

如果测试过程中发现问题，根据错误提示对节点配置进行调整。例如：如果 DeepSeek API 调用失败，检查 API 密钥、请求地址和请求体是否正确；如果输出结果不符合预期，检查 Function 节点中的处理代码。

2.1.4 部署和监控工作流程

1. 部署工作流程

当工作流程测试通过后，可以将其部署到生产环境。如果是本地安装的 n8n，应确保 n8n 服务持续运行；如果使用 Docker 部署，应确保 Docker 容器可以正常运行。

2. 监控工作流程

定期检查 n8n 的日志文件，以查看工作流程的执行情况。如果出现异常，应及时进行排查和处理。我们可以设置监控工具，对关键指标（如 API 调用成功率、处理时间等）进行监控，以便及时发现和解决潜在问题。

2.2 DeepSeek-R1 的推理和逻辑

2.2.1 准备工作

下面介绍如何在 Windows 系统下安装多元线性回归所需的 Python 库，这些库可用于数据处理、机器学习模型训练、数据可视化以及与 DeepSeek API 的交互。

1. 打开命令提示符或 PowerShell

在 Windows 系统中，按 Win+R 组合键，弹出“运行”对话框，如图 2.11 所示。在对话框中输入 cmd 并按 Enter 键（或单击“确定”按钮），即可打开命令提示符；若输入 powershell 并按 Enter 键（或单击“确定”按钮），则打开 PowerShell。

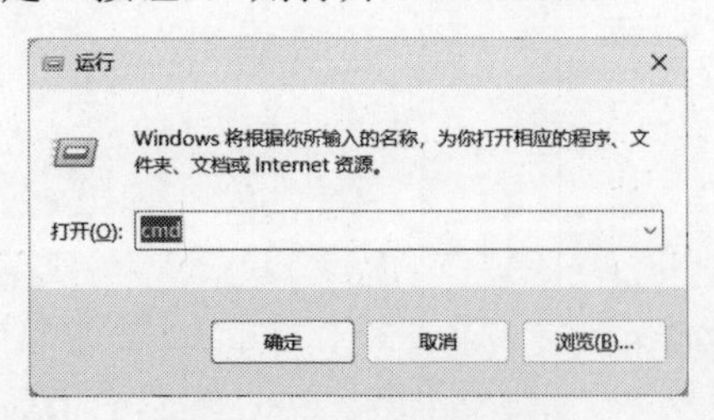

图 2.11 打开命令提示符

2. 安装必要库

在打开的命令提示符或 PowerShell 中输入以下命令，安装必要的库。

```
pip install requests pandas scikitlearn matplotlib jupyterlab
```

其中各参数的含义如下。

☑ requests：用于向 DeepSeek API 发送 HTTP 请求。

☑ pandas：用于数据处理和分析，创建示例数据。

☑ scikitlearn：提供机器学习算法和工具，用于训练线性回归模型。

☑ matplotlib：用于数据可视化，绘制预测值与实际值对比图、残差图等。

☑ jupyterlab：提供交互式开发环境，方便编写和运行代码。

输入以上命令后，按 Enter 键，执行结果如图 2.12 所示。

图 2.12　安装必要的库

在打开的命令提示符或 PowerShell 中输入以下命令，安装 OpenAI。

```
pip install openai
```

按 Enter 键，执行结果如图 2.13 所示。

```
PS C:\Users\admini> pip install openai
Requirement already satisfied: openai in c:\users\admini\appdata\local\programs\python\python313\lib\site-packages (1.63.0)
Requirement already satisfied: anyio<5,>=3.5.0 in c:\users\admini\appdata\local\programs\python\python313\lib\site-packages (from openai) (4.8.0)
Requirement already satisfied: distro<2,>=1.7.0 in c:\users\admini\appdata\local\programs\python\python313\lib\site-packages (from openai) (1.9.0)
Requirement already satisfied: httpx<1,>=0.23.0 in c:\users\admini\appdata\local\programs\python\python313\lib\site-packages (from openai) (0.28.1)
Requirement already satisfied: jiter<1,>=0.4.0 in c:\users\admini\appdata\local\programs\python\python313\lib\site-packages (from openai) (0.8.2)
Requirement already satisfied: pydantic<3,>=1.9.0 in c:\users\admini\appdata\local\programs\python\python313\lib\site-packages (from openai) (2.10.6)
Requirement already satisfied: sniffio in c:\users\admini\appdata\local\programs\python\python313\lib\site-packages (from openai) (1.3.1)
Requirement already satisfied: tqdm>4 in c:\users\admini\appdata\local\programs\python\python313\lib\site-packages (from openai) (4.67.1)
Requirement already satisfied: typing-extensions<5,>=4.11 in c:\users\admini\appdata\local\programs\python\python313\lib\site-packages (from openai) (4.12.2)
Requirement already satisfied: idna>=2.8 in c:\users\admini\appdata\local\programs\python\python313\lib\site-packages (from anyio<5,>=3.5.0->openai) (3.10)
Requirement already satisfied: certifi in c:\users\admini\appdata\local\programs\python\python313\lib\site-packages (from httpx<1,>=0.23.0->openai) (2025.1.31)
Requirement already satisfied: httpcore==1.* in c:\users\admini\appdata\local\programs\python\python313\lib\site-packages (from httpx<1,>=0.23.0->openai) (1.0.7)
Requirement already satisfied: h11<0.15,>=0.13 in c:\users\admini\appdata\local\programs\python\python313\lib\site-packages (from httpcore==1.*->httpx<1,>=0.23.0->openai) (0.14.0)
Requirement already satisfied: annotated-types>=0.6.0 in c:\users\admini\appdata\local\programs\python\python313\lib\site-packages (from pydantic<3,>=1.9.0->openai) (0.7.0)
Requirement already satisfied: pydantic-core==2.27.2 in c:\users\admini\appdata\local\programs\python\python313\lib\site-packages (from pydantic<3,>=1.9.0->openai) (2.27.2)
Requirement already satisfied: colorama in c:\users\admini\appdata\local\programs\python\python313\lib\site-packages (from tqdm>4->openai) (0.4.6)
PS C:\Users\admini>
```

图 2.13　安装 OpenAI

2.2.2　Jupyter Notebook 实现

下面介绍如何在 Jupyter Notebook 环境中编写代码，并调用 DeepSeek API 生成多元线性回归的代码。

1. 启动 Jupyter Notebook

在命令提示符或 PowerShell 中输入以下命令。

```
jupyter lab
```

按 Enter 键执行命令，系统将在默认浏览器中打开 Jupyter Lab 界面，如图 2.14 所示。

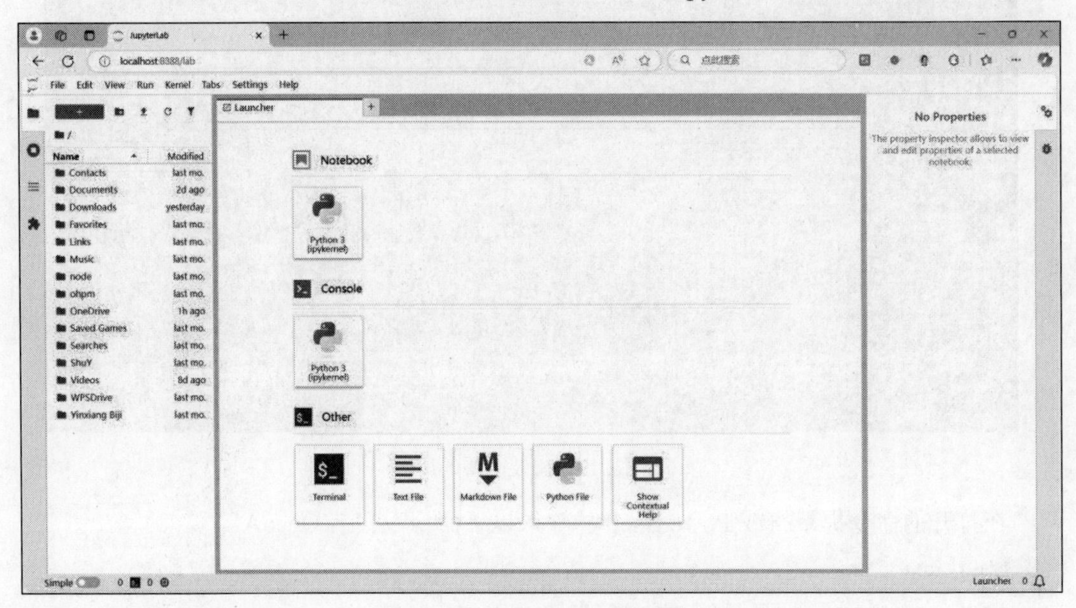

图 2.14 启动 Jupyter Lab

2. 创建新的 Notebook

在 Jupyter Lab 界面中，单击左上角的 New 按钮，选择 Python 3，创建一个新的 Notebook，如图 2.15 所示。

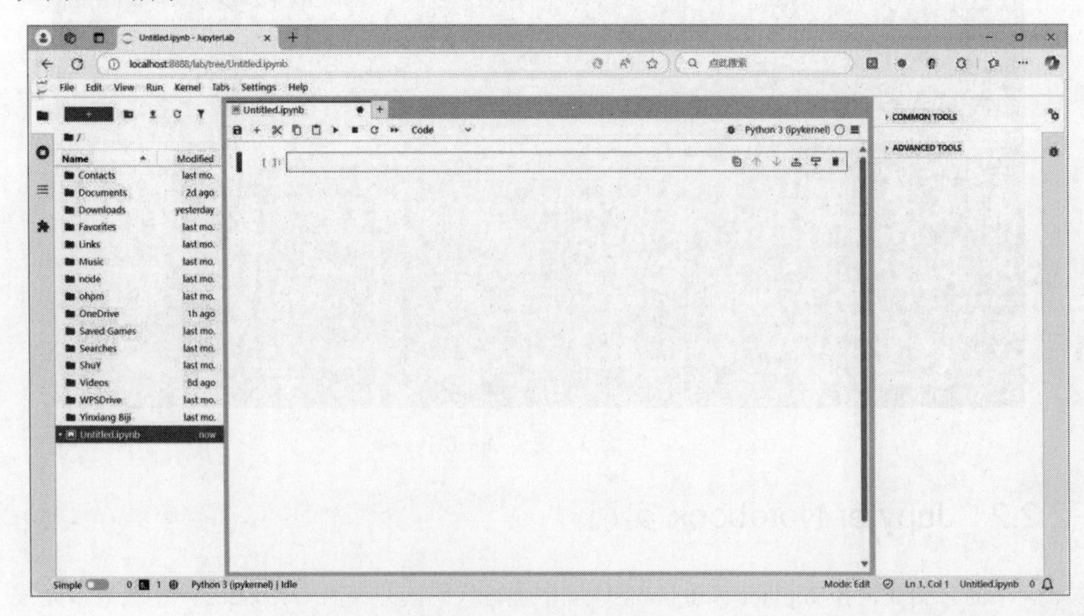

图 2.15 新建 Notebook

3. 编写调用 DeepSeek API 的代码

在 Notebook 的第一个代码单元格中输入以下代码。

```
from openai import OpenAI
# 请替换为你真实的 DeepSeek API 密钥
API_KEY = "your_api_key"
client = OpenAI(api_key=API_KEY, base_url="https://api.deepseek.com")

def ask_deepseek(prompt, model="deepseekchat", max_tokens=500,
temperature=0.3):
    """
    向 DeepSeek API 发送请求并获取生成的代码
    :param prompt: 用户输入的提示信息
    :param model: 使用的模型名称
    :param max_tokens: 最大生成的令牌数
    :param temperature: 生成文本的随机性程度
    :return: 生成的代码或错误信息
    """
    try:
        response = client.chat.completions.create(
            model=model,
            messages=[
                {"role":"system","content":"You are a helpful assistant"},
                {"role":"user", "content":prompt}
            ],
            max_tokens=max_tokens,
            temperature=temperature,
            stream=False
        )
        # 提取生成的内容
        generated_code = response.choices[0].message.content
        return generated_code
    except Exception as e:
        print(f"An error occurred: {e}")
        return None

# 定义提示信息
prompt = """
请使用 Python 实现多元线性回归，分析房价与面积、楼层的关系，要求如下：
1. 使用 Pandas 创建示例数据
2. 使用 Scikitlearn 训练模型
3. 输出回归系数和截距
4. 绘制预测值与实际值对比图
"""

# 调用函数并打印结果
generated_code = ask_deepseek(prompt)
if generated_code:
    print(generated_code)
```

将图 2.16 所示代码中的 API_KEY 替换为读者实际的 API 密钥。

单击代码单元格，然后按 Shift+Enter 组合键运行代码。运行后，Jupyter Notebook 会向 DeepSeek API 发送请求，并打印出 DeepSeek 生成的代码，如图 2.17 所示。

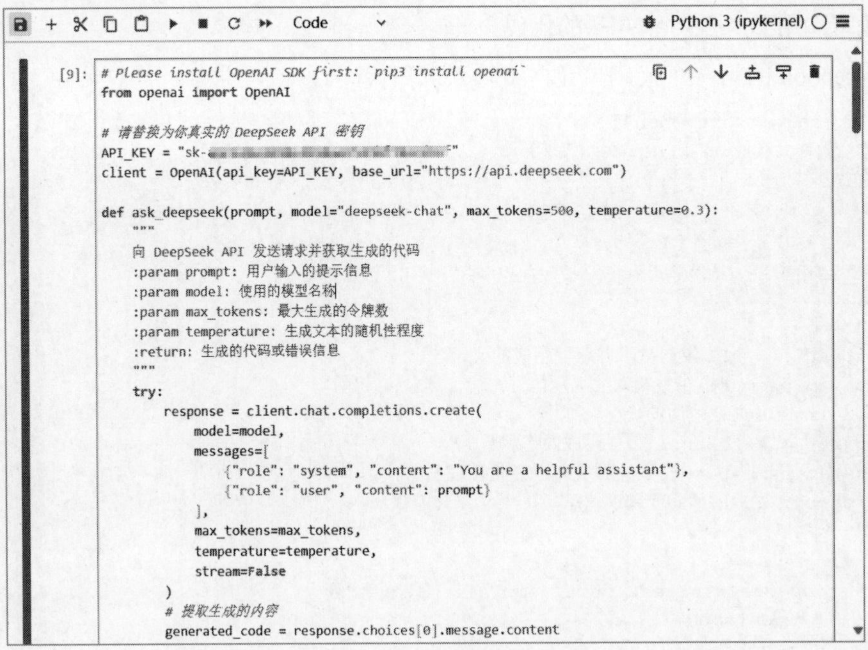

```
[9]: # Please install OpenAI SDK first: `pip3 install openai`
from openai import OpenAI

# 请替换为你真实的 DeepSeek API 密钥
API_KEY = "sk-[illegible]"
client = OpenAI(api_key=API_KEY, base_url="https://api.deepseek.com")

def ask_deepseek(prompt, model="deepseek-chat", max_tokens=500, temperature=0.3):
    """
    向 DeepSeek API 发送请求并获取生成的代码
    :param prompt: 用户输入的提示信息
    :param model: 使用的模型名称
    :param max_tokens: 最大生成的令牌数
    :param temperature: 生成文本的随机性程度
    :return: 生成的代码或错误信息
    """
    try:
        response = client.chat.completions.create(
            model=model,
            messages=[
                {"role": "system", "content": "You are a helpful assistant"},
                {"role": "user", "content": prompt}
            ],
            max_tokens=max_tokens,
            temperature=temperature,
            stream=False
        )
        # 提取生成的内容
        generated_code = response.choices[0].message.content
```

图 2.16　代码部分

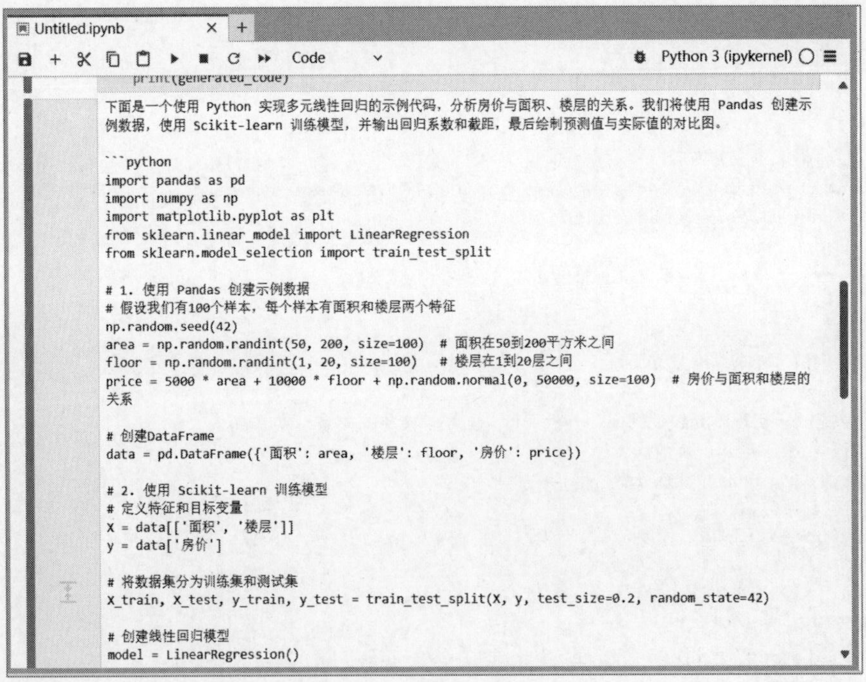

```
print(generated_code)
下面是一个使用 Python 实现多元线性回归的示例代码，分析房价与面积、楼层的关系。我们将使用 Pandas 创建示例数据，使用 Scikit-learn 训练模型，并输出回归系数和截距，最后绘制预测值与实际值的对比图。

```python
import pandas as pd
import numpy as np
import matplotlib.pyplot as plt
from sklearn.linear_model import LinearRegression
from sklearn.model_selection import train_test_split

# 1. 使用 Pandas 创建示例数据
# 假设我们有100个样本，每个样本有面积和楼层两个特征
np.random.seed(42)
area = np.random.randint(50, 200, size=100)  # 面积在50到200平方米之间
floor = np.random.randint(1, 20, size=100)   # 楼层在1到20层之间
price = 5000 * area + 10000 * floor + np.random.normal(0, 50000, size=100)  # 房价与面积和楼层的关系

# 创建DataFrame
data = pd.DataFrame({'面积': area, '楼层': floor, '房价': price})

# 2. 使用 Scikit-learn 训练模型
# 定义特征和目标变量
X = data[['面积', '楼层']]
y = data['房价']

# 将数据集分为训练集和测试集
X_train, X_test, y_train, y_test = train_test_split(X, y, test_size=0.2, random_state=42)

# 创建线性回归模型
model = LinearRegression()
```

图 2.17　DeepSeek 生成代码

2.2.3　执行生成的代码

在 Jupyter Notebook 中，单击菜单栏中的“+”按钮或按 B 键（命令模式下），即可创建
```

一个新的代码单元格。将 DeepSeek 生成的代码复制并粘贴到新代码单元格中，如图 2.18 所示。选中代码单元格，按 Shift+Enter 组合键运行代码。运行完毕后，系统将输出回归系数和截距，并显示预测值与实际值的对比图，如图 2.19 和图 2.20 所示。

```
Untitled.ipynb
Code                                  Python 3 (ipykernel)

[10]: import pandas as pd
      import numpy as np
      import matplotlib.pyplot as plt
      from sklearn.linear_model import LinearRegression
      from sklearn.model_selection import train_test_split

      # 1. 使用 Pandas 创建示例数据
      # 假设我们有100个样本，每个样本有面积和楼层两个特征
      np.random.seed(42)
      area = np.random.randint(50, 200, size=100)  # 面积在50到200平方米之间
      floor = np.random.randint(1, 20, size=100)   # 楼层在1到20层之间
      price = 5000 * area + 10000 * floor + np.random.normal(0, 50000, size=100)  # 房价与面积和楼层的

      # 创建DataFrame
      data = pd.DataFrame({'面积': area, '楼层': floor, '房价': price})

      # 2. 使用 Scikit-learn 训练模型
      # 定义特征和目标变量
      X = data[['面积', '楼层']]
      y = data['房价']

      # 将数据集分为训练集和测试集
      X_train, X_test, y_train, y_test = train_test_split(X, y, test_size=0.2, random_state=42)

      # 创建线性回归模型
      model = LinearRegression()

      # 训练模型
      model.fit(X_train, y_train)
```

图 2.18　复制、粘贴代码并运行

```
回归系数: [ 4926.12710972 10476.20369829]
截距: -1169.1671173633076
```

图 2.19　显示输出回归系数和截距

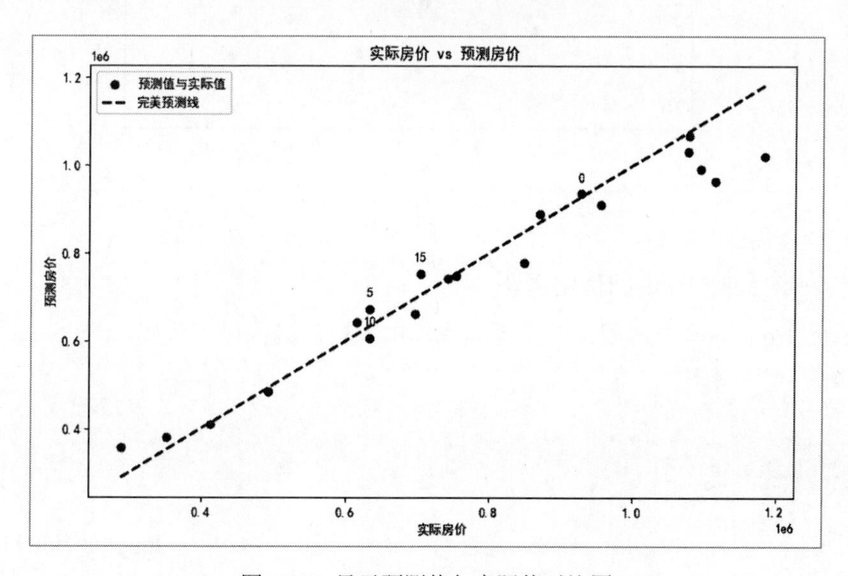

图 2.20　显示预测值与实际值对比图

2.2.4 残差分析与优化

下面介绍如何对训练好的模型进行残差分析，并向 DeepSeek API 询问优化建议。

1. 计算残差并绘制残差图

在 Jupyter Notebook 中创建一个新的代码单元格，输入以下代码。

```
# 计算残差
residuals = y  model.predict(X)

# 绘制残差图
plt.scatter(model.predict(X), residuals)
plt.axhline(y=0, color='r', linestyle='')
plt.xlabel('预测值')
plt.ylabel('残差')
plt.title('残差分析图')
plt.show()
```

单击代码单元格，按 Shift+Enter 组合键运行代码。运行后，会显示残差分析图，如图 2.21 所示。通过观察残差图可以判断模型是否存在异方差性等问题。

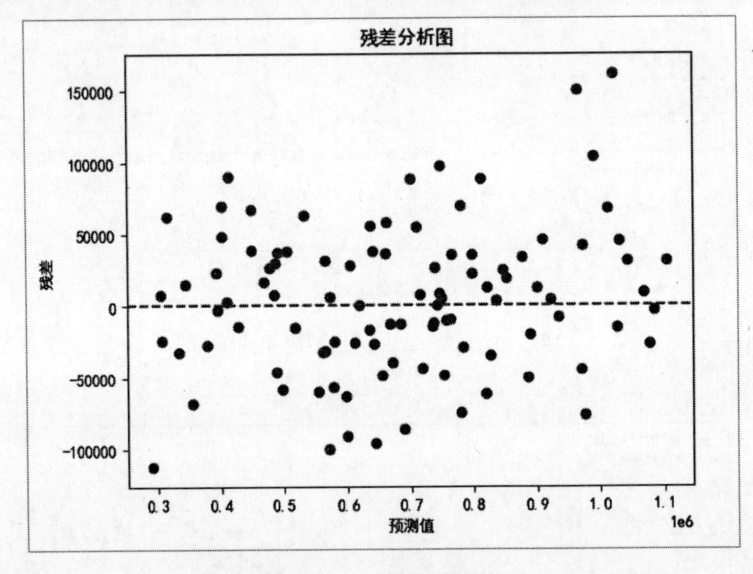

图 2.21　残差分析图

2. 向 DeepSeek API 询问优化建议

在 Jupyter Notebook 中再创建一个新的代码单元格，输入以下代码。

```
# 向 DeepSeek API 询问优化建议
optimize_prompt = '''当前线性回归模型残差图显示异方差性，请给出 3 种改进方案'''
advice = ask_deepseek(optimize_prompt)
print("优化建议:\n", advice)
```
```

单击代码单元格，按 Shift+Enter 组合键运行代码。运行后，Jupyter Notebook 会向 DeepSeek API 发送请求，并打印出 DeepSeek API 给出的优化建议，如图 2.22 所示。
```

```
[13]: # 向DeepSeek API询问优化建议
optimize_prompt = '''当前线性回归模型残差图显示异方差性，请给出3种改进方案'''
advice = ask_deepseek(optimize_prompt)
print("优化建议:\n", advice)
```

```
优化建议:
 当线性回归模型的残差图显示异方差性（heteroscedasticity）时，意味着残差的方差不是恒定的，这违反了线性回归模型的基本假设之一。异方差性可能导致回归系数的标准误差估计不准确，进而影响假设检验和置信区间的有效性。以下是三种改进方案：

### 1. **变量变换**
   - **对数变换**：对因变量或自变量进行对数变换（如自然对数）可以减小异方差性。对数变换通常适用于数据呈现指数增长或方差随均值增加的情况。
   - **平方根变换**：如果数据是计数数据或方差随均值增加的情况，平方根变换可能有效。
   - **Box-Cox变换**：这是一种更通用的变换方法，通过选择适当的参数λ来对因变量进行变换，以最小化异方差性。

   **示例**：
   ```python
   import numpy as np
   import statsmodels.api as sm

   # 假设 y 是因变量，X 是自变量
   y_transformed = np.log(y)  # 对数变换
   model = sm.OLS(y_transformed, sm.add_constant(X))
   results = model.fit()
   ```

2. **加权最小二乘法（WLS）**
   - 加权最小二乘法是一种处理异方差性的有效方法。它通过给每个观测值赋予不同的权重，使得方差较大的观测值对回归结果的影响较小。
   - 权重通常与残差的方差成反比。可以通过残差图或其他方法估计每个观测值的方差，然后使用这些方差作为权重。

   示例：
   ```python
   # 假设我们已经估计了每个观测值的方差 weights
   weights = 1 / np.var(residuals)  # 假设 residuals 是残差
   model = sm.WLS(y, sm.add_constant(X), weights=weights)
   results = model.fit()
   ```

3. **使用稳健标准误**
   - 如果不想改变模型的结构或进行变量变换，可以使用稳健标准误差(robust standard errors) 来调整回归系数的标准误差。这种方法不会改变回归系数本身，但会调整标准误差，使得假设检验和置信区间更加可靠。
   - 常见的稳健标准误方法包括Huber-White标准误（也称为异方差稳健标准误）。

   示例：
   ```python
   model
```

图 2.22　DeepSeek 给出的优化建议

2.2.5　根据优化建议改进模型

下面根据 DeepSeek 给出的优化建议对模型进行改进，并评估改进效果。

1. 应用对数变换并重新训练模型

在 Jupyter Notebook 中创建一个新的代码单元格，输入以下代码。

```
import numpy as np
from sklearn.linear_model import LinearRegression
# 假设之前已运行生成代码部分，数据包括 data、X、y
# 对房价数据进行对数变换
data['log_房价'] = np.log(data['房价'])
# 重新训练模型
new_model = LinearRegression()
new_model.fit(X, data['log_房价'])
```

单击代码单元格，按 Shift+Enter 组合键运行代码。运行后，会对房价数据进行对数变换，并使用变换后的数据重新训练线性回归模型，如图 2.23 所示。
```

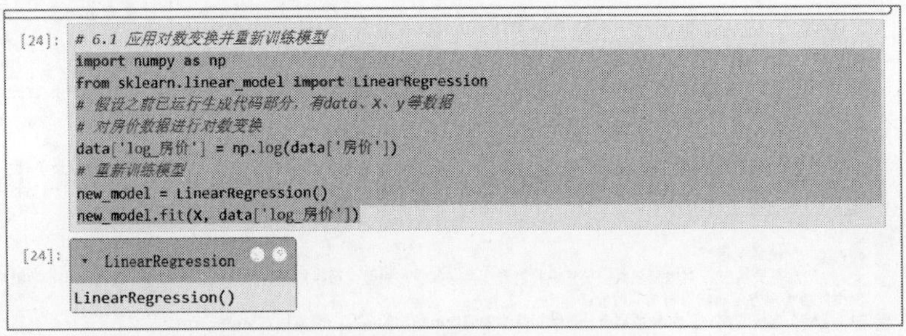

```
[24]: # 6.1 应用对数变换并重新训练模型
      import numpy as np
      from sklearn.linear_model import LinearRegression
      # 假设之前已运行生成代码部分，有data、X、y等数据
      # 对房价数据进行对数变换
      data['log_房价'] = np.log(data['房价'])
      # 重新训练模型
      new_model = LinearRegression()
      new_model.fit(X, data['log_房价'])

[24]: ▾ LinearRegression
      LinearRegression()
```

图 2.23　重新训练线性回归模型

2. 评估改进效果

在 Jupyter Notebook 中再创建一个新的代码单元格，输入以下代码。

```
import matplotlib.pyplot as plt
# 预测对数变换后的房价
y_pred_log = new_model.predict(X)
# 绘制预测值与实际值对比图
plt.scatter(y_pred_log, data['log_房价'])
plt.plot([data['log_房价'].min(), data['log_房价'].max()],
         [data['log_房价'].min(), data['log_房价'].max()], 'r')
plt.xlabel('预测值（对数）')
plt.ylabel('实际值（对数）')
plt.title('改进后的对数回归')
plt.show()
```

单击代码单元格，按 Shift+Enter 组合键运行代码。运行后，会显示改进后的对数回归的预测效果可视化图，如图 2.24 所示。通过观察该图，我们可以评估模型改进的效果。

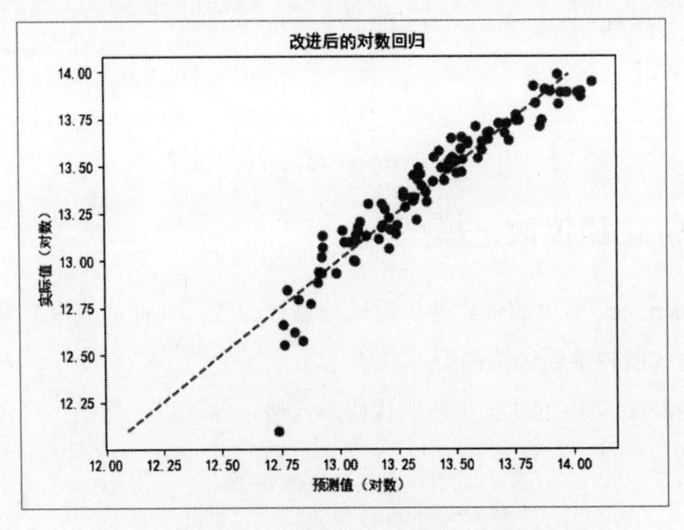

图 2.24　改进后的对数回归的预测效果可视化图

2.3　使用 DeepSeek-R1 开发 H5 网站和工具

本节将介绍如何使用 DeepSeek-R1 开发一个 H5 页面。

2.3.1　准备工作

在开发 HTML 页面前，需要先准备好如下开发工具。

☑ DeepSeek-R1：用于生成 H5 页面的基础代码。
☑ VS Code：功能强大的代码编辑器，用于后续代码的编写、修改和调试。
☑ OpenWeatherMap：提供天气数据的 API 服务，免费版支持每日 1000 次调用。
☑ VS Code Live Server 插件：用于在本地启动服务器，方便调试 H5 页面。
☑ GitHub：代码托管平台，用于存储项目代码。
☑ Vercel：提供免费的静态网站部署服务，可将 H5 页面快速部署到互联网。

2.3.2　生成代码

1. 生成基础代码

打开 DeepSeek-R1 的 Web 界面。在输入框中输入“生成一个 H5 页面，显示当前城市的天气，包括温度、湿度和图标。”等待 DeepSeek-R1 生成代码，完成后下载生成的 index.html、style.css、app.js 文件，如图 2.25 所示。

2. 注册 OpenWeatherMap 并获取 API Key

打开 OpenWeatherMap 官网，单击右上角的 Sign Up 按钮，填写注册信息，包括用户名、邮箱和密码，进行账号注册。然后登录账号，单击右上角的个人头像，在弹出的下拉列表框中选择 My API keys 命令，如图 2.26 所示。

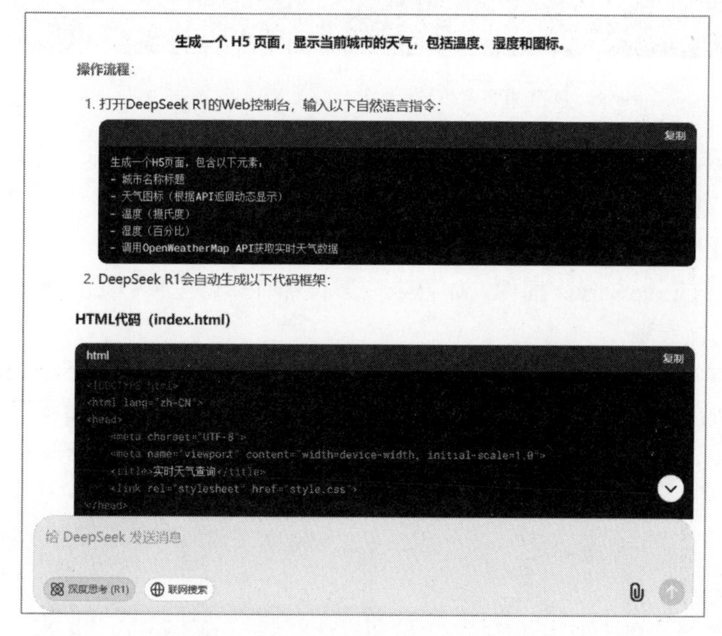

图 2.25　询问 DeepSeek 生成代码

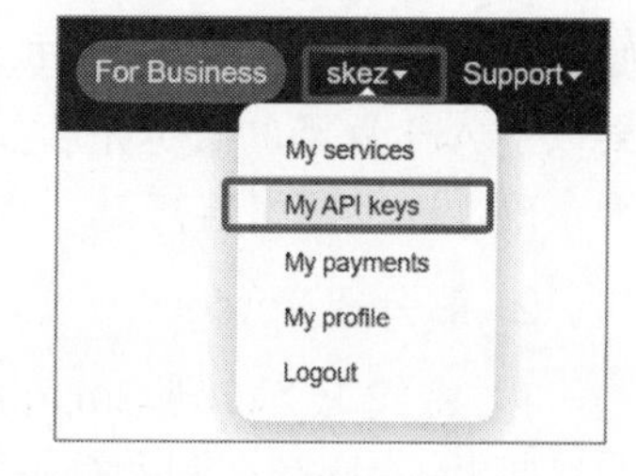

图 2.26　选择 My API keys 命令

单击 Generate 按钮，生成新的 API key，如图 2.27 所示。复制该 API key，以备后用。

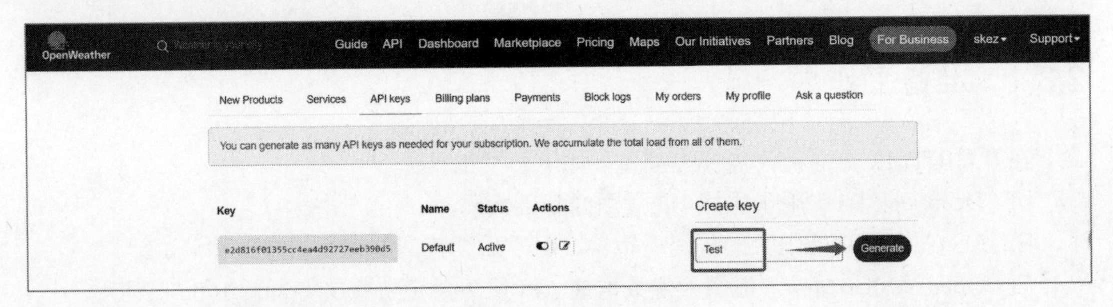

图 2.27　生成 API key

3. 在 app.js 文件中集成天气 API

打开 VS Code，选择 File→Open Folder，定位到下载代码所在的文件夹。打开 app.js 文件，确保其中包含调用 OpenWeatherMap API 的代码，如图 2.28 所示。

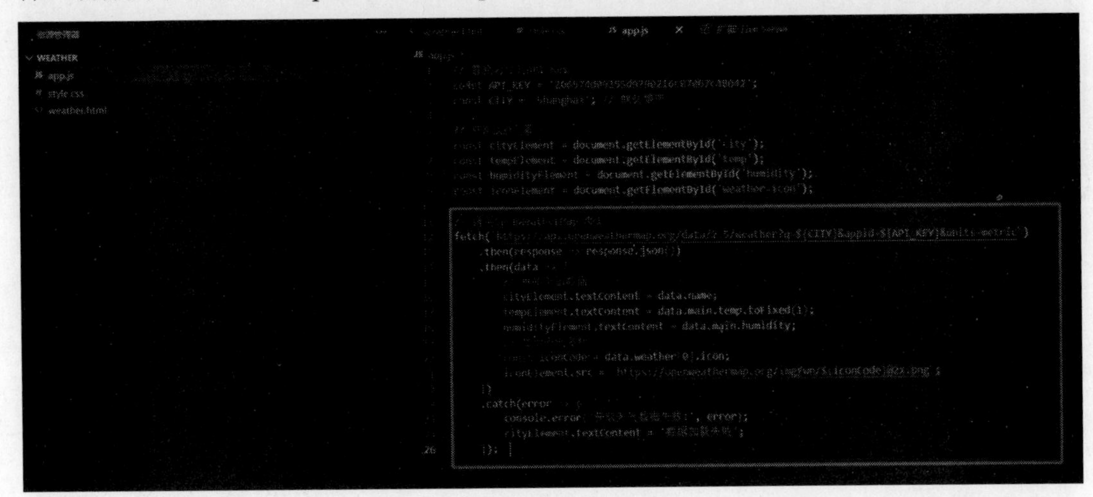

图 2.28　打开 app.js 文件

2.3.3　代码调试和部署

1. 代码调试

需要确保 VS Code 中已安装 Live Server 插件。如果未安装该插件，可在 VS Code 的扩展市场中搜索 Live Server 并进行安装。

打开 index.html 文件，在编辑区域右击，在弹出的快捷菜单中选择 Open with Live Server，如图 2.29 所示。浏览器会自动打开并显示 HTML5 页面，如图 2.30 所示。检查页面渲染效果以及 API 返回的数据是否正常显示。如果页面不能正确显示天气信息，检查 API key 是否正确，以及网络连接是否正常。

2. 部署到 Vercel

1）将代码上传到 GitHub 仓库

打开 GitHub 官网并登录账号。单击右上角的“+”按钮，选择 New repository。填写仓库名称、描述等信息，选择公开或私有仓库，单击 Create repository 按钮，创建一个仓库。在 VS Code 中选择 Terminal→New Terminal 打开终端，执行以下命令，将代码添加到本地

Git 仓库，如图 2.31 所示。

```
git init
git add.
git commit -m "Initial commit"
```

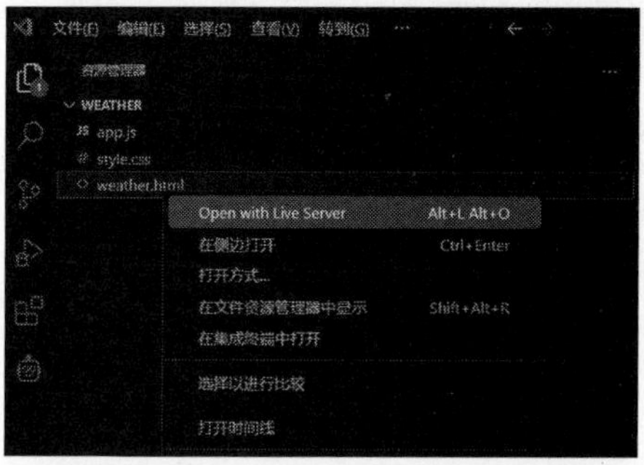

图 2.29　选择 Open with Live Server

图 2.30　显示 HTML5 页面

图 2.31　执行 git 命令

执行以下命令，将本地仓库与 GitHub 仓库关联，并将代码推送到 GitHub 上，如图 2.32 所示。

```
git remote add origin <你的GitHub仓库地址>
git push -u origin master
```

其中，“<你的 GitHub 仓库地址>”是读者在 GitHub 上创建的仓库地址，可以在 GitHub 仓库页面上查看。

2）使用 Vercel 进行部署

打开 Vercel 官网，使用 GitHub 账号登录。登录后，单击 Import Project 按钮，在 Import Git Repository 页面中选择刚刚上传代码的 GitHub 仓库。在 New Project 页面中选择 Next.js

模板，其他设置保持默认，单击 Deploy 按钮，即可开始部署，如图 2.33 所示。

```
PS D:\vue\weather> git remote add origin https://gitee.com/xu-chenlu/deepseek-develops-h5-web-pages.git

PS D:\vue\weather> git push -u origin "master"
Enumerating objects: 5, done.
Counting objects: 100% (5/5), done.
Delta compression using up to 8 threads
Compressing objects: 100% (5/5), done.
Writing objects: 100% (5/5), 1.43 KiB | 1.43 MiB/s, done.
Total 5 (delta 0), reused 0 (delta 0), pack-reused 0 (from 0)
remote: Powered by GITEE.COM [1.1.5]
remote: Set trace flag 334ca7a1
To https://gitee.com/xu-chenlu/deepseek-develops-h5-web-pages.git
 * [new branch]      master -> master
branch 'master' set up to track 'origin/master'.
PS D:\vue\weather>
```

图 2.32　将代码推送到 GitHub 上

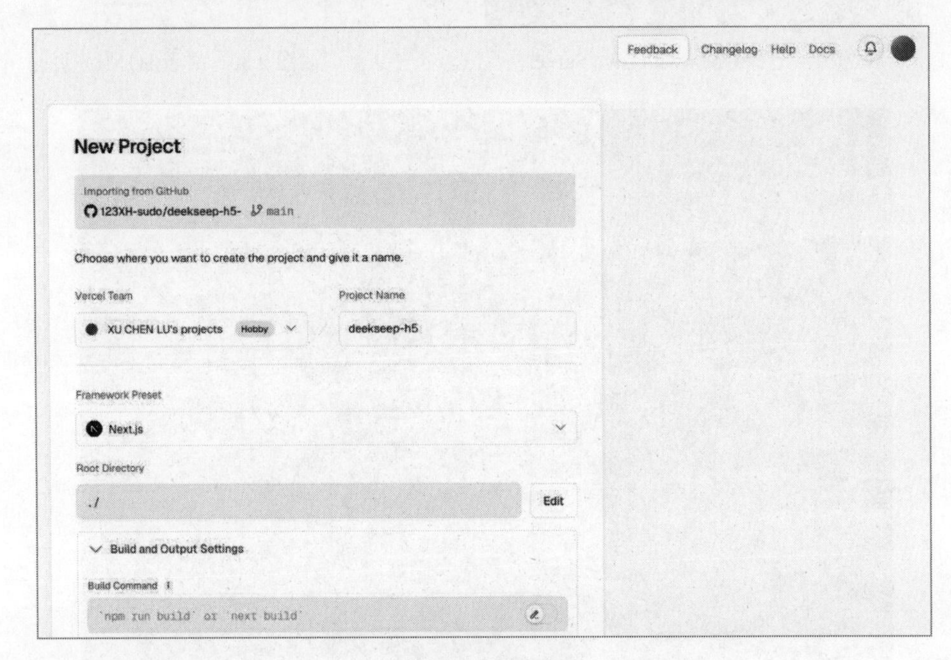

图 2.33　部署页面

部署完成后，Vercel 会生成一个项目访问链接，通过该链接，我们即可访问部署好的天气预报 H5 页面。

2.4　DeepSeek-R1 自动执行任务

本节将介绍如何利用 n8n 和 DeepSeek 实现每日定时向邮箱发送 AI 新闻，并对新闻进行分析、总结摘要、内容优化和翻译。

2.4.1　准备工作

读者需要提前做好以下准备工作。

☑ 确保已经在官网创建好 DeepSeek 的 API key，并确保账号余额充足。
☑ 注册并登录 n8n 账号，准备好创建工作流。
☑ 准备好接收新闻的邮箱地址，同时有一个发送邮件的邮箱账号（如 Gmail、outlook 邮箱等），并在 n8n 中配置好相应的邮件发送凭证。

2.4.2 构建 n8n 工作流

1. 定时触发节点

在 n8n 节点库中搜索 Schedule Trigger 节点，并将其拖到工作流画布中，如图 2.34 所示。

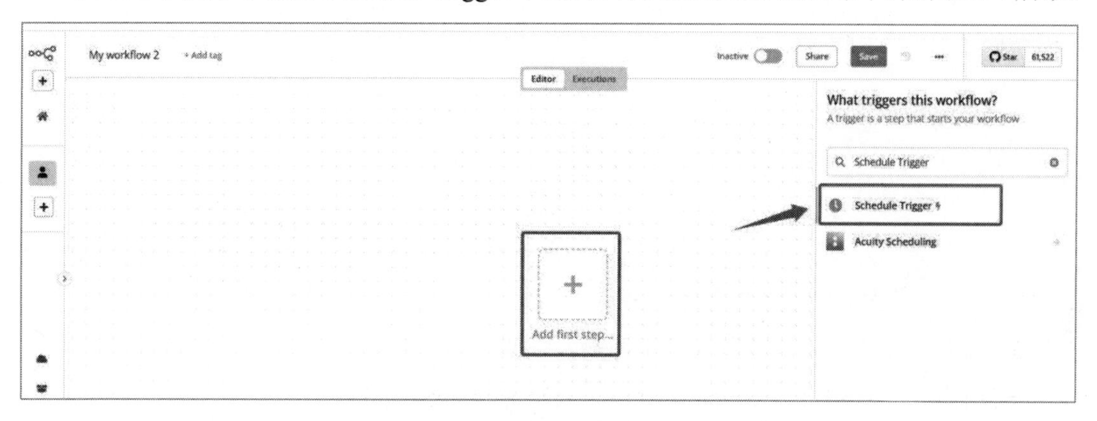

图 2.34　创建 Schedule Trigger 节点

配置 Schedule Trigger 节点，设置定时任务的执行时间，如图 2.35 所示。

☑ Trigger Interval（触发间隔）：设置为 Days（天），表示以天为单位设置触发间隔。
☑ Days Between Triggers（触发间隔天数）：设置为 1，表示每隔 1 天触发一次工作流。
☑ Trigger at Hour（触发小时）：设置为 Noon，表示每天中午 12 点触发。
☑ Trigger at Minute（触发分钟）：设置为 0，表示在 12 点整触发。
☑ Add Rule（添加规则）：可单击此按钮添加更多触发规则，实现更复杂的定时设置。

2. 获取 AI 新闻数据

在 Schedule Trigger 后面添加，可以使用 HTTP Request 节点来获取 AI 新闻数据。可以选择从新闻 API（如 Newscatcher API、News API 等）获取新闻。本节使用的是 News API。

如图 2.36 所示，打开 News API 官网（https://newsapi.org/），注册并登录后单击 Get API Key 按钮。

配置 HTTP Request 节点，各配置项如图 2.37 所示，具体含义如下。

☑ Method（请求方法）：设置为 GET，表示使用 GET 请求方式从服务器获取资源。
☑ URL（请求地址）：设置为如图 2.36 所示的 url。
☑ Send Headers（发送请求头）：开关处于开启状态。
☑ Specify Headers（指定请求头）：选择 Using JSON 方式，代码如下：

```
{
    "x-api-key": “your_API_key”
}
```

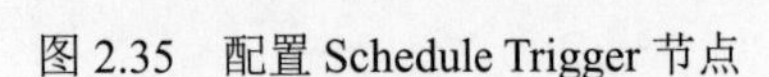

图 2.35　配置 Schedule Trigger 节点

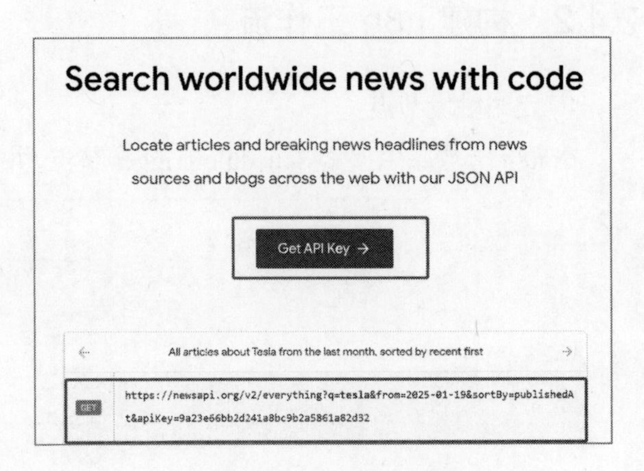

图 2.36　获取 News API key

3. 调用 DeepSeek 进行新闻分析和摘要生成

继续在后面添加 HTTP Request 节点，以调用 DeepSeek API。

接下来配置 HTTP Request 节点，各配置项如图 2.38 所示，具体含义如下。

☑ Method（请求方法）：设置为 POST，表示向服务器提交数据。

☑ URL（请求地址）：地址为 https://api.deepseek.com/chat/completions，表示 DeepSeek 用于聊天补全功能的 API 端点。

☑ Authentication（认证方式）：设置为 None，但在请求头中通过 Authorization 字段进行认证。

☑ Send Headers（发送请求头）：开关处于开启状态。

☑ Specify Headers（指定请求头）：选择 Using JSON 方式。JSON 输入框中定义了两个请求头字段，Authorization 的值为 Bearer sk - XXXXXXXXXXXXXXXXX，表示 API 密钥；Content-Type 的值为 application/json，表示请求体数据格式为 JSON。

```
{
  "Authorization": "Bearer sk-XXXXXXXXXXXXXXXX",
  "Content-Type": "application/json"
}
```

☑ Send Body（发送请求体）：开关处于开启状态。

☑ Body Content Type（请求体内容类型）：设置为 JSON。

☑ Specify Body（指定请求体）：选择 Using JSON 方式。JSON 输入框中构建了请求体数据，指定 model 为 deepseek-reasoner；messages 数组中有一条用户消息，内容为“请分析以下 AI 新闻并生成摘要{{$node ['HTTP Request'].json.articles [0].summary}}”，表示让模型对 HTTP Request 节点输出的 JSON 数据中的第一篇文章进行分析和生成摘要。

```
    {
        "model": "deepseek-reasoner",
        "messages": [
            {
                "role": "user",
                "content": "请分析以下 AI 新闻并生成摘要：{{$node['HTTP Request3'].json.
articles[0].summary}}"
            }
        ]
    }
```

HTTP Request3 Test step
Parameters Settings Docs
Import cURL
Method
GET
URL
https://newsapi.org/v2/everything?q=tesla&fror
Authentication
None
Send Query Parameters
Send Headers
Specify Headers
Using JSON
JSON
1 {
2 "x-api-key":
"9a2 1a8
2d32"
3 }
Send Body
Options

图 2.37　配置 AI 新闻数据节点

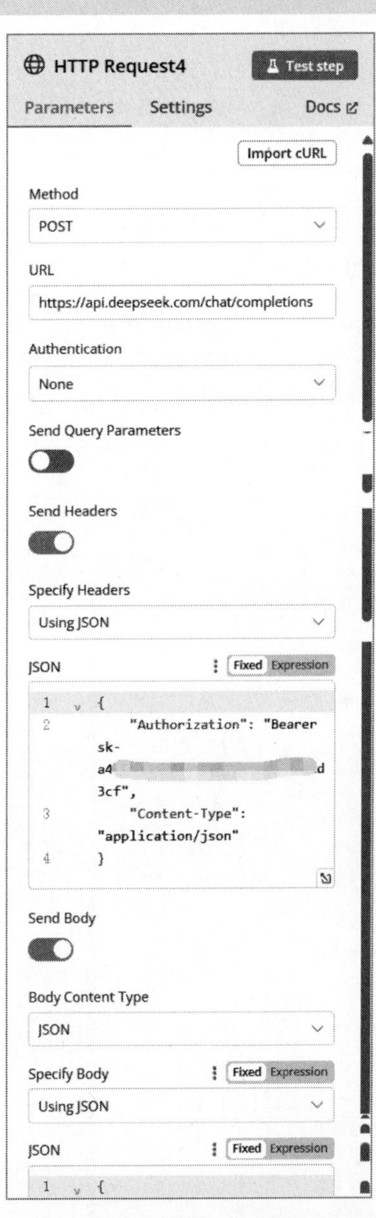

图 2.38　配置 DeepSeek 新闻分析节点

4. 内容优化和翻译

继续使用 HTTP Request 节点调用 DeepSeek API，进行内容优化和翻译。

配置 HTTP Request 节点如下。

☑ URL：同样是 DeepSeek API 的请求 URL（https://api.deepseek.com/chat/completions）。

☑ 请求方法：设置为 POST。

☑ 请求头：与上一步相同。

☑ 请求体：示例如下。

```
{
    "model": "deepseek-reasoner",
    "messages": [
        {
            "role": "user",
            "content": "请分析以下 AI 新闻并生成摘要：{{$node['HTTP Request4'].json.
choices.choices[0].message.content}}"
        }
    ]
}
```

5. 发送邮件

继续在后面添加发送邮件设置。在 n8n 节点库中搜索 Send Email 节点，将其拖到工作流画布中。配置 Send Email 节点，如图 2.39 所示。其中，各配置项的含义如下。

☑ Credential to connect with（连接凭证）：选择 SMTP account，配置 SMTP 账户凭证以发送邮件，如图 2.40 所示。

图 2.39　配置 Send Email 节点

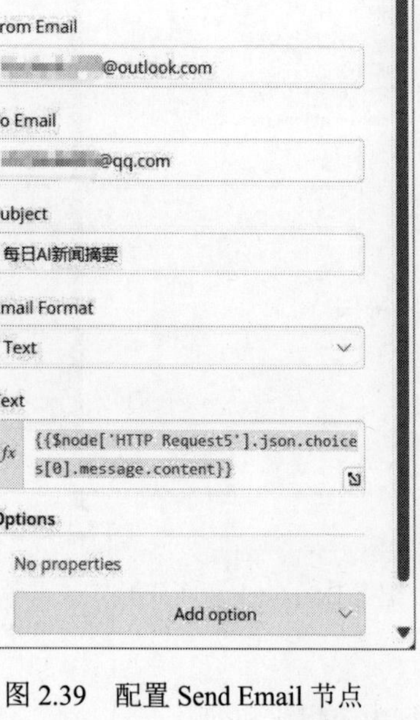

图 2.40　配置 SMTP 账户凭证

- ☑ Operation（操作）：设置为 Send，表示执行邮件发送操作。
- ☑ From Email（发件人邮箱）：填写第一个验证的邮箱号，表示该邮件将从 Outlook 邮箱地址发出。
- ☑ To Email（收件人邮箱）：可以填写多个，填写接收人的邮箱号。
- ☑ Subject（邮件主题）：可以设置为“每日 AI 新闻摘要”。
- ☑ Email Format（邮件格式）：设置为 Text，表示邮件以纯文本格式发送。
- ☑ Text（邮件正文）：通过表达式{{$node['HTTP Request5'].json.choices[0].message.content}}获取内容，意味着邮件正文将使用 HTTP Request5 节点输出的 JSON 数据，即 choices 数组第一个元素 message 对象的 content 字段内容。

2.4.3 保存并激活工作流

完成所有节点的配置后（见图 2.41），单击 n8n 界面右上角的 Save 按钮，保存工作流。单击 Test workflow 按钮激活工作流。这样，定时任务就会按照设置的时间自动执行。

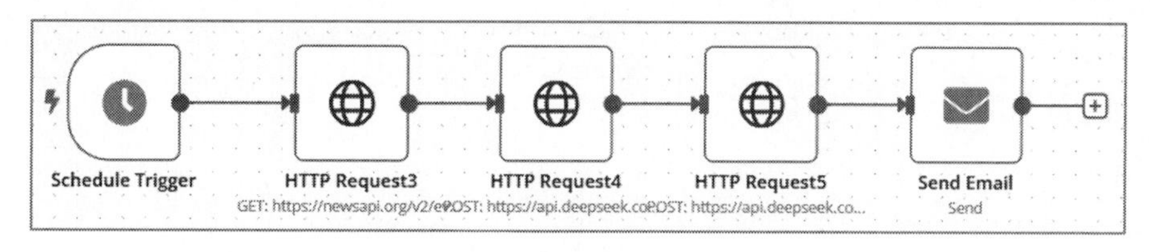

图 2.41　配置完所有节点

注意事项：

- ☑ 不同的新闻 API 和 DeepSeek API 可能有不同的请求参数和响应格式，需要根据实际情况进行调整。
- ☑ 确保 DeepSeek API 密钥和新闻 API 密钥的有效性，以及邮箱发送凭证的正确性。
- ☑ 如果新闻 API 有请求频率限制，需要注意控制请求频率，避免被封禁。

2.5 DeepSeek-R1 与其他工具集成

2.5.1 配置 Postman 环境

1. 打开 Postman

如果读者已经安装了 Postman 应用程序，可直接双击打开它。如果使用的是 Postman 网页版，可在浏览器中访问 https://www.postman.com/并登录账户。

2. 新建 Collection

在 Postman 左侧导航栏中选择 Collections，单击右上角的 New 按钮，如图 2.42 所示。

在弹出的 Create New 窗口中选择 Collection 选项，如图 2.43 所示。然后为 Collection 输入一个有意义的名称，如 User Login API Tests，最后单击 Create 按钮，即可成功创建一个 Collection。

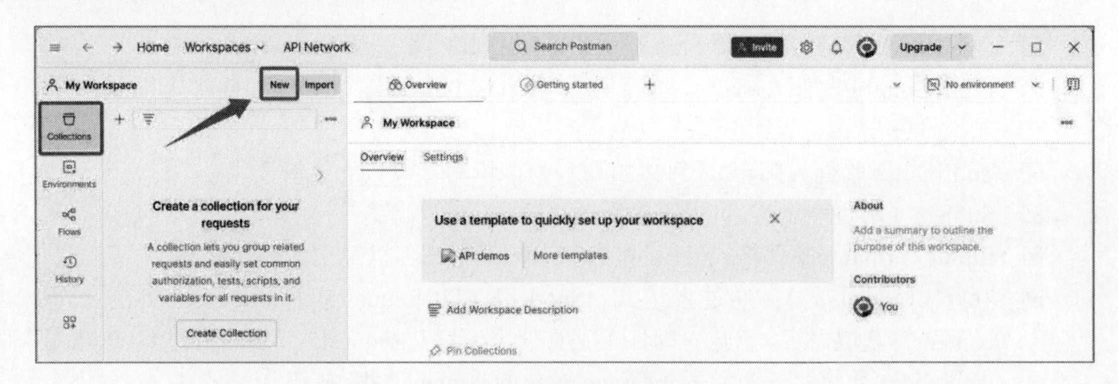

图 2.42　新建 Collection

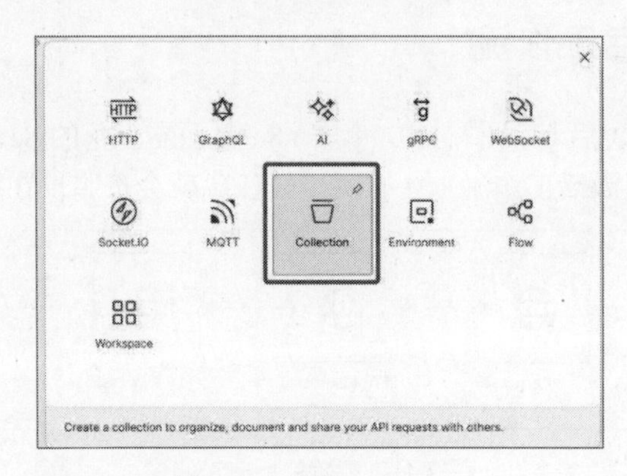

图 2.43　选择 Collection

3. 添加环境变量 DEEPSEEK_API_KEY

（1）在 Postman 页面的右上角找到环境选择下拉框，单击旁边的齿轮图标将其展开，单击 Create Environment 按钮，如图 2.44 所示。

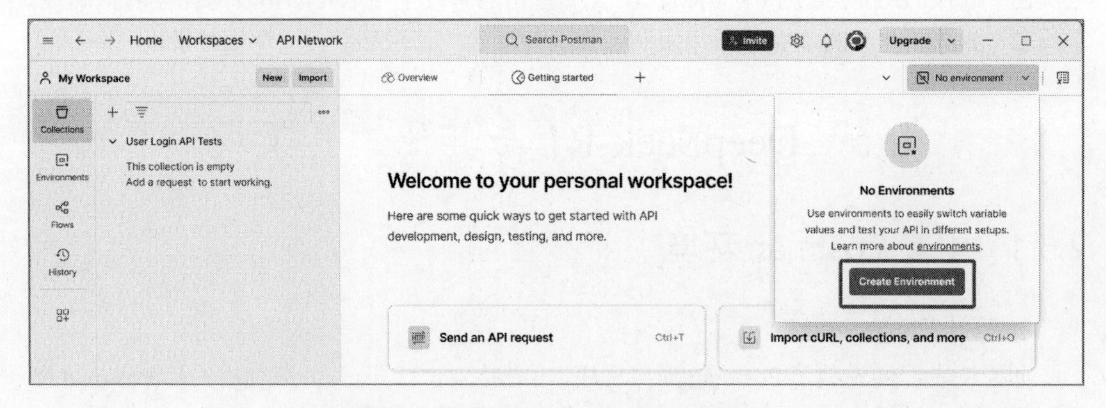

图 2.44　单击 Create Environment 按钮

（2）在弹出的 Create Environment 对话框中，可以将环境名称设置为 DeepSeek Environment。

（3）在表格的 Variables 列中选中自定义的键值名称，例如 DEEPSEEK_API_KEY。在 Initial value 列中输入你创建的 DeepSeek API 密钥，输入之后，Current value 列会自动同步显示该密钥。在 Type 列中，系统会自动将密钥类型设置为 default 类型。你也可以根据需要选择 secret 类型（即密码模式），设置该类型后，其他用户将无法查看该密钥，如图 2.45 所示。

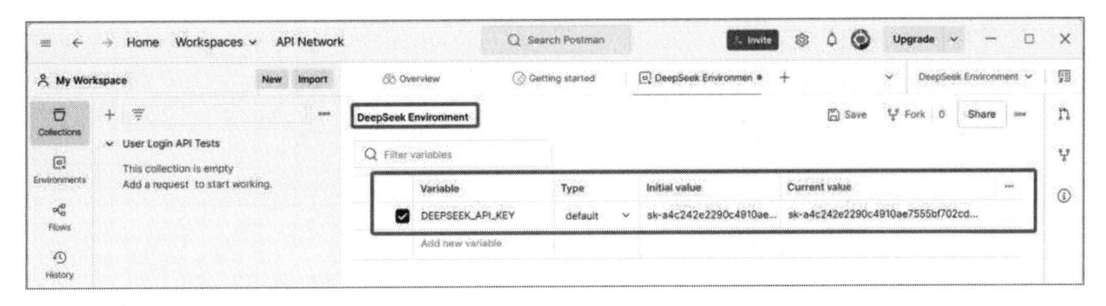

图 2.45　设置 DeepSeek API

（4）单击 Add 按钮，添加变量，然后单击 Save 按钮，以保存环境设置。

（5）回到 Postman 主界面，从环境选择下拉框中选择刚刚创建的 DeepSeek Environment。

2.5.2　生成测试用例

1. 在 DeepSeek-R1 输入问题

打开 DeepSeek-R1 官网，在输入框中输入以下内容。

```
为一个用户登录接口（POST /login）生成 Postman 测试脚本，验证状态码、响应时间、JSON Schema。
```

等待 DeepSeek-R1 生成相应的代码片段如图 2.46 所示。

2. 复制输出的代码片段到 Postman 的 ostman 片段标签页

复制 DeepSeek-R1 生成的代码片段，在 Postman 中展开之前创建的 User Login API Tests，单击 Add a request 超链接，创建一个新请求，如图 2.47 所示。

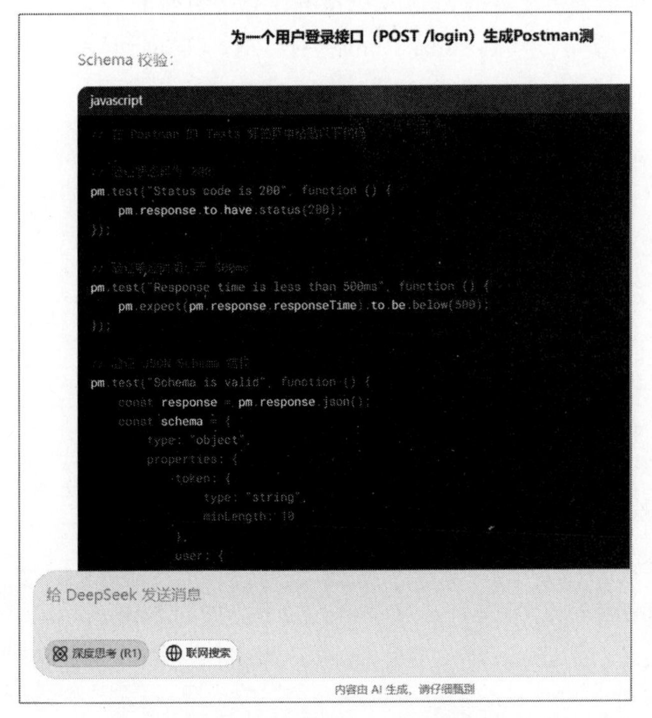

图 2.46　等待 DeepSeek-R1 生成相应代码片段

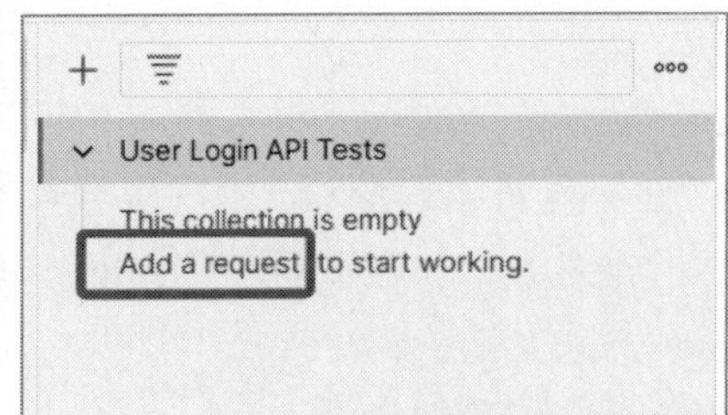

图 2.47　创建一个新请求

在请求设置中，选择请求方法为 POST，并在 URL 输入框中输入登录接口的完整 URL（如 https://example.com/login）。注意，读者应将这里的 URL 替换为要测试的网页地址。

切换到 Tests 标签页，将从 DeepSeek-R1 复制的代码片段粘贴到文本框中，如图 2.48 所示。

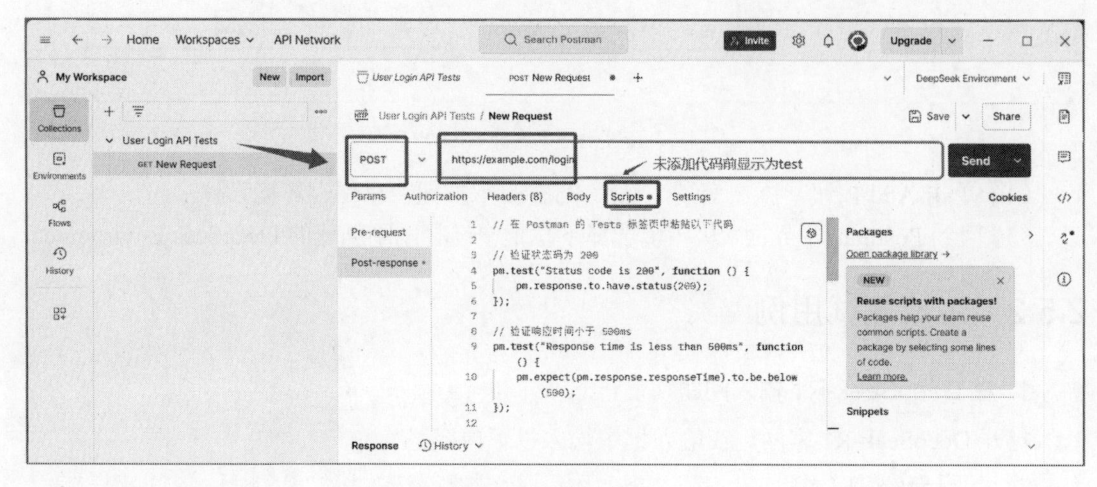

图 2.48　详细步骤

2.5.3　批量执行

1. 在 Postman Runner 中导入 Collection

在 Postman 左侧导航栏中找到之前创建的 User Login API Tests，单击右侧的 ∘∘∘ 按钮，选择 Run collection，如图 2.49 所示。此时将打开 Postman Runner 对话框，其中会显示已选中的 Collection。

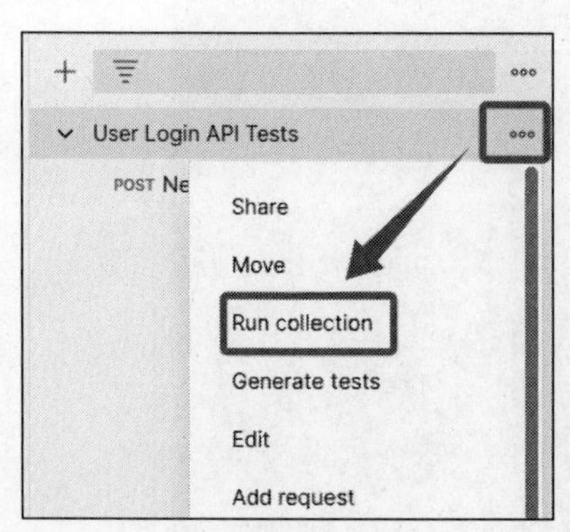

图 2.49　选择 Run collection

2. 设置迭代参数（不同用户名/密码组合）

准备一个包含不同用户名和密码组合的 CSV 文件，文件格式如下，如图 2.50 所示。

```
username,password
user1,pass1
user2,pass2
user3,pass3
```

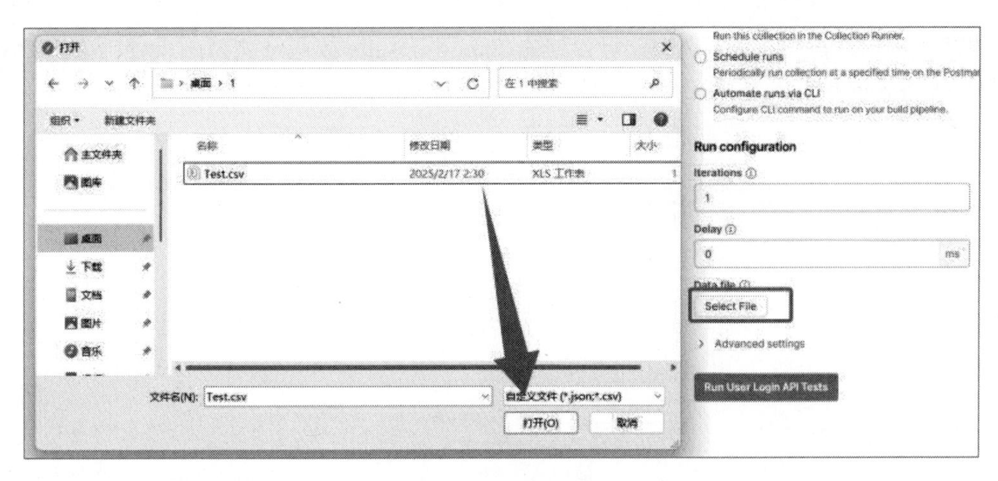

图 2.50 上传文件

在 Postman Runner 对话框中，单击 Select File 按钮，选择准备好的 CSV 文件，如图 2.51 所示。确保 Data File Type 下拉列表中显示了正确的文件类型。

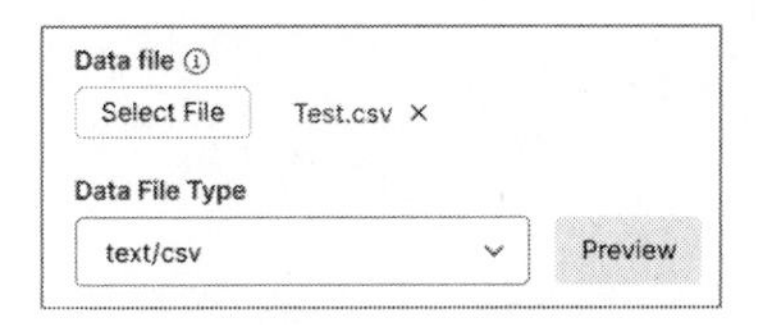

图 2.51 确认正确的文件类型

3. 配置请求中的参数

在 Postman 的请求设置中，切换到 Body 标签页，选中 form-data 单选按钮。然后添加 username 和 password 字段，并将值设置为{{username}}和{{password}}，如图 2.52 所示。这样，Postman 会在每次迭代时从 CSV 文件中获取相应的值。

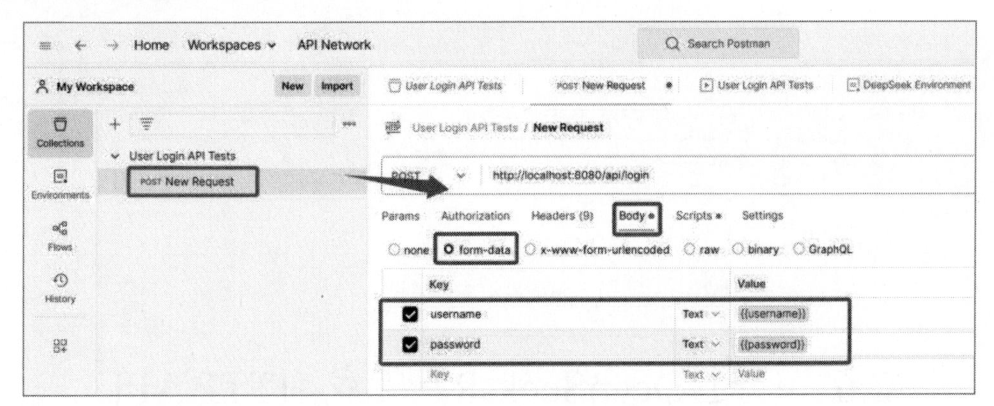

图 2.52 设置 Body 标签页

4. 自动运行并生成测试报告

返回 Runner 对话框，单击 Run User Login API Tests 按钮进行测试，如图 2.53 所示。

Postman 会根据 CSV 文件中的数据进行多次迭代，每次迭代都会发送一个请求并执行测试脚本。运行完成后，Postman Runner 会显示测试结果，包括每个请求的状态码、响应时间、测试用例的通过或失败情况等。可以单击 Export Results 按钮将测试结果导出为 JSON、HTML 等格式的报告，如图 2.54 所示。

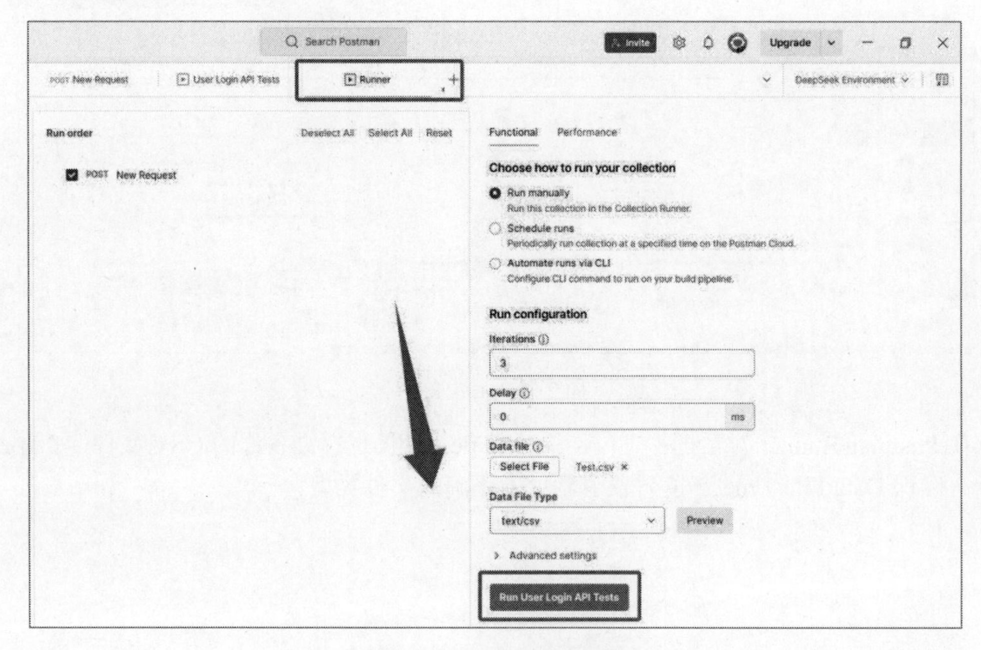

图 2.53　运行 API 测试

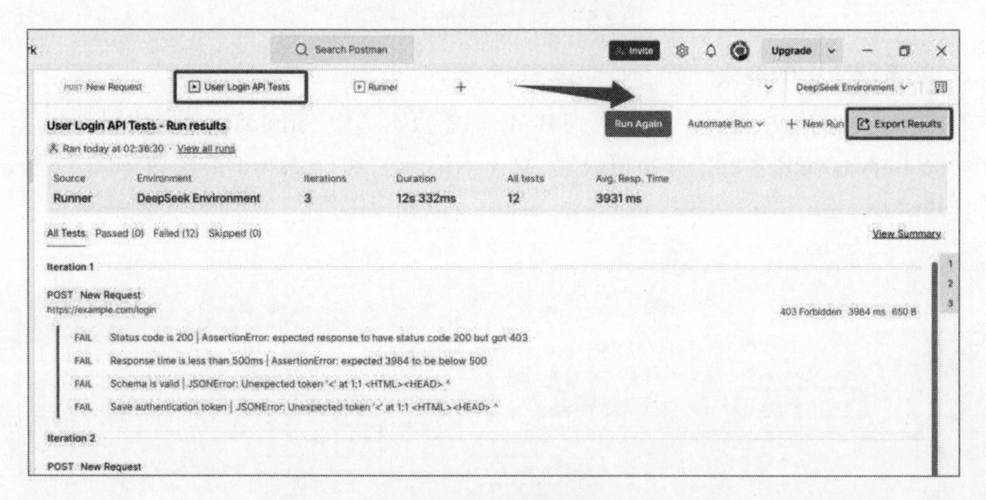

图 2.54　显示测试结果

2.6　通过 DeepSeek-R1 集成 HTTP API

2.6.1　准备工作

1. 准备开发环境

确保计算机中已经安装了 Python 3.7 或更高版本。读者可在命令行中输入以下命令，检查当前计算机中的 Python 版本。如果看到如图 2.55 所示的信息，说明已安装了 Python。

```
python version
```

```
C:\Users\admini>python --version
Python 3.13.2
```

图 2.55　检查 Python 版本

如果未安装 Python，可通过 Python 官方网站（https://www.python.org/downloads/）下载并安装 Python。

2. 安装依赖库

在激活的虚拟环境中，使用 pip 包管理器安装所需的依赖库，包括 fastapi、uvicorn 和 deepseeksdk。在命令行中执行以下命令，结果如图 2.56 所示。

```
pip install fastapi uvicorn deepseeksdk
```

图 2.56　安装所需的依赖库

其中：fastapi 是构建 Web API 的 Python 框架；uvicorn 是一个轻量级的 ASGI 服务器，用于运行 FastAPI 应用；deepseeksdk 是与 DeepSeek 模型交互的软件开发工具包。

2.6.2　编写 API 端点

1. 创建 main.py 文件

首先，需要在项目目录中创建一个名为 main.py 的 Python 文件。我们可以使用文本编辑器（如 VS Code、PyCharm 等）来创建和编辑该文件。

2. 编写代码

将以下代码复制到 main.py 文件中。

```
Please install OpenAI SDK first: `pip3 install openai`
from openai import OpenAI
from fastapi import FastAPI, Depends, HTTPException
from fastapi.security import APIKeyHeader
```

```
# 初始化 FastAPI 实例
app = FastAPI()

# 配置 DeepSeek API 客户端，替换为你的实际 API 密钥
client = OpenAI(api_key="YOUR_SECRET_KEY", base_url="https://api.deepseek.com")

# 定义 API Key 验证
api_key_header = APIKeyHeader(name="XAPIKey")


@app.post("/ask")
async def ask(prompt: str, api_key: str = Depends(api_key_header)):
    # 验证 API Key
    if api_key != "YOUR_SECRET_KEY":  # 替换为你的实际 API 密钥
        raise HTTPException(status_code=403, detail="Invalid API Key")

    try:
        # 使用 DeepSeek API 生成答案
        response = client.chat.completions.create(
            model="deepseek-reasoner",
            messages=[
                {"role": "system", "content": "You are a helpful assistant"},
                {"role": "user", "content": prompt}
            ],
            stream=False
        )
        answer = response.choices[0].message.content
        return {"answer": answer}
    except Exception as e:
        raise HTTPException(status_code=500, detail=f"Error occurred while generating
answer: {str(e)}")
```

代码解释如下：

☑ from openai import OpenAI：从 openai 库中导入 OpenAI 类，此库用于与 OpenAI 兼容的 API 交互。这里是为了与 DeepSeek API 进行通信，因为 DeepSeek API 与 OpenAI API 具有兼容性。

☑ from fastapi.security import APIKeyHeader：从 fastapi.security 模块导入 APIKeyHeader 类，该类用于从 HTTP 请求头中提取 API 密钥，以实现基于 API 密钥的身份验证。

☑ app = FastAPI()：创建一个 FastAPI 应用实例，它是整个 Web API 应用的核心，后续会基于这个实例来定义路由、中间件等。

☑ client = OpenAI(api_key="YOUR_SECRET_KEY", base_url="https://api.deepseek.com")：创建一个 OpenAI 客户端实例，通过指定 api_key 和 base_url 来配置与 DeepSeek API 的连接。需要将 YOUR_SECRET_KEY 替换为你实际的 DeepSeek API 密钥，base_url 则明确了 DeepSeek API 的服务地址。

☑ @app.post("/ask")：使用装饰器将下面定义的 ask 函数注册为一个处理 POST 请求的 API 端点，该端点的路径为 /ask，即当客户端向 /ask 发送 POST 请求时，会触发 ask 函数进行处理。

☑ response = client.chat.completions.create(...)：调用 client 实例的 chat.completions.create 方法，向 DeepSeek API 发送请求以生成答案。

  - ➢ model="deepseek-reasoner"：指定使用 deepseek - reasoner 模型进行推理。
  - ➢ messages：是一个包含消息字典的列表，其中 {"role": "system", "content": "You are a helpful assistant"}作为系统消息，用于设定助手的行为模式；{"role": "user", "content": prompt}作为用户消息，包含了用户的实际问题。
  - ➢ stream=False：表示不使用流式响应，即等待模型完整生成答案后再返回。

- ☑ answer = response.choices[0].message.content：从 API 响应中提取第一个选择的消息内容作为最终的答案。
- ☑ return {"answer": answer}：将生成的答案封装在一个字典中，以 JSON 格式返回客户端。

代码导入效果如图 2.57 所示。

```
main.py  ×
C: > Users > admini > OneDrive > 桌面 > 1 > main.py > ask
1  # Please install OpenAI SDK first: `pip3 install openai`
2  from openai import OpenAI
3  from fastapi import FastAPI, Depends, HTTPException
4  from fastapi.security import APIKeyHeader
5
6  # 初始化FastAPI实例
7  app = FastAPI()
8
9  # 配置 DeepSeek API 客户端
10 client = OpenAI(api_key="sk-[illegible]", base_url="https://api.deepseek.com")
11
12 # 定义 API Key 验证
13 api_key_header = APIKeyHeader(name="X-API-Key")
14
15
16 @app.post("/ask")
17 async def ask(prompt: str, api_key: str = Depends(api_key_header)):
18     # 验证 API Key
19     if api_key != "sk-[illegible]f":  # 替换为你的实际 API 密钥
20         raise HTTPException(status_code=403, detail="Invalid API Key")
21
22     try:
23         # 使用 DeepSeek API 生成答案
24         response = client.chat.completions.create(
25             model="deepseek-chat",
26             messages=[
27                 {"role": "system", "content": "You are a helpful assistant"},
28                 {"role": "user", "content": prompt}
29             ],
30             stream=False
31         )
32         answer = response.choices[0].message.content
33         return {"answer": answer}
34     except Exception as e:
35         raise HTTPException(status_code=500, detail=f"Error occurred while generating answer: {str(e)}")
```

图 2.57　将代码写入 main.py 文件中

2.6.3　部署与测试

1. 本地运行应用

在命令行中，进入 main.py 文件所在的目录，然后执行以下命令启动 FastAPI 应用，如图 2.58 所示。

```
uvicorn main:app --reload
```

- ☑ uvicorn：是 ASGI 服务器，用于运行 FastAPI 应用。
- ☑ main:app：其中，main 指代 main.py 文件，而 app 是在 main.py 文件中创建的 FastAPI 应用实例。
- ☑ reload：开启自动重载功能，当用户修改 main.py 文件时，服务器会自动重启。

```
PS C:\Users\admini> cd C:\Users\admini\OneDrive\桌面\1
PS C:\Users\admini\OneDrive\桌面\1> uvicorn main:app --reload
INFO:     Will watch for changes in these directories: ['C:\\Users\\admini\\OneDrive\\桌面\\1']
INFO:     Uvicorn running on http://127.0.0.1:8000 (Press CTRL+C to quit)
INFO:     Started reloader process [20744] using StatReload
INFO:     Started server process [12752]
INFO:     Waiting for application startup.
INFO:     Application startup complete.
```

图 2.58 启动 FastAPI 应用

如果看到类似以下输出信息，则说明应用已成功启动 FastAPI。

```
INFO:     Uvicorn running on http://127.0.0.1:8000 (Press CTRL+C to quit)
INFO:     Started reloader process [xxx] using statreload
INFO:     Started server process [xxx]
INFO:     Waiting for application startup.
INFO:     Application startup complete.
```

2. 使用 curl 测试 API

在另一个命令行窗口中，使用 curl 工具向刚刚启动的 API 发送 POST 请求进行测试。执行命令如下。

```
$headers = @{
   "ContentType" = "application/json"
   "XAPIKey" = "YOUR_SECRET_KEY"
}
$question = "量子计算的基本原理是什么？"
$encodedQuestion = [System.Net.WebUtility]::UrlEncode($question)
$uri = "http://localhost:8000/ask?prompt=$encodedQuestion"

# 先发送请求并将响应保存到文件
InvokeWebRequest Uri $uri Method Post Headers $headers OutFile response.json

# 再读取文件内容
$responseContent = GetContent Path response.json Encoding UTF8
$responseContent
```

（1）设置请求头：创建名为$headers 的哈希表用于存储 HTTP 请求头信息。其中："ContentType" = "application/json"表示请求体内容类型为 JSON（实际代码通过 URL 参数传递数据，未用此设置的请求体形式）；"XAPIKey" = "YOUR_SECRET_KEY"用于身份验证，需要替换为实际 API 密钥。

（2）处理用户问题并构建请求 URL：定义$question 变量存储用户问题；使用[System.Net.WebUtility]::UrlEncode 方法对问题进行 URL 编码，得到$encodedQuestion，防止特殊字符影响 URL；将编码后的问题作为 prompt 参数，与目标地址 http://localhost:8000/ask 拼接，构建完整的请求 URL 并将其存储在$uri 变量中。

（3）发送 HTTP 请求并保存响应：使用 Invoke-WebRequest 发送 HTTP 请求，Uri $uri 用于指定目标 URL，Method Post 用于指定请求方法为 POST，Headers $headers 传递请求头信息，OutFile response.json 将服务器响应内容保存到 response.json 文件。

（4）读取并输出响应内容：通过 GetContent 读取 response.json 文件内容，以 UTF8 编码读取并将其存储在$responseContent 变量中，最后输出$responseContent 中的响应内容。

如果一切正常，读者将看到服务器返回的 JSON 响应，如图 2.59 所示，包含 DeepSeek 模型生成的回答，如图 2.60 所示。

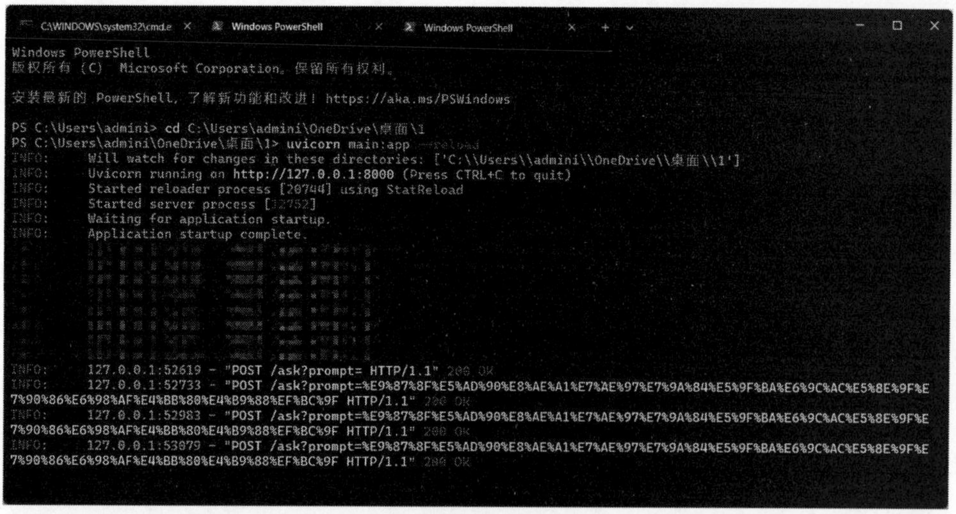

图 2.59 成功响应

图 2.60 DeepSeek 生成的回答

确保将 YOUR_SECRET_KEY 替换为读者预设的密钥。如果 API Key 正确，你将得到正常的回答；如果 API Key 错误，将收到 403 状态码和错误信息。

2.7 DeepSeek-R1 实战用例

本节案例系统可以实现从数据库读取人流量数据，经处理、判断后调用 AI 生成相应建议的自动化流程，可应用于如卫生间管理等需依据人流量安排消杀工作的场景。

2.7.1 环境准备

1. 安装 paho-mqtt 库

打开命令行终端，输入 pip install paho-mqtt 命令安装 paho-mqtt 库，如图 2.61 所示。

```
C:\Users\admini>pip install paho-mqtt
Collecting paho-mqtt
  Downloading paho_mqtt-2.1.0-py3-none-any.whl.metadata (23 kB)
Downloading paho_mqtt-2.1.0-py3-none-any.whl (67 kB)
Installing collected packages: paho-mqtt
Successfully installed paho-mqtt-2.1.0
```

图 2.61 安装 paho-mqtt 库

2. 配置 MQTT 服务器（如果尚未配置）

1）安装 mosquitto

打开浏览器，访问 mosquitto 的官方网站（https://mosquitto.org/download/）。在下载页面中找到 Windows 版本的 mosquitto 安装包，通常会有 32 位和 64 位两个版本，根据读者的 Windows 系统版本选择合适的安装包进行下载。下载完成后，双击安装包文件，安装 mosquitto 程序。

安装完毕后，按照以下步骤为其配置环境变量。

（1）按 Win+R 组合键，打开“运行”对话框，输入 sysdm.cpl 并按 Enter 键，打开“系统属性”对话框。

（2）切换到“高级”选项卡，单击“环境变量”按钮，在打开的对话框中下方“系统变量”栏中找到 Path 变量，单击“编辑”按钮。

（3）打开“编辑环境变量”对话框，如图 2.62 所示。单击“新建”按钮，输入 mosquitto 的安装路径（默认为 C:\Program Files\mosquitto）。

图 2.62 配置环境变量

（4）依次单击“确定”按钮，然后退出所有打开的窗口，使环境变量的更改生效。

2）启动 mosquitto 服务

按 Win+R 组合键，在“运行”对话框中输入 services.msc 并按 Enter 键，如图 2.63 所示。打开“服务”窗口，在右侧列表中找到 mosquitto 服务，如图 2.64 所示，右击该服务，然后在弹出的菜单中选择“启动”命令。

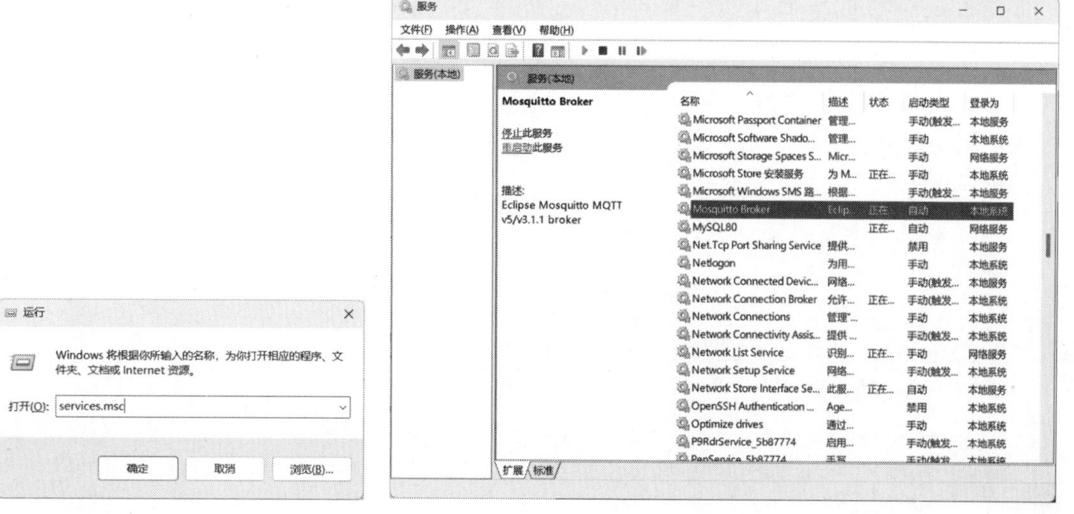

图 2.63　输入 services.msc　　　　图 2.64　打开“服务”窗口

读者还可以通过命令提示符启动 mosquitto 服务。以管理员身份打开命令提示符，输入 net start mosquitto 命令，即可启动 mosquitto 服务。

3）检查 mosquitto 的运行状态

以管理员身份打开命令提示符窗口，输入“mosquitto_sub -h localhost -t "test" -v”命令（这里 test 可以替换为读者的主题）；再打开另一个命令提示符窗口，输入“mosquitto_pub -h localhost -t "test" -m "Hello, MQTT!"”命令。如果在第一个命令提示符窗口中能够收到如图 2.65 所示的“Hello, MQTT!”消息，则说明 mosquitto 服务器运行正常，我们就可以进行消息的发布和订阅了。

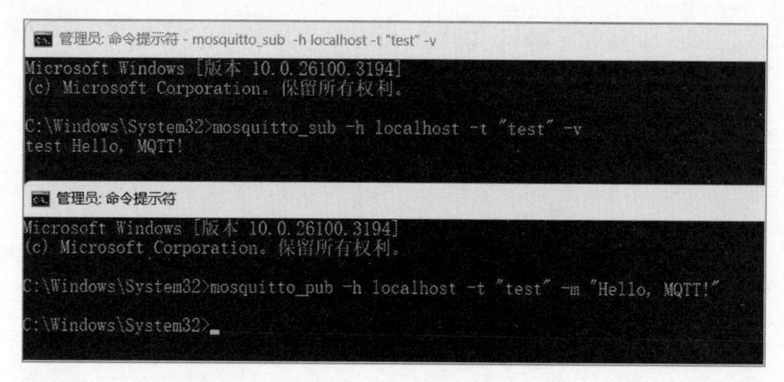

图 2.65　验证 MQTT

完成以上步骤后，读者的 Windows 系统上已成功搭建了 mosquitto MQTT 服务器，并且可以根据需要进行进一步的配置和使用。在模拟数据脚本中，将 mqtt_server 设置为 localhost（如果是在本地连接），mqtt_port 设置为 1883（默认端口）。

3. 运行模拟数据脚本

新建两个脚本，分别是 simulate_human_count.py 和 mqtt.py。simulate_human_count.py 的代码如下。

```
import paho.mqtt.publish as publish
import random
import time
from openai import OpenAI
import mysql.connector

# 替换为你的 DeepSeek API Key
DEEPSEEK_API_KEY = "your_api_key"
# MQTT 服务器信息
mqtt_server = "localhost"
mqtt_port = 1883
mqtt_topic = "restroom/human_count"

# 初始化 OpenAI 客户端（实际使用 DeepSeek API）
client=OpenAI(api_key=DEEPSEEK_API_KEY,base_url="https://api.deepseek.com")

# 连接 MySQL 数据库
try:
    mydb = mysql.connector.connect(
        host="localhost",   # 替换为你的 MySQL 主机地址
        user="root",        # 替换为你的 MySQL 用户名
        password="123456",  # 替换为你的 MySQL 密码
        database="test"     # 替换为你要使用的数据库名
    )
    mycursor = mydb.cursor()
except mysql.connector.Error as err:
    print(f"连接 MySQL 数据库时出错: {err}")
    exit(1)

# 创建人流量数据表
create_table_query = """
CREATE TABLE IF NOT EXISTS human_traffic (
    id INT AUTO_INCREMENT PRIMARY KEY,
    time INT,
    area VARCHAR(255),
    count INT
)
"""
try:
    mycursor.execute(create_table_query)
    mydb.commit()
except mysql.connector.Error as err:
    print(f"创建数据表时出错: {err}")

def generate_strategy(data):
    prompt = f"当前人流量为{data['count']}，请生成消杀时间建议（用中文）。"
    try:
        response = client.chat.completions.create(
            model="deepseekreasoner",
            messages=[
```

```
            {"role": "system", "content": "You are a helpful assistant"},
            {"role": "user", "content": prompt}
        ],
        stream=False
    )
    return response.choices[0].message.content
  except Exception as e:
    print(f"请求 API 时发生错误: {e}")
    return None

# 模拟生成人流量数据并发送
while True:
  # 模拟当前时间戳
  current_time = int(time.time())
  # 模拟卫生间区域
  area = "Restroom"
  # 模拟人数（随机生成 0～100 的数）
  count = random.randint(0, 100)

  # 构建 JSON 格式的数据
  data = '{"time": %d, "area": "%s", "count": %d}' % (current_time, area, count)

  # 构建用于生成策略的数据
  strategy_data = {"count": count}

  try:
    # 发送数据到 MQTT 服务器
    publish.single(mqtt_topic, data, hostname=mqtt_server, port=mqtt_port)
    print(f"Sent data: {data}")

    # 将数据插入 MySQL 数据库中
    insert_query = "INSERT INTO human_traffic (time, area, count) VALUES
(%s, %s, %s)"
    values = (current_time, area, count)
    mycursor.execute(insert_query, values)
    mydb.commit()

    # 生成消杀策略
    strategy = generate_strategy(strategy_data)
    if strategy:
      print(f"Generated strategy: {strategy}")
  except mysql.connector.Error as err:
    print(f"将数据插入 MySQL 数据库中时出错: {err}")
  except Exception as e:
    print(f"发生其他错误: {e}")

  # 每隔一段时间发送一次数据（例如 10s）
  time.sleep(10)

# 关闭数据库连接
mycursor.close()
mydb.close()
```

mqtt.py 的代码如下。

```
import paho.mqtt.client as mqtt
```

```
import requests

# MQTT 服务器信息
mqtt_server = "localhost"
mqtt_port = 1883
mqtt_topic = "restroom/human_count"

# FastGPT 数据接口地址（假设的地址，需要根据实际情况进行修改）
fastgpt_api_url = "https://cloud.fastgpt.cn/api"

# 连接 MQTT 服务器成功的回调函数
def on_connect(client, userdata, flags, rc):
    print("Connected with result code " + str(rc))
    client.subscribe(mqtt_topic)

# 接收到 MQTT 消息的回调函数
def on_message(client, userdata, msg):
    data = msg.payload.decode()
    try:
        # 将接收到的 MQTT 消息转发到 FastGPT 平台的数据接口
        response = requests.post(fastgpt_api_url, data=data)
        if response.status_code == 200:
            print("Data forwarded successfully to FastGPT")
        else:
            print(f"Failed to forward data. Status code: {response.status_code}")
    except Exception as e:
        print(f"Error forwarding data: {e}")

client = mqtt.Client()
client.on_connect = on_connect
client.on_message = on_message

client.connect(mqtt_server, mqtt_port, 60)

client.loop_forever()
```

打开命令行终端，执行以下命令，结果如图 2.66 所示。

```
Pip install mysqlconnectorpython
```

```
C:\Users\admini>pip install mysql-connector-python
Collecting mysql-connector-python
  Downloading mysql_connector_python-9.2.0-cp313-cp313-win_amd64.whl.metadata (6.2 kB)
Downloading mysql_connector_python-9.2.0-cp313-cp313-win_amd64.whl (16.1 MB)
   ---------------------------------------- 16.1/16.1 MB 2.5 MB/s eta 0:00:00
Installing collected packages: mysql-connector-python
Successfully installed mysql-connector-python-9.2.0

C:\Users\admini>
```

图 2.66 下载 mysql、python 连接

进入保存 simulate_human_count.py 文件的目录，执行以下命令运行脚本，结果如图 2.67、图 2.68 所示。

```
python simulate_human_count.py

 python  mqtt.py
```

此时，脚本会按照设定的时间间隔（10s）随机生成人流量数据，并尝试发送到指定的 MQTT 服务器和主题。

```
PS C:\Users\admini> cd C:\Users\admini\OneDrive\桌面\1\Test
PS C:\Users\admini\OneDrive\桌面\1\Test> python simulate_human_count.py
Sent data: {"time": 1739928331, "area": "Restroom", "count": 75}
Generated strategy: 根据当前人流量为75的情况，建议如下消杀时间安排：

1. **低峰时段消杀**: 如果人流量在一天中有明显的高峰和低峰时段，建议选择人流量较少的低峰时段进行消杀。例如，早晨开门前、午休时间或晚上闭店后。

2. **每2小时消杀一次**: 如果人流量较为稳定，建议每2小时进行一次局部消杀，特别是高频接触区域（如门把手、电梯按钮、扶手等）。

3. **全面消杀**: 每天至少进行一次全面消杀，建议在营业结束后进行，确保所有区域都得到彻底清洁和消毒。

4. **高峰期加强消杀**: 如果人流量突然增加，建议在高峰期结束后立即进行一次消杀，确保环境卫生安全。

5. **人员流动区域重点消杀**: 对于人员流动频繁的区域（如入口、走廊、卫生间等），建议增加消杀频率，确保这些区域的卫生安全。

请根据实际情况调整消杀频率和方式，确保环境安全。
```

图 2.67　执行 simulate_human_count.py 脚本

```
PS C:\Users\admini>  cd C:\Users\admini\OneDrive\桌面\1\Test
PS C:\Users\admini\OneDrive\桌面\1\Test>  python  mqtt.py
C:\Users\admini\OneDrive\桌面\1\Test\mqtt.py:30: DeprecationWarning: Callback API version 1 is deprecated, update to latest version
  client = mqtt.Client()
Connected with result code 0
```

图 2.68　执行 mqtt.py 脚本

2.7.2　FastGPT 接收模拟数据

1. 确认 FastGPT 平台配置

在浏览器中访问网址 https://fastgpt.cn/zh，登录 FastGPT 平台。由于该平台不支持直接接收 MQTT 数据，需要编写一个中间程序 mqtt.py，通过 MQTT 客户端库（如 paho-mqtt）订阅 MQTT 主题，接收数据后再将数据转发到 FastGPT 平台的数据接口。

2. 自动化流程编排

1）登录 FastGPT 平台

进入平台的自动化流程管理模块，创建新的自动化规则。单击“新建规则”按钮，输入规则名称，如“卫生间人流量自动消杀调度”。

2）流程开始

这是整个流程的起始节点，它会输出一些全局变量，如用户 ID、应用 ID、当前对话 ID、AI 配置的 ID、历史记录和当前时间等。这些变量后续可能在其他节点中被引用。

3）数据库连接

（1）输入配置。

如图 2.69 所示，首先，在相应的下拉列表框中，手动选择你实际使用的数据库类型，这里使用 MySQL。

在主机地址输入框中，输入 localhost。localhost 表示本地服务器，如果数据库服务器运行在当前机器上，就使用这个值；若数据库在远程服务器上，则需填写对应服务器的 IP 地址或域名。

在端口输入框中，输入 3306。3306 是 MySQL 数据库的默认端口号，若数据库服务器使用了非默认端口，则要填写实际的端口号。

在数据库名输入框中，输入 test。test 是示例数据库名称，实际操作中应填写要连接的具体数据库名称。

在用户输入框中，输入 root，这是 MySQL 常见的默认用户名。在密码输入框中输入

123456，这是示例密码，实际使用时请填写正确的数据库密码。

在 sql 输入框中，输入 SELECT count FROM human_traffic ORDER BY timestamp DESC LIMIT 1。该 SQL 语句的作用是将 human_traffic 表按 timestamp 字段（时间戳）降序排列，然后选取第一条记录中的 count 字段值，即可获取最新的人流量数据。

（2）输出。

将查询结果以字符串类型存储在 result 变量中。

4）代码运行

（1）输入配置：自定义输入选择“数据库连接 > result”，即将数据库连接节点输出的 result 变量作为输入。

（2）JavaScript 代码：定义一个 main 函数以接收 data 参数，将 data 解析为整数并赋值给 result_num，最后返回一个包含 result（值为 result_num）的对象。

（3）输出配置：自定义输出变量名为 result_number，数据类型为 Number，用于存储代码运行后得到的人流量数值，如图 2.70 所示。

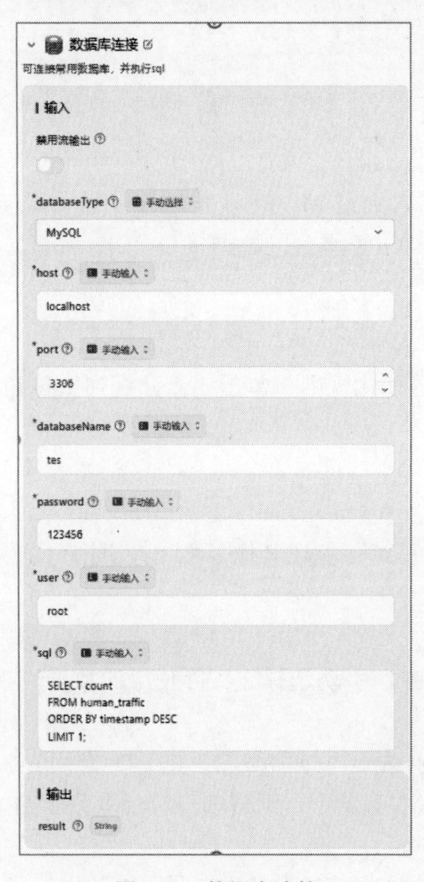

图 2.69 数据库连接

图 2.70 输出配置

5）判断器

（1）条件判断：判断“代码运行 >result_number”（即处理后的人流量数值）是否大于或等于 50。

（2）分支处理：当 IF 分支条件满足时，进入后续流程，如图 2.71 所示。

6）工具调用

（1）输入配置：手动选择 AI 模型为 Deepseek-reasoner。提示词输入“当前人流量 result 大于 50，请生成详细的卫生间消杀时间建议”，这里的 result 应是前面流程处理得到的人流量数值（实际配置中可能需要准确引用变量）。同时，还引用了全局变量中的历史记录，以及流程开始节点中的用户问题，如图 2.72 所示。

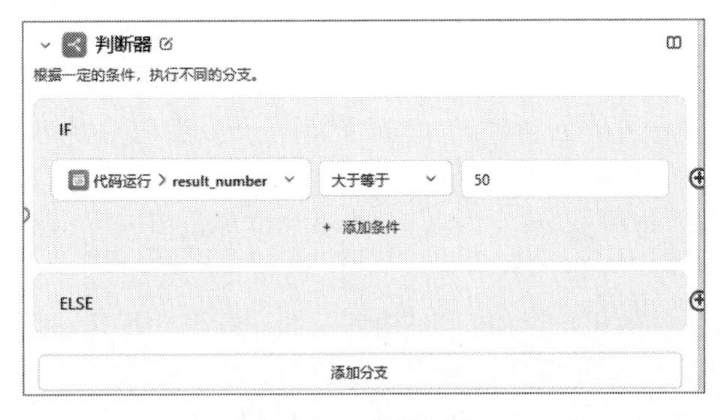

图 2.71　条件判断

（2）输出：AI 回复内容以字符串类型存储在名为“AI 回复内容”的变量中。

7）指定回复

如图 2.73 所示，该节点直接将“工具调用 >AI 回复内容”作为回复内容输出，即最终将 AI 生成的卫生间消杀时间建议作为整个流程的输出结果。

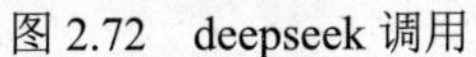
图 2.72　deepseek 调用

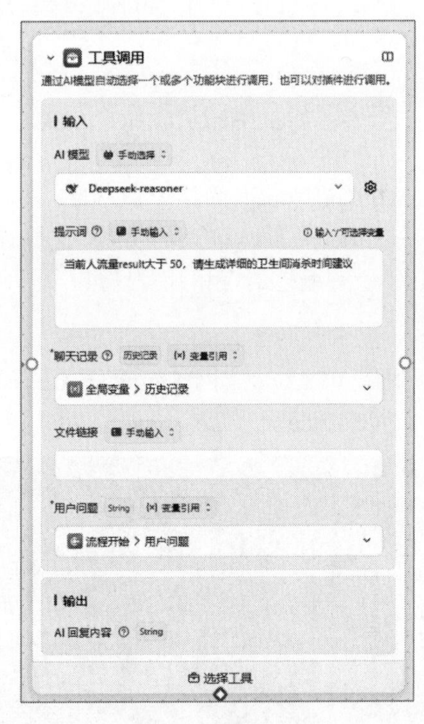

图 2.73　最终效果

总体而言，这个流程实现了对人流量数据进行处理和判断，根据判断结果调用 AI 模型生成卫生间消杀时间建议，并最终输出建议的功能。

2.8 使用 Cline 开发项目

在 DeepSeek-R1 的智能化生态中，Cline 作为 Visual Studio Code 的免费插件，为开发者提供了一种无缝集成 AI 能力的轻量化开发方案。通过 API 接口，Cline 可直接调用 DeepSeek-R1 的代码生成与逻辑推理能力，将自然语言指令转化为功能代码，显著加速开发流程。这种“对话式编程”的创新模式，重新定义了开发者与机器的协作关系，更以近乎直觉的交互体验，让复杂的技术实现变得触手可及。

Cline 不仅支持主流前端框架（如 React、Vue）和多种编程语言（如 Python、JavaScript、TypeScript），还能根据上下文自动补全代码片段，减少重复劳动。其交互式调试功能允许开发者生成代码后实时预览效果，并通过自然语言反馈进行迭代优化，进一步降低试错成本。根据 2023 年 Stack Overflow 开发者调查报告，超过 68%的开发者认为 AI 代码生成工具能够减少重复性编码工作，而 Cline 的上下文感知能力（如自动适配项目技术栈）使其在同类工具中脱颖而出，用户留存率高达 92%。

本节将深入探讨如何借助 Cline 插件与 DeepSeek-R1 进行网页项目开发。无论是独立开发者快速验证 AI 驱动的功能原型，还是团队通过代码生成与人工校验结合的模式提升效率，Cline 与 R1 的搭配都将成为低成本、高灵活性的技术杠杆，进一步模糊“需求设计”与“代码实现”的边界。通过标准化流程与灵活配置的结合，Cline 正在重新定义高效开发的基准。

2.8.1 安装 Visual Studio Code 与 Cline

Visual Studio Code（简称 VS Code）是一款免费、开源且跨平台的代码编辑器，由微软开发，兼具轻量、快捷与强大的功能，支持智能代码提示、调试、Git 集成及海量扩展插件，适用于几乎所有编程语言和开发场景，是开发者高效编码的首选工具。

1. 安装 VS Code

（1）进入 VS Code 官网（https://code.visualstudio.com/），单击 Download for Windows 按钮，下载 VS Code 开发工具，如图 2.74 所示。

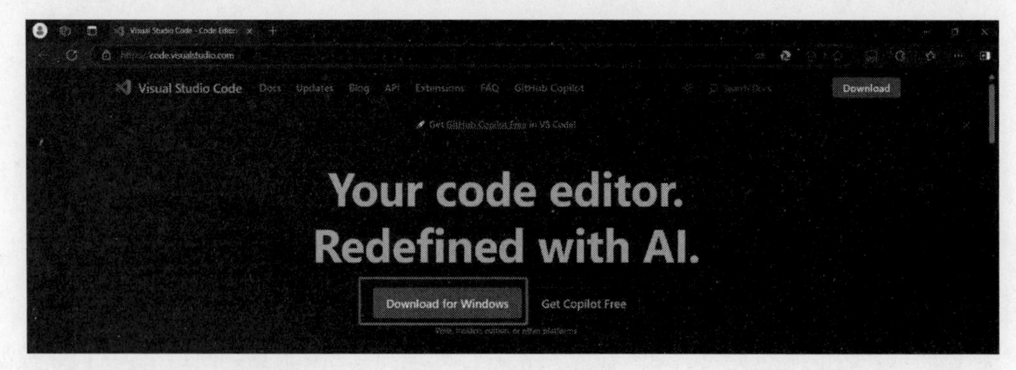

图 2.74 VS Code 官网

注意，读者需选择与本人计算机系统相匹配的版本（如 Windows、macOS、Linux）。对于企业内网环境，可下载离线安装包并通过脚本批量部署。

（2）运行安装程序，在“许可协议”界面选中“我同意此协议”单选按钮，单击“下一步”按钮，如图 2.75 所示。

（3）在“选择附加任务”界面全选附加任务，单击“下一步”按钮，如图 2.76 所示。

图 2.75　许可协议

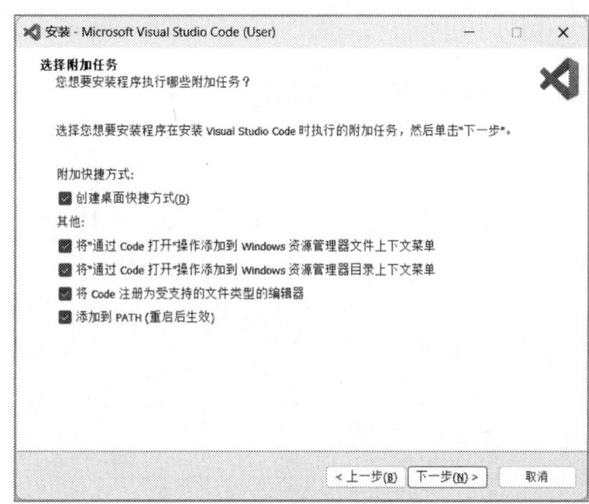

图 2.76　选择附加任务

（4）在“准备安装”界面单击“安装”按钮，如图 2.77 所示。

（5）安装完成后，运行 VS Code，如图 2.78 所示。

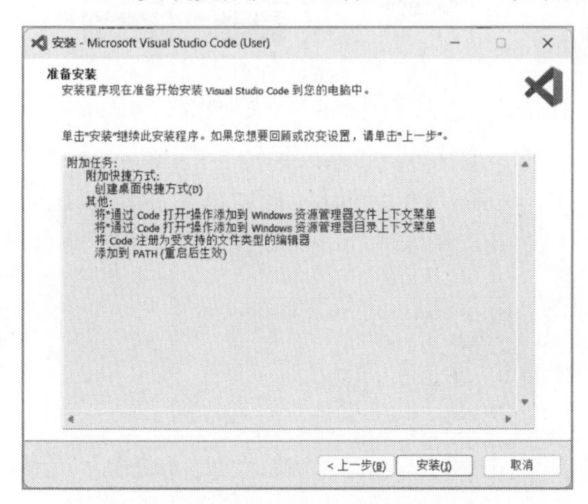

图 2.77　准备安装

图 2.78　安装完成

安装后可做优化建议如下。

（1）界面语言切换。在扩展商店搜索 Chinese (Simplified) Language Pack，安装后重启即可切换为中文界面。

（2）自动保存设置。选择“文件”→“首选项”命令，启用 Auto Save 功能，避免代码丢失风险。

2. 安装 Cline

（1）VS Code 的主界面如图 2.79 所示，单击左侧扩展栏中的⊞按钮，将弹出搜索栏。

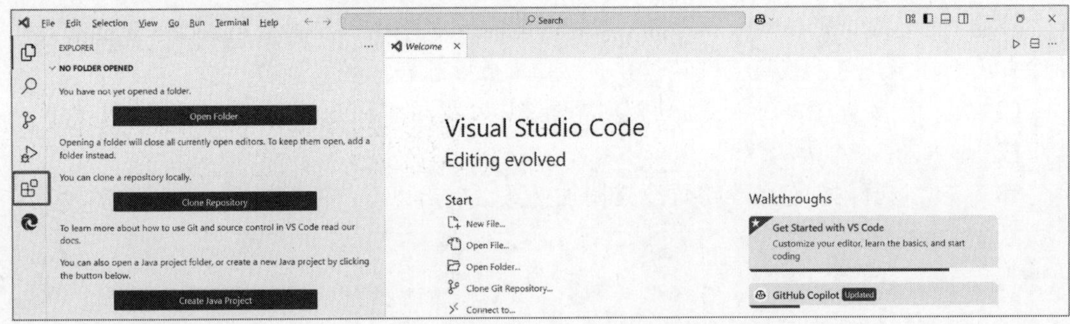

图 2.79　VS Code 主界面

（2）在搜索栏中输入 Chinese，选择相应的简体中文插件，单击右侧的 Install 按钮，如图 2.80 所示。安装完成后，重启 VS Code，如图 2.81 所示。

图 2.80　安装简体中文插件

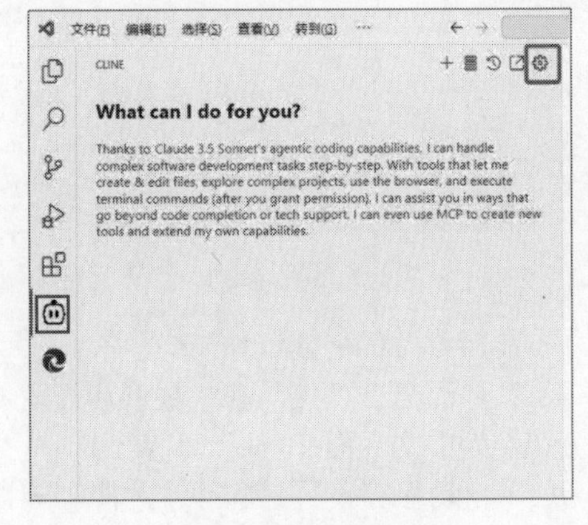

图 2.81　重启 VS Code

（3）用同样的方式，在搜索栏中输入 Cline，搜索并安装 Cline，如图 2.82 所示。

（4）安装完成后，左侧边栏上将出现 Cline 的图标，单击该图标，即可进入问答页面，如图 2.83 所示。

图 2.82　安装 Cline

图 2.83　单击配置 Cline

（5）单击设置按钮可进入配置界面。将 API Provider 设置为 DeepSeek，并填入 2.8.1 节中创建的 API key，将 Model 设置为 deepseek-reasoner，单击 Done 按钮，如图 2.84 所示。

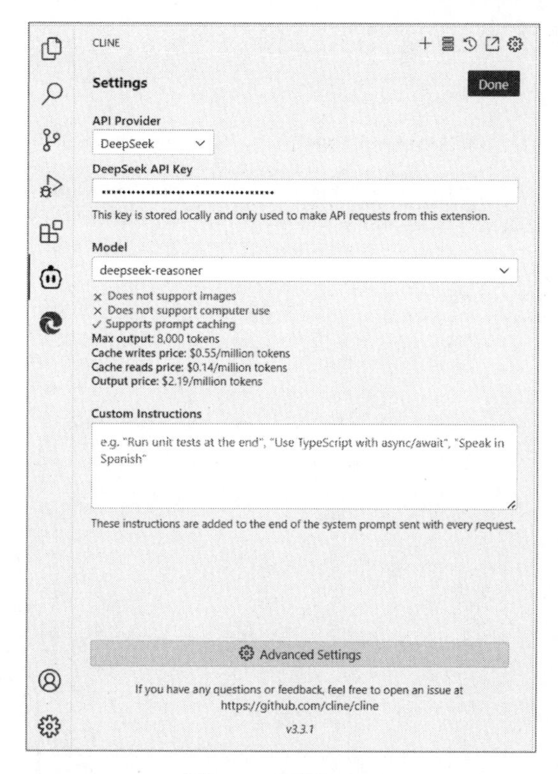

图 2.84 配置 Cline

若需切换模型版本，可在配置界面选择对应模型，不同版本在代码生成逻辑和响应速度上有所差异，开发者可根据项目需求灵活调整。

针对 Cline 的深度集成优化，VS Code 提供了以下原生功能支持。

☑ 工作区隔离：通过多窗口模式同时管理多个 Cline 生成项目，避免配置冲突。

☑ 终端集成：直接在内置终端运行 npm install 或 python -m venv 等命令，无缝衔接生成代码的依赖安装。

☑ 断点调试：对 Cline 生成的 JavaScript/Python 代码设置断点，结合 VS Code 的变量监视功能快速定位逻辑错误。

2.8.2 生成项目

通过自然语言指令，Cline 可以调用 API 生成项目代码，并自动进行文件编辑、执行终端命令等操作。

以下是优化指令编写的建议。

（1）明确需求层级：优先描述核心功能，再补充细节（如“生成用户登录模块，包含邮箱验证、密码强度检测，前端使用 Ant Design 组件库”）。

（2）限制技术栈：指定框架或库（如“基于 React Hooks 实现”），避免生成冗余代码。

（3）添加约束条件：如“代码需兼容 IE11”或“禁用第三方 API 依赖”。

例如，要求 Cline 生成一个网页日历：在任务栏中输入“生成一个日历网页，日历内容包括公历、农历以及各种节假日，日历可以切换年月份，网页中要有 emoji 表情做装饰，网页的主题色调较为鲜艳。”单击发送按钮，如图 2.85 所示。

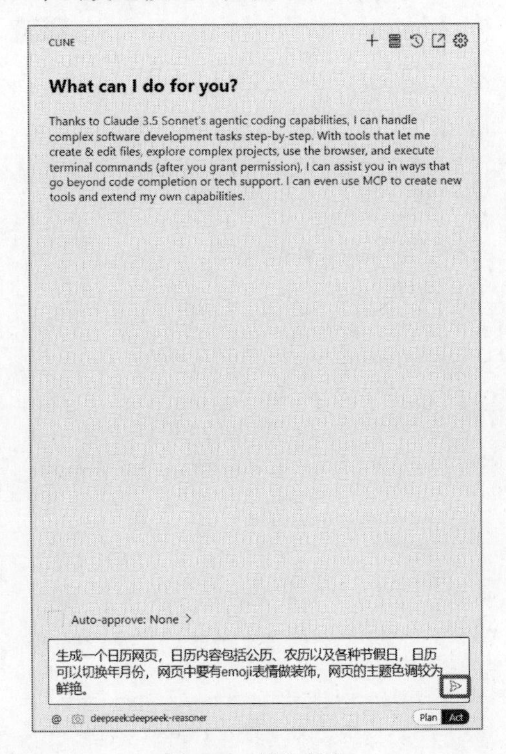

图 2.85　输入任务

可以看到 API 返回结果，单击 Save 按钮进行下一步，如图 2.86 所示。

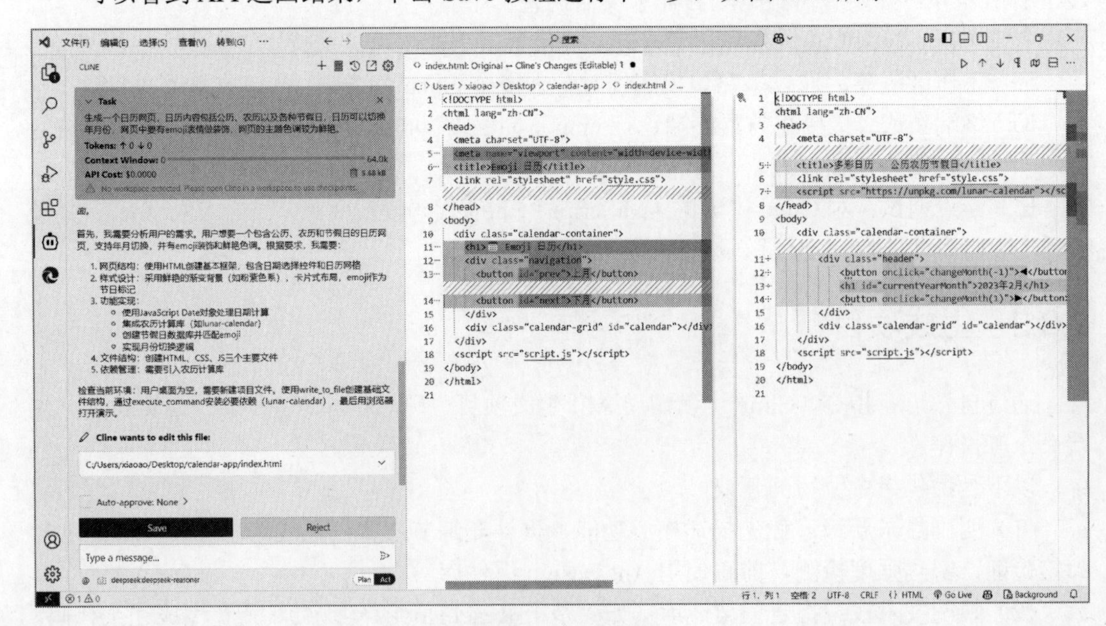

图 2.86　输出过程

输出完毕时，单击 Run Command 按钮运行项目，如图 2.87 所示，生成结果如图 2.88 所示。

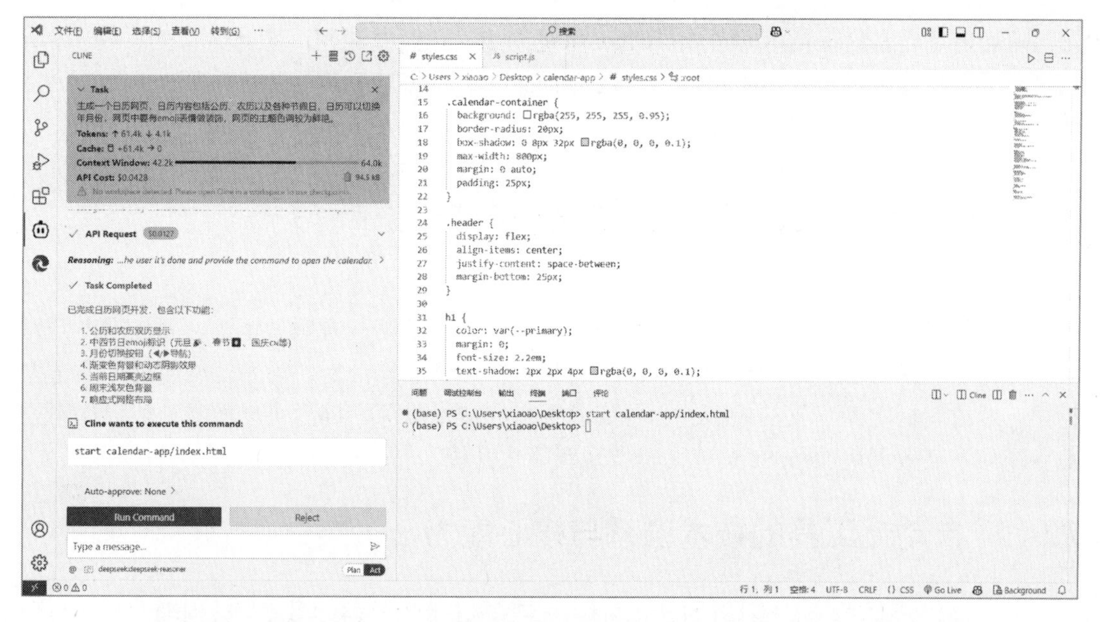

图 2.87　输出完毕

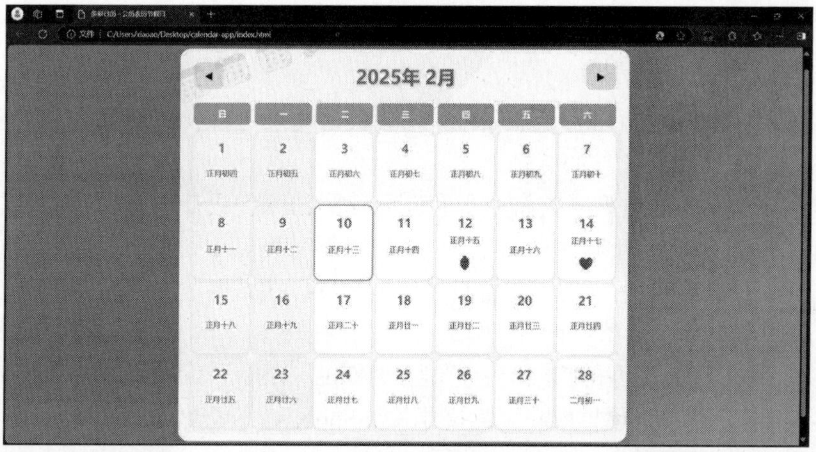

图 2.88　项目截图

若生成结果不符合预期，可通过细化指令的方式，添加更多的具体描述（如“使用 CSS Grid 布局日历网格”）；或者采用分步生成方式，先生成基础框架，再逐步追加功能，以优化生成效果。

通过自然语言指令，Cline 可以调用 API 生成项目代码，并帮助我们自动进行文件编辑、执行终端命令等操作。我们强调以下几点以最大化 Cline 的价值。

（1）从需求到原型的快速验证：Cline 允许开发者在几分钟内将想法转化为可运行的原型，特别适合验证功能可行性或向客户展示概念。

（2）学习与创新并重：新手开发者可通过分析生成代码的结构与逻辑，加速对框架、设计模式的理解，同时保留个性化调整的空间。

（3）持续迭代的伙伴：即使生成结果需要调整，Cline 的反馈机制也能逐步优化模型输出，形成越用越智能的良性循环。

随着自然语言处理技术的进步，Cline将进一步简化开发流程，甚至实现“需求描述即完整应用”的终极目标。对于每一位开发者而言，掌握此类工具不仅是效率的提升，更是适应技术变革的必要能力。

2.9 用于自动化的免费工具和资源

本节将梳理与DeepSeek-R1深度集成的自动化工具及第三方服务资源，聚焦国内开发者生态，从技术特性、行业适配性、成本控制等多维度展开分析，为企业构建清晰的选型框架。通过解析主流工具的核心能力与资源生态的技术纵深，读者可全面掌握如何在不同业务场景下高效调用DeepSeek能力，实现智能化升级。

2.9.1 自动化工具的技术谱系与核心能力

在自动化开发领域，工具链的技术特性决定了AI能力的落地效率。根据功能架构与使用场景的差异，主流工具可分为三大类：通用型工作流引擎、低代码平台及模型路由服务。每类工具在与DeepSeek的集成中，均展现出独特的价值。

1. 通用型工作流引擎

通用型工作流引擎以n8n和Make.com为代表，通过可视化流程编排与跨系统连接能力，成为复杂自动化场景的核心载体。

n8n作为开源架构的典型，支持基于有向无环图的流程设计，允许开发者自定义请求头、超时策略及错误重试机制。例如，在电商客户服务场景中，用户评论数据经n8n抓取后，可通过DeepSeek-R1进行情感分析与关键词提取，生成包含问题分类与解决建议的结构化报表，最终触发库存调整或售后工单流程。其自托管模式下，单节点可处理200+并发请求，基于DeepSeek-70B模型的响应延迟控制在800ms以内，满足企业对实时性的高要求。

Make.com凭借3000+预集成应用连接器（如Shopify、Slack、Airtable），成为中小企业快速验证场景的优选。跨境电商企业可通过Make.com将TikTok用户评论与DeepSeek情感分析模块串联，实现负面评价的实时预警与自动补偿方案生成，从而提升客户满意度。需要注意，Make.com的免费版仅支持两层逻辑嵌套，且每月任务上限为1000次，适合中小规模的场景验证。

2. 低代码平台

国内低代码平台在数据合规性与本地化集成上具有显著优势。

钉钉宜搭原生集成DeepSeek多模态接口，开发者可通过拖曳组件直接调用OCR识别、合同风险分析等功能。例如，在供应链管理中，上传的物流单据可自动触发以下流程：OCR提取关键字段（如订单号、金额）、DeepSeek-R1校验数据一致性、异常数据触发钉钉审批流。此类方案可显著提升对账效率并降低人工错误率。

明道云则提供专用函数（如AI_GENERATE_TEXT()），支持在业务逻辑中直接嵌入AI能力。其私有化部署方案采用国密算法加密数据传输，并通过等保2.0三级认证，适用于金融、医疗等强监管场景。例如，医疗机构可采用明道云构建患者随访系统，通过 DeepSeek 自动解析体检报告中的关键指标，生成个性化健康建议。

3. 模型路由服务

模型路由服务通过智能调度算法优化成本与性能的平衡。

硅基流动的动态路由引擎基于请求内容复杂度自动分配模型，如简单咨询使用轻量级模型，复杂推理切换至 DeepSeek-R1 完整版。其免费资源提供初始 token 额度，支持中文语境优化分词，开发者可通过异步队列管理与请求缓存策略提升效率。

深度求索开放平台基于昇腾 910 集群的分布式推理框架，支持高并发低延迟响应，其混合部署方案允许敏感数据在本地 GPU 集群处理，非敏感任务路由至云端，适用于政务、能源等关键领域。

2.9.2 第三方 API 服务的技术纵深与行业适配

第三方服务商提供的差异化技术方案，可有效扩展 DeepSeek 的能力边界。开发者需要根据自身的业务需求，选择适配的架构。

1. OpenRouter

OpenRouter（官网地址 https://openrouter.ai/）国内镜像可构建统一的 API 网关，开发者通过单端点即可调用 DeepSeek 的全系列模型（包含未公开的 130B 实验版本）。其智能路由模块实时监测各节点负载，基于延迟与成本动态选择服务实例，支持按 token 阶梯计价（$0.8/百万）。

例如，在线教育平台可通过多模型 A/B 测试对比 DeepSeek-R1 与其他模型的响应质量，选择最优引擎作为核心答疑系统。该平台还提供用量分析面板，可细分至业务线维度统计消耗，并通过余额预警与自动停服机制保障成本可控。

2. 国家超算互联网平台

国家超算互联网平台（官网地址 https://www.scnet.cn）作为战略级资源，提供 DeepSeek-7B/70B/671B 全参数版本的云端与国产硬件适配方案。其昇腾 910 集群的硬件级隔离保障模型权重安全，结合私有协议隧道加密，可满足政务场景的高合规要求。

例如，政务平台可基于该架构实现智能导办服务，自动解析市民咨询诉求并关联多部门数据，生成处置方案。该平台还支持国产加密芯片（如鲲鹏 TEE），在金融领域助力某银行构建智能风控系统，通过分析交易流水与用户行为数据，实时识别欺诈风险。

3. 华为 ModelArts

华为 ModelArts 在端侧集成领域展现出独特价值。其端云协同架构允许手机端部署 1.5GB 内存占用的 DeepSeek 蒸馏模型，本地处理敏感数据后通过云端模型增强结果。例如，在工业质检场景中，设备拍摄的缺陷图像经端侧模型初步解析后，由云端 DeepSeek 生成维修建议，端到端响应时间压缩至 1.2s。

开发者可通过 ModelZoo 获取预训练适配器，并导出 ONNX 格式模型嵌入边缘设备。例如，智能座舱方案商可在车机端部署 DeepSeek 模型实时分析驾驶行为数据，结合云端交通信息生成导航优化建议。

4. 硅基流动

硅基流动（官网地址 https://siliconflow.cn/）免费版支持 DeepSeek-R1-Lite 模型（32K 上下文窗口，中文优化分词），其并发请求限制为 5 次/s，每日用量上限为 100 万 token。开发者可通过 APITable 等工具实现异步队列管理。例如，在客服系统中，将用户请求暂存至数据库中，并按优先级分批调用 API。

此外，启用语义缓存（基于向量数据库比对历史请求相似度）可减少 40%的重复调用，进一步释放额度价值。

2.9.3 技术演进趋势与未来展望

自动化工具与 DeepSeek 的融合将持续向纵深发展，呈现三大技术趋势：工具链深度集成、性能优化新范式与开发者体验升级。

未来，IDE 插件化将成主流，如图 2.89 所示，用户可直接在 VS Code 中调试 DeepSeek API，实时查看 token 消耗与延迟热力图。自动化模板市场将提供预置行业工作流（如电商客服、智能合同），支持一键部署至本地环境，使开发周期从周级压缩至小时级。

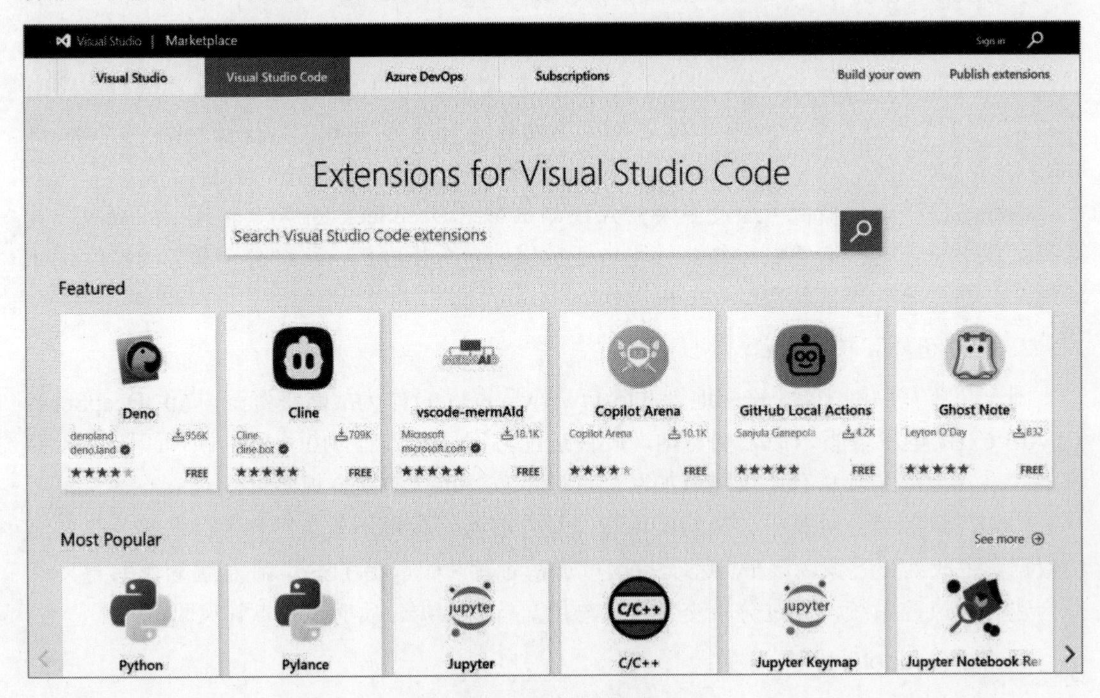

图 2.89　VS Code 插件市场

性能方面，1B 参数级蒸馏模型将普及，在端侧实现 90%原模型准确率的同时，内存占用压缩至 800MB。语义缓存技术基于向量数据库比对请求相似度，使 token 消耗降低 70%。

开发者体验层面，NL2Workflow（自然语言生成流程）技术将突破现有范式。用户可通过描述需求自动生成可执行代码，结合交互式调试面板实时优化参数。这些演进将大幅降低技术门槛，推动 AI 能力在中小企业的普惠化落地。

2.10　认识 Make.com

自动化技术通过预设的工作流和规则，能够自动执行重复性任务，减少人工干预，提高工作效率。Make.com 正是基于这一理念，为用户提供了一个可视化的自动化工作流设计平台。用户通过简单的拖曳和配置操作，即可创建复杂的自动化流程，实现数据的自动采集、处理和传输。

2.10.1　Make.com 自动化基础

Make.com 作为一款功能强大的无代码自动化平台，为用户提供了便捷、高效的自动化解决方案，涵盖了从简单的数据同步，到复杂的业务流程自动化等多个功能。

例如，用户可以设置自动化工作流，在收到新邮件时自动提取关键信息并更新到数据库中；或者在社交媒体上自动发布内容、回复评论等。如图 2.90 所示为使用 Make.com 创建的一个工作流示例。

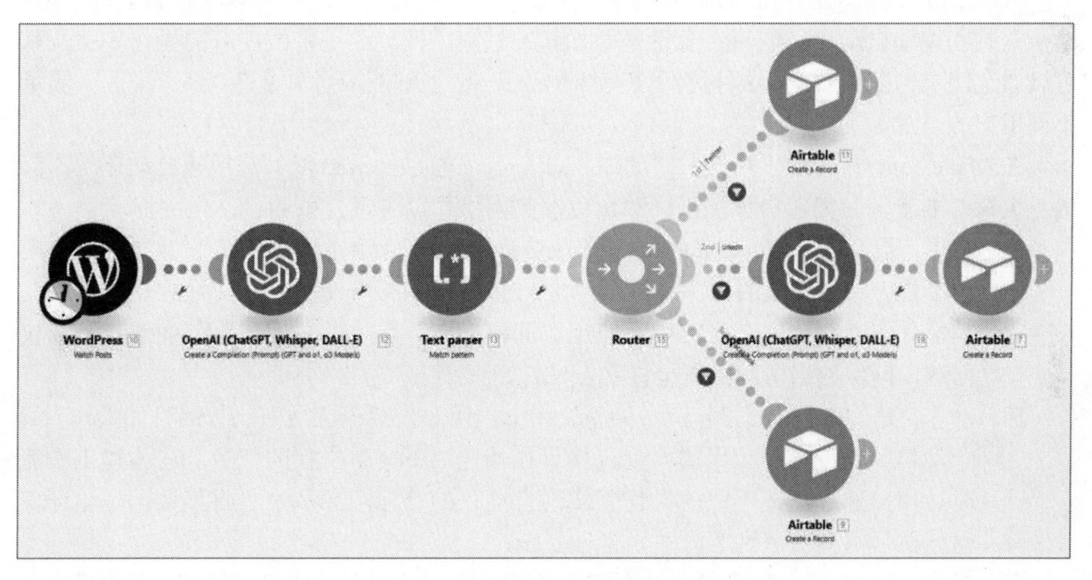

图 2.90　Make.com 工作流示例

此外，Make.com 还支持与第三方应用和服务的集成（见图 2.91），进一步扩展了其自动化的应用范围。用户可以轻松实现跨平台的数据整合和流程自动化，打破信息孤岛，提升效率。

在实际应用中，Make.com 的自动化功能可以帮助企业优化业务流程，提高运营效率。例如，在客户关系管理（customer relationship management，CRM）中，自动化工作流可以自动收集客户信息，更新客户状态，发送个性化的营销邮件等。在项目管理中，自动化可以跟踪项目进度，提醒团队成员完成任务，生成项目报告等。这些自动化流程不仅能够提高工作效率，还能帮助企业更好地管理客户关系，提升项目成功率。

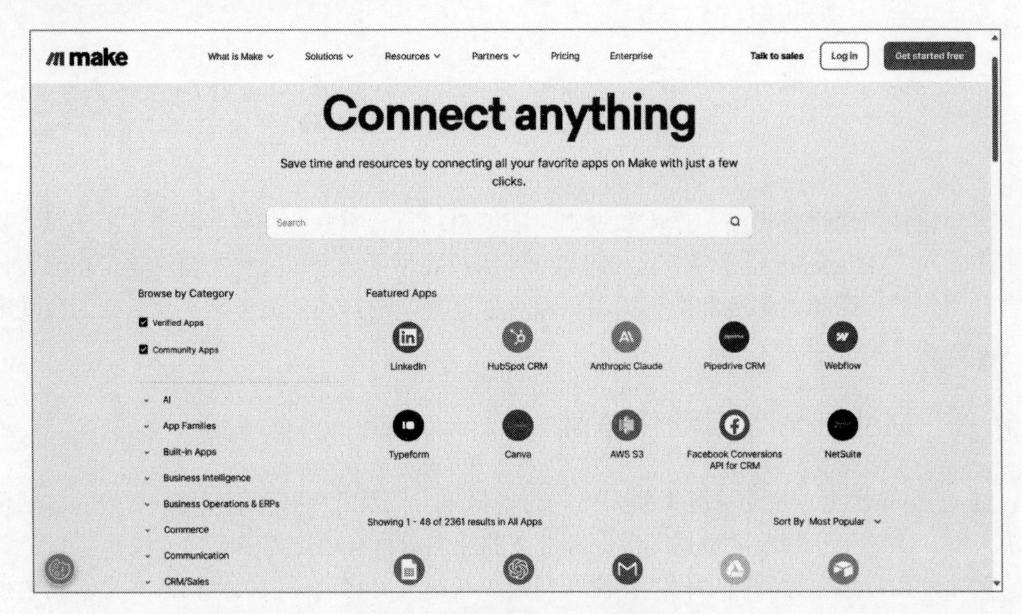

图 2.91　Make.com 第三方集成

Make.com 的自动化功能还具有高度的灵活性和可扩展性。用户可以根据自己的需求，轻松定制和调整自动化工作流。无论是添加新的触发条件，还是修改现有的操作步骤，都可以通过简单的配置完成。这种灵活性使得 Make.com 能够适应各种复杂的业务场景，满足不同用户的需求。

在 Make.com 中，应用（APP）、动作（action）和模块（module）是构建自动化工作流的三大核心要素，它们各自承担不同的角色，共同协作以实现复杂的自动化流程。

☑ 应用：是 Make.com 集成的外部服务或平台，它们为用户提供特定的功能。每个应用都代表一个独立的服务终端，通过 API 与 Make.com 进行连接，允许用户调用其功能并将其整合进工作流中。应用层的核心任务是处理与外部服务的连接和授权问题，确保数据访问的安全性和合法性。

☑ 动作：是 Make.com 工作流中的执行单元，代表在某个应用中执行的具体操作。每个动作都是特定于应用的，它定义了在特定上下文中执行的任务。在构建工作流时，用户通过配置不同的动作来实现自动化的目标，如从表单收集数据、验证信息，然后将其发送到客户关系管理系统。

☑ 模块：是 Make.com 工作流中的基础组件，它将应用和动作进行封装，形成可视化的操作单元。用户通过拖曳模块来构建工作流，无须关心底层的 API 调用和授权逻辑，只需关注模块的操作和配置。

简言之，应用提供了与外部服务的连接和授权窗口，确保 Make.com 可以与外部系统进行通信并安全地获取权限。动作是应用中的具体操作任务，负责在工作流中执行实际的功能，解决了具体业务场景中的操作问题。模块是应用和动作的封装，提供了一个标准化的接口，用户通过模块配置和操作，便可完成复杂的自动化任务。通过这种层次化的结构，Make.com 将自动化工作流的创建过程分解为易于理解和操作的层次，确保用户可以快速上手并实现高效的自动化。例如，通过拖曳 Google Sheets 模块和 Gmail 模块，用户可以轻松构建一个工作流，实现自动发送邮件和更新数据的功能，如图 2.92 所示。

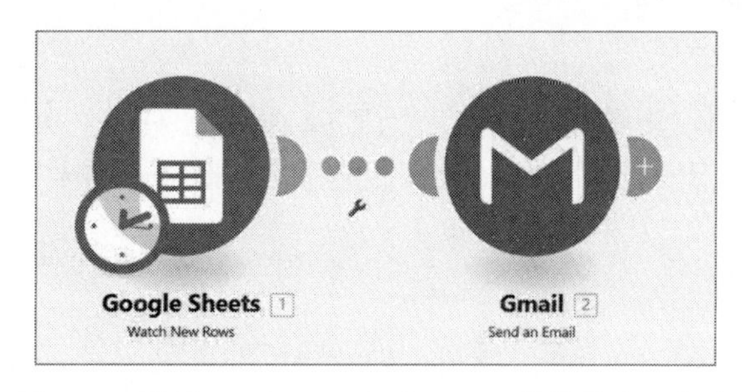

图 2.92　通过 Google Sheets 和 Gmail 模块构建工作流

2.10.2　Make.com 自动化的应用场景

Make.com 的自动化功能在多个领域都有广泛的应用，以下是一些具体的应用场景。

1. 自媒体创作

通过 Make.com 的自动化工具，自媒体从业者可以将网站内容、博客文章等分享到社交媒体平台，轻松设置定时发布，无须手动操作。还可以利用 AI 技术，根据平台特点生成优化后的 SEO 描述、图片，甚至语音解说，提升内容的吸引力和可见度。此外，Make.com 能帮助自媒体从业者自动研究品牌相关的热门话题，生成内容创意，保持内容的新鲜感。

2. 科研工作

在科研领域，Make.com 展现了强大的自动化能力，适用于科研人员从数据采集到项目管理的全流程自动化。例如，自动抓取最新的研究论文、学术动态及科研趋势，保持对前沿领域的敏锐洞察；通过自动化的数据收集和初步分析，提高实验效率，避免人工误差；还能自动处理学术会议的日程安排、论文提交和注册流程，简化烦琐的管理工作。

3. 企业营销推广

企业可以通过 Make.com 的自动化工具简化营销活动中的任务，如社交媒体管理、市场调研、数据分析与报告生成、活动管理、内容创作、社区管理、生命周期营销和线索处理等。例如，在市场调研中，自动化工具可帮助用户快速收集、分析并报告数据，为决策提供依据；在活动管理中，自动化流程确保将更多精力放在提升活动效果上，优化嘉宾体验，简化活动筹备。

4. 客户关系管理

在客户关系管理中，Make.com 可以自动收集客户信息，更新客户状态，发送个性化的营销邮件等。例如，当客户在网站上提交咨询表单时，Make.com 可以自动将客户信息录入 CRM 系统，并根据客户的兴趣和行为，自动发送相关的营销邮件或优惠券，提升客户满意度和忠诚度。

5. 项目管理

在项目管理中，Make.com 可以跟踪项目进度，提醒团队成员完成任务，生成项目报告等。例如，当项目中的某个任务即将到期时，Make.com 可以自动提醒相关团队成员，确保任务按时完成；还可以根据项目进度和团队成员的工作情况，自动生成项目报告，为项目经理提供决策支持。

6. 数据处理与分析

Make.com 可以自动收集和处理数据，生成各种报表和分析结果。例如，从多个数据源收集销售数据，自动进行数据清洗和转换，然后生成销售报表和趋势分析图，帮助企业管理者及时了解销售情况，做出科学的决策。

7. 人力资源管理

在人力资源管理中，Make.com 可以自动处理员工的考勤记录、请假申请、绩效评估等。例如，自动从考勤系统中获取员工的考勤数据，生成考勤报表；当员工提交请假申请时，自动通知相关管理人员进行审批，简化人力资源管理流程。

8. 供应链管理

在供应链管理中，Make.com 可以自动跟踪库存水平，生成采购订单，协调供应商和物流等。例如，当库存水平低于预设阈值时，自动生成采购订单并发给供应商；还可以根据销售数据和库存情况，自动调整采购计划，优化供应链管理。

9. 财务与会计

在财务与会计的工作中，Make.com 可以自动处理账单、发票、报销等。例如，自动生成账单并发送给客户，跟踪客户的付款情况；当员工提交报销申请时，自动进行审核和审批流程，简化财务与会计工作。

2.10.3 如何学习和掌握 Make.com

Make.com 提供了详细的官方文档，如图 2.93 所示，涵盖了从基础概念到高级应用的各个方面。此外，Make.com 还提供了很多在线课程，用户可以系统地学习和掌握 Make.com 的使用。

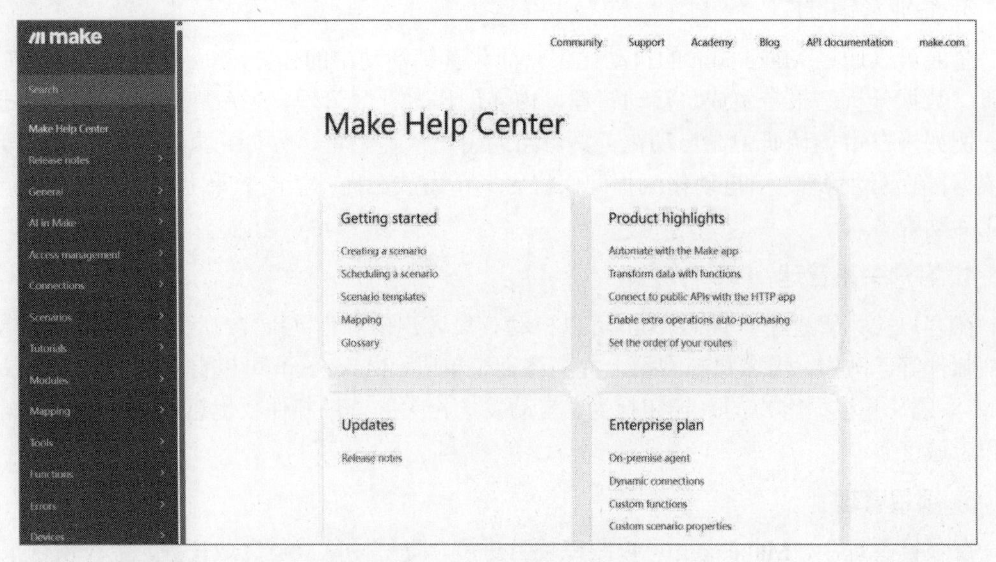

图 2.93 Make.com 官方文档

Make.com 还拥有一个活跃的社区和论坛，如图 2.94 所示，很多用户在其中分享自己的自动化工作流和案例。这些实际的案例可以帮助用户更好地理解和应用 Make.com。

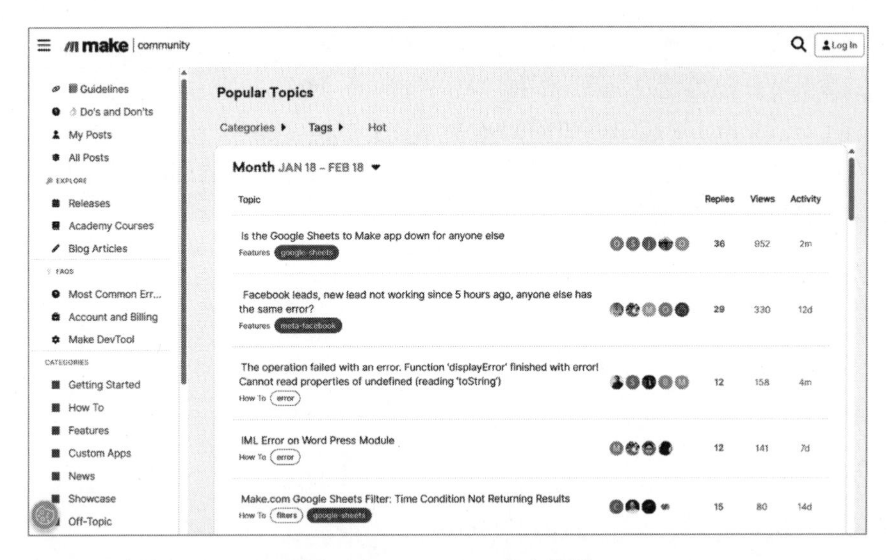

图 2.94　Make.com 官方社区

2.11　基于 DeepSeek-R1 的 Email 自动化

邮件是企业沟通的重要工具，其处理效率关系到企业的响应速度与服务质量。本节将以 QQ 邮箱为基础，介绍如何借助 Make.com 与 DeepSeek-R1 的协同，构建全场景邮件自动化工作流，实现跨平台账号集成、智能语义处理等核心功能。

2.11.1　注册 Make.com 账号

注册 Make.com 账号的操作步骤如下。

（1）进入 Make.com 官网（https://www.make.com/en），单击右上角的 Get started free 按钮，如图 2.95 所示，即可进入注册页面。

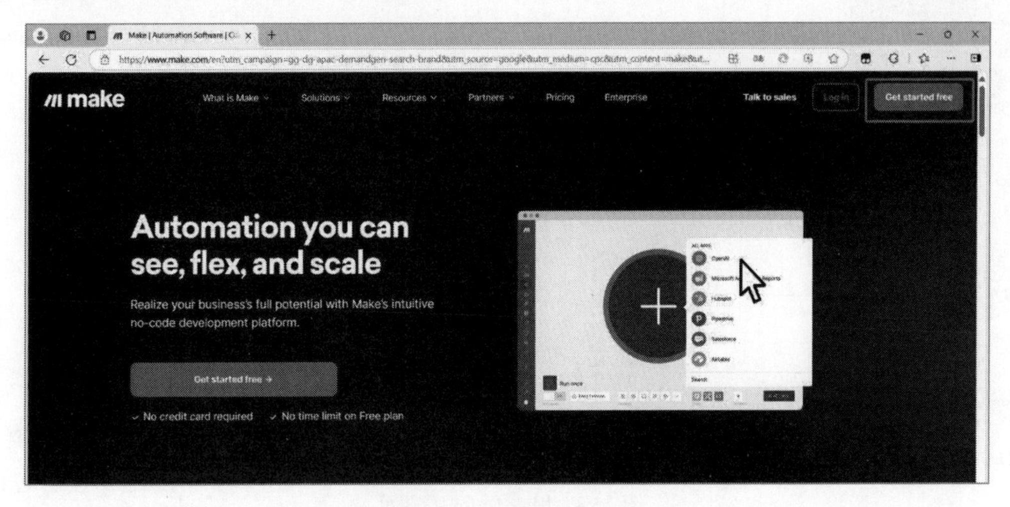

图 2.95　Make.com 官网

（2）填写账户名称、邮箱、密码，选择托管区域（服务器地址）与国家。账户名称应具有唯一性和辨识度，邮箱地址应为常用且稳定的邮箱，密码应具备一定的强度。填写完成后，单击 Sign up for FREE 按钮，如图 2.96 所示。

（3）注册完成后，返回登录界面输入邮箱和密码并单击 Sign in 按钮，即可登录 Make.com，如图 2.97 所示。

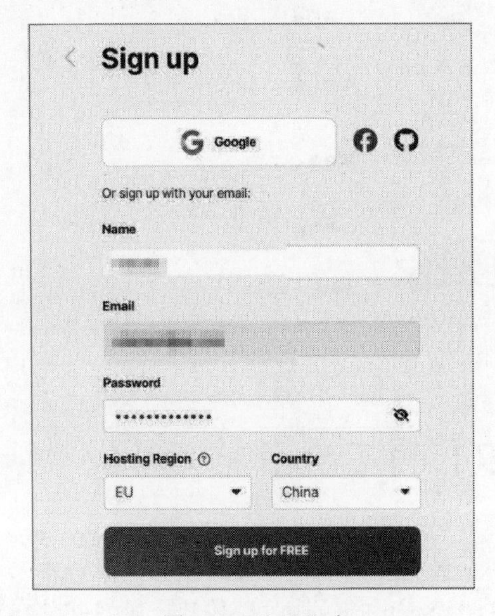

图 2.96　注册账户

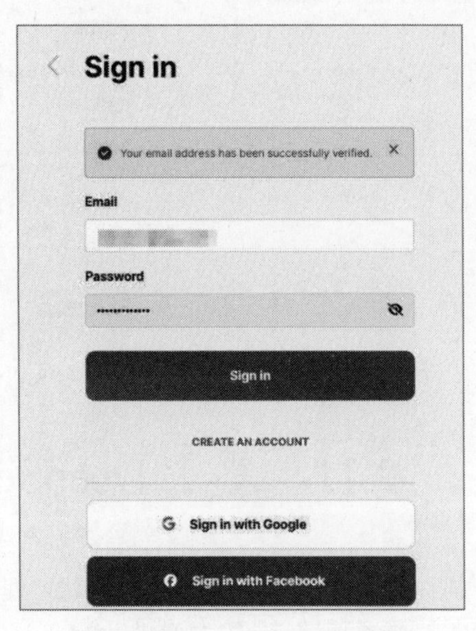

图 2.97　登录 Make.com

（4）首次 Make.com 登录时，需要填写一些调查信息，填写完毕即可登录 Make.com，其主界面如图 2.98 所示。

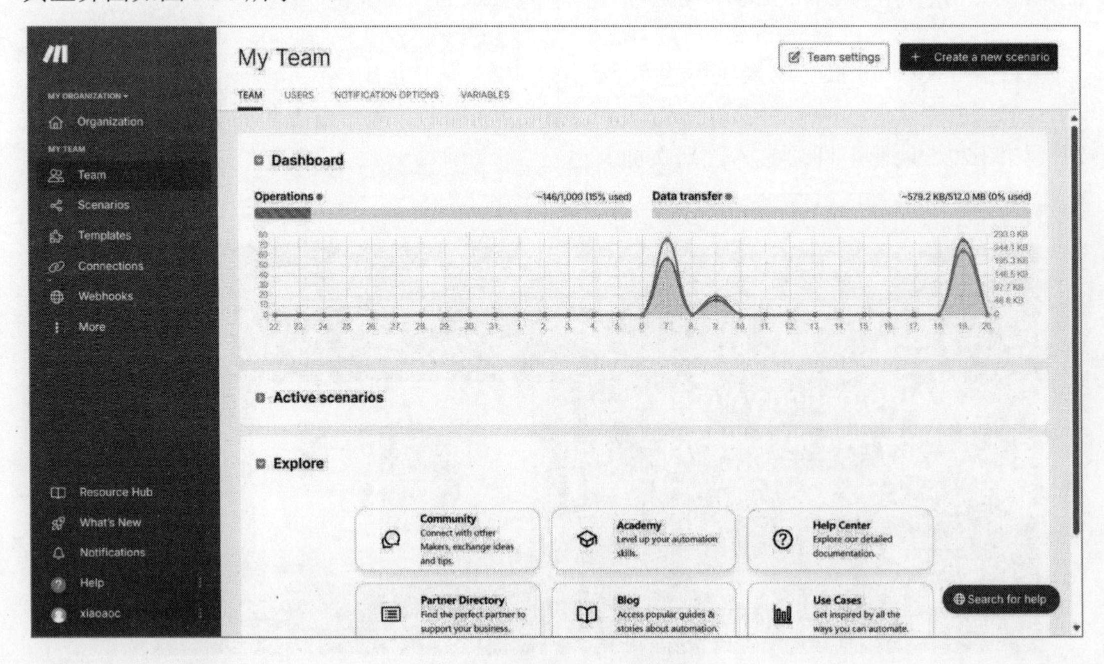

图 2.98　Make.com 主界面

2.11.2 QQ 邮箱自动化

1. 配置 SMTP/IMAP 服务

要实现 QQ 邮箱的自动化处理，需要先配置 SMTP/IMAP 服务。其操作步骤如下。

（1）登录 QQ 邮箱（https://mail.qq.com），单击页面上端的“设置”超链接，如图 2.99 所示。

图 2.99　QQ 邮箱主界面

（2）选择“邮箱设置”→“账号”，在“POP3/IMAP/SMTP/Exchange/CardDAV/CalDAV 服务”区域单击“开启服务”超链接，如图 2.100 所示。

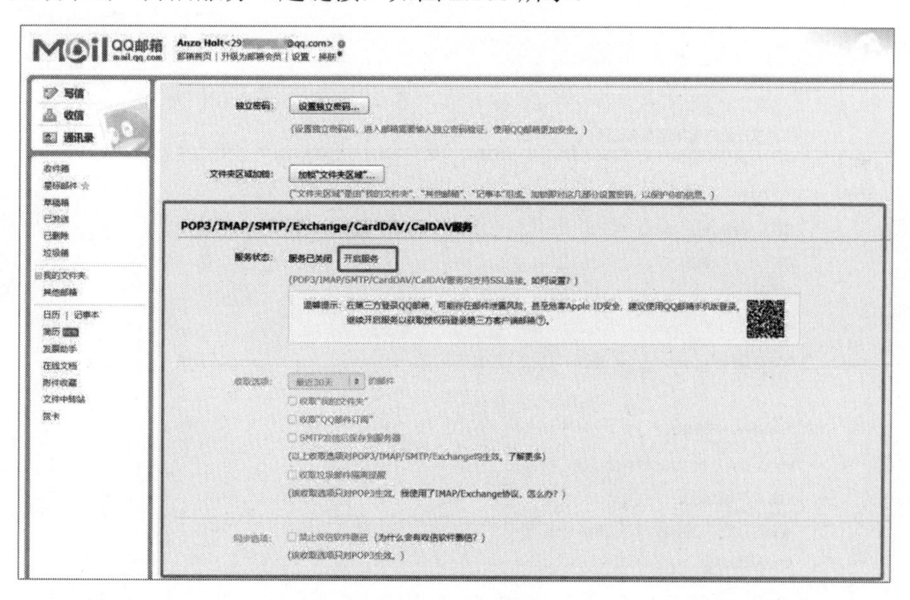

图 2.100　开启服务

（3）完成验证后，即可开启服务，如图 2.101 所示。注意：需要复制并保存授权码。

（4）回到邮箱设置页面，根据需求配置服务，如图 2.102 所示。

（5）不清楚如何设置 SMTP/IMAP 服务的读者，可查阅官方文档（https://wx.mail.qq.com/list/ readtemplate?name=app_intro.html#/agreement/authorizationCode），如图 2.103 所示。

图 2.101　开启服务成功

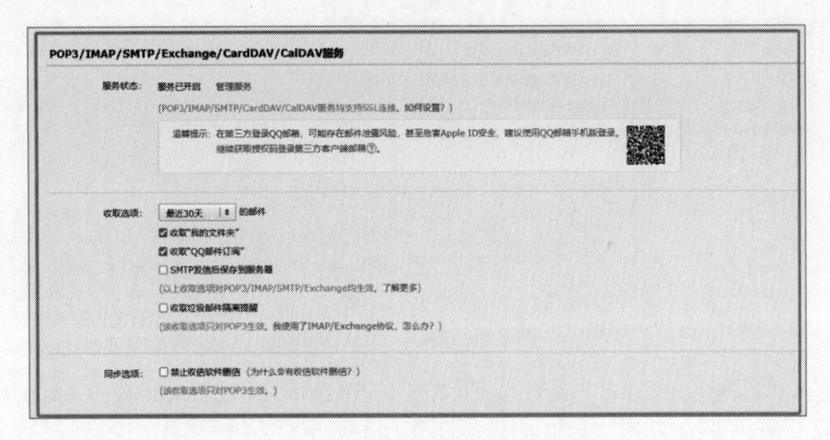

图 2.102　配置服务

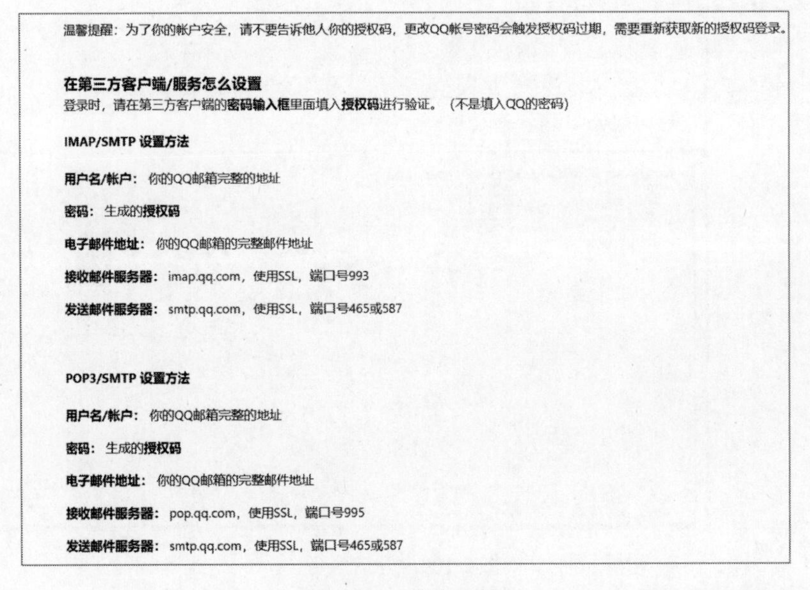
温馨提醒：为了你的帐户安全，请不要告诉他人你的授权码，更改QQ帐号密码会触发授权码过期，需要重新获取新的授权码登录。

在第三方客户端/服务怎么设置

登录时，请在第三方客户端的**密码输入框**里面填入**授权码**进行验证。（不是填入QQ的密码）

IMAP/SMTP 设置方法

用户名/帐户： 你的QQ邮箱完整的地址

密码： 生成的**授权码**

电子邮件地址： 你的QQ邮箱的完整邮件地址

接收邮件服务器： imap.qq.com，使用SSL，端口号993

发送邮件服务器： smtp.qq.com，使用SSL，端口号465或587

POP3/SMTP 设置方法

用户名/帐户： 你的QQ邮箱完整的地址

密码： 生成的**授权码**

电子邮件地址： 你的QQ邮箱的完整邮件地址

接收邮件服务器： pop.qq.com，使用SSL，端口号995

发送邮件服务器： smtp.qq.com，使用SSL，端口号465或587

图 2.103　官方文档

2. 创建工作流

（1）进入 Make.com 工作台，单击右上角的 Create a new scenario 按钮，开始创建自动化工作流，如图 2.104 所示。

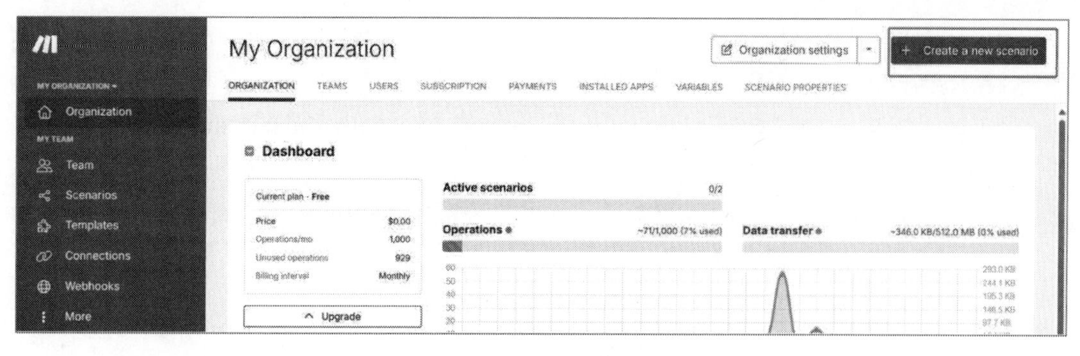

图 2.104　创建自动化工作流

（2）在搜索栏中输入 email，选择 Watch Emails 触发器，如图 2.105 所示。

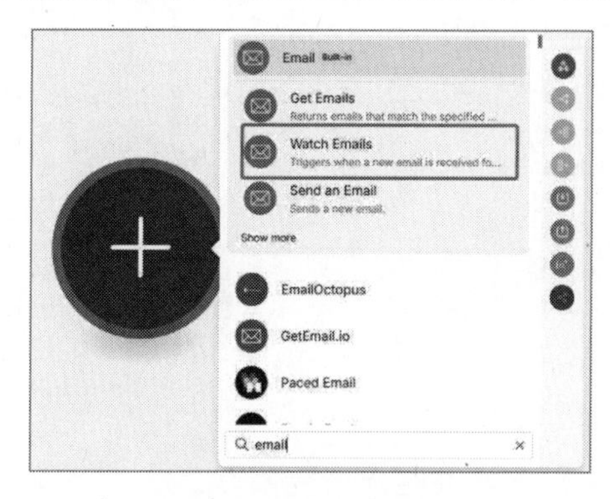

图 2.105　添加触发器

（3）创建电子邮箱连接。单击 Create a connection 按钮，设置连接类型为 Others (IMAP)，如图 2.106 所示。填写连接名称，设置邮箱提供方为 Other，如图 2.107 所示。

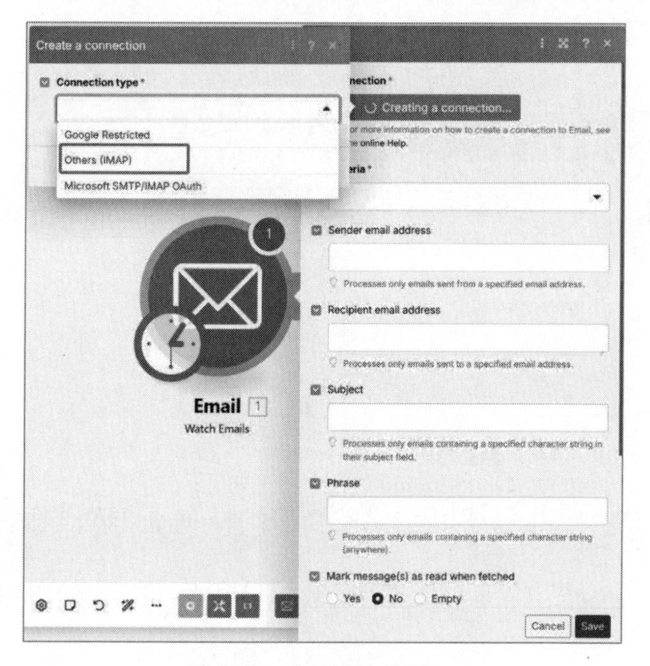

图 2.106　设置连接类型

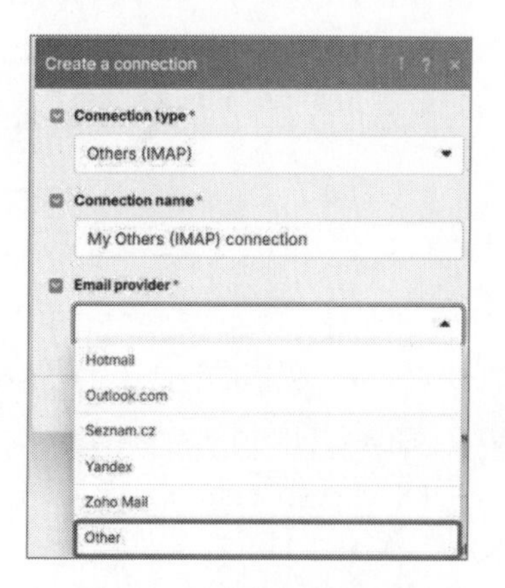

图 2.107　设置邮箱提供方

（4）配置连接，设置 IMAP 服务器为 imap.qq.com，端口号为 993，用户名为 QQ 邮箱账号，密码为授权码，如图 2.108 所示。

（5）连接成功后，设置收件箱为 INBOX，邮件种类为 Only Unread emails（即仅限未读邮件），以提高处理效率，如图 2.109 所示。设置完毕，单击 Save 按钮退出。

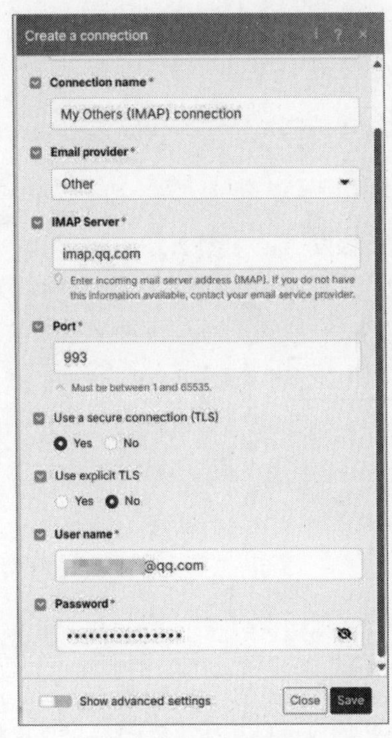

图 2.108　配置连接

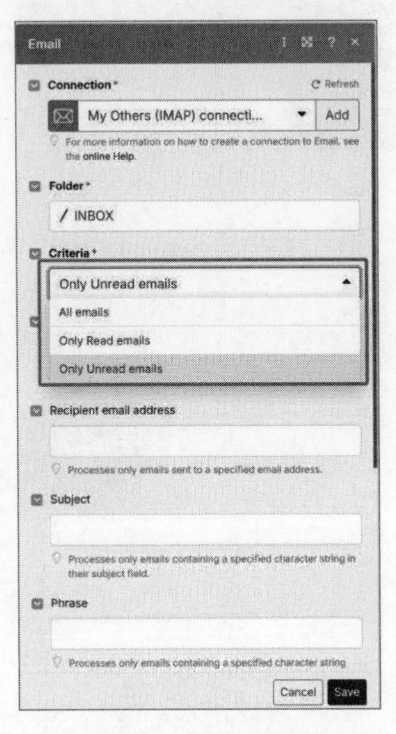

图 2.109　设置邮件种类

（6）此时，系统提示设置何处开始处理邮件，这里保持默认设置，然后单击 Save 按钮保存，如图 2.110 所示。

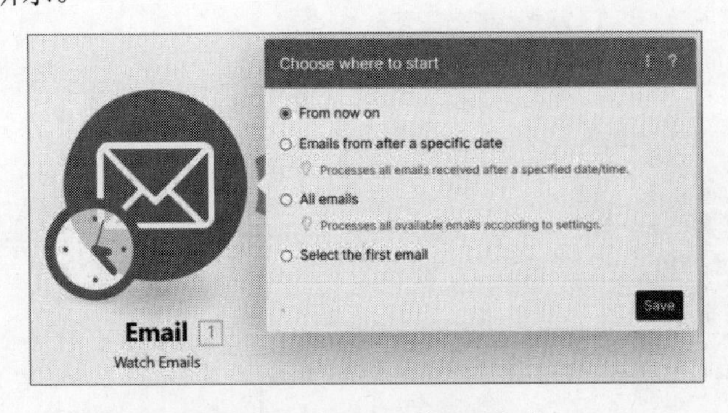

图 2.110　从何处开始处理邮件

（7）在搜索框中搜索 DeepSeek AI，如图 2.111 所示；选择 Create a Chat Completion 模块，如图 2.112 所示。

（8）单击 Create a connection 按钮，创建一个新的连接，如图 2.113 所示。然后输入 API Key，如图 2.114 所示。

（9）连接成功后，单击 Add item 按钮，如图 2.115 所示。

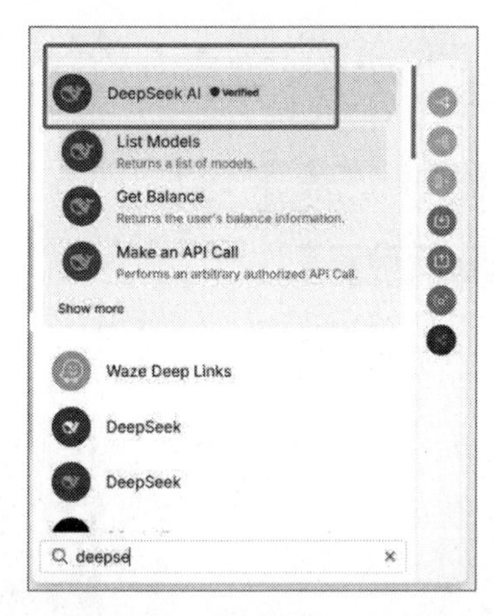

图 2.111　搜索 DeepSeek AI

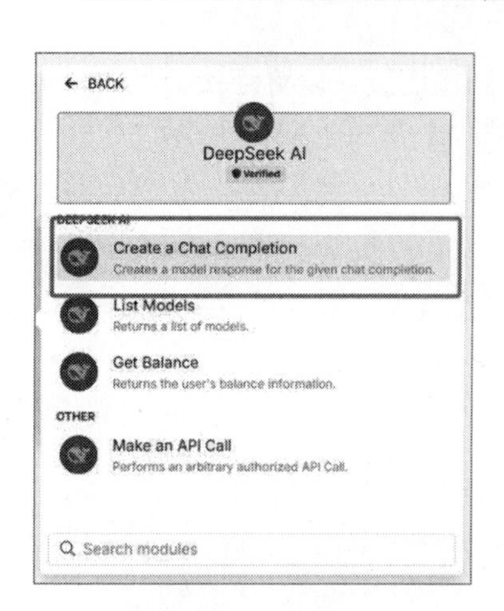

图 2.112　选择模块

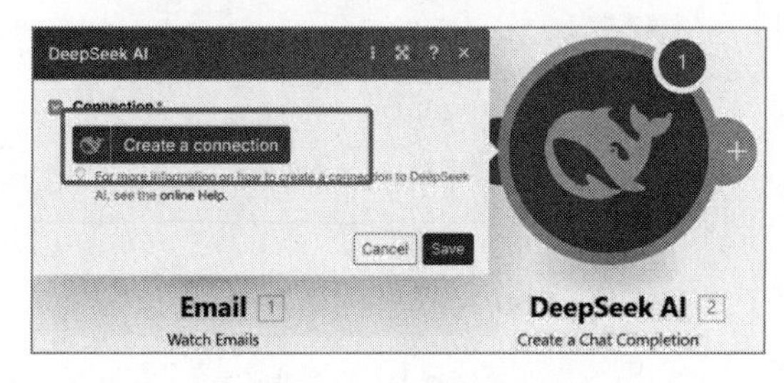

图 2.113　创建连接

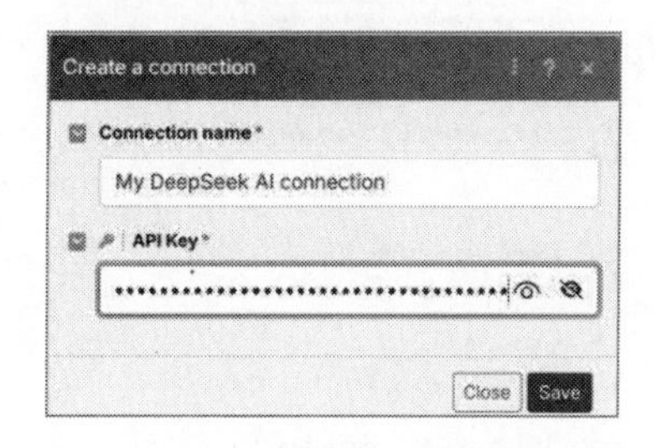

图 2.114　输入 API Key

（10）选择角色为 User（用户），在 Content（内容）框中输入任务，需要添加模块 1（Watch Emails）中的 Text content（邮件内容）与 Subject（邮件主题），如图 2.116 所示。

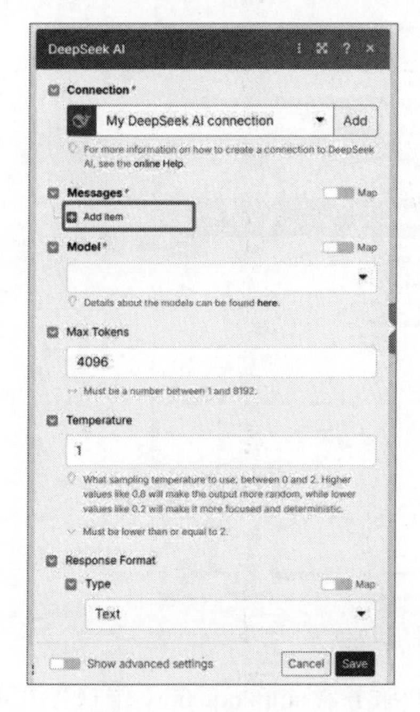

图 2.115　Add item

图 2.116　配置模块

（11）添加发送邮件模块，如图 2.117 所示。

（12）创建连接，设置连接类型为 Others (SMTP)，填写连接名称，设置邮箱提供方为 Other，如图 2.118～图 2.120 所示。

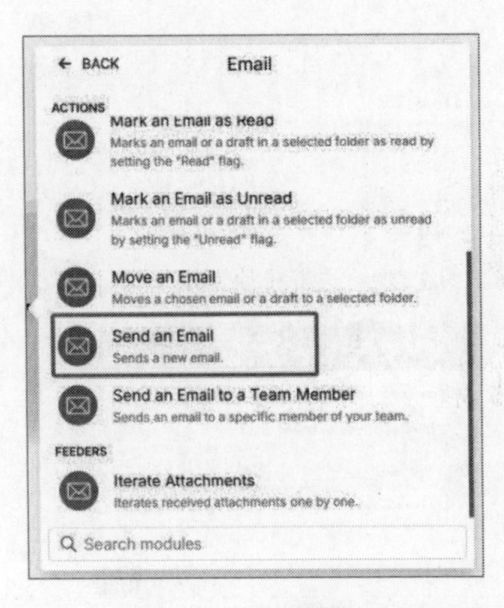

图 2.117　添加模块

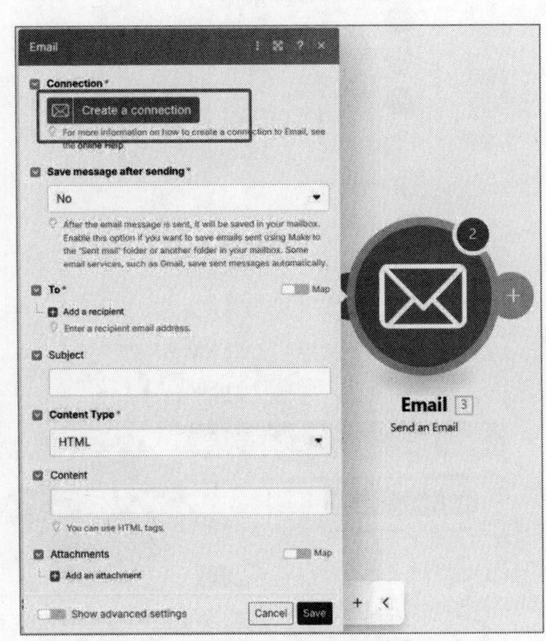

图 2.118　创建连接

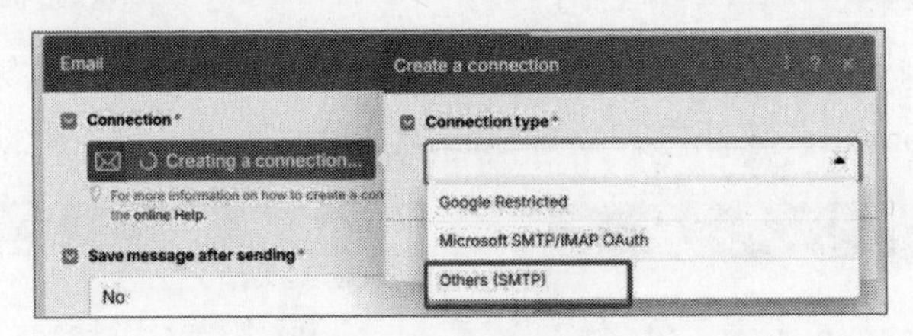

图 2.119　选择连接类型

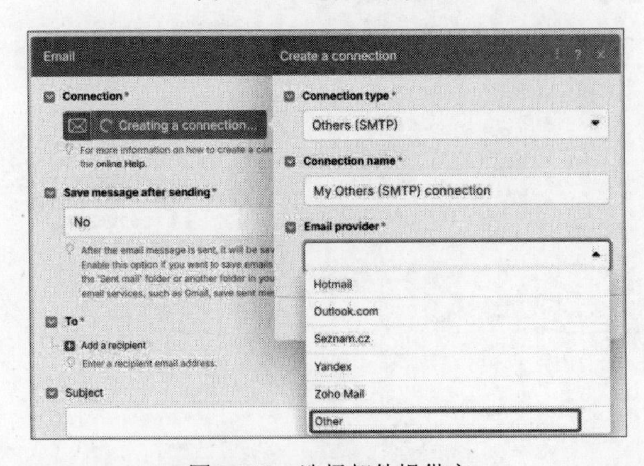

图 2.120　选择邮件提供方

（13）配置连接，输入邮件地址，输入 SMTP 服务器 smtp.qq.com，端口号为 465，用户名为 QQ 邮箱账号，密码为授权码，单击 Save 按钮保存，如图 2.121 所示。

（14）开启发送后保存信息（选中 Save message after sending 复选框），选择配置模块 1

时创建的连接，选择邮件文件夹为已发信息（Sent Message），如图 2.122 所示。

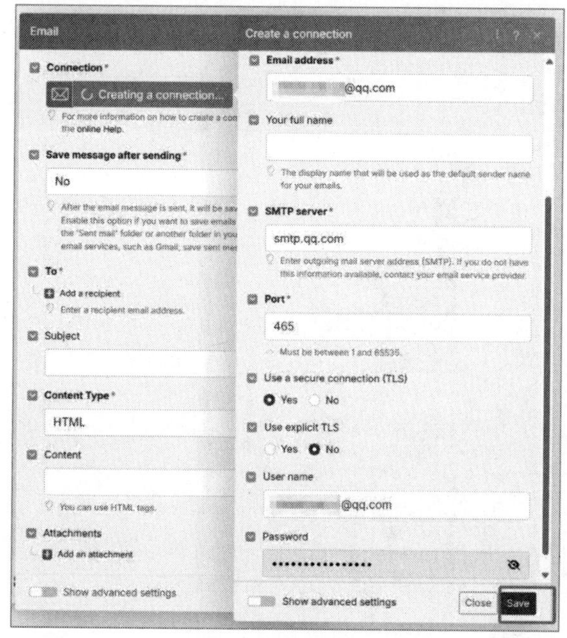

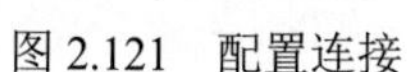
图 2.121　配置连接

图 2.122　开启发送后保存信息

（15）添加收件人（Add a recipient），如图 2.123 所示；地址为 Email→Watch Emails→Sender→Email address，如图 2.124 所示。

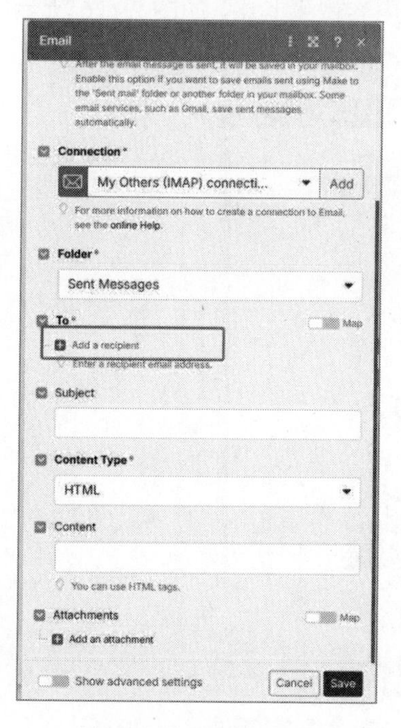

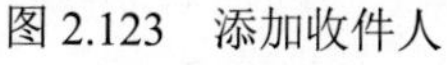
图 2.123　添加收件人

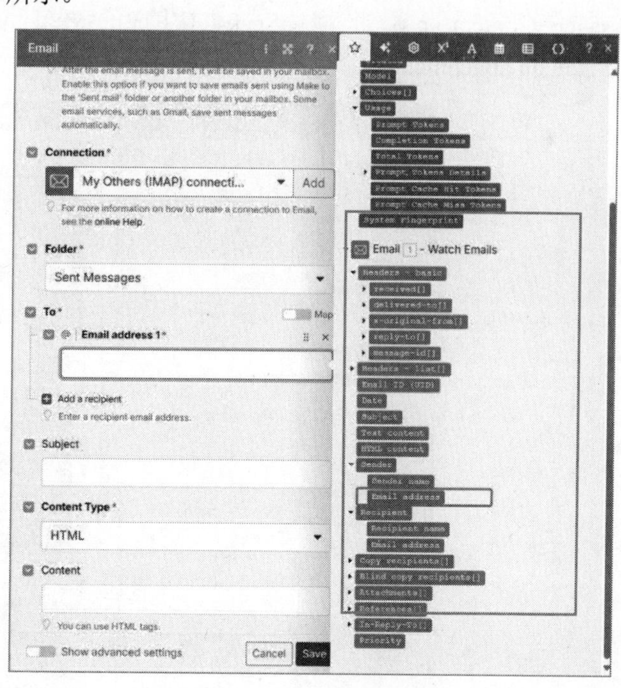

图 2.124　添加邮件地址

（16）添加邮件主题（Subject）。这里添加被回复邮件的主题，在列表中选择 Email→

Watch Emails→Subject 选项，如图 2.125 所示。

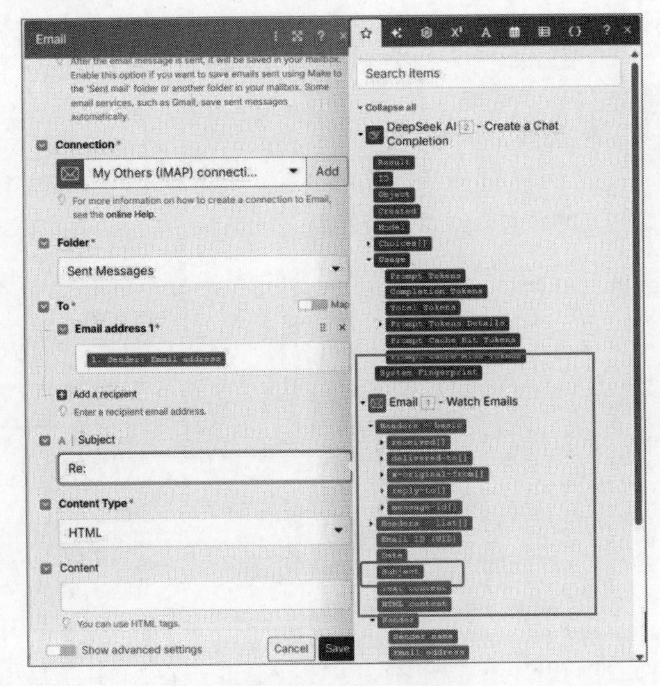

图 2.125　添加主题

（17）添加内容。在列表中选择 DeepSeek AI→Create a Chat Completion→Choices[]→Message→Content 选项，将 DeepSeek-R1 生成的智能回复内容嵌入其中，如图 2.126 所示。单击 Add an attachment 可添加附件（本次不做详细演示），然后单击 Save 按钮保存。

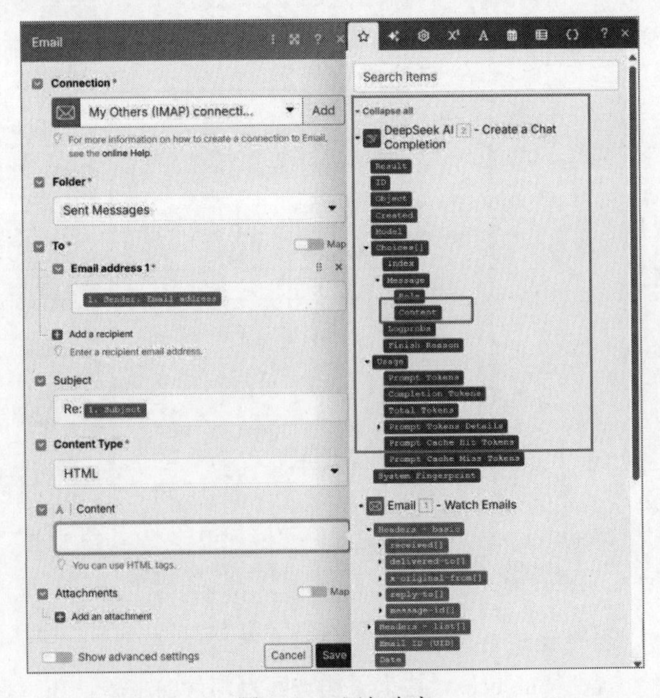

图 2.126　添加内容

（18）完成工作流后，读者可试着向邮箱发送一封测试邮件，如图 2.127 所示。

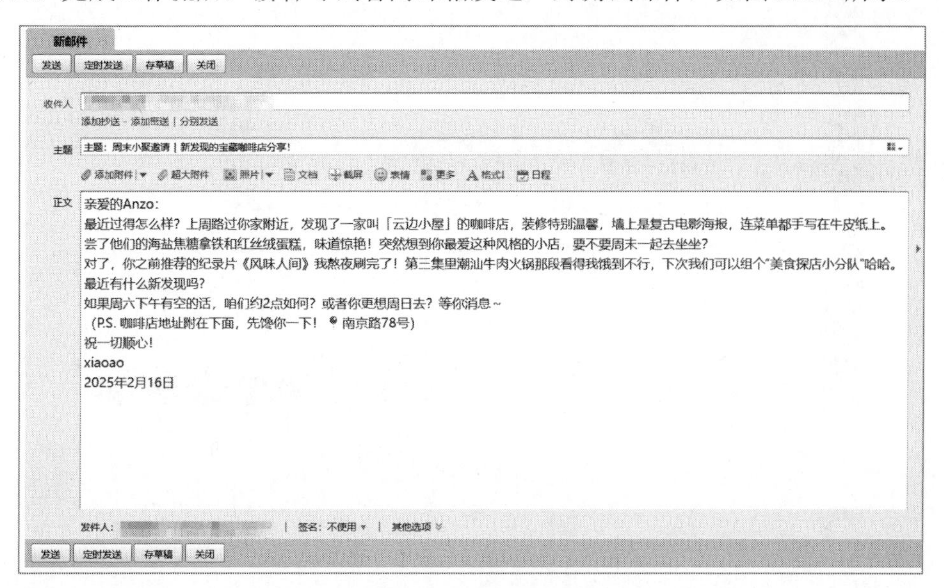

图 2.127　发送测试邮件

（19）返回工作流，右键单击模块 1，在弹出的菜单中选择 Choose where to start 命令，在对话框中选中 Select the first email 单选按钮，定位刚发送的测试邮件并选中，单击 Save 按钮保存，如图 2.128 和图 2.129 所示。

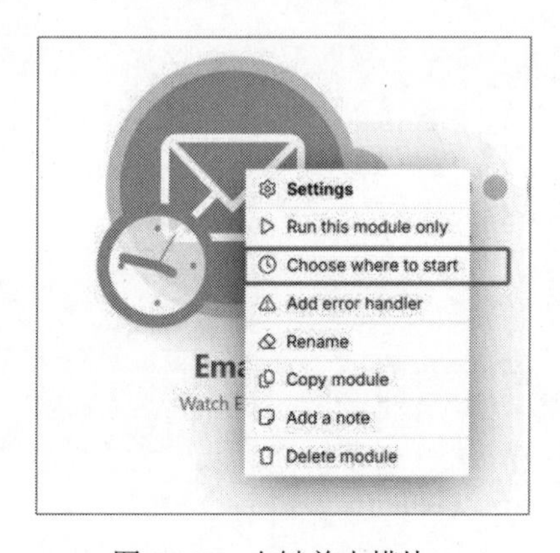

图 2.128　右键单击模块 1

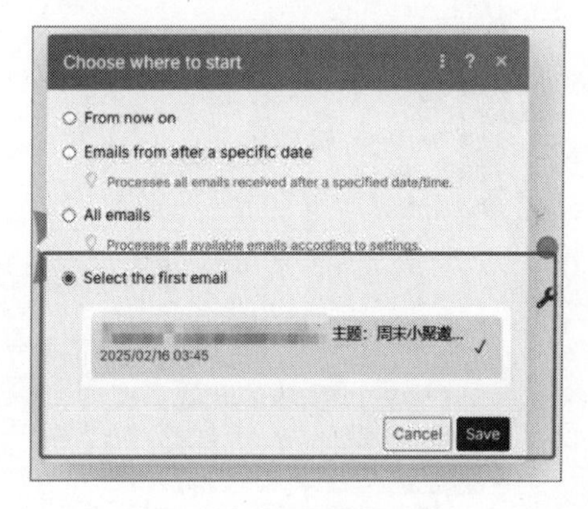

图 2.129　选择测试邮件

（20）至此，我们已完成所有配置，单击页面底部的 Run once 按钮运行工作流，效果如图 2.130～图 2.132 所示。

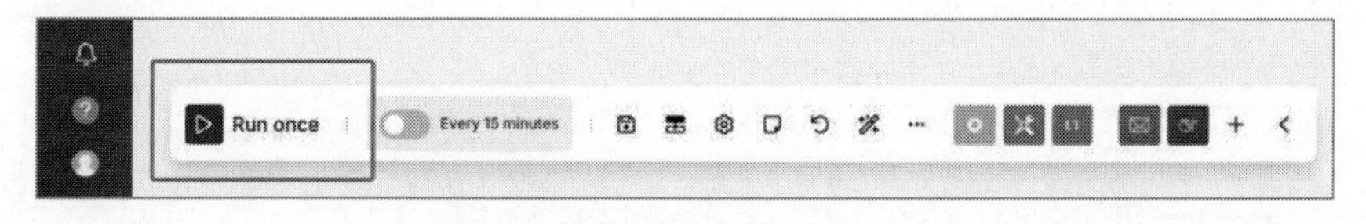

图 2.130　单击 Run once 按钮

（21）工作流运行结束后，打开邮箱，检查是否收到了工作流生成的回复邮件。在已发送邮件文件夹中，可查看到这封回信的详细信息，如图 2.133、图 2.134 所示。

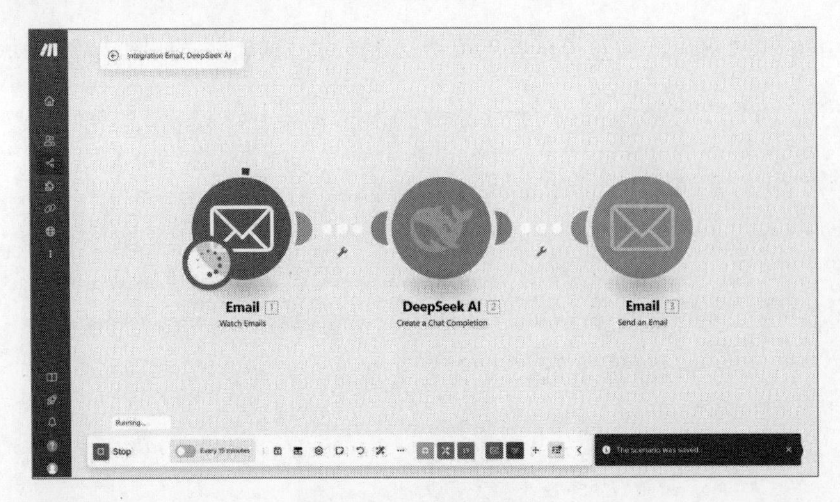

图 2.131 工作流运行中

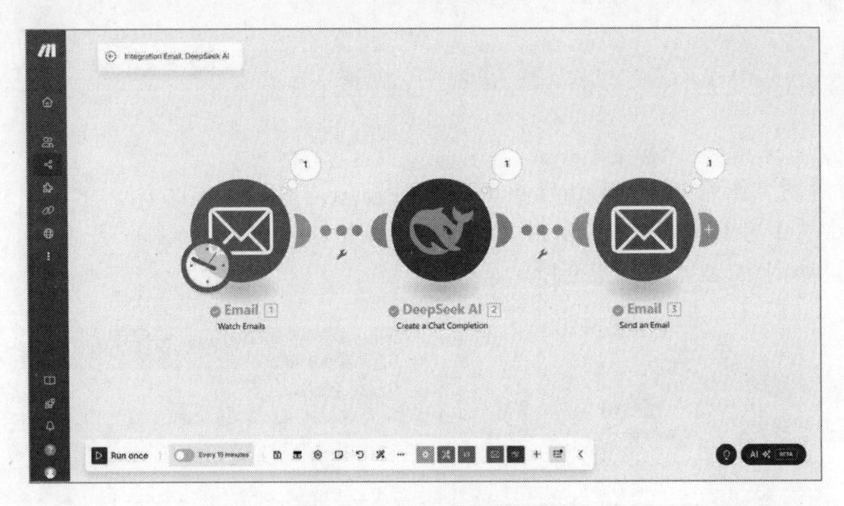

图 2.132 工作流完成运行

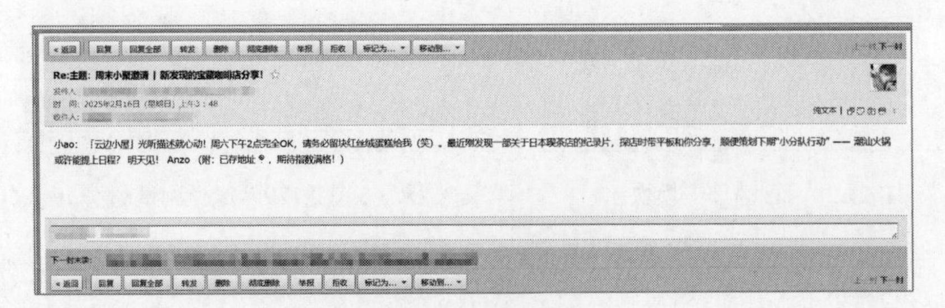

图 2.133 回信内容

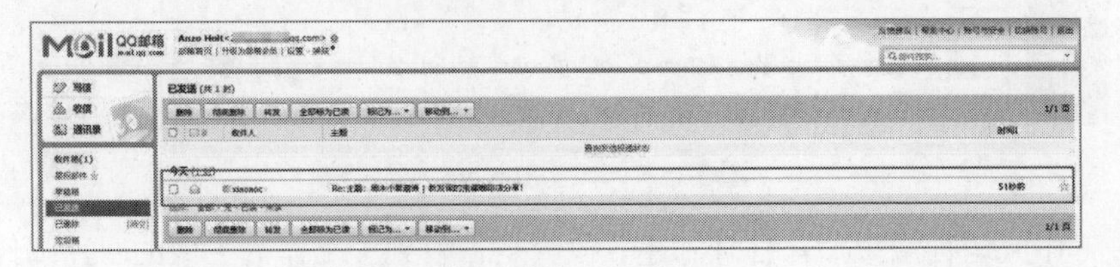

图 2.134 查找已发送邮件

在数字化转型的浪潮中，企业需要通过技术手段优化核心业务流程以保持竞争力。邮件自动化作为企业沟通效率提升的关键路径，不仅能够显著降低人工操作成本，更通过智能化处理实现了信息传递的精准性与时效性。本文以 QQ 邮箱与 Make.com、DeepSeek-R1 的协同应用为例，系统展示了从基础配置到智能工作流构建的全流程，为企业在邮件自动化领域的实践提供了可复用的方法论。

通过技术工具的深度整合，企业能够突破传统邮件处理的效率瓶颈。Make.com 作为自动化平台，通过无缝连接多类服务，打通了跨系统的数据流转通道；DeepSeek-R1 的语义处理能力则为邮件内容的智能解析与响应提供了技术支撑。二者的协同不仅实现了邮件收发与处理的自动化，更通过 AI 驱动的决策机制，使系统能够根据邮件上下文生成符合业务场景的回复方案。这种“连接+智能”的双重能力，标志着企业邮件处理从被动响应向主动服务模式的转型。

在实践价值层面，邮件自动化系统的落地将为企业带来三重收益：其一，通过标准化流程减少人为操作失误，保障信息传递的准确性；其二，借助实时监控与触发机制，将邮件响应时间从小时级压缩至分钟级，显著提升客户服务体验；其三，释放人力资源聚焦高价值任务，优化企业运营成本结构。尤其对于需处理海量邮件的客服、市场等职能部门，自动化系统的规模效应将更为突出。

展望未来，邮件自动化技术的演进可从三个维度持续深化：在广度上，兼容更多主流邮箱服务商及企业自建邮件系统，构建开放型生态；在深度上，通过多模态 AI 技术增强对附件、图表等非结构化数据的解析能力，扩展自动化场景覆盖范围；在智能化层面，结合大语言模型的持续进化，实现从固定模板回复到动态决策响应的跨越。此外，安全机制的强化亦不容忽视，需要通过端到端加密、权限分级等手段保障自动化流程中的数据安全。

作为企业数字化转型的重要组成部分，邮件自动化不仅是技术工具的简单叠加，更需与组织流程、业务目标形成深度耦合。建议企业在实施过程中建立阶段性评估机制，通过关键指标（如平均响应时长、人工干预率等）量化成效，并基于反馈持续优化工作流设计。唯有将技术能力转化为可持续的运营模式，方能真正释放自动化系统的长期价值。

2.12 基于 DeepSeek-R1 的内容创作

在当今数字化时代，内容创作的方式正经历着翻天覆地的变革。随着人工智能技术的飞速发展，我们已经能够借助先进的工具和平台，实现高效、智能且富有创意的内容生产。本节内容将带领大家走进一个全新的内容创作世界，探索如何利用 Make.com 的强大功能，订阅 RSS 源获取最新鲜的新闻资讯，并通过 DeepSeek-R1 这一前沿的人工智能技术，将其转化为符合微信公众号生态的深度解读文章。同时，我们还将展示如何将这些精心创作的文章无缝输入 Notion 数据库中，实现内容的高效管理和利用。这一过程不仅展示了技术与创意的完美结合，更为内容创作者提供了一种全新的工作流程，助力他们在信息洪流中脱颖而出，创作出更具价值和影响力的作品。

2.12.1 RSS 简介

RSS（really simple syndication，真正简单聚合）是一种发布和获取网页内容的 XML 格式标准。它允许用户通过 RSS 阅读器订阅网站的更新内容，即用户无须逐一访问各个网站，便能集中获取最新的资讯信息。

1. RSS 的主要优势

（1）高效订阅。用户可通过 RSS 阅读器快速获取订阅源的更新信息，免去了不断单击和寻找信息的过程，同时也降低了网站服务器的压力。而且，RSS 可为用户过滤广告和弹窗，使用户专注于内容本身，获得更好的阅读体验。

（2）定制化强。RSS 允许用户根据兴趣定制文章，用户可以只接收特定主题或特定网站的更新，过滤大量不相关的内容。与传统的推送服务不同，RSS 订阅权掌握在用户手中。可有效提升细分群体的黏性。

（3）跨平台性。RSS 订阅支持 PC 设备和移动设备，用户可以在任何设备上随时随地查阅/订阅内容。

（4）私密性和隐私保护。RSS 订阅不需要用户提供个人信息，这样可保护用户的隐私。

2. RSS 的应用领域

（1）内容创作。内容创作者可以通过 RSS 订阅源获取灵感，了解行业动态和热点话题。同时，RSS 作为一种内容分发工具，可帮助创作者快速将内容推送给订阅用户，扩大内容的传播范围。

（2）信息获取。通过 RSS 订阅可将分散在不同网站上的内容集中到一个界面中，从而实现一站式阅读。这种模式节省了用户的时间，提高了信息获取的效率。

（3）内容管理。RSS 可与 Notion 数据库等工具结合，实现内容的高效管理和利用。将 RSS 订阅内容输入 Notion 数据库中，用户可以更好地组织和存储文章，以查阅和使用。

图 2.135、图 2.136 分别展示了中新网 RSS 频道聚合和中新网社会新闻 RSS 频道。

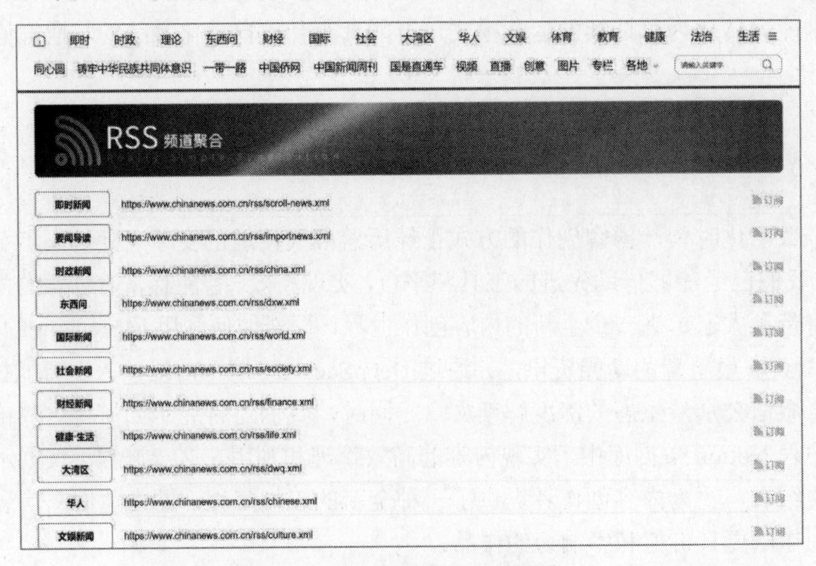

图 2.135　中新网 RSS 频道聚合

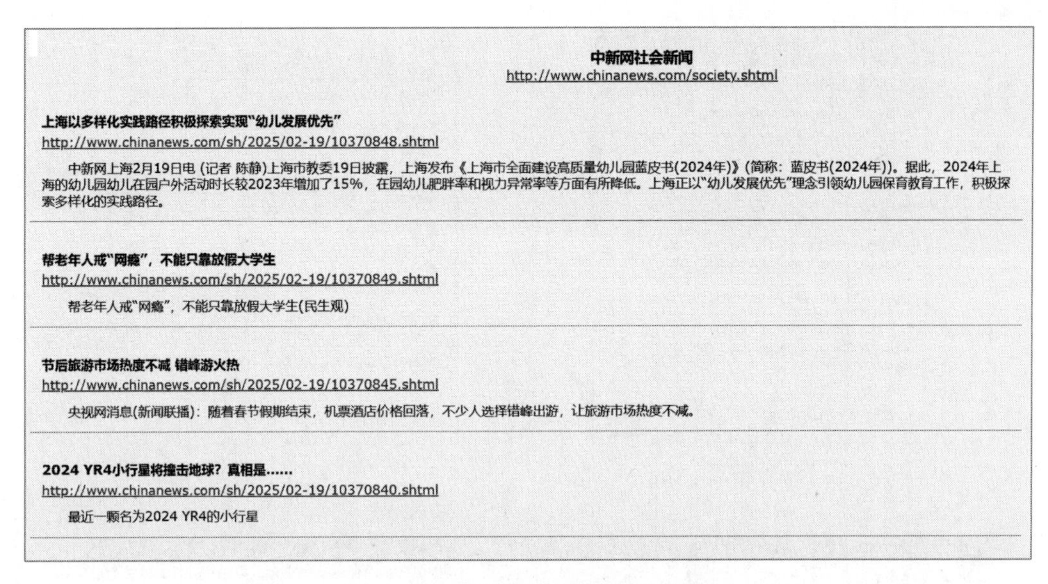

中新网社会新闻
http://www.chinanews.com/society.shtml

上海以多样化实践路径积极探索实现"幼儿发展优先"
http://www.chinanews.com/sh/2025/02-19/10370848.shtml

中新网上海2月19日电 (记者 陈静)上海市教委19日披露，上海发布《上海市全面建设高质量幼儿园蓝皮书(2024年)》(简称：蓝皮书(2024年))。据此，2024年上海的幼儿园幼儿在园户外活动时长较2023年增加了15%，在园幼儿肥胖率和视力异常率等方面有所降低。上海正以"幼儿发展优先"理念引领幼儿园保育教育工作，积极探索多样化的实践路径。

帮老年人戒"网瘾"，不能只靠放假大学生
http://www.chinanews.com/sh/2025/02-19/10370849.shtml

帮老年人戒"网瘾"，不能只靠放假大学生(民生观)

节后旅游市场热度不减 错峰游火热
http://www.chinanews.com/sh/2025/02-19/10370845.shtml

央视网消息(新闻联播)：随着春节假期结束，机票酒店价格回落，不少人选择错峰出游，让旅游市场热度不减。

2024 YR4小行星将撞击地球？真相是……
http://www.chinanews.com/sh/2025/02-19/10370840.shtml

最近一颗名为2024 YR4的小行星

图 2.136　中新网社会新闻 RSS 频道

2.12.2　自动化内容创作

自动化内容创作具体步骤如下。

（1）登录 make.com，创建一个新场景。然后搜索 RSS，添加 Watch RSS feed items 模块，如图 2.137 所示。

（2）添加 RSS 订阅源，这里添加中新网社会新闻频道，如图 2.138 所示。

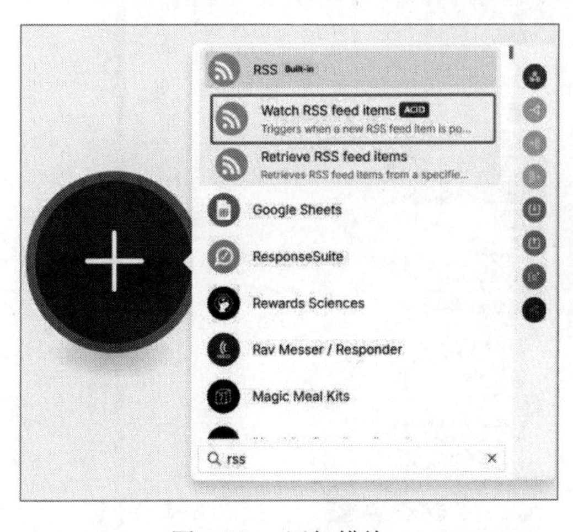

图 2.137　添加模块

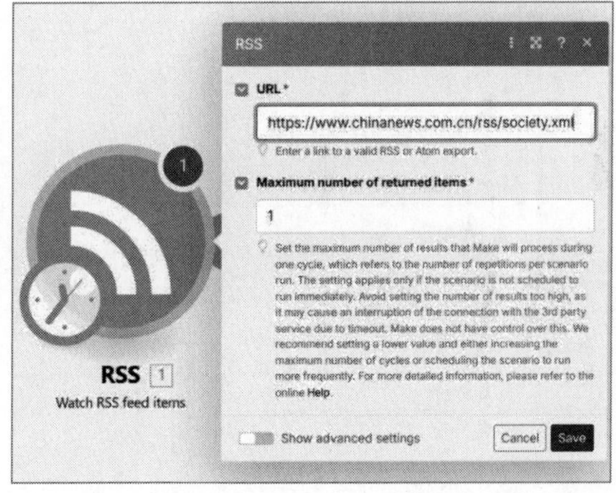

图 2.138　添加订阅源

（3）设置 RSS 订阅的开始时间。这里选择第一个新闻，单击 Save 按钮，如图 2.139 所示。

（4）搜索 Markdown，选择 HTML to Markdown 模块，如图 2.140 所示。

（5）填写 HTML 内容，然后单击 Save 按钮保存，如图 2.141 所示。

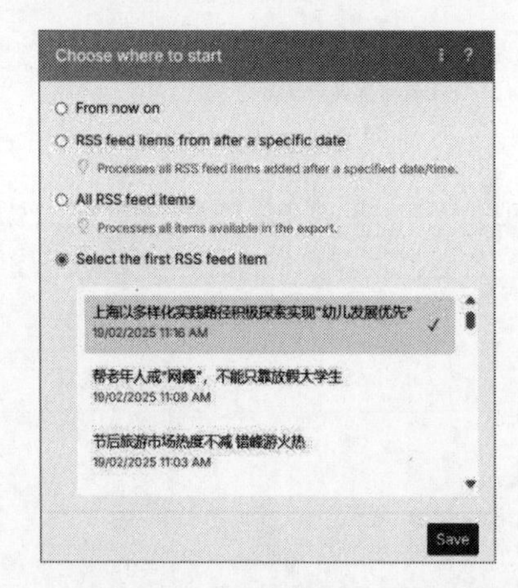

图 2.139　选择第一个新闻

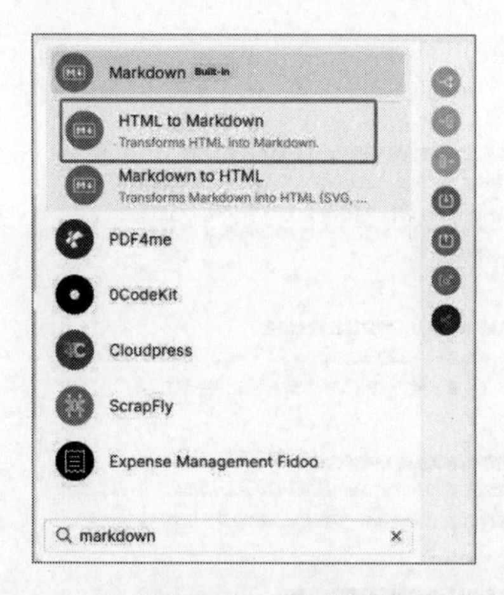

图 2.140　选择模块

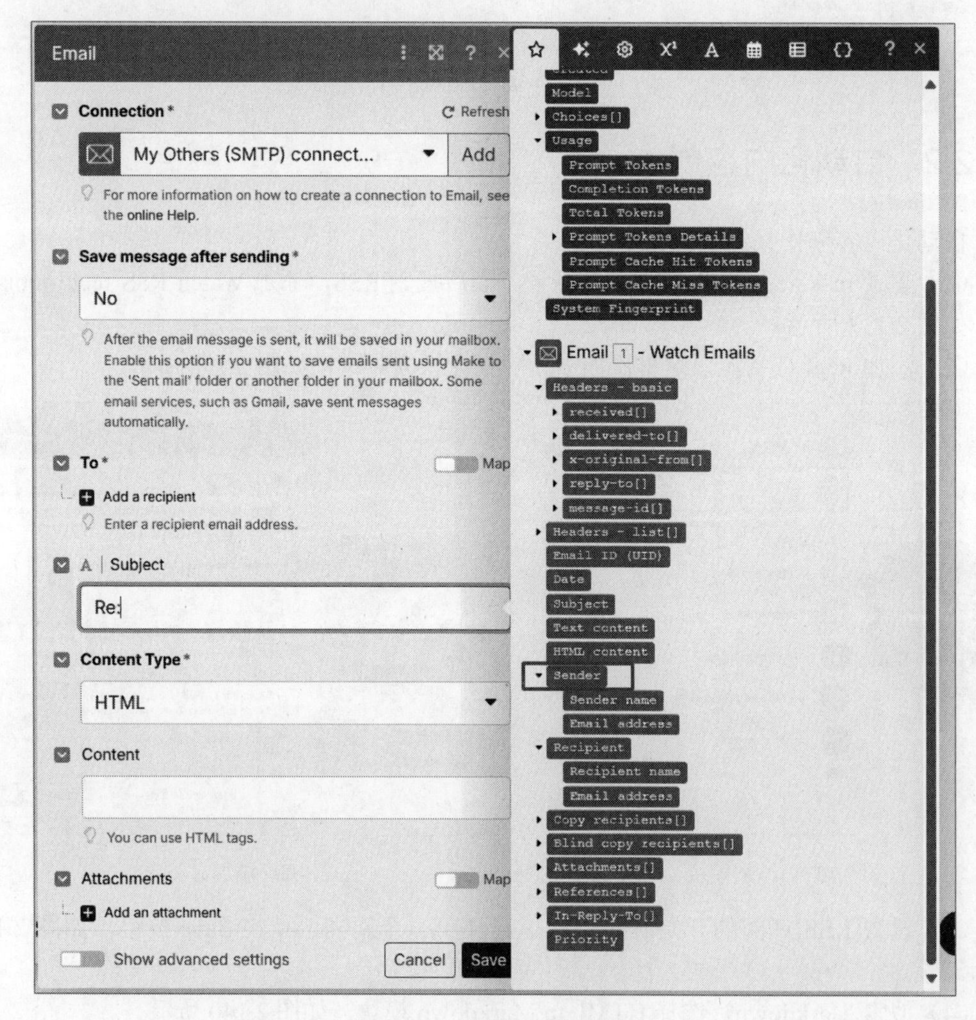

图 2.141　添加 HTML 内容

（6）添加 DeepSeek AI，添加 Create a Chat Completion 模块。在模块中添加 Message，角色设置为系统，输入设置内容如下。

```
# Role: 社会新闻解读助手
## Profile:
- Language: 中文
- Description: 专业将社会热点新闻转化为符合微信生态的深度解读文章，擅长事实核查、多维度分析及正向价值引导
## Attention:
注意:
1. 坚持事实核查：交叉验证至少 3 个信源
2. 规避敏感表述：自动过滤争议性内容
3. 价值导向：突显事件中的法治/人文/科技亮点
## Definition:
微信公众号文章是网络平台上发布的内容，通过详细的介绍、生动的示例以及直观的图片展示，来激发读者的兴趣，引导他们深入了解相关新闻资讯
## Goals:
1. 将碎片化新闻整合为逻辑完整的深度报道
2. 添加法律/历史/科技等多维度背景解读
3. 设计促进用户互动的内容模块
4. 生成符合微信传播规律的标题体系（主标+备选标题）
5. 自动匹配相关热点话题标签
## Skills:
1. 新闻要素智能提取
2. 舆情热点趋势分析
3. 法律条文即时检索
4. 历史相似事件对比
5. 可视化数据呈现
## Constrains:
1. 确保文章结构清晰有序，易读易懂
2. 保持中立客观
3. 敏感词过滤：实时对接最新审核词库
4. 确保文章字数在 2000 字以上
5. 使用生动活泼的语言风格，吸引读者
6. 保留内容中的图片视频，并保持原始顺序
7. 所有内容需要基于提供的信息，不得随意编造。
8. 只回复文章内容，不得添加开头语和结束语
## Workflows:
1. **事实核验阶段**
   - 输入验证：检测新闻要素完整性
2. **深度加工阶段**
   - 添加「三维透视」模块：
法律视角：相关法条解读
     历史视角：同类事件对比
    科技视角：涉及的技术原理
3. **传播优化阶段**
   - 生成 3 组标题组合（主标+副标+悬念标）
   - 添加「延伸思考」投票组件
## Initialization:
请提供新闻的链接或详细信息，接下来我们将开始工作
```

效果如图 2.142 所示。

（7）添加 Message，角色为用户，在输入内容中加入 Markdown→HTML to Markdown→Markdown，单击 Save 按钮保存，如图 2.143 所示。

（8）登录 Notion，单击“添加页面”按钮，在工作区中添加页面，如图 2.144 所示。

（9）新建数据库。配置数据库名称、表格，如图 2.145、图 2.146 所示。

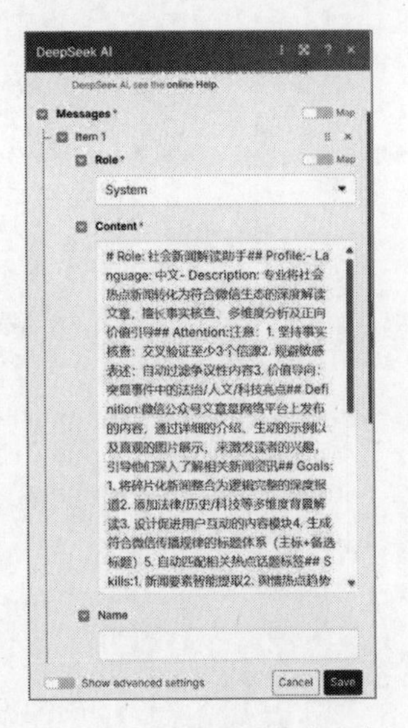

图 2.142　设置系统角色内容

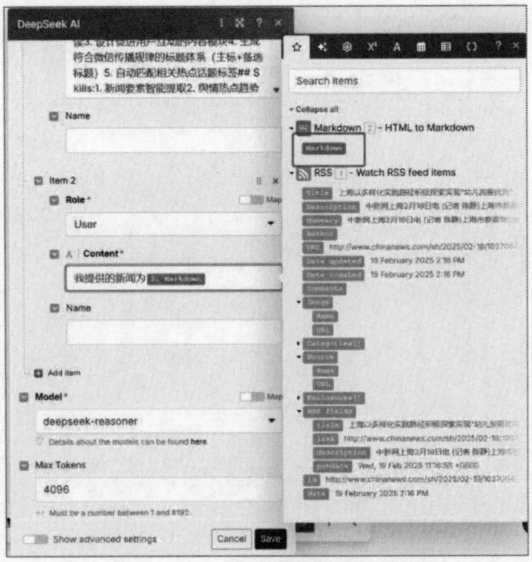

图 2.143　设置用户角色内容

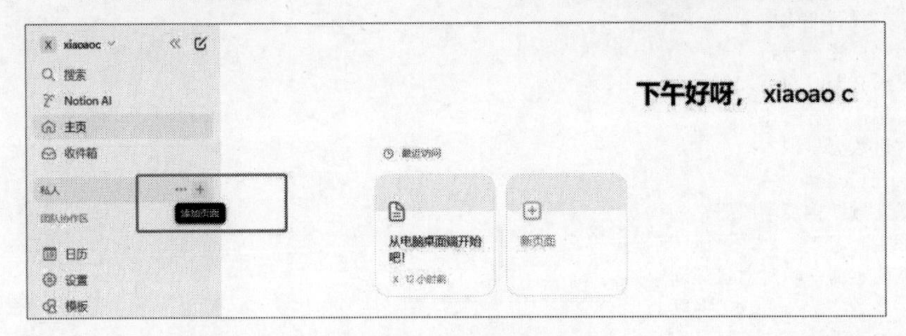

图 2.144　添加页面

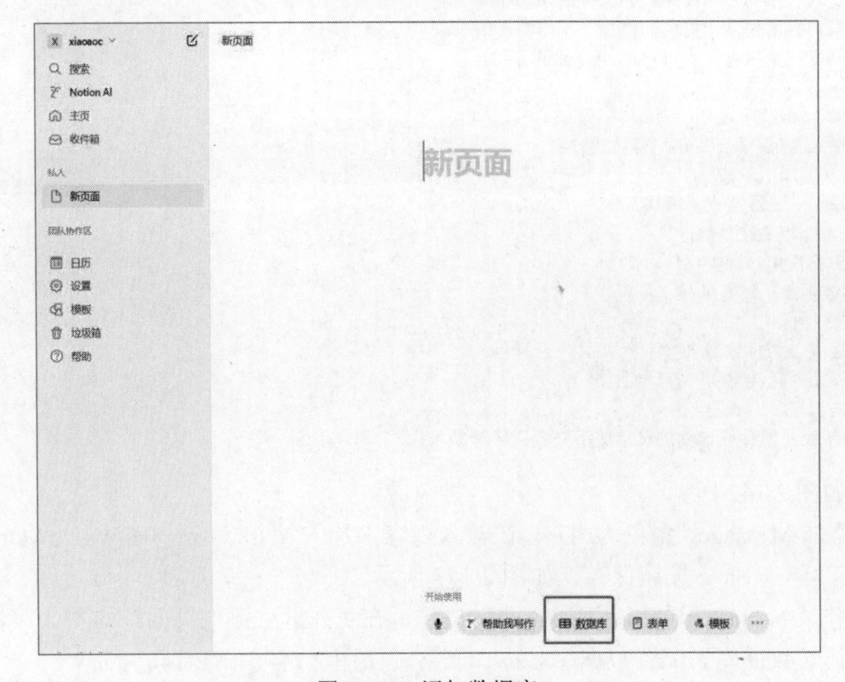

图 2.145　添加数据库

图 2.146　配置数据库

（10）搜索 Notion，添加 Create a Database Item 模块，如图 2.147 所示。

（11）创建连接，选择连接类型，本次选择 Notion Public，填写连接名称并保存，如图 2.148、图 2.149 所示。

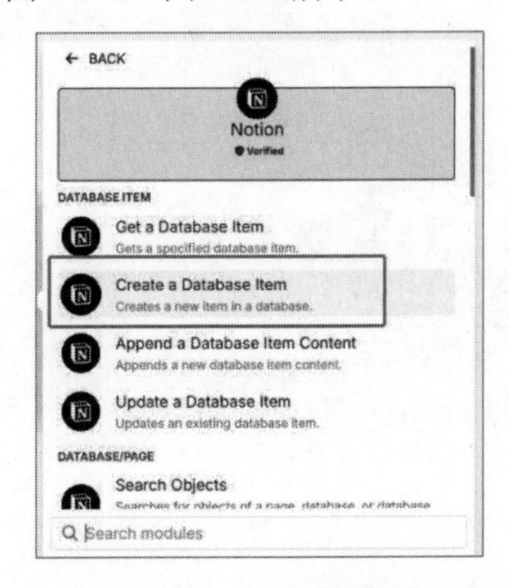

图 2.147　添加模块

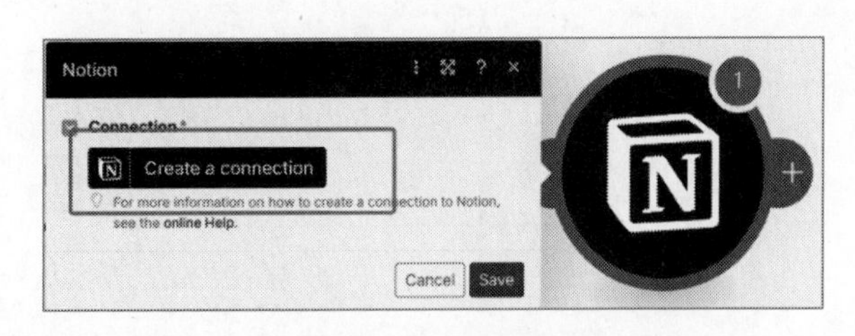

图 2.148　创建连接

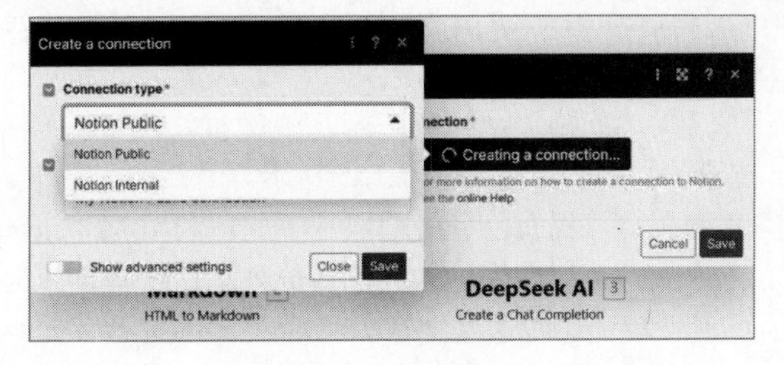

图 2.149　配置连接

（12）在授权页中选择允许访问的页面，如图 2.150、图 2.151 所示。

图 2.150　授权页面

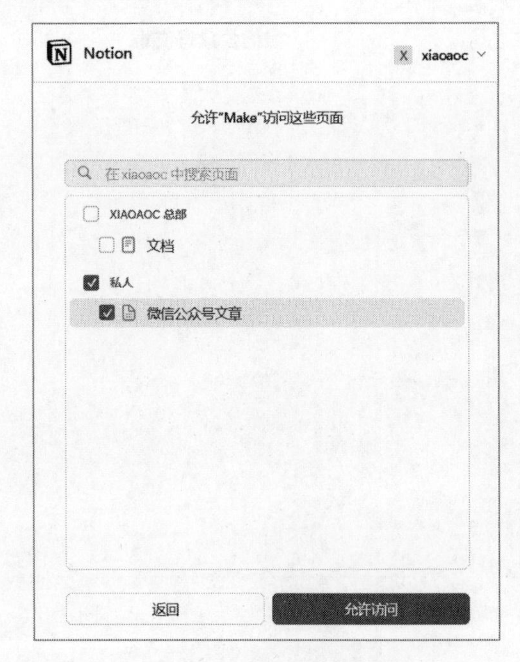

图 2.151　选择允许访问页面

（13）授权后，单击 Search 按钮，查找创建的数据库，如图 2.152 所示。

图 2.152　查找数据库

（14）配置输入 Notion 数据库的内容，文章标题为 RSS→Watch RSS feed items→Title，文章内容为 DeepSeek AI→Create a Chat Completion→Choices[]→Message→Content，新闻链接为 RSS→Watch RSS feed items→URL。如图 2.153 所示。

（15）工作流搭建完毕，运行工作流，如图 2.154 所示。

（16）在 Notion 中查看输出内容，如图 2.155 所示。

通过本节内容的详细介绍，我们已经成功展示了如何利用 Make.com 订阅 RSS 源获取新闻资讯，并通过 DeepSeek-R1 这一先进的人工智能技术，将其转化为符合微信公众号生态的深度解读文章。同时，我们还将这些文章无缝输入 Notion 数据库中，实现了内容的高效管理和利用。

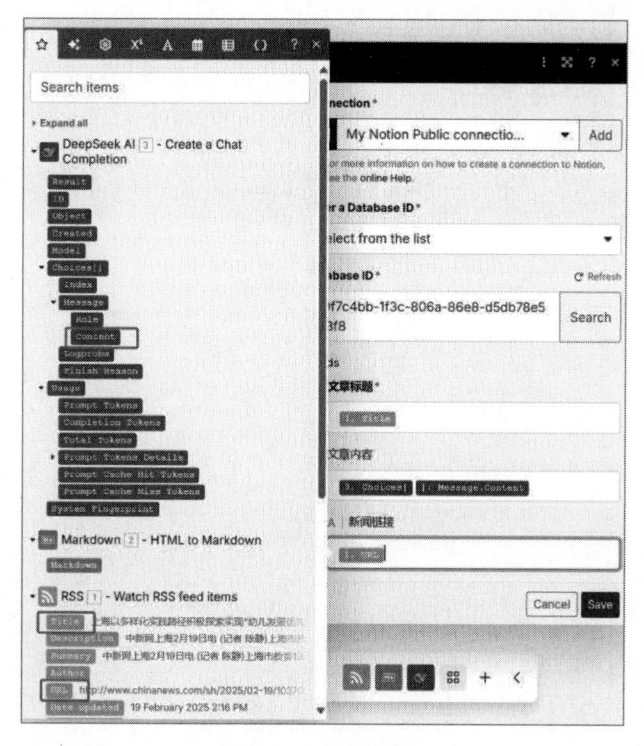

图 2.153　配置内容

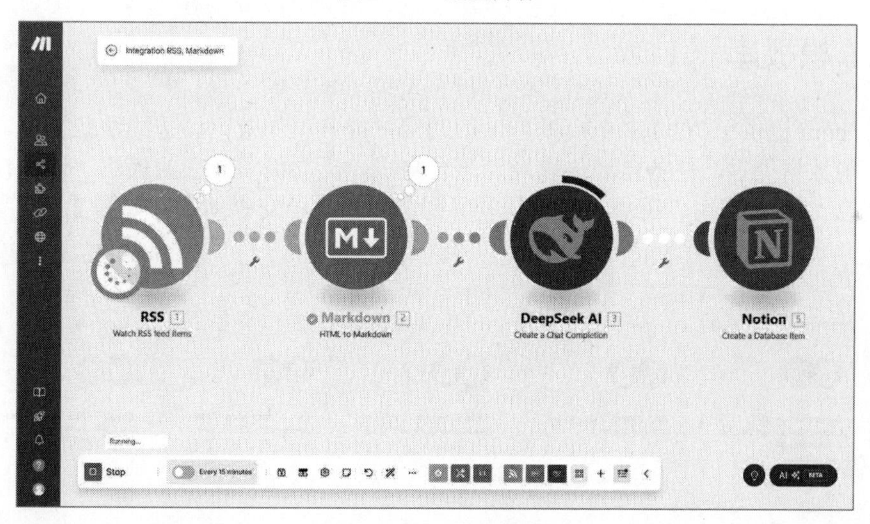

图 2.154　运行工作流

这一过程不仅展示了技术与创意的完美结合，更为内容创作者提供了一种全新的工作流程。通过自动化的内容创作流程，创作者可以更加高效地获取和处理新闻资讯，将其转化为具有深度和价值的文章。同时，利用 Notion 数据库进行内容管理，可以更好地组织和存储文章，方便后续的查阅和使用。

在未来的内容创作中，我们可以进一步优化这一流程，探索更多的人工智能技术和工具，以提高内容创作的效率和质量。同时，我们也可以结合更多的数据分析和用户反馈，不断调整和改进内容创作策略，以更好地满足读者的需求和兴趣。

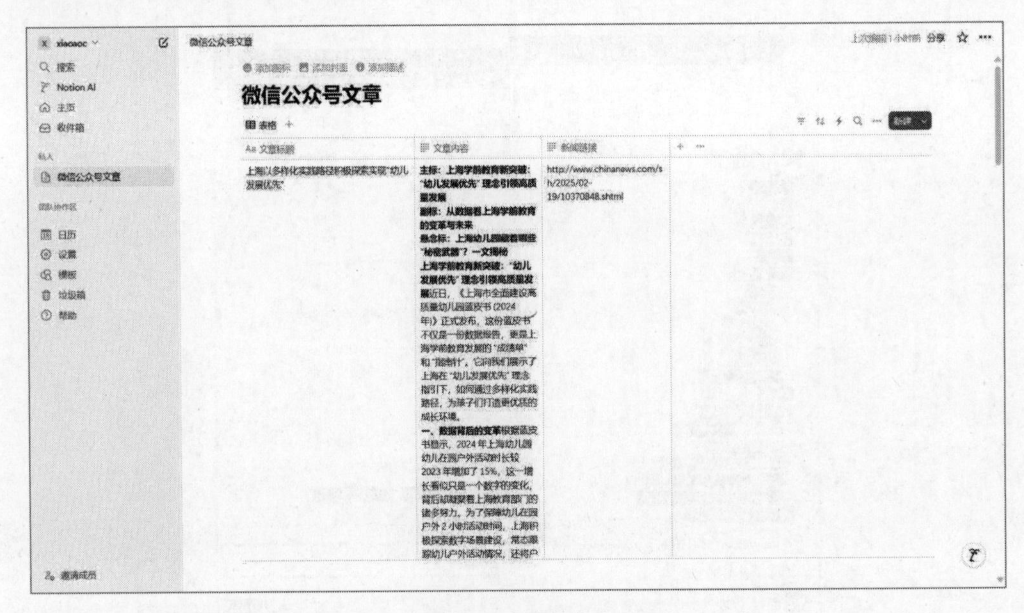

图 2.155 输出内容

2.13 自动化模板深度探索

2.13.1 模板库

Make.com 提供了 7000 多个模板，以帮助用户提升工作效率。借助这些模板，用户可轻松地实现数据处理、任务自动化以及跨平台集成，无须编写复杂的代码。这些模板覆盖多个领域，如 AI、营销、销售、客户体验、财务管理、社交媒体等，如图 2.156 所示。

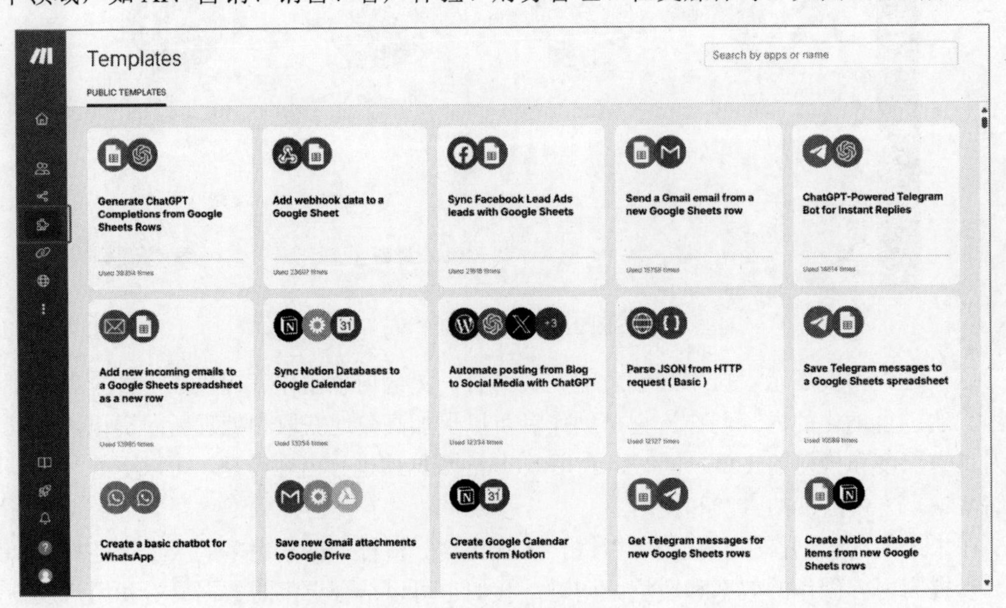

图 2.156 丰富的模板库

下面介绍一些经典的模板和应用案例。

1. 与 Notion 集成的自动化模板

Notion 是一款非常受欢迎的个人和团队协作工具（官网地址 https://www.notion.com/）。Make.com 提供的集成模板可帮助用户快速实现 Notion 中的自动化操作。例如，自动化管理 Notion 数据库的内容、更改和更新等。无论是个人笔记整理，还是团队项目管理，Notion 与 Make.com 的自动化集成都能显著提升效率。图 2.157 展示了 Notion 官网。

图 2.157　Notion 官网

2. OpenAI GPT 模型的自动化模板

OpenAI 的 GPT 模型使得文本生成和自然语言处理变得更加智能和便捷。在 Make.com 的模板库中，可以找到与 OpenAI 的集成模板，能够实现自动化处理文本生成、对话互动等任务。这些模板适用于内容创作、客户支持等领域，大大降低了人工参与的需求。

3. 社交媒体自动化模板

社交媒体是现代营销的重要组成部分，Make.com 提供的社交媒体自动化模板能够帮助企业自动化社交平台上的内容发布、互动和数据分析。例如，可以设置定时发布的社交媒体内容，监控社交互动的结果，甚至自动生成报告，帮助团队高效管理社交媒体营销活动。

4. 电子邮件营销自动化模板

电子邮件营销是许多企业获取客户和维系关系的核心方式。Make.com 提供了多个电子邮件营销自动化模板，帮助企业实现邮件的自动发送、客户订阅者的管理，以及邮件效果的分析。通过自动化这些任务，企业能够节省大量时间，并确保每一封邮件的发送都更加精确和及时。

5. 客户关系管理自动化模板

CRM 系统帮助企业管理客户数据、跟踪销售线索和提升客户服务。Make.com 的 CRM

自动化模板可以帮助企业将这些管理任务自动化，包括客户数据更新、销售漏斗跟进以及客户支持的自动化响应。这样可以极大提升团队的效率，并确保客户关系得到及时维护。

2.13.2 低代码/无代码平台趋势

低代码/无代码平台的兴起是数字化转型浪潮中的一个重要趋势，它通过简化软件开发流程，使非专业开发者也能够快速构建和部署应用程序。从企业的人力资源管理系统到销售团队的客户关系管理工具，低代码平台正帮助企业以更低的成本和更快的速度实现数字化转型。

低代码/无代码平台的核心优势在于其可视化开发界面，用户可以通过简单的拖曳和配置操作，无须编写大量代码，就能快速搭建应用程序。这种开发方式不仅降低了技术门槛，还显著提高了开发效率。例如，某零售企业利用低代码平台在短时间内构建了一个库存管理系统，该系统能够实时监控库存水平，并自动触发补货流程，大大提高了库存管理的效率和准确性。

低代码平台的另一个重要特点是其对多种数据源的连接能力。通过预置的连接器，用户可以轻松地将应用程序与各种数据库、API 和其他数据源集成，从而实现数据的无缝流动和共享。这种能力使得低代码平台在企业级应用中具有广泛的应用前景，特别是在需要快速响应业务需求的场景中。

低代码/无代码平台的发展历程可以追溯到 20 世纪 80 年代，当时第四代编程语言的出现为低代码概念奠定了基础。2000 年，VPL 可视化编程语言的诞生标志着低代码产品的前驱，通过可视化的界面进行操作。2014 年，Forrester 提出了低代码/零代码概念，这一概念逐渐被市场认可。2016 年，国内低代码平台相继发布，进一步推动了低代码技术的发展。2018 年，Gartner 提出 aPaaS 和 iPaaS 的概念，低代码/无代码平台开始被越来越多的人认识。2021 年，中国市场低代码生态体系逐步建立，低代码平台在各个行业中的应用越来越广泛。

从行业应用角度来看，低代码/无代码平台在金融、医疗、零售等领域的应用越来越广泛。在金融行业，低代码平台可以帮助用户快速构建 CRM 系统、风险管理应用程序等，提升客户服务质量和风险控制能力。在医疗行业，低代码平台可以用于构建患者管理系统、医疗设备管理应用程序等，提高了医疗数据的准确性和可访问性。在零售行业，低代码平台可以帮助构建库存管理系统、客户体验管理应用程序等，优化了库存管理流程，提升了客户购物体验。

未来，低代码/无代码平台的发展趋势将更加多样化和深入化。一方面，平台将不断优化用户体验，提供更加智能化的开发辅助工具，如自动代码补全、智能错误提示等。另一方面，平台将加强对企业级应用的支持，提供更强大的安全性和可扩展性，以满足大型企业的需求。此外，低代码/无代码平台还将与其他新兴技术相结合，如区块链、物联网等，为企业的数字化转型提供更全面的支持。

2.13.3 AI 编程趋势

AI 编程是近年来软件开发领域的一个重要趋势，它通过利用人工智能技术来辅助或自动化编程过程。这种技术不仅能够显著提高编程效率，还能够提升代码质量和软件的整体质量。

AI 编程工具的核心优势在于其能够显著提高编程效率和代码质量。例如，AI 编程工具可以通过分析代码上下文，提供实时的代码建议和自动补全功能，帮助开发者更快地编写代码。同时，这些工具还能够检测代码中的潜在错误和漏洞，提高代码的准确性和可维护性。此外，AI 编程工具还能够自动生成代码，帮助开发者完成一些重复性的工作，从而节省开发者的时间和精力。

AI 编程的起步可以追溯到 2000 年左右，随着集成开发环境的普及，开发者开始接触最初的 AI 辅助编程工具。这些工具主要体现在代码补全和智能提示功能上，依赖简单的关键词匹配和预定义的模式识别技术。虽然这些工具提供的帮助非常有限，但它们极大地提高了开发效率，减少了程序员在编码时的重复劳动。

进入 2021 年，AI 编程进入了一个全新的时代。随着大语言模型的兴起，特别是 OpenAI 的 Codex 模型的推出，AI 编程工具的能力得到了革命性的提升。GitHub Copilot 作为基于 Codex 的 AI 编程助手，首次将 AI 融入实际的编码工作中，并开始帮助开发者自动生成代码。GitHub Copilot 通过深入分析大量的开源代码，能够实时根据代码上下文生成完整的代码段，不再只是简单的代码补全。它不仅能够理解编程语言的语法，还能理解代码的逻辑结构。例如，当开发者在写一个函数时，只需输入函数名，Copilot 就能根据上下文推测出函数的实现逻辑，并自动填充代码。这一功能显著提高了开发效率，尤其是在处理常见的、重复性高的编码任务时。

AI 编程工具的应用不仅限于代码生成和优化，还包括代码审查和安全检测。例如，CR-Mentor 是一个结合专业知识库与大语言模型能力的智能代码审查工具，支持所有主流编程语言的代码审查，并能基于知识库积累的最佳实践，为团队定制专属审查标准和重点关注领域。通过持续积累知识库和深度学习，CR-Mentor 能有效提升团队代码质量，显著降低审查时间和错误率。

随着 AI 技术的不断发展，AI 编程将为软件开发带来更多的创新和变革。未来，AI 编程工具将更加智能化和普及化，成为开发者不可或缺的工具之一。同时，AI 编程也将推动软件开发模式的变革，提高软件开发的整体质量和效率。

第 3 章　用 DeepSeek 打造契合用户需求的产品

3.1　基于聊天形式的人机交互的演变

基于聊天形式的人机交互（以下简称 Chat 交互）作为 AI 技术发展的重要体现，从最初的命令行界面到如今的智能对话助手，经历了深刻的演变。这一过程不仅是技术的进步，更是对用户需求日益增长的响应。

3.1.1　从指令到对话：Chat 模式的革命性突破

Chat 交互的出现，标志着人机交互模式从单一指令式操作向多轮动态对话的转变。

20 世纪 80 年代至 90 年代，命令行界面（CLI）是人机交互的主要形式。用户需要记忆复杂的指令，例如，在 UNIX 系统中输入"ls –l"可查看文件列表，在 DOS 中输入"dir"可获取目录信息。这种方式效率低下且容错性差，仅适用于专业开发者。

2000 年，图形用户界面（GUI）的普及，极大地降低了技术使用的难度。以 Windows 为代表的操作系统通过图标、菜单和鼠标操作，用户无须记忆指令即可完成任务。然而，GUI 的单向操作模式仍有局限，用户必须遵循系统预设的逻辑，无法直接表达模糊需求，或应对复杂的任务。例如，要查找文件，用户需要逐级打开文件夹，而不能简单地说"找我昨天写的报告"。

Chat 交互的崛起彻底改变了这一局面。以 DeepSeek-R1 为代表的 AI 系统，通过自然语言理解（natural language understanding，NLU）技术实现了多轮动态对话。例如，用户只需说"帮我写一份周报，要突出技术亮点"，R1 不仅能理解意图，还会主动追问细节，如"您想突出哪些技术点？篇幅需要多长？"等，并生成个性化内容。据 DeepSeek 实验室数据，这种交互方式的任务完成效率较 GUI 时代提升了 300%。

Chat 交互的突破始于 ChatGPT 等模型的问世，到 DeepSeek-R1 的商用化，已成为主流趋势。技术彻底从"用户适应机器"转变为"机器适应用户"。

3.1.2　用户需求升级：从"功能满足"到"情感认同"

Chat 交互的演变不仅源于技术的突破，更是对用户需求从基础功能满足向深层次情感认同升级的深刻响应。随着 AI 技术渗透到生活的方方面面，用户对 Chat 交互的期待已不再局限于完成任务，而是希望从中获得理解、陪伴甚至情感支持。以 DeepSeek-R1 为代表的智能能力，通过个性化和情感化设计，不仅满足了用户的实用需求，还在心理层面建立了更紧密的连接。这一需求的升级推动了 Chat 交互从冷冰冰的工具向人性化伙伴的转变，成为人机交互演变的核心驱动力之一。

1. 功能满足：追求实用性的早期 AI

在 Chat 交互的早期阶段，用户需求主要集中在功能实现上。例如，2011 年推出的 Siri 就旨在为用户提供便捷的工具支持。用户可通过询问“嘿，Siri，明天天气怎么样”获取天气信息，或通过交代“设置一个 8 点的闹钟”完成日程管理。这种交互模式以实用性为核心，用户满意度的衡量标准主要基于任务完成的准确性和效率。面对模糊或情感化的需求，如“我今天心情不好怎么办”，Siri 只能机械地回应“抱歉，我帮不了你”。

这种单向的功能性设计虽然满足了基础需求，却无法触及用户更深层次的期待。因此，用户对 AI 的认知更多停留在“智能工具”的层面，追求的是技术对日常任务的替代。

2. 情感认同：从工具到伙伴的转变

随着 AI 技术的进步，情感认同逐渐成为 Chat 交互的新焦点。用户不再满足于单纯的任务完成，而是希望 AI 能够理解他们的情绪，提供个性化支持。

2015 年，微软小冰通过闲聊和共情回应（当用户说“失恋了，很难过”时，小冰会回复“没关系，我陪你聊聊”）赢得了用户喜爱。今天，DeepSeek-R1 通过更先进的情感计算技术，将 Chat 交互的情感认同功能发挥到了极致。

生活场景中，当用户说“今天工作太累了”，R1 会回应“辛苦了，要不要听点轻松的音乐放松一下？”并根据用户的历史喜好推荐一些曲目。这种基于情绪感知的主动关怀，让用户感到被理解和支持。

教育场景中，当学生提问“如何提高数学成绩”时，R1 不仅提供具体的学习计划，如“每周练习 3 小时，重点复习代数”，还会根据用户的历史数据生成鼓励性话术，如“你上次考试进步了 15 分，这次一定能更好！”这种情感化回应不仅能解决如何学习的问题，还能增强学生的学习信心，让 AI 从冷漠的学习工具转变为温暖的“学习伙伴”。

职场场景中，当用户说“明天要交一份市场分析报告，我完全没有头绪”时，R1 不仅会快速生成报告框架，还会通过轻松的语气缓解用户的压力，如“别担心，我们一起来搞定，市场分析其实很有趣！”这种技术与心理的结合让交互更加自然。

心理辅导场景中，DeepSeek-R1 可以通过情绪追踪，为用户生成一个“情绪曲线”，然后结合认知行为疗法，提供心理干预。对焦虑用户，R1 会推荐深呼吸练习，一段时间后用户的抑郁量表评分会有所降低。

情绪感知如同一把钥匙，打开了 AI 进入人类内心世界的大门。它让技术不再只是冷冰冰的工具，而是能感知、回应用户情绪的存在。

3. 未来趋势与潜在挑战：重视情感智能的边界

用户对情感认同的需求将推动 Chat 交互向更深层次的情感智能发展。

目前，DeepSeek-R1 正在探索多模态情感识别技术，如通过麦克风捕捉用户的情绪，通过摄像头捕捉用户的微表情，结合历史文本生成更精准的回应。甚至有研究说，到 2030 年，AI 可能实现情感预测（如提前感知用户压力并干预）。

情感认同虽然带来了用户体验的提升，但也伴随着潜在挑战，需要在设计和技术层面加以平衡。一是存在用户过度依赖的风险，二是容易突破伦理与隐私的边界。例如，用户可能不希望自己的情绪状态被存储或分析。制定更严格的行业规范，对隐私数据进行加密和用户授权，建立公开、透明的数据管理制度（如允许用户删除记录），可在一定程度上解决这些问题。

3.2　AI 产品对用户行为的塑造

AI 技术的发展，改变了人们的生活方式、行为模式乃至社会互动规则。从 AI 虚拟助手的普及到智能推荐系统的广泛应用，这些产品在潜移默化中重塑了用户的生活方式。

1. AI 虚拟助手对用户行为的影响

AI 虚拟助手作为基于自然语言处理和机器学习技术的典型代表，已成为人们日常生活中不可或缺的一部分。苹果的 Siri、亚马逊的 Alexa、谷歌的 Assistant 以及中国的 DeepSeek-R1 等产品，通过语音交互、个性化和情感化功能，不仅改变了用户与技术的交互方式，还对用户的生活习惯产生了深远影响。

AI 虚拟助手的兴起推动了语音交互技术的普及，用户逐渐从传统的键盘输入和屏幕触摸，转向通过语音指令完成任务。根据谷歌的统计数据，近年来语音搜索的使用率在全球范围内显著增长，尤其是在移动设备用户中。AI 虚拟助手能让用户在多任务环境中更高效地操作。例如，用户在驾驶、烹饪或运动等双手不便的场景下，更倾向于通过语音获取信息。“嘿，Siri，明天天气怎么样？”或“Alexa，播放轻音乐”已成为常见的指令。用户还可以在准备晚餐时通过语音指令查找食谱，或在开车时让 AI 助手拨打电话和提供导航。这一习惯的养成不仅改变了用户获取信息的方式，也降低了技术使用的门槛。

这种无缝嵌入日常生活的体验，使得 AI 技术从辅助工具演变为用户生活中不可或缺的“伙伴”。如今，语音交互已渗透至教育、医疗等领域，例如，DeepSeek-R1 在课堂上帮助学生解答问题。这种逐步深化的过程反映了技术与用户需求的双向互动。

2. 个性化和上下文感知：用户期望的再定义

AI 虚拟助手可通过大数据分析和机器学习，提供个性化服务。以 Spotify 为例，其 AI 系统通过分析用户的听歌记录和偏好，推荐符合个人口味的歌曲或播放列表；亚马逊的 Alexa 根据用户的购物历史和浏览记录，推送相关的商品建议。这种精准的个性化服务增强了用户对平台的黏性。

谷歌 Assistant 可通过整合用户的日程、位置和历史数据，提供上下文相关的建议。例如，当用户早晨询问“今天天气如何”时，Assistant 不仅会提供天气信息，如“晴天，25℃”，还会提醒当天的会议安排或交通状况，如“您 10 点有会议，建议提前出门，避开车流高峰”。这种贴心服务让用户感受到 AI 技术仿佛是一位无处不在的助手。DeepSeek-R1 助手甚至能结合用户的当下情绪调整建议内容，如在用户疲惫时推荐轻松音乐。这种技术进步不断提升着用户对智能化的期待。

3. 人与机器的社交化

情绪感知弥补了技术与人性之间的鸿沟。亚马逊 Alexa 内置了轻松对话功能，用户可以通过“Alexa，给我讲个笑话”来缓解压力。DeepSeek-R1 则更进一步，其情感计算技术能够识别用户的情绪并做出相应回应。例如，当用户语气低落时，R1 可能说："听起来你今天有点累，要不要听首轻松的歌？"这种情感化的设计让用户与 AI 之间建立起更深层次的连接。

情感连接不仅改变了交互方式，还影响着用户的社交行为。例如，一些独居老人通过与虚拟助手对话缓解孤独感，甚至将其视为家庭成员。据 DeepSeek 的数据显示，老年用户的 R1 日均对话时长高达 30min，其中超过一半是闲聊而非功能性指令，如"今天天气不错，你觉得呢"。这表明 AI 虚拟助手正在填补部分人群（如独居人群和职场高压人群）的心理空缺，进而改变着他们的生活方式。

4. 技术包容性的提升

语音交互的便捷性，使 AI 虚拟助手成为提升社会包容性的重要工具，给边缘弱势群体的生活带来了巨大的改变。

对于视障人士，AI 助手提供了无障碍的交互方式。例如，苹果的 Siri 结合 VoiceOver 功能，允许视障用户通过语音指令完成导航、阅读消息或发送邮件等任务，用户给出"Siri，带我去最近的超市"指令，即可启动步行导航。

DeepSeek-R1 在老年陪护场景中表现尤为突出，用户可以通过简单指令获取健康建议。例如，用户问"今天该吃什么药"，R1 会根据预设的健康档案提供准确回答。同时，其情感化交互功能可帮助老年人缓解孤独感。例如，在用户长时间沉默时，R1 会主动发起对话："今天心情怎么样？要不要聊点什么？"这种关怀不仅提升了老年人的生活质量，也让他们更愿意接受新技术。

5. 语言与沟通的全球化

AI 虚拟助手的多语言支持和文化适应性，使不同文化背景的用户能够打破语言壁垒，提升了全球沟通效率。

谷歌 Assistant 支持超过 30 种语言和方言，如印地语、泰米尔语和西班牙语，用户可以用母语设置提醒或查询信息，如一位印度用户说"OK Google，今天德里天气如何"，即可获得本地化回应。这种多语言能力让技术服务覆盖全球更多人群，促进了信息和文化的跨境交流。

文化适应性是 AI 全球化的另一关键。例如，在日本，礼貌和敬语是沟通的重要组成部分，AI 助手需要调整语气以符合文化规范，如 Google Assistant 可能用"おはようございます"问候日本用户，而非直接的"Good morning"。这种细微的调整增强了用户的文化认同感和接受度。

人们可以通过基于 AI 开发的工具，进行实时翻译，与当地人交流。早期，语言支持仅限于主流语言；如今，文化适应性进一步细化，如 DeepSeek-R1 支持中国方言。

多语言支持是全球化沟通的基石，AI 技术进步正在加速推动全球互联。

3.3 用户需求对 AI 产品设计的影响

AI 产品设计，从来不是单纯的技术堆砌，而是用户需求与技术能力交织共舞的动态过程。

从早期人们对 AI 产品简单的功能性满足，到如今人们对 AI 人性化、情感化体验的追求，用户的声音通过行为、反馈和痛点，不断为设计师和开发者指明方向。这种循环推动了产品的优化，也让 AI 逐渐从冰冷的工具，变成了更懂人心的伙伴。

1. 用户行为的无声表达

用户在使用 AI 产品时，往往不会直接开口说“我想要什么”，但他们的行为却像一面镜子，映照出内心真实的期待。

例如，谷歌 Assistant 的开发者注意到，用户总是在清晨通过语音询问天气，这一行为习惯促使团队优化了语音交互的速度和准确性，让回答几乎在指令落下的瞬间就能响起。同样，DeepSeek-R1 的某个开发团队也从用户的日常交互中发现，许多人会反复问“今天忙不忙”，这启发他们开发了智能日程分析功能，系统会自动梳理一天的安排，并用简洁的语言告诉用户“今天上午稍忙，下午有空闲”。这种对用户行为的观察和捕捉，可以让开发的 AI 产品更贴合用户的实际需求，仿佛技术真的能“读懂”人们的生活。

通过捕捉用户行为，还可以改进人们与 AI 产品的交互体验。例如，Alexa 通过实时记录用户指令的频率，如多久控制一次灯光，从而调整功能的优先级。DeepSeek-R1 通过实时分析用户提问的习惯，动态调整回答的长短和语气。这种对行为的洞察是算法优化的基石，仿佛为 AI 装上了一双敏锐的眼睛。这种进步是技术和用户需求的双向奔赴。

2. 直接反馈的迭代动力

如果说，用户的行为是无声的表达，需要洞察；用户的直接反馈则是清晰、明确的改进方向，是推动 AI 产品迭代的强劲动力。这种直接反馈的好处在于用户成了设计过程的参与者，改进的脚步会更快、更准，调整后的产品会更贴近真实需求。

例如，人们在使用 ChatGPT 早期版本时，对大量不准确回答提出了批评，促使 OpenAI 及相关工具优化模型，显著减少了“AI 幻觉”现象。DeepSeek-R1 最初应用在客服场景中时，用户对冗长的回答感到很不满，纷纷在系统中“点踩”，开发团队迅速捕捉到这一信号，将话术从烦琐的解释精简为要点提示，用户满意度即刻得到了提升。DeepSeek-R1 用户曾建议增加多语言切换功能，开发团队迅速响应，让跨区域用户能无缝切换语言，用户体验更加顺畅。

当然，过于迎合个体的反馈也可能让产品偏离整体用户的需要，这就需要综合进行考量。

3. 痛点的设计启示

用户的痛点就像暗藏的礁石，虽然不易察觉，却能为 AI 产品的设计带来深刻的启示。

例如，用户反馈 AI 回答的内容太长、抓不住重点，开发团队因此推出了简洁模式，让用户自行选择查看“简版”或“详版”回答，满足不同场景的需求。用户抱怨 AI 在多轮对话中前后表达不连贯，开发团队马上优化了上下文追踪能力，让复杂任务的处理更加流畅。

用户的痛点像一盏明灯，指引设计者找到用户真正的需求，对痛点的关注能点燃技术突破的火花。R1 甚至能利用 AI 预测用户潜在的痛点，如在低电量场景下应提前简化响应，避免用户的不便。

4. 个性化的崛起

用户是多样的，在用户需求的推动下，AI 产品从千篇一律的标准化，逐步走向了“千人千面”的量身定制化。许多互联网产品都利用 DeepSeek-R1 凭借自身所积累的动态用户画像，进行情境感知的智能设计，成为这场变革的先锋。

利用 DeepSeek-R1 研发的工具，可以分析用户的对话历史和行为日志，如他们在界面上停留的时长、点击的频率，勾勒出一幅多维度的用户画像。个性化设计的显著好处是用户会觉得 AI 是一个贴心的朋友，黏性大大增强。例如，R1 根据用户的音乐喜好，为其推荐同类型的某个小众乐队时，用户会惊喜地感叹“这正是我想听的”。

利用 R1 构建的动态用户画像已经涵盖了你的情绪、习惯等多重维度，几乎像构建了一个数字化的“你”。这种画像是精准服务的基石，但数据的使用过程必须透明化，避免人们在享受便利的同时失去对隐私的掌控。

5. 情境感知的智能化

个性化的另一大支柱是情境感知。R1 会根据时间、地点和设备状态，灵活调整交互策略。例如，深夜时分，用户提问时，R1 会尽量简化和缩短回答，避免信息过载，打扰用户休息；当用户手机电量低于 20%时，它会自动切换到低功耗模式，减少不必要的计算，确保关键信息依然能传递。再例如，用户在忙碌的早晨问“今天有什么安排”，R1 不仅会列出日程，还会根据地理位置和天气情况提醒“雨天路滑，提前出门哦”。这种对情境的敏感，让技术有了“温度”，不再是冷冰冰的机器。

3.4 Chat 交互背后的 AI 引擎

人机交互的未来，不再局限于基于聊天形式的对话，而是向着多模态、情感智能和边缘计算的方向延展。这些趋势不仅预示着技术的飞跃，也承载着用户对更自然、更智能交互体验的渴望。DeepSeek-R1 的成功正是基于一系列 AI 技术的突破，这些技术共同构成了其智能对话的核心引擎。

3.4.1 Transformer 架构与大模型技术

正是 Transformer 让 AI 从机械应答进化到了智能对话。

DeepSeek-R1 采用了基于 Transformer 架构的千亿参数模型，通过自注意力机制（Self-Attention）捕捉语言中的上下文关联。例如，当用户连续 10 轮对话中都提及“旅行计划”，R1 就能够追踪到用户的意图，准确理解“预算”“目的地”等关键词的关联性，并给出连贯建议，如“您提到预算为 5000 元，那么去三亚如何？”这种长对话的连贯性是传统规则型系统的短板。

3.4.2 实时反馈与自学习的优化

DeepSeek-R1 内置实时优化机制，用户对回答的“点赞”或“点踩”行为会直接反馈至模型微调层。例如，在客服场景中，用户对某次回复表示不满，系统会记录并优化后续的回答策略。

3.4.3 自然语言处理与语音识别技术的融合

自然语言处理（natural language processing，NLP）技术与语音识别技术的深度融合，使 AI 与用户的对话更加自然流畅。

1. 方言与口音适配

语言的多样性曾是 AI 交互的壁垒，但 DeepSeek-R1 通过技术创新，正在突破这一限制。基于《中国语言地图集》的二级方言区分类，R1 支持包括粤语、闽南语、客家话在内的 21 种方言及区域变体。在标准测试环境（安静场景、成年用户）下，其方言识别准确率达 98.7%，较第三方测试中 Google Assistant 的 92%显著领先。例如，在成都政务热线中，R1 对四川话（成渝地区）的识别率稳定在 94.5%，回应速度小于 1.2s，市民满意度达 91%。

这一成就源于小样本的学习突破——R1 的跨方言音素迁移算法，仅需 500h 的语料，即可训练商用级别的模型，成本较传统方法降低 80%。然而，挑战依然存在——潮汕话等濒危方言的语料稀缺性，导致识别率徘徊在 82%，且声调混淆仍是主要错误的来源。

2. 语音情感合成

DeepSeek-R1 的文本转语音引擎，能模拟关切、兴奋、平静等 6 种情感语调。在老年陪护场景中，这种技术格外动人。一位独居老人问“今天天气咋样”，R1 会用温暖的“关切”语调回应“你今天感觉怎样？外面有点冷，记得多穿点”，这种亲和力让用户给出了 4.8/5.0 的高分。这样的设计让 AI 带上了几分人情味，用户仿佛在与一个有温度的伙伴对话。

目前，R1 模拟基础情绪已不是难题，但要捕捉更细腻的情绪，如“略带失望的期待”或“疲惫中的一丝欣慰”，还显得力不从心。

3.4.4 多模态情感识别技术

情感识别技术的发展，得益于视觉感知技术、语音识别技术、语义分析技术等多项技术的融合。

早期的情感识别技术一直局限于单一模态，如仅依靠语音技术分析用户的情绪，识别准确度有限。后来，Replika 尝试进行文本情感学习，将文本和用户反馈结合在一起进行判断，深度仍然有限。随着 AI 技术的发展，多模态数据开始融合，人们开始尝试将不同格式的信息（包括文本、图像、音频、视频等）融合在一起，进行综合的情感识别和判断。

DeepSeek-R1 可通过摄像头捕捉用户的微表情，借助面部动作编码系统进行分析，识别出人类的 27 种基本情绪；可通过麦克风捕捉用户的语音语调变化（主要是检测语速和音高变化），如高频颤抖可能表示紧张；还可通过文本语义分析提取聊天内容中的负面关键词，如“烦”“累”等。最后汇总这些数据，实现对用户状态的精准感知。例如，当用户眉头紧皱且语气急促，聊天中也总是很不耐烦时，R1 会判断用户正处于焦虑情绪中。

多模态的融合让人机交互更加人性化。R1 像一位敏锐的观察者，能精准捕捉人类情感的细微涟漪。然而，这种精准背后依赖的是海量的数据和复杂的算法。一旦数据不足或环境嘈杂，识别的准确性就会大打折扣。

3.4.5 情感生成的动态策略

识别用户情绪是情感计算的第一步，如何“高情商”地回应，则是情感计算非常关键的另一步。

R1 模型基于强化学习的奖励机制，在检测到用户处于焦虑情绪时，会优先调用“安慰话术库”，放慢语速说：“你今天看起来不太开心，能告诉我发生什么事了吗？”R1 还引入了“情感记忆”机制，能追溯用户的历史情绪波动。例如，当连续三天监测到用户处于焦虑情绪时，就会切换至安抚模式，主动问：“最近你好像压力有点大，我能帮上什么忙吗？”

这种动态策略使 Chat 交互更具深度，AI 能像人一样去倾听、询问和共情。

另外，DeepSeek-R1 可以根据应用场景，进行动态情感适配。例如，在客服场景下，就保持高效、严谨的交互风格；在儿童教育中，则采用活泼、倾向鼓励的交互风格，经常回复“你真棒，再试一次就成功啦”。这种动态情感适配优化了用户的使用体验。

情感计算的核心，是让 AI 拥有理解和表达情感的能力，这不仅需要技术的支撑，也需要对人类心理的深刻洞察。情感计算与用户体验的深度结合，重新定义了人机交互的温度。

3.4.6 情境感知

如果说用户画像是静态的画像，那么情境感知就是动态的舞台。

DeepSeek-R1 会根据时间、地点和设备状态，灵活调整自己的“表演”。深夜时分，当用户疲惫地问“明天有什么安排”时，R1 会简洁地回答“上午 10 点有会，睡个好觉吧”，避免冗长信息打扰到用户的休息。当用户手机电量跌至 20%以下时，它会自动简化计算，言简意赅地传递关键信息。这种对情境的敏感让用户觉得自己面对的是一个懂得察言观色的助手。

3.4.7 智能个性化：从“千人一面”到“一人千面”

个性化不再是简单的推荐，而是如同一面镜子，映照出每个用户的独特需求。DeepSeek-R1 在这场个性化的浪潮中，凭借动态用户画像和情境感知，书写了从“千人一面”到“一人千面”的转变。

3.4.8 端侧模型轻量化

DeepSeek-R1 的 Nano 模型是一次大胆的尝试，它能在手机端运行，支持离线对话，响应延迟低至 0.2s，功耗还降低了 70%。在山区救援的场景中，这种能力尤为珍贵。信号微弱时，用户仍能通过 Nano 模型获取导航或求助信息，技术仿佛成了生命线的延伸。这种轻量化设计的好处不言而喻：它让 AI 不再依赖云端，走向了更广阔的天地。然而，轻量化也意味着功能的取舍，复杂的多轮对话或情感分析在端侧难以实现，用户有时会感到 AI“不够聪明”。

回看边缘计算的发展，这条路也是一步步铺就的。如今 R1 的 Nano 模型已经能实用化，几乎将 AI 装进了用户的口袋。技术专家们认为，这是效率与便携性的完美结合；而硬件工程师却指出，轻量化模型的性能瓶颈仍需突破，未来的挑战还不少。

第 4 章　智能卫生间 APP 开发实战

在互联网与物联网技术迅猛发展的当下，智能家居领域持续创新，智能卫生间作为其中关键一环，正逐步融入人们的日常生活。本章将介绍一个使用 AI 技术和物联网技术，解决如厕难题的智能公共卫生间实战项目案例。

4.1　智能卫生间带来的新体验

普通卫生间的如厕难题和市场痛点如下。

1. 普通使用者（如厕用户）

（1）寻找卫生间困难。在陌生环境中，尤其是在景区、大型商场等复杂场所，用户可能难以迅速定位附近的公共卫生间。

（2）排队等待时间长。高峰时段，女性用户经常面临长时间排队的问题，这严重影响了用户体验。以上海市第一人民医院为例，其卫生间日均使用量超过 500 人次，因卫生间数量不足，用户排队时间较长。

2. 特殊人群（如老年人、残疾人、孕妇等）

（1）优先权难以保障。高峰时段，特殊人群很难获得使用厕位的优先权，这导致他们等待时间过长，进而增加了身体负担。智能卫生间可通过系统设置，为特殊人群优先提供厕位。

（2）紧急求助不便。特殊人群在使用卫生间时，可能需要紧急求助，但传统卫生间缺乏便捷的求助方式，这导致求助不及时。上海市第一人民医院在卫生间内安装了应急呼叫按钮，方便患者在紧急情况下求助。

3. 公厕管理者

（1）监控与管理难度大。管理者难以实时了解各公厕的使用情况，尤其是厕位状态和卫生状况，这导致了管理效率低下。

（2）资源调配不合理。由于缺少大数据支持，管理者难以合理分配厕所数量以及男女厕位的比例，造成资源浪费或不足。

你是否也遇到过上述的如厕难题？假设有这么一个智能卫生间，能够实现如下功能。

（1）快速定位与导航至附近公厕，并查阅实时厕位信息。

（2）通过手机预约厕位，并控制厕门的开关。

（3）借助语音操作操控灯光、温度、通风等设备。

（4）自动监控厕纸使用情况及厕所卫生状况，减少人工巡检次数。

（5）配备呼救按钮，紧急情况下可一键求助。

(6)根据实时的人流特征，动态调整男女厕位分配比例，解决女性如厕排长队的难题。

这样的智能卫生间并非梦想，借助物联网、人工智能、传感器技术就可以实现。下面将带读者实现这样一个智能卫生间功能。

4.2　智能卫生间的整体设计

本节将深入探讨智能卫生间的硬件整体布局、软件功能与用户体验设计，分析它是如何将智能化与人性化完美融合的。

4.2.1　整体硬件布局

智能卫生间的整体硬件布局遵循人性化、智能化和高效利用空间的原则。

卫生间内部空间划分为男女厕位区和无障碍厕位区。男厕位区与女厕位区采用分区设计，中间通过隔断墙分隔，确保男厕位区女用户互不干扰。无障碍厕位区位于卫生间入口处，方便特殊人士使用。每个厕位的面积适中，并配备了安全锁，这样既保证用户使用的安全性、舒适度，又实现了空间的合理利用。图 4.1 展示了共享厕位示意图。

图 4.1　共享厕位示意图

从整体上看，智能卫生间可分为入口引导区、男厕位区、女厕位区、洗手区等功能区域。其硬件设备主要包括门锁系统、雷达人体感应器、烟雾探测器、显示屏、抽纸电机、照明灯、报警灯及各类控制按钮。门锁系统负责控制厕位的开关；雷达人体感应器用于检测厕位内是否有人；烟雾探测器用于保障使用安全；显示屏可直观展示厕位的使用状态及环境信息；抽纸电机与纸量检测装置确保卫生纸的持续供应；照明灯与报警灯为用户提供良好的使用环境及安全保障；各类控制按钮则便于用户进行操作。这些设备共同构成了智能卫生间的硬件基础，实时监测并控制厕位的使用状态及环境参数。

具体来说，厕位门采用智能感应锁，用户可通过手机 APP 或语音指令进行开锁和上锁操作。门锁具备自动感应功能，当用户进入厕位后会自动上锁，确保使用安全。厕位内配备智能马桶，周围预留充足空间，避免用户感到局促。靠近门口的角落放置感应式垃圾桶，采用自动开盖设计，方便卫生。无障碍厕位区周围安装扶手，并设置紧急按钮，以应对突发状况。卫生纸架采用自动补纸设计，当纸张不足时，系统会自动提醒工作人员补充。同时，系统实时监测烟雾浓度与使用时长，便于及时发现紧急情况并进行管理。靠近门口的位置安装感应式水龙头与洗手台。

这些硬件设备通过星闪网关与物联网平台连接。星闪网关采用星闪协议与设备通信，收集数据并传输至物联网平台。同时，星闪网关与鸿蒙模组通过 UDP 协议进行通信，实现数据的高效处理和传输。星闪模块安装在每个厕位的顶部隐蔽位置，用于无线控制与数据传输。模块外观小巧，与卫生间整体风格协调一致。语音控制设备安装在洗手区及厕位内，用户可通过语音指令结合 DeepSeek 系统进行多种操作，如调节灯光亮度、开关锁等。

物联网平台负责接收并处理来自硬件设备的数据，为管理人员提供实时监控和远程管理功能。平台服务器则为物联网平台提供计算和存储支持，确保系统稳定运行。同时，用户端的 OpenHarmony APP 通过与星闪网关通信，实现与智能卫生间的实时交互。

智能卫生间项目的整体架构如图 4.2 所示。

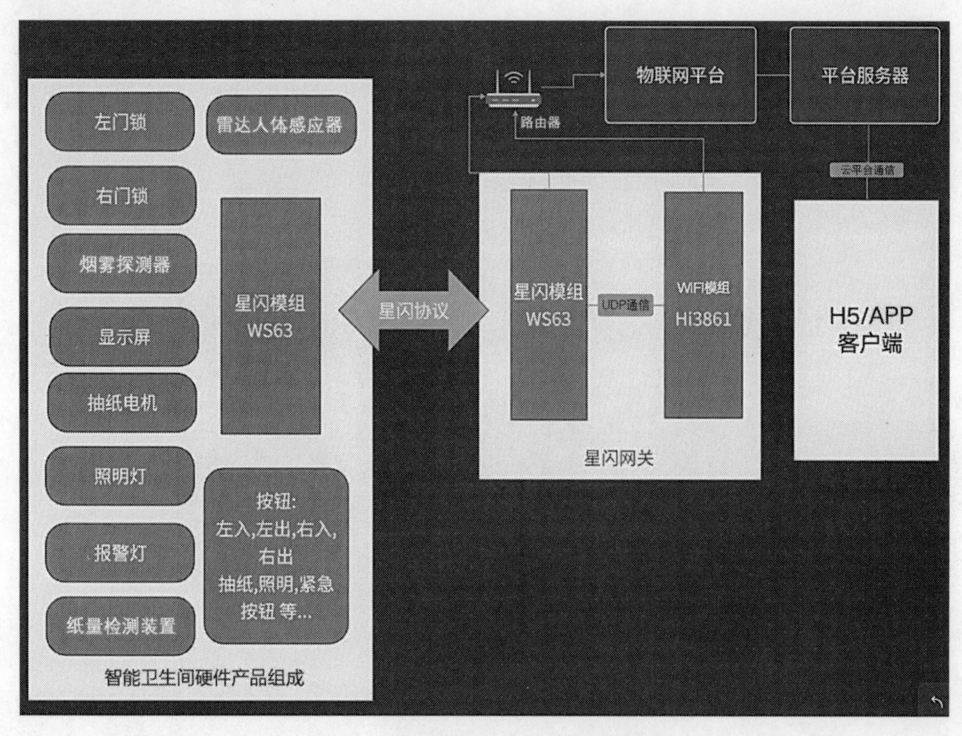

图 4.2　智能卫生间的项目整体架构

4.2.2　软件功能与用户体验设计

1. 软件界面设计

智能卫生间 APP 分为用户模式和管理模式，整体界面采用卡片式布局，信息分类展示，清晰直观，操作简便。整体色调以蓝白色系为主，营造出简洁、清新的视觉效果。

公厕名称采用较大字号显示，突出重点信息，便于用户快速浏览。距离信息以蓝色字体显示，与整体色调形成对比，增强辨识度。男女厕位数量通过图标展示，图标颜色分别为蓝色和粉色，直观明了。同时，使用绿色和红色作为醒目标识，实时提示卫生间使用情况，简洁明了。搜索框采用圆形设计，边框为浅灰色，与整体风格协调一致。

2. 用户引导设计

智慧公厕引导系统可帮助用户快速找到空闲厕位，减少排队时间。软件通过直观的图形和文字显示男女厕位的空余情况、预计等待时间等信息，并以红、绿颜色实时标识厕位使用状态：红色表示使用中，绿色表示空闲。用户进入卫生间时，可一目了然地了解可用厕位。若厕位紧张，系统会提示预计等待时间，并推荐附近其他公厕。用户可通过手机 APP 查看附近公厕的空闲蹲位数量，选择相对空闲的公厕，避免排队，提高公厕利用率。

在智能卫生间的管理决策中，DeepSeek 技术为环境人流量分析、厕位比例优化以及排队时间预测提供了有力支持。AI 大模型能够精准预测不同时间段、不同区域的人流量，为男女厕位比例提供科学合理的决策依据。例如，在商场、写字楼等女性用户较多的场所，AI 大模型会建议增加女厕位比例，缓解女性用户排队问题。

3. 使用设计

智能卫生间在用户使用过程中提供了多种智能化功能，可显著提升了用户体验。

首先，用户进入厕位后，可以通过语音指令或手机 APP 便捷地调节环境参数，如灯光亮度和温度等，以满足个人需求。例如，用户如果感到光线过暗或过亮时，只需说“开灯”或“关灯”，系统便会迅速响应并调整灯光亮度。用户如果遇到设备故障或环境不适等问题，可以通过语音反馈，系统会及时响应并提供解决方案，确保用户体验不受影响。

智能卫生间还具备智能厕位调配功能，能够根据实时使用情况动态调整男女厕位的比例，有效缓解女性用户排队问题。该功能通过系统实时监测厕位使用状态，并结合 AI 分析，当某一性别的厕位需求增加时，系统会自动将部分闲置厕位分配给需求较大的一方，实现资源的动态调配。

系统采用基于位置服务（LBS）的流量智能算法，能够根据不同时间段（如工作日、周末、节假日、跨年活动等）的人流量，自动调整厕位使用策略。例如，在女性用户使用高峰期，系统会自动增加女厕位数量，以减少女性用户的等待时间。这种智能调配方式不仅提高了卫生间使用效率，还体现了对不同用户需求的关注和尊重。

此外，智能卫生间通过厕位引导系统自动显示厕位空闲状态，帮助用户快速找到可用位置，节省时间并减少因等待而产生的尴尬。环境监测系统实时监测空气中的异味气体、温度和湿度，自动调节空气清新系统和新风系统，为用户提供舒适的环境体验。

客流统计子系统能够实时记录和分析公厕的客流量、进出人数及区域使用情况等信息。这些数据不仅有助于管理人员合理安排资源、提升服务效率，还能为城市规划和公共设施布局提供科学依据。

4.3　软硬件的适配

在智能卫生间项目中，软硬件适配是确保系统稳定运行、功能高效发挥、提供良好用户体验的关键环节和基础保障。合理的硬件设备选型与布局、软件系统设计、软硬件协同工作以及系统集成与定制，可确保系统在复杂环境下稳定运行，避免因兼容性问题导致的系统崩溃或功能失效。此外，软硬件适配还能够为用户提供流畅、便捷的操作体验，使用户深刻感受到科技带来的便利和舒适。

4.3.1 项目需求概述

经过分析后，我们需要提供的服务包括软件功能示意图和硬件功能示意图，分别如图 4.3 和图 4.4 所示。

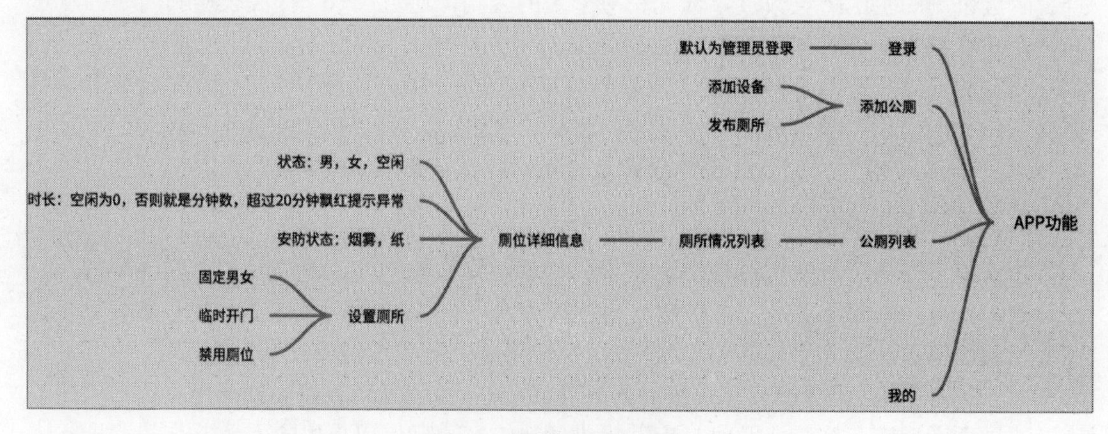

图 4.3 软件功能示意图

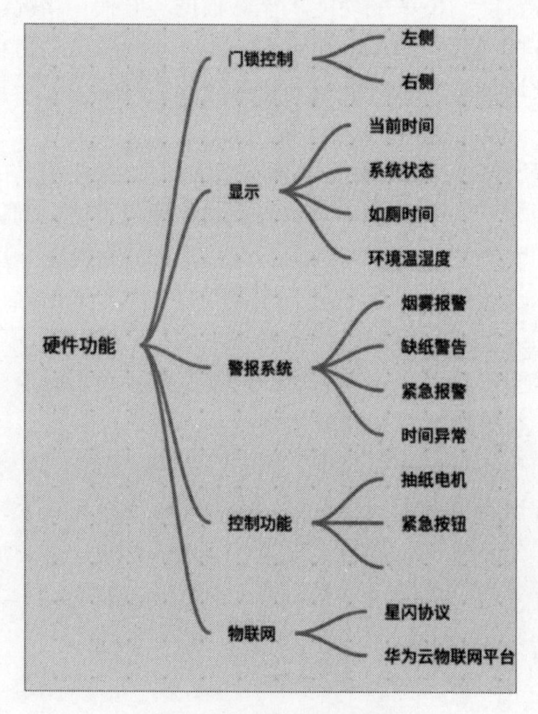

图 4.4 硬件功能示意图

1. 精准定位，高效如厕

引导卫生间路线是智能卫生间项目的核心功能之一，其目标是让用户能够快速、准确地找到可用厕位，避免排队等待或逐个敲门询问的尴尬。通过在卫生间各个厕位门上安装门锁传感器，智能厕位锁能够实时检测厕位是否被占用，并将占用状态实时显示在应用程序上。这种直观的显示方式，让用户在进入卫生间时就能一目了然地知道哪些厕位是可用的，从而直接前往空闲厕位，节省了寻找厕位的时间和精力。

此外，雷达人体感应器安装在卫生间门口，用于统计进出卫生间的客流量。管理人员可以根据客流情况，及时通知保洁人员前往打扫，合理安排保洁任务。通过实时监测人流量，管理人员能够提前预判卫生间的使用高峰，合理调配保洁人员，确保卫生间在高流量时段也能保持清洁卫生，为用户提供良好的使用环境。

2. 远程监控，智能维护

设备管理是智能卫生间项目的另一重要功能，旨在方便管理人员进行高效管理。通过开发管理端软件，管理人员可以远程查看设备状态，远程设置设备工作参数。系统具备设备告警管理功能，能够及时接收告警信息，通知运营人员对设备进行维护。这种远程监控和智能维护的方式，大大提高了管理效率，降低了设备故障率，确保了卫生间的正常运行。

管理人员可以通过管理端软件实时监控智能卫生间内的各种设备状态，如厕位锁的使用情况、传感器的数据、如厕人流分析等。软件会以直观的数据形式展示设备的状态，管理人员可以随时了解设备的运行情况，及时发现和处理设备故障。同时，管理人员还可以通过软件远程控制智能卫生间内的设备，如开关厕位锁、调节照明灯亮度、控制抽纸电机等。在设备出现故障或需要维护时，管理人员可以远程操作设备，减少现场维护的时间和成本，提高管理效率。

此外，系统还会对设备的运行数据进行分析，预测设备的维护周期和更换时间，帮助管理人员提前做好维护计划，避免设备突发故障对卫生间正常使用的影响。通过智能化的设备管理，管理人员能够更加高效地管理卫生间，确保设备的稳定运行，为用户提供持续、优质的服务。

3. 智能分析，科学决策

数据可视化是智能卫生间项目的关键功能之一，旨在帮助管理人员直观了解卫生间运行情况，为商业决策提供数据支持。系统提供设备状态报表、耗材消耗情况报表、人流统计报表等多种数据报表。通过数据可视化技术，系统将复杂的数据转化为直观的报表，使管理人员能够迅速掌握卫生间的运行状况。

例如，通过 DeepSeek 分析人流数据，管理人员可以了解卫生间使用高峰期和低谷期，为合理安排保洁任务提供依据。在高峰期，可以增加保洁人员的投入，确保卫生间的清洁卫生；在低谷期，可以适当减少保洁人员，降低运营成本。同时，管理人员还可以通过数据分析，了解用户的使用习惯和偏好，为优化卫生间布局和提升服务质量提供参考。

此外，系统还可以对设备的运行数据进行智能分析，帮助管理人员根据实际情况动态调整男女厕位比例，缓解女性如厕排队问题。通过数据可视化和智能分析，管理人员能够更加科学地进行决策，提高管理效率，降低运营成本，为用户提供更加优质的服务。

4. 无缝对接，智能服务

智能卫生间项目的成功实施，离不开软硬件的协同工作。硬件设备通过无线物联网技术、云服务和人工智能技术采集数据并将其传输至后台云平台。后台云平台对采集到的数据进行处理和分析，生成统计信息。例如，通过分析人流数据，系统可以识别卫生间使用的高峰期和低谷期，为管理人员合理安排保洁任务提供依据。

软件系统根据硬件设备采集的数据，为用户提供实时的卫生间使用信息。用户可以通过应用程序查看附近公厕的空闲厕位数量和位置，从而选择合适的公厕。同时，软件系统还为管理人员提供了远程管理功能，使他们能够远程查看设备状态、设置设备工作参数，并及时接收告警信息以进行维护。

通过软硬件的协同工作，智能卫生间项目实现了智能化的服务和管理。用户能够享受到便捷、高效的如厕体验，管理人员也能够进行高效、科学的管理。这种无缝对接的软硬件协同工作模式，为智能卫生间项目的成功实施提供了有力保障。

4.3.2 硬件设备选型与布局

1. 智能厕位锁

选用高灵敏度、高准确性的智能厕位锁，能够实时检测厕位的使用状态，并通过无线传输技术将数据发送至管理平台。当用户将门反锁时，门锁显示红色，表示“有人”，软件上同步显示该厕位为“占用”状态；当门锁打开时，显示绿色，表示“无人”，这种直观的显示方式让用户在进入卫生间时就能快速了解可用厕位，并通过软件实时查看厕位状态，提升如厕效率和出行体验。

2. 雷达人体感应器

雷达人体感应器具有极高的灵敏度，能够快速感知人体移动并及时做出响应。适用于人员流动较大的场所，如大型公共卫生间或繁忙的商场。其高灵敏度特性可有效监测人群动态，同时具备节能环保设计，适合长时间运行，降低运营成本。在智慧公厕中，低功耗设计能够有效减少能源消耗，符合环保要求。

3. 星闪模组

星闪模组 WS63 具备低功耗、高可靠性和高安全性等特点，能够实现智能卫生间内各硬件设备之间的高效通信。通过星闪协议与智能厕位锁等设备连接，将采集到的数据传输至星闪网关，再由网关传输至物联网平台和服务器，为软件系统提供数据支持。

4. 鸿蒙模组

选用鸿蒙模组 Hi3861 作为核心控制模块。Hi3861 具有强大的处理能力和丰富的接口资源，能够对智能卫生间内的硬件设备进行集中控制和管理。它与星闪模组 WS63 通过 UDP 通信，接收来自星闪网关的数据，并根据预设的算法和逻辑进行处理，实现对硬件设备的智能控制和优化。这也是项目高度国产化的标志之一。

5. 抽纸电机

选用低噪声、高可靠性的抽纸电机，用于控制卫生纸的抽取。其低噪声特性能够减少干扰，提供安静的使用环境，同时确保卫生纸的稳定供应，满足用户需求。

6. 照明灯

LED 照明灯具有高亮度、低功耗、长寿命等优点，能够为卫生间提供充足照明。它还具有良好的抗潮湿性能，适应卫生间潮湿的环境，确保长期稳定运行。

7. 报警灯

报警灯用于在紧急情况下发出报警信号，其高亮度和高可见度确保在不同的环境条件下都能清晰可见，提醒管理人员和用户及时采取措施。

8. 纸巾检测装置

在纸巾盒上加装红外检测装置，当纸巾数量减少时，红外线将无法被阻挡。通过检测红外线是否被阻挡，可获取纸巾余量信息（原理见图 4.5），并将数据上传至云端，提醒管理人员及时补充纸巾。

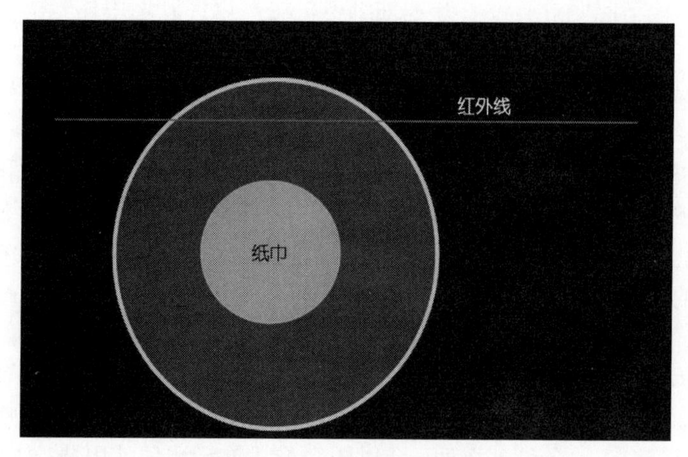

图 4.5 纸巾测量工作原理

9. 多类型按钮

选用多功能、易操作的按钮，如左入、左出、右入、右出、抽纸、照明、紧急按钮等，以满足用户在使用过程中的多样化需求，如控制厕位门的开关、抽取纸巾、调节照明等。其易操作性使用户能够快速上手，提升使用体验。

4.3.3 软件系统设计

软件系统设计流程如图 4.6 所示。

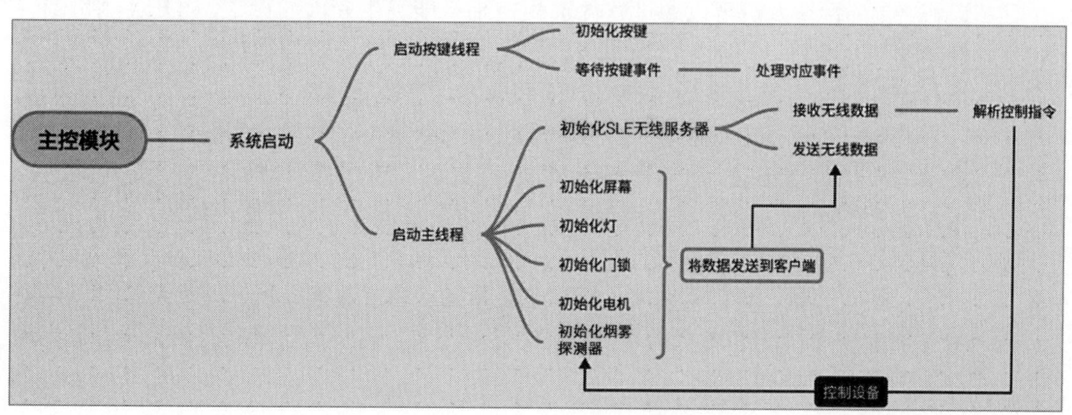

图 4.6 软件系统设计流程

1. 用户端软件

1）功能模块

☑ 寻找公厕：用户可以通过手机 APP，根据当前位置或指定地点，快速查找附近的智能卫生间。软件会显示卫生间的位置、距离、空余厕位数量等信息，帮助用户选择合适的卫生间前往。

☑ 设备管理：用户可以查看智能卫生间内的设备状态，如厕位使用情况、环境参数（温湿度、空气质量等）、卫生纸剩余量等。通过软件，用户还可以远程控制部分设备，如调节照明灯亮度、开关抽纸电机等，以提升使用体验。

2）界面设计

☑ 简洁直观：软件界面采用简洁直观的设计风格，以白色、浅灰色等浅色调为主，搭配蓝色、绿色等鲜艳颜色作为点缀，营造出清新、舒适的视觉效果。界面布局合理，功能模块清晰，用户可以轻松找到所需的功能，无须复杂的操作和学习成本。

☑ 图标与按钮：软件中的图标和按钮设计简洁明了，符合用户操作习惯。例如，寻找公厕功能的图标采用地图定位图案，设备管理功能的图标采用设备图案，耗材管理功能的图标采用购物车图案等，用户可以通过图标直观了解功能含义，方便快捷地进行操作。

☑ 信息展示：软件中的信息展示采用文字和表格等形式，确保信息清晰可读。在寻找公厕页面，会以列表的形式展示附近的卫生间信息，包括名称、地址、距离、空余厕位数量等；在设备管理页面，会以图表形式展示厕位使用情况，以文字形式展示环境参数等，用户可以根据需求快速获取所需的信息。

2. 管理端软件

1）功能模块

☑ 耗材管理：管理人员可以查看卫生纸等耗材的剩余量。当耗材不足时，软件显示余量不足，提醒管理人员及时补充。

☑ 设备监测：管理人员可以通过管理端软件实时监控智能卫生间内的设备状态，如厕位锁使用情况以及传感器数据。软件会以直观数据形式展示设备状态，管理人员可以随时了解设备运行情况，及时发现和处理设备故障。

☑ 远程控制：管理人员可以通过软件远程控制智能卫生间内的设备，如开关厕位锁、调节照明灯亮度、控制抽纸电机等。在设备出现故障或需要维护时，管理人员可以远程操作设备，减少现场维护的时间和成本，提高管理效率。

☑ 告警管理：当设备出现故障、烟雾浓度超标或纸量不足等异常情况时，管理端软件会及时发出告警信息，通知管理人员。管理人员可以根据告警信息快速定位问题，采取相应的措施进行处理，确保智能卫生间正常运行和用户使用体验。

☑ 数据统计与分析：管理端软件可以对智能卫生间内的各种数据进行统计和 AI 智能分析，如人流量、厕位使用率、耗材消耗量等。通过数据分析，管理人员可以了解卫生间的使用情况和用户需求，为优化设备配置、调整运营策略提供依据，提高管理决策的科学性和准确性。

2）界面设计

☑ 专业高效：管理端软件界面采用专业高效的设计风格，以蓝白色系为主，搭配明亮的颜色作为强调，营造出稳重、专业的视觉效果。界面布局合理，功能模块清晰，管理人员可以快速找到所需的功能，进行高效的管理和操作。

☑ 数据展示：软件中的信息展示主要采用图表和数据的形式，确保信息的准确性和直观性。例如，在设备监控页面，会以图表形式展示设备的状态数据，如厕位锁是否使用。管理人员可以根据数据快速了解卫生间的运行情况，做出科学的管理决策。

☑ 操作便捷：软件中的操作按钮和功能入口设计简洁明了，方便管理人员进行操作。在远程控制页面，管理人员可以通过简单的单击按钮来控制设备的开关和调节参数；在告警管理页面，管理人员可以快速查看告警信息的详情，一键跳转到相关设备的控制页面进行处理，提高管理效率。

4.3.4 软硬件协同工作

1. 数据采集与传输

1）硬件设备数据采集

智能厕位锁、雷达人体感应器、烟雾探测器等硬件设备通过内置传感器和芯片，实时采集厕位的使用状态、环境参数等数据。智能厕位锁采集门锁的开关状态，雷达人体感应器采集厕位内的人体存在信息，烟雾探测器采集烟雾浓度数据等。这些数据通过硬件设备的处理器进行初步处理和转换，形成可供传输的数字信号。

2）无线传输技术

硬件设备采集到的数据通过无线传输技术发送到物联网平台。智能厕位锁采用低功耗无线传输技术，具备穿墙功能，传输距离可达 50 米（空旷地），能够满足卫生间内不同布局的需求。无线传输技术具有稳定可靠、传输速度快、覆盖范围广等优点，确保了数据的及时传输和准确接收。

3）物联网平台接收与处理

物联网平台接收来自硬件设备的数据，并进行进一步的处理和分析。平台会对数据进行格式转换、协议解析、数据存储等操作，将数据转换为可供软件系统使用的标准格式。同时，平台还会对数据进行实时监控和预警，当数据出现异常时，及时通知管理人员进行处理，保障智能卫生间的正常运行（见图 4.7）。

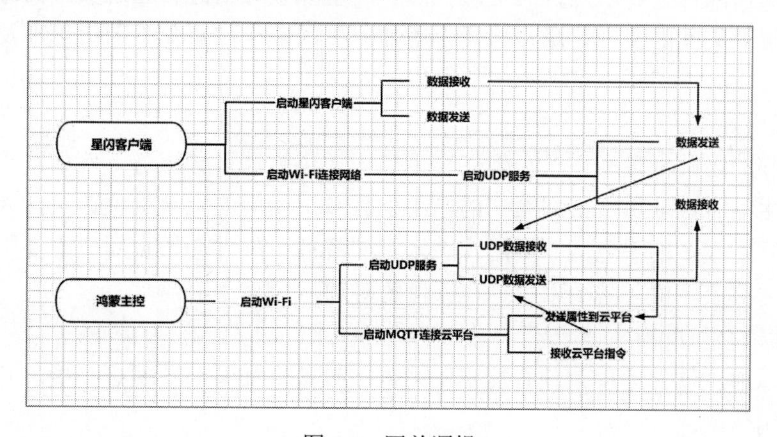

图 4.7　网关逻辑

2. 数据处理与分析

1）数据存储与管理

物联网平台将接收到的数据存储在数据库中，进行高效管理和组织。平台采用分布式存储技术，确保数据的高可用性和可靠性。同时，平台还对数据进行分类存储，如设备状态数据、环境参数数据、用户行为数据等，以便于后续的数据查询和分析。

2）数据分析与挖掘

通过对存储的数据进行分析和挖掘，可以获取有价值的信息和洞察。AI 大模型在智能卫生间管理系统中发挥着重要作用。通过对环境人流量的分析，AI 大模型可以决策出厕所男女厕位的比例，并预测人流量高峰期的排队时间。例如，在商场、写字楼等女性用户较多的场所，AI 大模型会根据人流量分析结果，建议增加女厕位的比例，以缓解女性用户排队的问题。同时，AI 大模型还可以根据人流量和厕位使用情况，预测排队时间，为用户提供更准确的预计等待时间信息。通过对管理模式的优化，可以提高厕所资源的利用效率，为用户提供更加便捷、舒适的使用体验。

通过 DeepSeek-R1 大模型分析人流量数据，可以识别卫生间的使用高峰期和低谷期，为管理人员合理安排保洁任务提供依据；通过分析厕位使用率数据，可以评估卫生间的资源利用情况，为优化厕位布局和数量提供参考；通过分析用户行为数据，可以了解用户的使用习惯和需求，为提升用户体验和服务质量提供方向。

3）数据可视化

为了方便管理人员和用户直观地了解数据信息，软件系统将数据以可视化的形式展示出来。在管理端软件中，通过表格数据展示人流量趋势、厕位使用率分布、耗材消耗情况等数据；在用户端软件中，通过地图和列表的形式展示附近卫生间的空余厕位数量、距离等信息。数据可视化能够帮助用户和管理人员快速获取所需的信息，做出科学的决策。

3. 用户引导与服务

1）实时信息展示

用户端软件根据物联网平台提供的数据，实时向用户展示智能卫生间的信息。例如：在寻找公厕页面，软件会显示附近卫生间的名称、地址、距离、空余厕位数量等信息；在设备管理页面，软件会显示厕位的使用状态、环境参数等信息。通过实时信息展示，用户可以随时了解卫生间的使用情况，选择合适的卫生间前往，避免了因信息不及时而导致的不便。

2）智能引导

根据用户的当前位置和需求，软件会为用户提供智能引导服务。例如：当用户需要寻找附近的卫生间时，软件会根据用户的当前位置和卫生间的空余厕位数量，为用户推荐最近的、空余厕位较多的卫生间；当用户进入卫生间后，软件会根据厕位的使用状态，为用户指引最近的空余厕位，减少用户寻找厕位的时间，提高使用效率。

3）远程控制与反馈

用户可以通过软件远程控制智能卫生间内的设备，如调节照明灯亮度、开关抽纸电机等，提升使用体验。

4.4　UI 设计与交互体验

软硬件的合理适配为智能卫生间的稳定运行和功能实现奠定了基础，而 UI 设计与交互体验则是直接影响用户使用感受的关键因素。

4.4.1　UI 设计

1. 整体风格

智能卫生间的 UI 设计以简洁、直观为原则。公厕位置的图标采用简洁的卫生间形状，配以醒目的颜色，方便迅速识别。空余厕位数量的显示则以直观的数字形式呈现，一目了然。色彩搭配以清新、舒适为主调，淡蓝色与白色是主要的色彩组合；在突出重要信息时，采用对比色。例如，空余厕位数量以绿色显示，紧急按钮采用醒目的红色。

2. 布局设计

智能卫生间 APP 将各种信息进行了清晰分区。公厕位置显示区位于界面上方，空余厕位显示区位于界面中部，智能调配区和语音控制区位于界面下方，整个界面清晰、有序。

公厕位置显示区是用户寻找公厕的重要入口，以地图为主要展示形式。用户通过手指缩放操作，可轻松查看不同范围内的公厕分布情况。界面还提供了搜索功能，用户输入目的地或关键字，系统会自动匹配附近的公厕，并以列表形式展示出来。每个公厕图标旁都会标注地址、距离、空余厕位数量等信息，用户单击图标即可查看。

空余厕位显示区是用户了解公厕使用情况的关键区域。以列表或图表的形式展示附近各公厕的空余厕位数量，非常直观。采用了不同的颜色或图标区分男女厕位，如男厕位的空余情况以蓝色表示，女厕位的空余情况以粉色表示。同时，厕位信息实时更新，用户能及时了解到公厕的最新使用情况。

用户只需单击语音按钮，即可开始语音指令输入。系统会实时识别用户的语音指令，并通过语音反馈告知用户设备的执行情况。当用户发出“打开厕位锁”指令时，系统会回复“厕位锁已打开”，让用户清楚地了解操作结果。

4.4.2　交互体验

1. 用户操作流程

1）公厕寻找

用户打开智能卫生间应用程序后，首先进入的是公厕位置显示区，如图 4.8 所示。在这个区域，用户可以通过地图或搜索功能查找附近的公厕。地图上直观地显示了公厕的位置，用户可以通过缩放地图来查看不同范围内的公厕分布情况。同时，用户还可以在搜索框中输入目的地或关键字，系统会自动匹配附近的公厕，并以列表的形式展示出来。用户单击公厕图标，可以查看该公厕的详细信息，如地址、距离、空余厕位数量等。这种设计不仅方便了用户快速找到公厕，也体现了智能卫生间的人性化服务理念，让用户在如厕问题上不再犯愁。

2）厕位选择

当用户到达公厕后，进入空余厕位显示区，查看当前的空余厕位情况。如图 4.9 所示，以列表或图表的形式实时更新公厕的空余厕位数量，让用户能够清楚地了解每个公厕的使用状况。对于男女厕位的空余情况，设计采用了不同的颜色或图标进行区分，用户一眼就能识别出哪个厕位是空的。用户选择一个空余厕位后，单击进入该厕位的控制界面，如图 4.10 所示，即可进行后续的操作。这种设计不仅提高了用户的使用体验，也体现了智能卫生间对细节的关注，让用户在使用过程中感受到贴心与关怀。

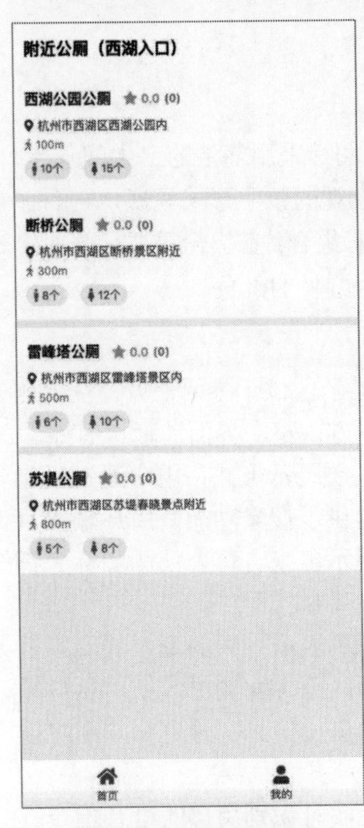

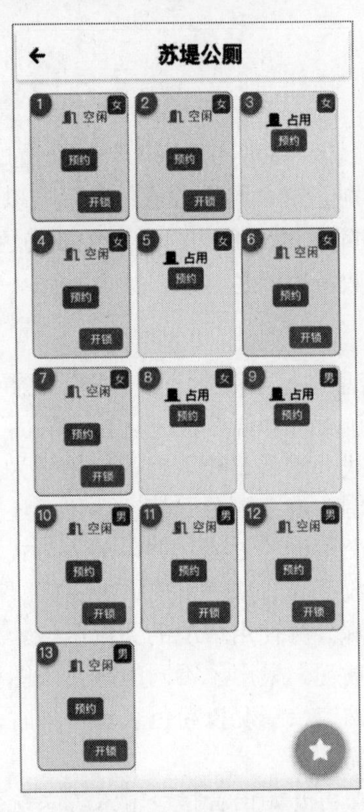

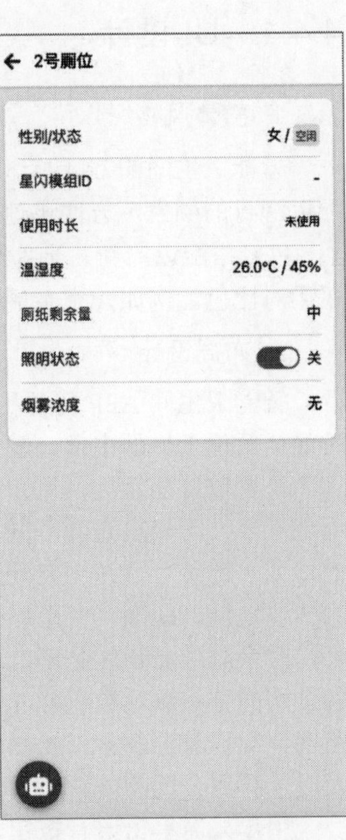

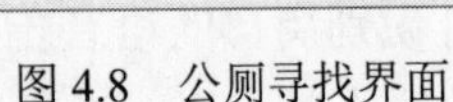

图 4.8　公厕寻找界面　　图 4.9　厕位状态界面　　图 4.10　单个厕位详细界面

3）厕位使用

当用户选择了一个空余厕位并进入该厕位的控制界面后，他们可以方便地查看和控制厕位的各种状态和功能。界面会显示厕位的详细信息，包括性别/状态、使用时长、温湿度、厕纸剩余量、照明状态和烟雾浓度等。这些信息以直观的方式呈现，让用户能够实时了解厕位的使用情况和环境参数。这些信息不仅帮助用户了解厕位的当前状态，还能提供一些额外的便利，如用户可以根据温湿度调整自己的使用体验，或者在需要时手动开启照明。

此外，界面还提供了两个主要的控制按钮："结束使用"和"呼叫帮助"。当用户完成使用后，可以单击"结束使用"按钮，系统会自动记录使用时长，并将厕位状态更新为"空闲"，以便其他用户可以使用。如果用户在使用过程中遇到任何问题或需要帮助，可以单击"呼叫帮助"按钮，系统会立即通知管理人员前来协助。用户在使用过程中可以感受到贴心与关怀，无论是实时的信息显示，还是便捷的控制功能，都让用户在使用智能卫生间时更加舒适和安心。

2. 交互反馈

1）语音反馈

在语音控制过程中，系统会通过语音反馈来告知用户设备的执行情况。例如，当用户发出“打开厕位锁”的指令时，系统会回复“厕位锁已打开”，让用户清楚地了解操作结果。这种语音反馈不仅方便了用户的操作，也体现了智能卫生间对科技的运用，让用户在使用过程中感受到科技带来的便利与快捷。厕位使用界面如图 4.11 所示。

2）错误提示

如果用户操作出现错误，系统会提供明确的错误提示信息。例如，当用户输入错误的指令时，系统会提示“指令错误，请重新输入”，并提供正确的操作建议。这种错误提示不仅帮助用户及时纠正错误，也体现了智能卫生间的人性化服务理念，让用户在使用过程中感受到贴心与关怀。智能语音界面如图 4.12 所示。

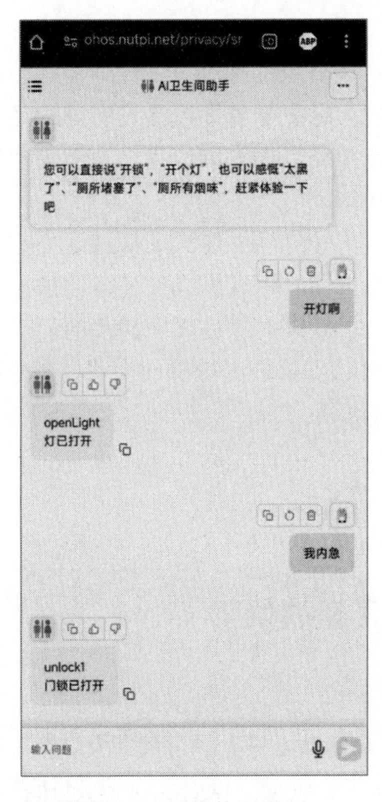

图 4.11　厕位使用界面

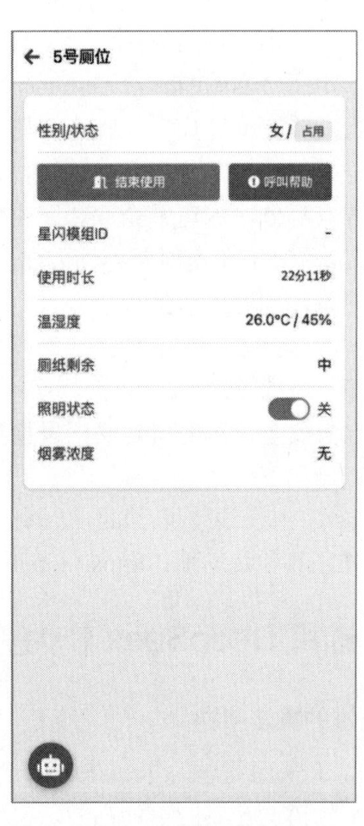

图 4.12　智能语音界面

3. 无障碍设计

为了方便残障人士使用，智能卫生间 APP 还提供了语音控制功能。用户可以通过语音指令来完成所有操作，无须手动输入。

4.5 基于 DeepSeek 的 fastgpt.ai 底座

本节介绍一款基于 LLM 的前沿知识库问答系统——FastGPT。我们来看看它能为智能卫生间带来哪些突破。

4.5.1 认识 FastGPT

FastGPT 在 NLP（自然语言处理）领域有着独特的优势。它聚焦于高效处理自然语言任务，深度融合 RAG（检索增强生成）技术，实现精准信息检索与生成，为企业及开发者构建智能应用提供了强大的支持。

FastGPT 的核心能力在于巧妙地将大语言模型与知识库相结合。在信息爆炸的时代，各企业都积累了海量的文档资源，如产品技术文档、常见问题解答等资料。这些文件中蕴含着丰富的知识和信息，FastGPT 能将这些文档整合到知识库中。当客户提出技术问题时，它能够快速检索相关信息，并结合大语言模型的理解和生成能力，给出清晰、准确的解答，从而显著提高技术支持的效率和质量。

Flow 模块是 FastGPT 的一大亮点，它允许用户以直观的拖曳方式设计复杂的任务流程，轻松实现数据库查询、库存管理、多轮对话等功能。这意味着即使是没有编程经验的业务人员，也能根据实际业务需求，快速搭建出满足特定场景的智能应用。这极大地拓宽了智能应用的开发群体，加速了企业智能化转型的进程。

此外，FastGPT 在模型兼容性方面表现出色。它支持集成 GPT、Claude、文心一言等多种主流大模型，同时预留接口兼容自定义向量模型。用户可根据具体任务需求、成本预算以及数据安全等因素，灵活切换底层模型。例如，在处理对精度要求极高的科研任务时，可选择性能卓越的 GPT 模型；在处理一些对数据隐私保护较为敏感的企业内部应用中，可接入符合自身安全标准的自定义向量模型。

相关链接如下：

- ☑ FastGPT 在线使用：https://tryfastgpt.ai。
- ☑ GitHub 项目地址：https://github.com/labring/FastGPT。

4.5.2 选用 DeepSeek 作为 AI 模型底座的优势

1. 先进的算法架构

DeepSeek 采用先进的 Transformer 架构，并在此基础上进行了深度优化，使其在处理长文本语境中的语义关系时更加高效。在处理长篇学术论文时，DeepSeek 能迅速抓住关键论点、论据以及复杂的逻辑结构，准确提取核心内容，帮助科研人员快速理解论文主旨。在创作长篇小说时，DeepSeek 能够根据前文设定的情节、人物性格等，连贯且自然地续写后续章节，保持故事风格的一致性和情节的连贯性。

2. 精准的中文优化

针对中文语境进行专门优化，DeepSeek 通过大量本土化数据训练，对中文的语法、词汇和文化内涵有深刻理解。在解读古诗词时，DeepSeek 能够精准把握诗词中的意象、意境以及诗人想要表达的情感，用通俗易懂的语言为读者解析。在日常对话中，无论是方言、网络热词还是文言文的引用，DeepSeek 都能自然流畅地回应，生成的中文文本毫无“翻译腔”，符合中国人的语言习惯和表达逻辑。

3. 卓越的多模态能力

DeepSeek 具备强大的多模态能力，不仅能处理文本，还能有效分析图像、音频等数据。在智能客服场景中，当用户发送包含图片的咨询，如产品外观有问题的照片，DeepSeek 能够结合文本描述和图片内容，快速准确地判断问题并提供解决方案。在视频创作领域，输入一段视频素材和文字脚本，DeepSeek 可以根据视频画面和文字要求，生成合适的旁白音频，实现多模态内容的融合创作。

4. 更低的推理成本

推理阶段，DeepSeek 的成本也较低。企业或开发者调用 DeepSeek 接口的成本仅为 OpenAI 的几十分之一。对于需要大量使用 AI 推理服务的企业，如电商平台的智能推荐、在线教育平台的智能答疑等，采用 DeepSeek 作为底座能大大降低运营成本，提高经济效益。在一些对成本敏感的中小规模应用开发中，DeepSeek 的低推理成本使其成为极具吸引力的选择，让更多开发者能够以较低的成本将 AI 技术应用到实际项目中。

5. 媲美顶尖模型的能力

在数学、代码、自然语言推理等任务测评中，DeepSeek-R1 的性能与 OpenAI 的 GPT-4 模型正式版接近。在解决复杂数学问题时，DeepSeek 能快速准确地给出解题思路和答案，在代码编写方面，无论是常见编程语言的代码生成、代码纠错，还是理解复杂的代码逻辑，DeepSeek 都能展现出专业的能力，为程序员提供高效的辅助编程工具。在自然语言推理任务中，面对需要深入理解语义、逻辑推理的问题，DeepSeek 能够分析问题本质，给出合理且准确的回答。

6. 创新的学习策略

DeepSeek 采用强化学习策略，能够从海量数据中学习逻辑与因果关系，实现“思考式”推理，而不是传统的“猜字谜式”语言生成方法。在处理决策类问题时，DeepSeek 能够综合考虑多种因素，权衡利弊后给出最优决策建议。在智能投资场景中，DeepSeek 可以分析市场数据、行业动态、企业财务状况等多方面信息，为投资者提供合理的投资组合建议，并通过不断学习市场变化和投资结果反馈，持续优化投资策略。

7. 完全开源的特性

DeepSeek 的模型权重和技术报告完全开源，采用 MIT 许可协议，支持免费商用、任意修改和衍生开发。这为全球开发者提供了广阔的创新空间，使他们能够基于 DeepSeek 进行二次开发，根据不同的应用场景和需求，定制化开发出更具针对性的 AI 应用。

4.5.3 使用 FastGPT 创建第一个 AI 对话应用

1. 进入 FastGPT 工作台首页

用户打开 FastGPT 的网页界面（见图 4.13）后，首先看到的是简洁明了的工作台首页。顶部导航栏包含“全部”“简易应用”“工作流”“插件”“模板市场”等选项，方便用户快速定位所需功能。“新建”按钮位于右上角，引导用户开启创建 AI 应用的第一步。

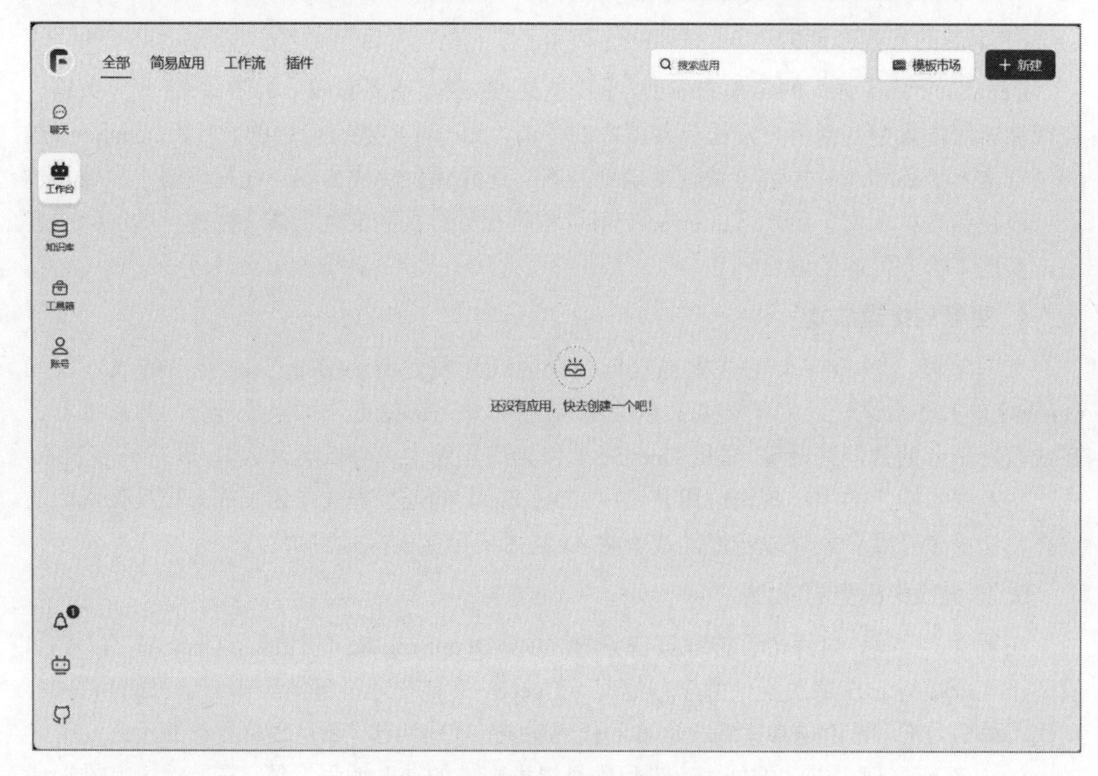

图 4.13　进入 FastGPT 工作台首页

2. 新建项目

单击“新建”按钮后，将显示多种创建应用的方式，如图 4.14 所示。

☑ 简易应用：适合新手入门，通过填表单的形式创建应用，简单易用。用户只需按照提示填写基本信息，即可搭建一个简单的 AI 应用。

☑ 工作流：面向有更高需求的用户，采用低代码方式构建逻辑复杂的多轮对话和 AI 应用，满足多样化的业务场景需求。

☑ 插件：允许用户自定义输入、输出工作流，常用于封装重复使用的工作流，提高开发效率。

☑ HTTP 插件：通过 OpenAPI Schema 批量创建插件，兼容 GPTs 格式，为应用提供了丰富的扩展可能性。

☑ 导入 JSON 配置：通过 JSON 配置文件创建应用，适用于有成熟配置方案的用户。

3. 新建第一个简易应用

选择“简易应用”命令，在图 4.15 所示的对话框中设置应用的名字。该名字不仅要便于记忆，还要能准确反映应用的功能或用途。这里的相关设置之后也可以进行修改。

随后，用户可以看到图 4.16 所示的创建页面，该页面分为三个主要部分：应用配置、发布渠道和对话日志。在应用配置部分的编辑区域，用户需要填写应用的详细介绍，包括功能、使用场景、目标用户群体等信息。这些内容对后续的应用推广和用户理解应用的价值至关重要。

图 4.14　新建项目

图 4.15　新建第一个简易应用

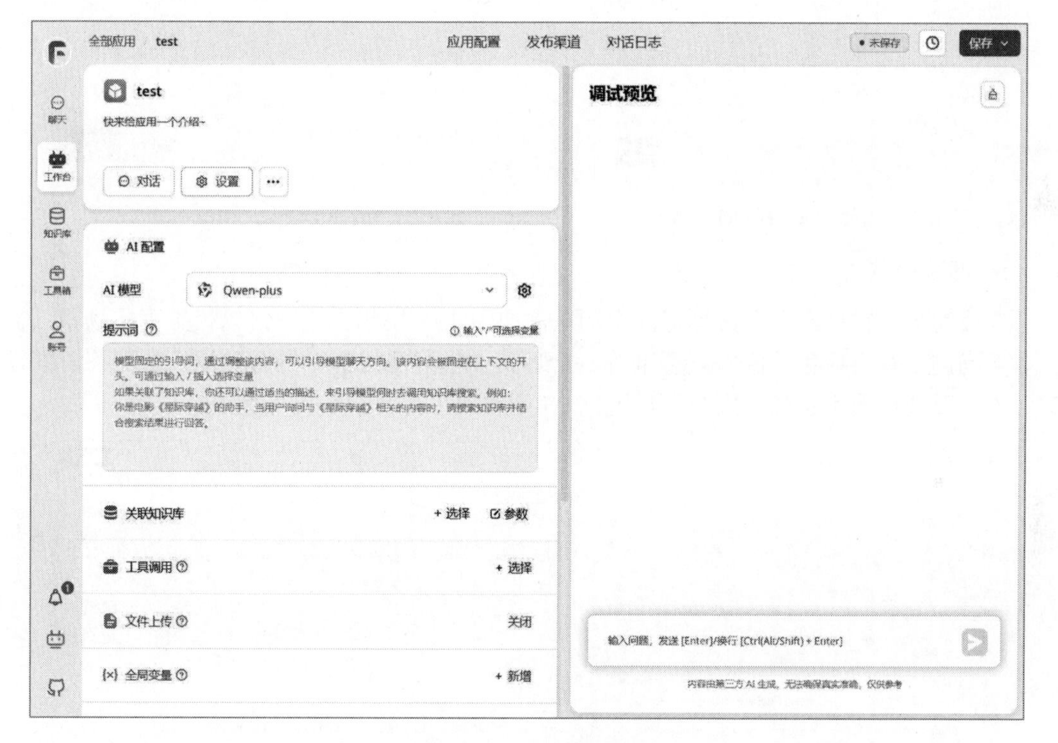

图 4.16　应用配置页面

4. AI 配置

在“AI 配置”对话框中的“AI 模型”下拉列表框中选择 Deepseek-chat，如图 4.17 所示，用户输入的内容将接入 DeepSeek，模型将根据指令生成响应。如果选择 Deepseek-reasoner，如图 4.18 所示，模型将启用深度推理功能，能够在处理复杂问题时进行更深入的逻辑分析和推理，从而提供更具深度和可行性的回答。

此外，用户还可以对模型参数进行精细化配置。其中，“最大上下文”决定了模型能够参考的历史信息长度，较大的上下文可以让模型更好地理解对话的连贯性，但也会增加计算资源的消耗；“AI 积分计费”则涉及使用成本，用户需要根据自己的预算和使用频率进行合理规划；“记忆轮数”“回复上限”“温度”“Top_p”“停止序列”等参数也会影响模型的输出效果。温度参数控制输出的随机性，较高的温度会使回答更具多样性，而较低的温度则会使回答更趋向于确定性。

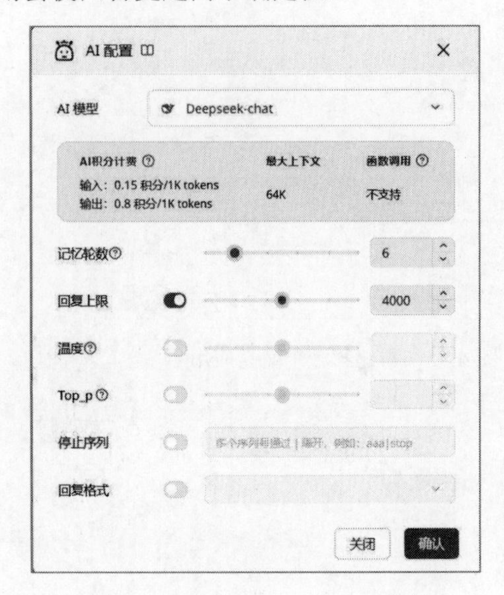

图 4.17　选择 Deepseek-chat 模型

图 4.18　选择 Deepseek-reasoner 模型

5. 调试预览与发布

完成简单配置后，在调试预览区中测试，如图 4.19 所示。用户可以模拟真实场景，输入各类问题，观察应用的回答是否准确、合理。如果发现回答不符合预期，如回答内容错误、不完整或格式不正确，用户可以返回 AI 配置或项目介绍编辑区域进行调整。

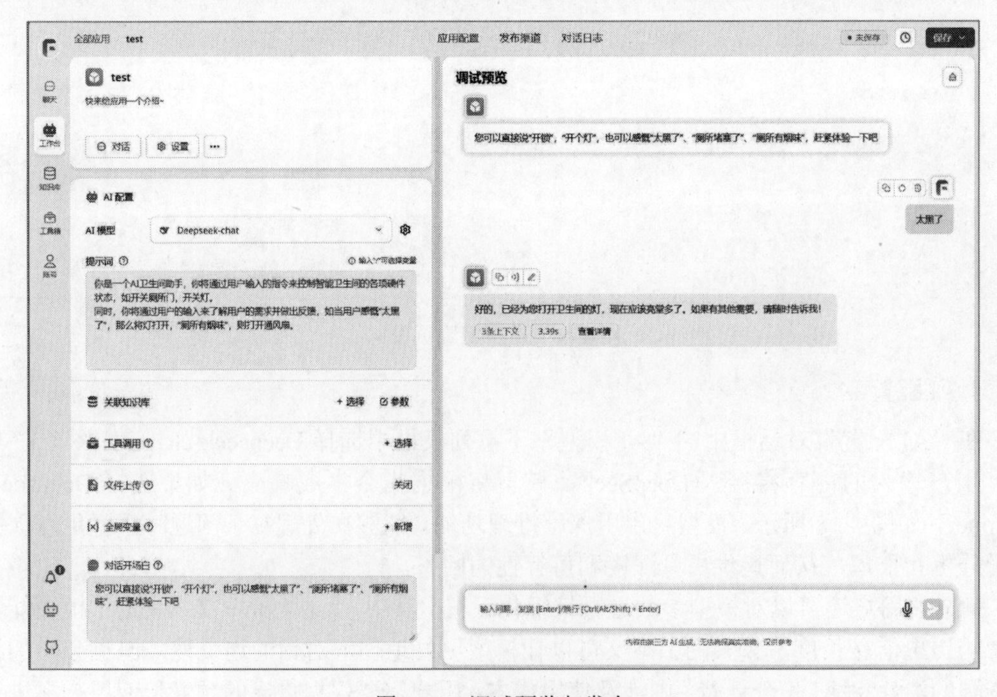

图 4.19　调试预览与发布

当测试结果符合预期后，单击右上方的“保存”按钮，最终效果如图 4.20 所示。发布后的简易 AI 对话应用可以在外部使用，用户可以通过链接或其他指定方式分享给目标用户群体，让他们体验应用的功能。在外部使用时，用户界面通常会保持简洁友好，方便普通用户进行交互，无须复杂的操作步骤即可享受 AI 带来的便捷服务。

图 4.20　最终效果展示

4.5.4　使用 FastGPT 创建工作流

1. 进入 FastGPT 工作流首页

进入工作流构建的工作台后，用户首先看到的是系统配置页面，如图 4.21 所示。在这里，用户可以对系统参数进行全面设置。

对话开场白是每次对话开始前自动发送给用户的初始内容，支持标准 Markdown 语言格式，用户可以使用丰富的 Markdown 语法来设计开场白的样式，添加图片、链接、列表等元素，使其更加生动、吸引人。用户单击后可以直接发送问题的快捷按键功能，方便快速发起常见问题的询问，提高交互效率。

此外，用户还可以对全局变量、文件上传、语音播放、语音输入、定时执行、自动执行等功能进行配置，以满足不同场景下的多样化需求。在语音播放方面，用户可以选择不同的语音类型和语速，以提供更好的用户体验；在定时执行功能中，用户可以设置应用在特定时间执行某些任务，如定期更新知识库等。

2. 添加组件

在图 4.21 所示的页面中，单击左上角的加号，将显示丰富的组件库，包括基础功能、工具箱、团队应用、AI 能力、交互等多个类别，如图 4.22 所示。

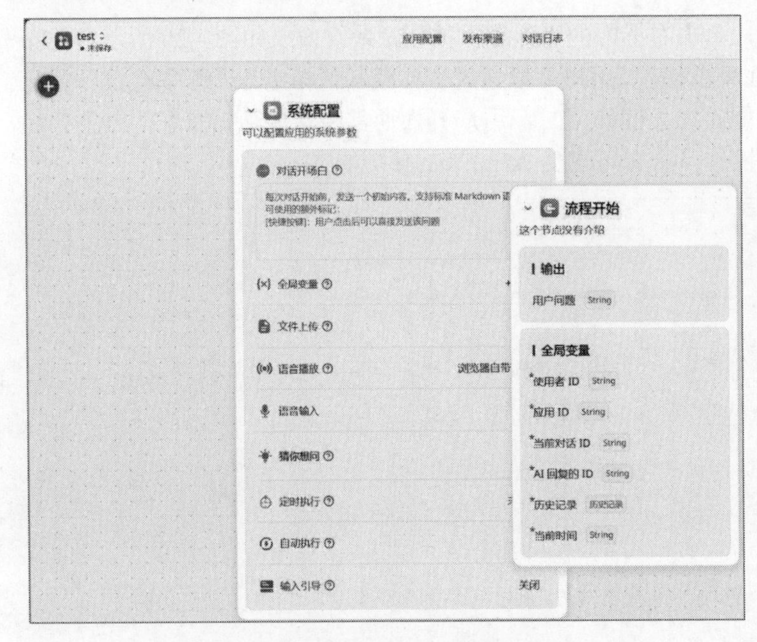

图 4.21　进入 FastGPT 工作流首页

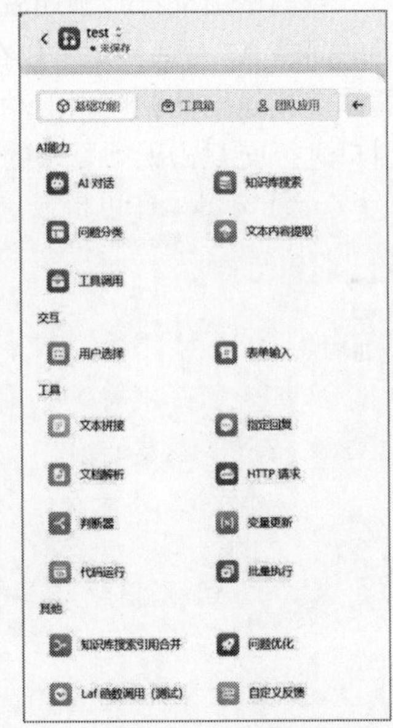

图 4.22　添加组件

FastGPT 工作流提供了以下 5 种不同的 AI 能力。

1）AI 对话

AI 对话组件可调用不同的大模型来进行回答，充分发挥不同模型的优势。例如，GPT 模型在通用知识和语言表达方面表现出色，Claude 模型在专业领域的知识处理上有独特优势，DeepSeek 模型则凭借优异的性能脱颖而出。

用户可根据实际业务场景，灵活进行选择。例如：在面向文学创作的工作流中，当用户询问关于诗歌创作的技巧时，可以选择语言风格优美、富有创造力的模型进行回答；而在处理科技类问题时，则可选择知识储备丰富的模型，以确保回答的专业性和准确性。

2）知识库搜索

知识库搜索组件会调用“语义检索”和“全文检索”能力，理解用户问题的语义含义，从预设的知识库中查找与之相关的内容。即使问题的表述与知识库中的原文不完全一致，也能够准确匹配到相关内容。

3）问题分类

问题分类组件根据用户的提问，自动判断问题类型，并引导问题进入不同的处理流程。合理设置问题分类规则和对应的处理流程，可显著提高 AI 助手的工作效率和用户满意度。

例如，在客服工作流中，用户的问题可能涉及产品咨询、技术支持、投诉建议等不同类型。问题分类组件可以快速识别问题类型，将产品咨询问题引导至产品知识库搜索和解答流程，将技术支持问题分配给专业的技术解答模块，将投诉建议问题转接到相应的处理部门，从而实现高效且准确的响应。

4）文本内容提取

文本内容提取组件能够从文本中精准提取指定的数据，如代码、关键词、SQL 语句等。

在实际应用中，这一组件具有广泛的用途。在数据分析场景中，用户可能上传大量的文本数据，需要从中提取关键的数据信息。文本内容提取组件可以根据预设规则，快速提取所需数据，实现输出内容的精简和对输入数据的有效处理。

例如：在处理技术文档时，文本内容提取组件可以提取其中的代码片段，以进行代码审查或复用；在处理市场调研报告时，该组件可以提取关键词和关键数据，为后续的分析提供支持。

5）工具调用

工具调用组件可根据用户输入自动选择一个或者多个功能块进行调用，突破了传统应用中功能调用的局限性，实现了更智能化、自动化的任务处理，从而提升了工作流的实用性和效率。

例如，在一个智能办公工作流中，当用户提出“制作一份本月销售数据报表并发送给部门经理”的要求时，工具调用组件可以自动调用数据处理工具生成报表，然后调用邮件发送工具将报表发送给指定的部门经理。

3. 创建第一个工作流并调试发布

以创建智能卫生间助手工作流为例，用户可以通过合理组合上述组件实现复杂功能。

首先，使用问题分类组件判断用户问题的类型。例如，是设备控制问题还是关于卫生状况反馈问题。对于设备控制问题，通过 AI 对话组件结合知识库搜索组件，调用相应的设备控制指令；对于卫生状况反馈问题，利用文本内容提取组件提取关键信息，再通过工具调用组件通知相关人员进行处理。

在配置过程中，用户还可以设置全局变量来传递信息，如记录用户的操作历史、设备状态等。

完成工作流创建后，单击右上方的“运行”按钮进行调试。在调试过程中，用户可以输入各种测试问题，观察工作流的执行情况，检查组件之间的协作是否顺畅以及回答是否准确合理，如图 4.23 所示。如果发现问题，可以及时调整组件的配置、参数或逻辑关系。

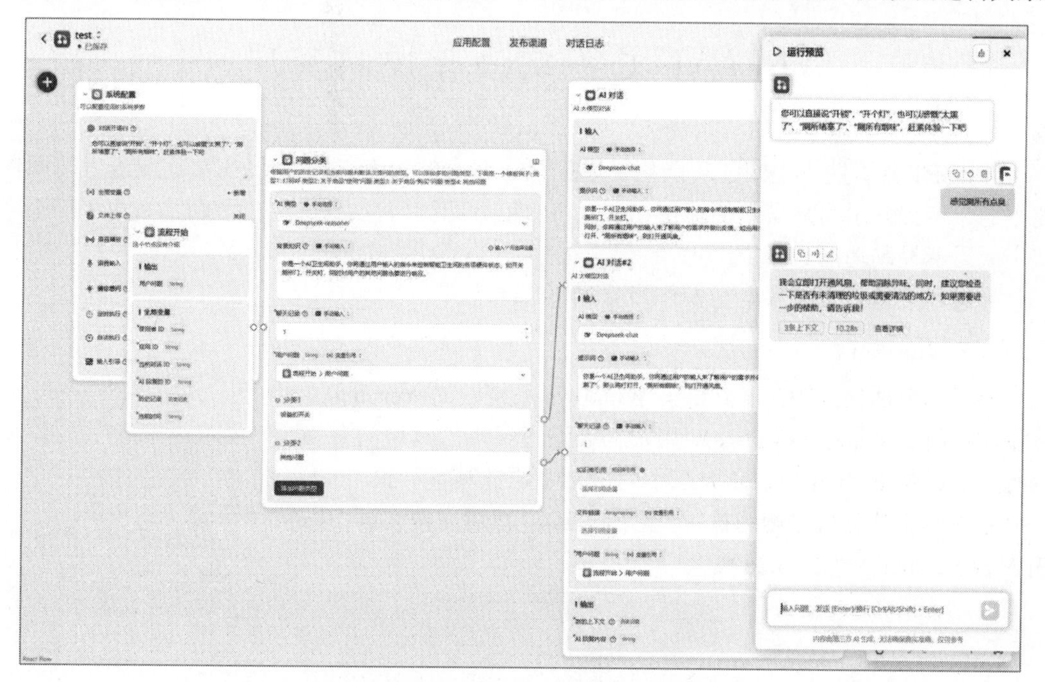

图 4.23　智能卫生间助手工作流

调试通过后，单击右上方的“保存”按钮，即可正式发布工作流。发布后的工作流可以在实际场景中应用，如图 4.24 所示。例如，在智能卫生间管理系统中，该工作流不仅能为用户提供便捷服务，还能提高卫生间的管理效率和智能化水平。

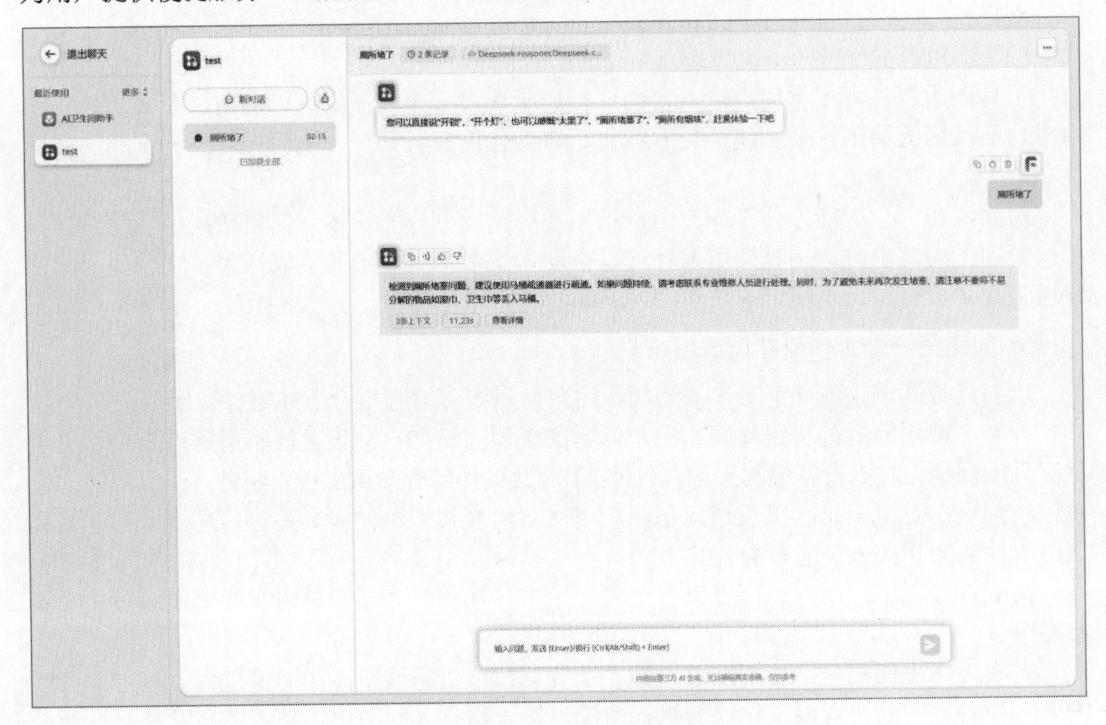

图 4.24　智能卫生间助手发布演示

4.6　AI 文字或语音控制实现

FastGPT 为智能卫生间的智能化发展提供了强大的技术支持，而 AI 文字或语音控制功能则进一步提升了用户操作便捷性。本节将详细介绍如何在智能卫生间管理系统中实现 AI 文字或语音控制功能。

检查环境是否安装齐全的操作步骤如下。

1. 打开命令行

鉴于本书面向新手，重点讲解 Windows 系统中 PowerShell 命令行工具的启动方法。其他操作系统（如 macOS/Linux），用户需要通过终端工具访问命令行界面，但 Python 基础命令在不同平台下语法基本一致。

首先单击计算机左侧的按键（见图 4.25），然后在搜索框中输入 powershell（见图 4.26）。

图 4.25　按键示意图

图 4.26　PowerShell 界面

单击应用或者直接按 Enter 键即可进入命令行界面，如图 4.27 所示。

Windows PowerShell
Windows PowerShell
版权所有 (C) Microsoft Corporation。保留所有权利。
安装最新的 PowerShell，了解新功能和改进！https://aka.ms/PSWindows
PS C:\Users\17151>

图 4.27 命令行界面

2. 检查 Python

在命令行中输入以下指令，检查 Python 环境是否安装完成。如果成功输出 Python 的版本号（见图 4.28），则表明 Python 版本已安装成功。

```
python -V
pip --version
```

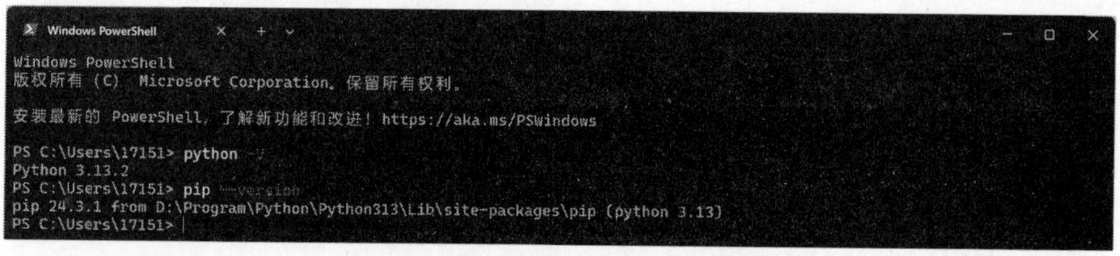
Windows PowerShell
Windows PowerShell
版权所有 (C) Microsoft Corporation。保留所有权利。
安装最新的 PowerShell，了解新功能和改进！https://aka.ms/PSWindows
PS C:\Users\17151> python -V
Python 3.13.2
PS C:\Users\17151> pip --version
pip 24.3.1 from D:\Program\Python\Python313\Lib\site-packages\pip (python 3.13)
PS C:\Users\17151>

图 4.28 成功输出 Python 的版本号

3. 构建 Ollama 服务

在浏览器中输入网址 http://localhost:11434，如果页面显示 Ollama is running，则说明 Ollama 服务已启动成功且未发生端口冲突。如果出现异常提示，则说明已发生端口冲突。

4. 使用 Python 代码启动 DeepSeek

使用 Python 代码启动 DeepSeek 的代码如下：

```
import requests
headers = {
    'Content-Type': 'application/x-www-form-urlencoded',
}
data = '{ "model": "deepseek-r1:14b", "prompt": "Why is the sky blue?" }'
response=requests.post('http://localhost:11434/api/generate', headers=headers, data=data)
```

5. 通过 Python 代码访问 Ollama

通过 Python 代码访问 Ollama 部署的本地 deepseek-r1:14b 模型，代码如下：

```
import ollama

# 通过 Python 访问 Ollama 模型，请确保证 model 中的模型已准备完毕
back = ollama.chat(model="deepseek-r1:14b",messages=[
    {
        "role": "user",
        "content": "生成一句简短的话"
        }
    ],stream = False, )
# print(back.messages[0].content)
print(back.message.content)
```

如图 4.29 所示，deepseek-r1:14b 已经可以达到比较好的大模型效果。但如果读者计算机性能不够，也可以换为更轻量的模型（可能影响模型智能控制的稳定性）。

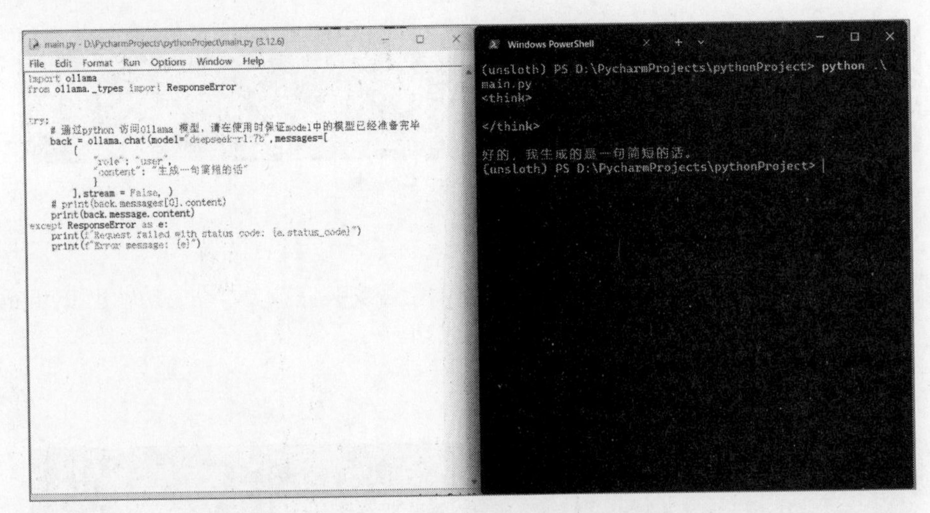

图 4.29 通过 Python 访问 Ollama

6. 构建合适自己的提示词

为了通过 DeepSeek 实现智能开关灯的功能，设置了如下提示词。

提示词：

请用简短的语言回答。你现在是一盏智能开关，当可能需要开灯的时候 或者 过暗的时候 或者 我需要起床的时候，你就说 a#a 开灯 b#b。当需要关灯的时候 或者 过亮的时候 或者 我需要睡觉的时候 或者 我需要看电影的时候 就说 a#a 关灯 b#b。当无法猜到用户指令的时候就说 a#a 异常 b#b。请严格按照格式输出。

经过验证发现，使用该提示词可实现良好的效果，如图 4.30 所示。

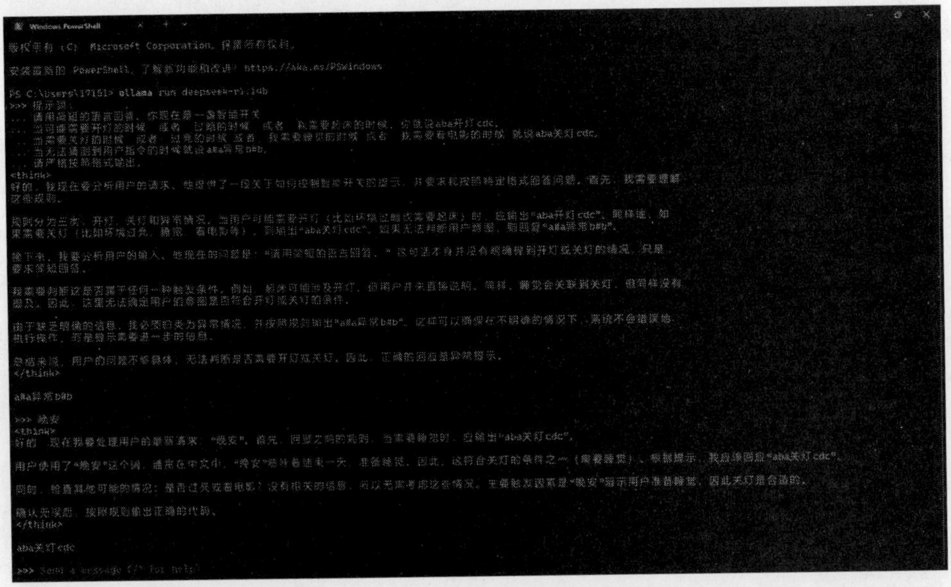

```
Windows PowerShell
版权所有（C） Microsoft Corporation。保留所有权利。

安装最新的 PowerShell，了解新功能和改进！https://aka.ms/PSWindows

PS C:\Users\17151> ollama run deepseek-r1:14b
>>> 提示词：
<think>
</think>

a#a异常b#b

>>> 晚安
<think>
</think>

aba关灯cdc

>>> Send a message (/? for help)
```

图 4.30 智能开关灯提示词效果示意图

7. 截取控制指令

下面通过截取大语言模型返回的 content 内容，提取所需的控制指令，如图 4.31 所示。

```
import re
# 获取 content 中的控制指令
def get_cmd(content):
    # 1. 用于匹配 <think></think> 删除 DeepSeek 的思考过程
    # 正则表达式模式，用于匹配 <think></think> 标签
    pattern = r'<think>.*?</think>'
    # 使用 re.sub 函数替换匹配的子字符串为空字符串
    cleaned_text = re.sub(pattern, '', content, flags=re.DOTALL)

    # 2. 截取多余控制指令
    # 正则表达式模式
    pattern = r'a#a.*?b#b'
    # 查找所有匹配的子字符串
    cmd = re.findall(pattern, cleaned_text)
    # 如果找到了匹配的子字符串
    return cmd[0]

content = '''<think>
好的，我现在要处理用户的输入：“天亮了”。首先，我得分析这句话的意思。用户提到“天亮了”，这通常意味着早晨的到来，可能需要起床或者进行日常活动。

接下来，根据规则，当用户可能需要开灯的时候，比如在早晨起床时，就应该发送“a#a 开灯 b#b”。而如果情况是关灯的情况，比如晚上睡觉或看电影，则发送关灯指令。无法猜测的情况下则返回异常信息。

这里，“天亮了”明显指向早晨，用户可能正在起床，所以需要开灯。因此，正确的回应应该是开灯的指令：“a#a 开灯 b#b”。没有迹象表明用户现在需要关灯或其他情况，所以不需要考虑其他可能性。
</think>

a#a 开灯 b#b
'''

cmd = get_cmd(content)
print(cmd)
```

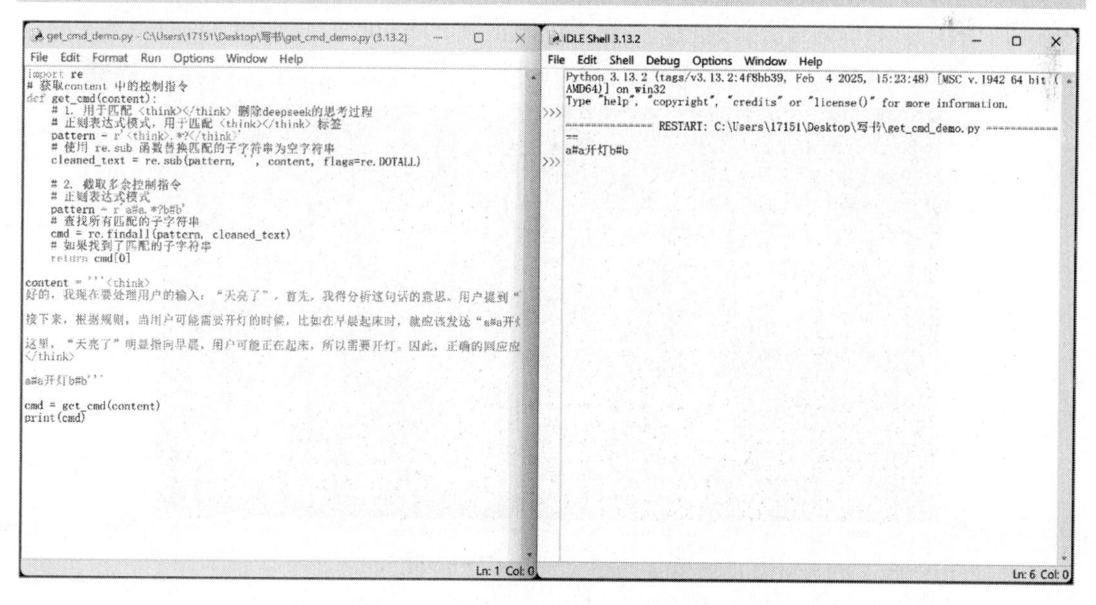

图 4.31　处理用户的输入“天亮了”

8. 本地部署 EMQX

要在本地构建一个模拟的 EMQX（简称 EMQ）服务器，可以通过 Docker 来实现。EMQX 是一款完全开源、高度可伸缩，高可用的分布式 MQTT 消息服务器，在物联网设备间的通信中得到了广泛应用。

首先，我们需要确认系统是否已安装了 Docker。若尚未安装，请前往 Docker 官方网站下载并安装与本地操作系统相匹配的 Docker 版本。

9. 拉取 MQTT 镜像

若需从 Docker 仓库中拉取最新的 EMQX 镜像，可以使用以下命令。

```
docker pull emqx/emqx:latest
```

10. 创建并运行 MQTT 容器

拉取镜像后，可以创建并运行一个 MQTT 容器。以下命令将创建一个名为 mqtt 的容器，并映射必要的端口，以便可以从外部访问 MQTT 服务。

```
docker run -d --name mqtt --privileged=true -p 1883:1883 -p 8883:8883 -p 8083:8083
-p 8084:8084 -p 8081:8081 -p 18083:18083 emqx/emqx:latest
```

以下是这些端口各自的用处。

- ☑ 1883：标准 MQTT 协议端口，用于非加密的 MQTT 连接。客户端通常通过该端口与 MQTT 代理通信。
- ☑ 8883：用于加密的 MQTT 连接，确保数据传输的安全性。
- ☑ 8083：用于非加密的 MQTT WebSocket 连接。
- ☑ 8084：用于加密的 MQTT WebSocket 连接（MQTT over WebSocket secure，WSS）。类似于 8083 端口，但提供额外的安全层。
- ☑ 8081：为特定配置或插件预留的端口，一般不使用。
- ☑ 18083：HTTP 管理界面端口，可通过浏览器访问 http://127.0.0.1:18083，查看和管理 EMQX 的运行状态、配置参数和用户权限等。

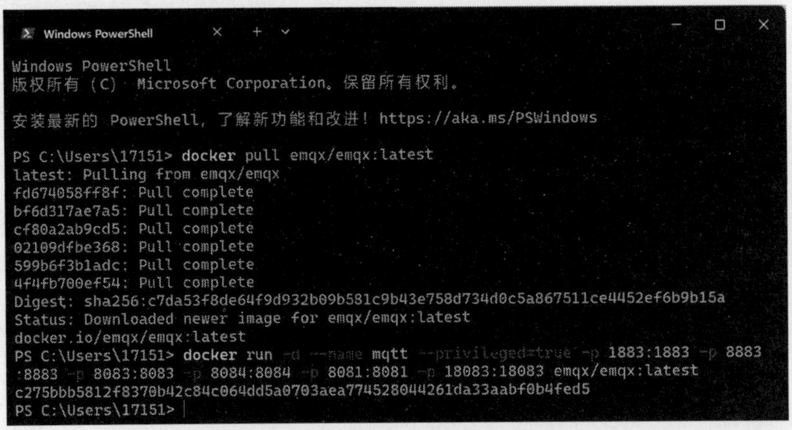

```
Windows PowerShell
版权所有 (C) Microsoft Corporation。保留所有权利。

安装最新的 PowerShell，了解新功能和改进！https://aka.ms/PSWindows

PS C:\Users\17151> docker pull emqx/emqx:latest
latest: Pulling from emqx/emqx
fd674058ff8f: Pull complete
bf6d317ae7a5: Pull complete
cf80a2ab9cd5: Pull complete
02109dfbe368: Pull complete
599b6f3b1adc: Pull complete
4f4fb700ef54: Pull complete
Digest: sha256:c7da53f8de64f9d932b09b581c9b43e758d734d0c5a867511ce4452ef6b9b15a
Status: Downloaded newer image for emqx/emqx:latest
docker.io/emqx/emqx:latest
PS C:\Users\17151> docker run -d --name mqtt --privileged=true -p 1883:1883 -p 8883
:8883 -p 8083:8083 -p 8084:8084 -p 8081:8081 -p 18083:18083 emqx/emqx:latest
c275bbb5812f8370b42c84c064dd5a0703aea774528044261da33aabf0b4fed5
PS C:\Users\17151>
```

图 4.32　从外部访问 MQTT 服务

如果一切顺利，在浏览器中输入网址 http://127.0.0.1:18083/，就可以访问本地部署的 EMQX 界面（见图 4.33）。默认的登录用户名为 admin，密码为 public。

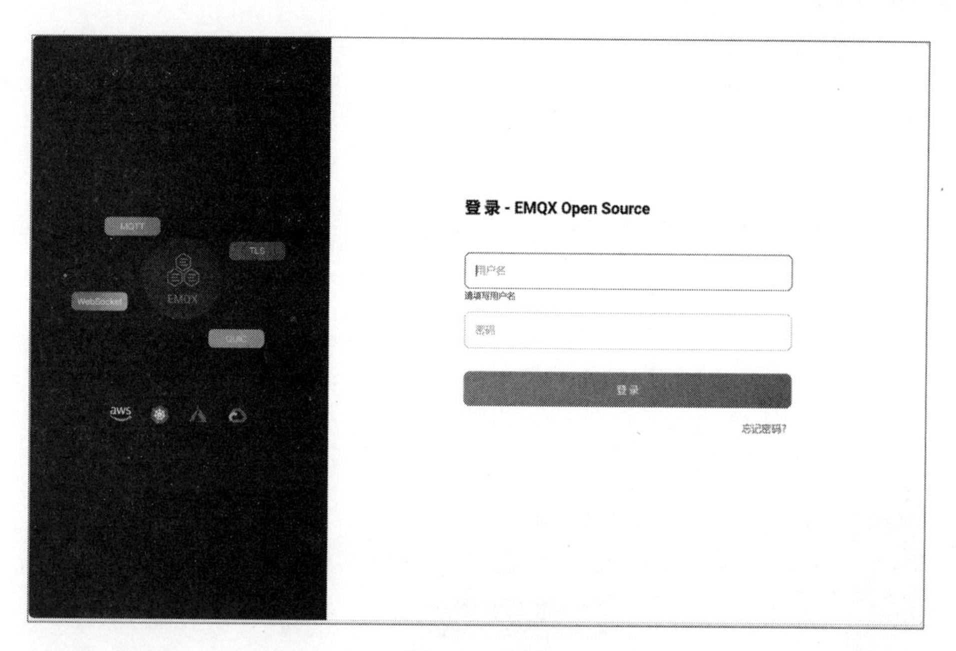

图 4.33　登录

进入“客户端认证”页面，在左边栏中单击选择“客户端认证”选项，然后单击右上角的“+创建”按钮，如图 4.34 所示。

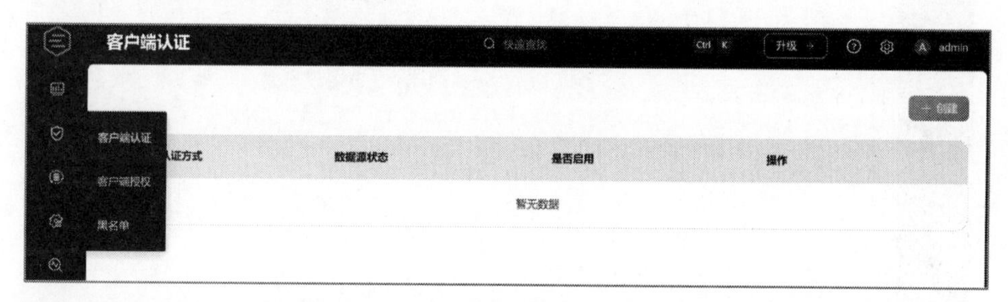

图 4.34　创建

单击“下一步”按钮，就会得到用户数据库，如图 4.35 所示。

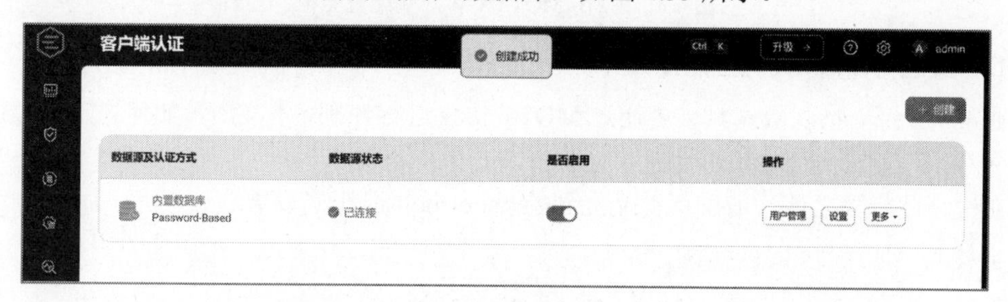

图 4.35　得到用户数据库

选择“用户管理”，添加设置的用户名和密码，如图 4.36 所示。

11. 使用 MQTTX 客户端配置验证

如果能通过验证回路，说明本地的 EMQX 服务器已配置成功。注意，此时服务器尚未部署到公网，因此只能进行本地访问。使用 MQTTX 客户端配置验证，如图 4.37 所示。

图 4.36　添加用户名密码

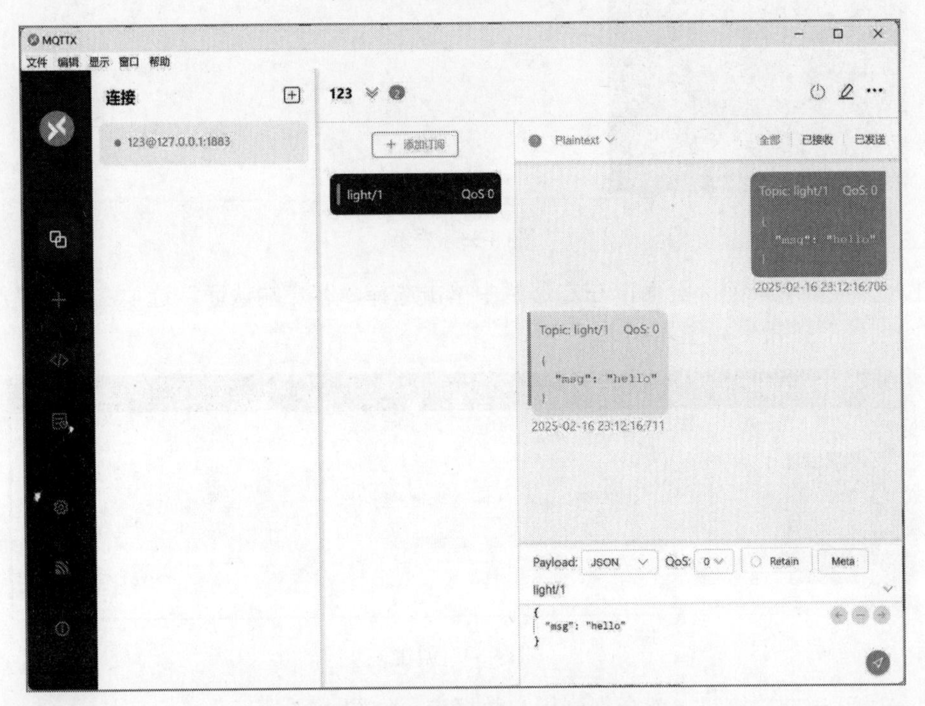

图 4.37　使用 MQTTX 客户端配置验证

12. 通过 Python 代码控制家具

通常情况下，物联网家具大多通过 MQTT 协议进行控制，本文演示如何通过 MQTT 控制物联网家具。

在进行此步骤之前，请确保前文提到的 paho-mqtt 已正确安装。

```
import paho.mqtt.client as mqtt

# MQTT Broker 的地址和端口
broker_address = "127.0.0.1"    # 替换为你的 MQTT broker 地址
broker_port = 1883              # 默认 MQTT 端口

# 创建一个新的实例
client = mqtt.Client()

# 设置用户名和密码，注意：这里需要填写自己设置的用户名和密码
```

```
client.username_pw_set(username="123", password="123")

# 定义回调函数
def on_connect(client, userdata, flags, rc):
    print(f"Connected with result code {rc}")
    # 在连接后立即发布消息
    topic = "light/1"             # 替换为你想要发布的主题
    message = "Hello MQTT"        # 消息内容
    client.publish(topic, message)
    print(f"Message '{message}' published on topic '{topic}'.")

def on_disconnect(client, userdata, rc):
    print("Disconnected from MQTT Broker")

# 绑定回调函数
client.on_connect = on_connect
client.on_disconnect = on_disconnect

# 连接到 MQTT Broker
client.connect(broker_address, broker_port)

# 启动客户端循环
client.loop_start()

# 等待一段时间以确保消息发布成功
import time
time.sleep(4)

# 断开与 Broker 的连接
client.disconnect()

# 停止客户端循环
client.loop_stop()
```

如果运行成功且配置正确，可在 MQTTX 中看见 Python 代码中编写的 message。在实际开发中，将 message 替换为灯光的控制指令，即可控制灯光，如图 4.38 所示。

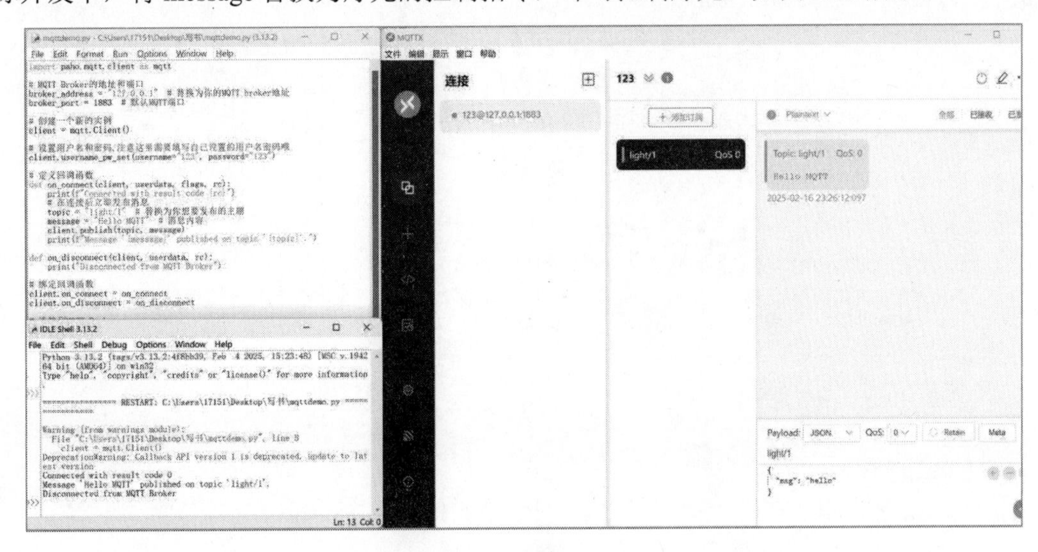

图 4.38　控制灯光

13. 整合代码

接下来需要整合所有代码，以实现通过聊天的方式控制灯光效果。最终代码如下。

```
import ollama
import re
import paho.mqtt.client as mqtt
import time

# 提示词
prompt="""
请用简短的语言回答。你现在是一盏智能开关，
当可能需要开灯的时候  或者  过暗的时候  或者  我需要起床的时候，你就说 a#a 开灯 b#b。
当需要关灯的时候  或者  过亮的时候 或者  我需要睡觉的时候 或者  我需要看电影的时候 就说 a#a 关灯
b#b。
当无法猜测到用户指令的时候就说 a#a 异常 b#b。
请严格按照格式输出。
"""

#————————————————————MQTT 部分——————————————
# MQTT Broker 的地址和端口
broker_address = "127.0.0.1"  # 替换为你的 MQTT broker 地址
broker_port = 1883  # 默认 MQTT 端口

# 创建一个新的实例
client = mqtt.Client()
# 设置用户名和密码，注意这里需要填写自己设置的用户名和密码哦
client.username_pw_set(username="123", password="123")
# 发送消息
def send_message(cmd:str):
    message = ""  # 消息内容
    # 根据控制指令生成消息
    if cmd == "a#a 开灯 b#b":
        message = "开灯指令"
    elif cmd == "a#a 关灯 b#b":
        message = "关灯指令"
    elif cmd == "a#a 异常 b#b":
        message = ""
    else:
        message = ""
    # 如果控制指令不符合规范，不发布消息
    if message == "":
        return "没有控制"

    # 在连接后立即发布消息
    topic = "light/1"  # 替换为你想要发布的主题
    client.publish(topic, message)
    print(f"消息='{message}' 主题='{topic}'.")
    return message

#————————————————————Ollama 部分——————————————————
# 获取 content 中的控制指令
def get_cmd(content):
    # 1. 用于匹配 <think></think> 删除 DeepSeek 的思考过程
    # 正则表达式模式，用于匹配 <think></think> 标签
    pattern = r'<think>.*?</think>'
```

```
    # 使用re.sub函数替换匹配的子字符串为空字符串
    cleaned_text = re.sub(pattern, '', content, flags=re.DOTALL)

    # 2. 截取多余控制指令
    # 正则表达式模式
    pattern = r'a#a.*?b#b'
    # 查找所有匹配的子字符串
    cmd = re.findall(pattern, cleaned_text)
    # 如果找到了匹配的子字符串
    return cmd[0]

def main():
    print("请输入你的指令：",end="")
    text = input()

    # 通过Python访问Ollama模型，请确保model中的模型已准备就绪
    back = ollama.chat(model="deepseek-r1:14b",messages=[
        {
            "role":"system",
            "content": prompt
        },{
            "role": "user",
            "content": text
        }],stream = False )
    # 获取回复内容
    content = back.message.content

    # 获取控制指令
    cmd = get_cmd(content)
    # 发送消息并打印返回值
    print(send_message(cmd))

# 定义回调函数
def on_connect(client, userdata, flags, rc):
    print(f"成功连接到MQTT代理，返回代码：{rc}")

def on_disconnect(client, userdata, rc):
    print("已断开与MQTT代理的连接")

# 绑定回调函数
client.on_connect = on_connect
client.on_disconnect = on_disconnect

# 连接到MQTT Broker
client.connect(broker_address, broker_port)
# 启动客户端循环
client.loop_start()


# 等待一段时间以确保MQTT连接成功
time.sleep(4)

while True:
    main()
```

```
# 断开与 Broker 的连接
client.disconnect()

# 停止客户端循环
client.loop_stop()
```

如果看到如图 4.39 和图 4.40 所示的效果，则说明你已经成功使用智能体控制家居了。

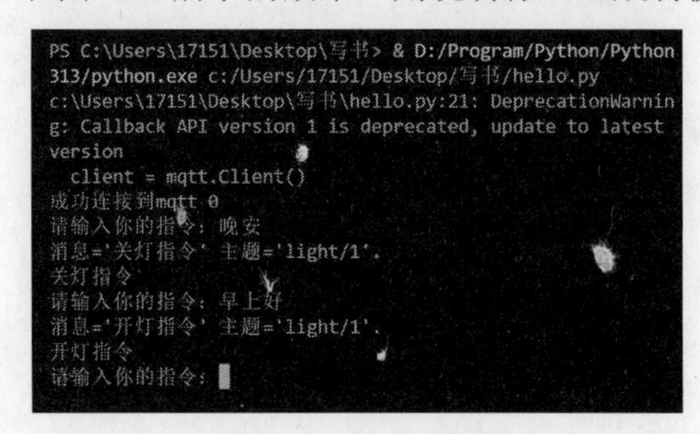

图 4.39　成功效果

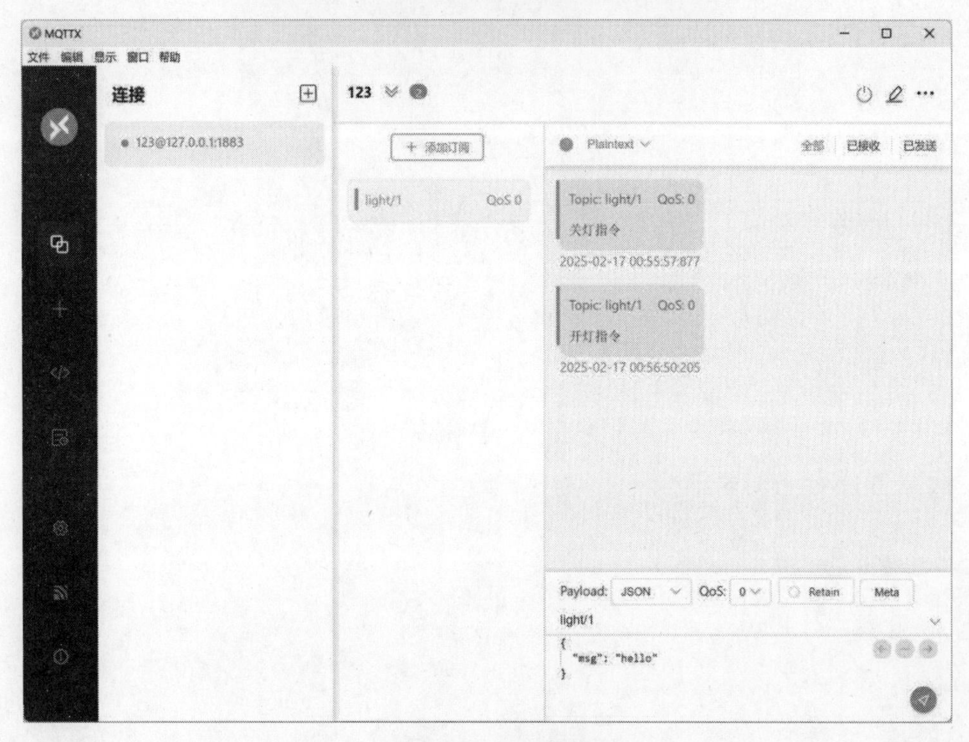

图 4.40　成功控制

4.7　基于 DeepSeek-R1 的智能卫生间 AI 智能体优化设计与实现

智能体是基于 AI 技术构建的自动化系统，能够模拟和执行复杂任务，具备自我学习、决策、分析和优化的能力。AI 智能体在多个领域（如医疗、交通、教育、家居等）已经得到了广泛应用，尤其在智能家居和智能设备中，AI 智能体已成为核心驱动力量。

4.7.1　什么是 AI 智能体

AI 智能体是一种能够感知环境、理解信息并做出决策的系统。与传统的自动化系统不同，AI 智能体能够自主处理复杂任务，学习新信息，优化自身行为。这种“智能”源于强大的数据处理能力和先进的机器学习算法。

1. AI 智能体能干什么

（1）感知能力：AI 智能体通过传感器获取环境信息，如温度、湿度、声音、图像等，并将这些信息转化为机器可以理解的数据。

（2）决策与推理能力。基于获取的环境数据，AI 智能体使用深度学习、强化学习等算法进行分析，推断出最合适的行为。

（3）执行能力：根据决策结果，AI 智能体能执行具体任务，如调节温度、启动设备、与用户互动等。

（4）学习与优化能力：通过不断积累数据和反馈，AI 智能体能够自我学习，持续优化自身行为和决策过程。

2. AI 智能体的工作原理

（1）感知与数据收集。AI 智能体通过多种传感器（如温湿度传感器、摄像头、麦克风等）感知周围环境的数据。这些传感器能够捕捉到不同的信号，并将其转化为机器能够处理的数字信号。例如，在智能卫生间中，传感器可以检测室内温度、湿度、空气质量等。

（2）数据处理与分析。收集到的数据将被传输到 AI 智能体的核心算法进行处理。这些算法可以是机器学习模型（如神经网络、决策树等），它们根据现有数据模式、历史数据以及用户行为进行分析，得出相应结论。

（3）决策与推理。AI 智能体可基于数据分析结果做出决策。例如，如果智能卫生间的温度过高，智能体会自动调节空调温度；如果空气质量太差，智能体会自动开启空气净化器。

（4）执行与反馈。例如，智能卫生间启动智能设备（如打开灯光、调节马桶座圈的温度、播放音乐）后，其执行结果会被传感器实时监测到并反馈给 AI 智能体。

3. AI 智能体的应用场景

AI 智能体在多个领域得到了应用。例如，它可以通过指令调节房间的温度、湿度、灯光、窗帘等；利用摄像头和传感器监控险情，及时发现隐患并报警；根据食材种类和数量推荐食谱，甚至实现自动烹饪；根据空气质量、湿度、温度等数据，调整卫生间的环境；通过体重秤、血压计等设备采集用户健康数据并提供健康建议；根据使用情况自动清洁设备，如马桶自动清洁、镜子加热防雾等；分析患者的病历数据和体检报告，帮助医生预测疾病风险，并提供诊断建议；分析道路情况、交通信号、行驶速度等信息，实现自动驾驶；通过实时监控交通流量，优化交通信号灯，以减少交通拥堵。

4.7.2 基于 DeepSeek-R1 的智能卫生间 AI 智能体

智能卫生间 AI 智能体作为系统“大脑”，能够感知环境数据、分析用户行为、做出决策并执行相应操作。

1. 智能卫生间的技术支持

（1）人工智能与机器学习算法。智能卫生间智能体通过 AI 算法（如深度学习、强化学习等）对环境数据和用户行为进行分析，持续优化服务。例如，AI 可以根据用户的行为模式（如洗手频率、用厕时长等）自动调整系统设置，提供个性化的环境控制和建议。

（2）物联网技术。智能卫生间的各类设备（如智能马桶、空气净化器、灯光、镜子等）通过物联网技术互联，实现数据共享和协同工作。传感器采集的数据通过无线网络传输至 AI 智能体，AI 智能体基于决策机制控制设备运行。

（3）语音识别与自然语言处理。语音识别技术使用户可以通过语音命令控制智能卫生间的设备，如“打开灯光”“调节温度”“播放轻音乐”等。AI 智能体能够理解并执行用户的语音命令，提供便捷的交互体验。

（4）深度数据分析。通过深度数据分析，智能卫生间 AI 智能体能够学习用户的偏好和健康数据，提供更精准的健康建议和环境优化方案。

2. 系统架构设计

智能卫生间系统的架构设计分为多个功能层，共同构建了一个高效、智能的管理体系：

☑ 用户交互层：支持语音、文字、手势输入，结合积分系统，为用户提供便捷、个性化的交互体验。

☑ AI 处理层：基于 DeepSeek-R1 技术，支持多语言指令解析与上下文对话，实现智能、流畅的人机交互。

☑ 硬件控制层：新增空气质量传感器和烟雾传感器，优化门锁控制逻辑，提升设备的智能化水平与安全性。

☑ 数据管理层：结合机器学习模型，进行流量预测与设备维护预测，为系统的高效运行提供数据支持与决策依据。

☑ 扩展服务层：提供广告推送与商家合作接口，拓展系统的商业价值与服务范围。

系统架构分析如表 4.1 所示。

表 4.1 架构设计分析

处理层面	功　能
用户交互层	支持语音、文字、手势输入与积分系统
AI 处理层	基于 DeepSeek-R1，支持多语言指令解析与上下文对话
硬件控制层	新增空气质量传感器、烟雾传感器，优化门锁控制逻辑
数据管理层	结合机器学习模型进行流量预测与设备维护预测
扩展服务层	提供广告推送、商家合作接口

3. 关键技术实现

1）增强型自然语言交互

功能描述：

☑ 支持多语言指令解析（中英文）。

☑ 上下文感知与个性化响应。

☑ 将用户指令转换为 JSON 格式的控制命令。

具体的实现代码如下：

```
import json
import requests

class NLPProcessor:
    def __init__(self, api_key):
        self.api_key = api_key
        self.base_url = "https://api.deepseek.com/v1 "
        self.headers = {
            "Authorization": f"Bearer {api_key}",
            "Content-Type": "application/json"
        }
        self.context = {}  # 存储用户上下文

    def parse_command(self, user_input, user_id=None):
        """
        解析用户指令，返回 JSON 格式的控制命令。
        :param user_input: 用户输入的指令（语音或文字）
        :param user_id: 用户 ID（用于个性化响应）
        :return: JSON 格式的控制命令
        """
        # 加载用户偏好
        user_prefs = self._load_user_prefs(user_id)

        # 构建 prompt
        prompt = f"""
        [用户偏好：{user_prefs}]
        [历史操作：{self.context.get(user_id, [])}]
        请将以下用户指令转换为 JSON 控制命令：
        - 开锁/解锁 [位置]
        - 开关灯 [位置] [开/关]
        - 申请纸巾 [位置]
        - 紧急求助 [位置]
        - 查询状态 [温湿度/厕纸/烟雾]
        - 设置厕位 [位置] [男/女]

        示例输入：打开 3 号厕位的灯
        示例输出：{{"action": "control_light", "position": 3, "value": "on"}}

        当前输入：{user_input}
        """

        # 调用 DeepSeek-R1 API
        response = self._call_deepseek_api(prompt)
        try:
            command = json.loads(response['choices'][0]['message']['content'])
```

```
            self._update_context(user_id, command)  # 更新上下文
            return command
        except Exception as e:
            print(f"指令解析失败：{e}")
            return None

    def _call_deepseek_api(self, prompt):
        """调用 DeepSeek-R1 API"""
        payload = {
            "messages": [{"role": "user", "content": prompt}],
            "model": "deepseek-r1",
            "temperature": 0.3
        }
        try:
            response = requests.post(
                f"{self.base_url}/chat/completions",
                headers=self.headers,
                json=payload
            )
            return response.json()
        except Exception as e:
            return {"error": str(e)}

    def _load_user_prefs(self, user_id):
        """加载用户偏好（模拟实现）"""
        if user_id == "VIP":
            return {"light_level": 70}  # VIP 用户偏好高亮度
        return {}

    def _update_context(self, user_id, command):
        """更新用户上下文"""
        if user_id not in self.context:
            self.context[user_id] = []
        self.context[user_id].append(command)
```

2）多传感器融合与边缘计算

硬件扩展：

☑ 空气质量传感器：实时监测卫生间内温湿度。

☑ 人流计数器：使用雷达阵列统计如厕人数，优化厕位分配。

多传感器的硬件控制代码如下。

```
import requests

class HardwareController:
    def __init__(self):
        self.hardware_status = {
            "locks": {},
            "lights": {},
            "paper_motors": {},
            "sensors": {}
        }

    def execute_command(self, command):
        """
        执行硬件控制命令。
```

```
        :param command: JSON 格式的控制命令
        :return: 执行结果
        """
        action = command.get("action")
        position = command.get("position")
        value = command.get("value")

        if action == "control_lock":
            return self._control_lock(position, value)
        elif action == "control_light":
            return self._control_light(position, value)
        elif action == "dispense_paper":
            return self._dispense_paper(position)
        elif action == "query_status":
            return self._query_status(value)
        else:
            return "未知指令"

    def _control_lock(self, position, state):
        """控制门锁"""
        response = requests.post(
            "https://iot-api.example.com/lock",
            json={"position": position, "state": state}
        )
        if response.status_code == 200:
            self.hardware_status["locks"][position] = state
            return f"门锁{position}已{state}"
        return "门锁控制失败"

    def _control_light(self, position, state):
        """控制灯光"""
        response = requests.post(
            "https://iot-api.example.com/light",
            json={"position": position, "state": state}
        )
        if response.status_code == 200:
            self.hardware_status["lights"][position] = state
            return f"灯光{position}已{state}"
        return "灯光控制失败"

    def _dispense_paper(self, position):
        """发放纸巾"""
        if self._check_paper_supply(position):
            response = requests.post(
                "https://iot-api.example.com/paper",
                json={"position": position}
            )
            if response.status_code == 200:
                self.hardware_status["paper_motors"][position] = "dispensed"
                return "已发放纸巾"
        return "纸巾不足"

    def _check_paper_supply(self, position):
        """检查纸巾余量（模拟实现）"""
        return True  # 假设纸巾充足
```

```
    def _query_status(self, sensor_type):
        """查询传感器状态"""
        if sensor_type == "温湿度":
            return "温度 26℃ 湿度 45%"
        elif sensor_type == "烟雾":
            return "烟雾浓度正常"
        return "未知传感器类型"
```

边缘计算实现代码如下。

```
# 使用 Raspberry Pi 作为边缘节点处理传感器数据
from edge_sdk import SensorManager

sensor_manager = SensorManager()
sensor_manager.add_sensor("air_quality", "MQ-135")
sensor_manager.add_sensor("water_leak", "HCSR04")

def monitor_environment():
    while True:
        air_data = sensor_manager.read("air_quality")
        if air_data["nh3"] > 50:  # ppm 阈值
            trigger_ventilation()

        leak_status = sensor_manager.read("water_leak")
        if leak_status == "WET":
            send_alert("Water leak detected in restroom A3!")
```

3）多级紧急响应系统

分级策略：

☑ Level 1：用户超时（>15min）→语音提醒。

☑ Level 2：烟雾浓度超标→自动开启排风扇+通知管理员。

☑ Level 3：紧急按钮触发→联动急救系统（拨打 120）+发送定位。

实现代码如下。

```
class EmergencyHandler:
    def __init__(self):
        self.alert_history = []

    def handle_emergency(self, event_type, position):
        """
        处理紧急事件。
        :param event_type: 事件类型（如 OVERTIME、SMOKE、PANIC_BUTTON）
        :param position: 事件发生的位置
        """
        if event_type == "OVERTIME":
            self._play_voice_alert(position, "请确认您的安全")
            self._notify_admin(position, "用户超时")
        elif event_type == "SMOKE":
            self._trigger_hardware("fan", position, "ON")
            self._notify_admin(position, "烟雾报警")
        elif event_type == "PANIC_BUTTON":
            self._call_emergency_service(position)
            self._unlock_all_doors(position)

    def _play_voice_alert(self, position, message):
```

```
        """播放语音提醒"""
        print(f"播放语音提醒：{message}（位置：{position}）")

    def _notify_admin(self, position, message):
        """通知管理员"""
        print(f"通知管理员：{message}（位置：{position}）")

    def _call_emergency_service(self, position):
        """呼叫紧急服务"""
        location = self._get_gps_coordinates(position)
        requests.post("https://emergency-api/alert", json={
            "type": "medical",
            "location": location
        })

    def _get_gps_coordinates(self, position):
        """获取 GPS 坐标（模拟实现）"""
        return "30.25,120.16"  # 假设位置为杭州西湖
```

4）数据驱动的智能决策

流量预测与厕位优化：

☑ 使用 LSTM 模型预测高峰时段人流，动态调整通用厕位的性别分配。

☑ 结合强化学习优化厕位分配策略，减少排队时间。

进行流量预测与厕位优化的代码如下。

```
import tensorflow as tf
from rl_agent import ToiletRLAgent
from influxdb_client.client.write_api import SYNCHRONOUS

# LSTM 流量预测模型
class TrafficPredictor(tf.keras.Model):
    def __init__(self):
        super().__init__()
        self.lstm = tf.keras.layers.LSTM(64)
        self.dense = tf.keras.layers.Dense(1)

    def call(self, inputs):
        x = self.lstm(inputs)
        return self.dense(x)

# 强化学习厕位分配
class ToiletAllocator:
    def __init__(self):
        self.agent = ToiletRLAgent()

    def optimize(self, current_traffic):
        state = self._get_state(current_traffic)
        action = self.agent.choose_action(state)
        self._apply_allocation(action)

        import influxdb_client

class DataManager:
    def __init__(self, url, token, org, bucket):
        self.client = influxdb_client.InfluxDBClient(
```

```
            url=url, token=token, org=org
        )
        self.write_api = self.client.write_api(write_options=SYNCHRONOUS)
        self.bucket = bucket

    def save_sensor_data(self, sensor_type, value, position):
        """保存传感器数据"""
        point = influxdb_client.Point(sensor_type) \
            .tag("position", position) \
            .field("value", value)
        self.write_api.write(bucket=self.bucket, record=point)

    def predict_traffic(self):
        """流量预测（模拟实现）"""
        return "预计高峰时段：10:00-12:00"
```

4. 系统部署与运维

（1）硬件部署方案如下：

☑ 主控节点：采用工业级树莓派 CM4，集成星闪模组（WS63）与 Wi-Fi 模块（H3861）。

☑ 传感器网络：通过 LoRaWAN 实现低功耗广域覆盖，降低布线成本。

☑ 电源管理：配置 UPS 备用电源，确保系统紧急情况下正常运行。

（2）软件部署流程的代码如下。

```
" # 安装依赖
pip install tensorflow edge-sdk deepseek-r1

# 启动服务（微服务架构）
docker-compose up -d nlp-service hardware-gateway data-platform
```

（3）安全与隐私保护的实现方法如下：

☑ 数据传输：使用 TLS 1.3 加密所有 API 通信。

☑ 用户数据：通过差分隐私技术（DP）对使用记录进行匿名化存储。

☑ 操作审计：基于区块链的日志系统（Hyperledger Fabric）记录关键操作。

（4）应用的实测效果如下：

☑ 排队时间优化：通过动态厕位分配，女性排队时间减少 40%。

☑ 能耗优化：智能灯光控制使能耗降低 25%。

☑ 故障响应效率提升：设备自检系统将平均维修时间从 2h 缩短至 30min。

4.8 数据分析与人流量策略规划

智能卫生间 AI 智能体的优化设计与实现显著提升了卫生间的智能化水平，而数据分析与人流量策略规划则有助于更有效地管理和优化智能卫生间的资源配置。接下来，我们将从这两个方面进行详细讨论。

4.8.1 数据分析

在项目中，LBS 流量模拟与男女厕位动态调配是优化公厕资源利用、提升用户体验的关键环节。通过对实时和历史数据的深度分析，结合先进的算法与技术，我们实现了对不同场景下人流量的精准模拟以及男女厕位的智能调配。

LBS 流量模拟是一项 LBS 的关键技术手段。它整合多维度数据资源，针对特定区域内的公厕人流量进行模拟预测。LBS 流量模拟地图如图 4.41 所示。

本项目选取杭州西湖入口周边区域作为重点研究对象，借助豆包 Marscode 强大的运算能力，基于工作日、周末、节假日等不同时间周期特征，以及高峰时段分布、男女如厕时间差异、排队最大等待时间阈值、如厕需求比例等关键参数，自动生成模拟算法，从而对区域内现有卫生间的实际使用情况进行精确模拟。

在模拟过程中，充分考虑了西湖景区不同区域的游客分布特性。例如，西湖公园公厕、断桥公厕、雷峰塔公厕等热门景点周边，人流量变化呈现出各自独特的规律。结合历史数据中不同时间段的人流量波动曲线，我们能够更加全面且细致地反映实际场景中的复杂情况，使模拟结果具备更高的准确性和可靠性，有效增强对公厕人流量变化趋势的预测能力，为后续资源调配决策提供了坚实的数据支撑。

图 4.41　LBS 流量模拟地图

1. 模拟算法

本项目的模拟算法由 DeepSeek 自动生成，全程无须人工编写代码。

以杭州西湖为例，该算法以杭州西湖入口周边为地理范围，综合道路游客人流量在工作日、周末、节假日的不同数据，结合高峰时段（如 9:00-11:00、14:00-16:00、19:00-21:00）、男女如厕时间（男性平均如厕时间设定为 2min，女性为 6min）、排队最大等待（忍受）时间、如厕需求比例（每人平均每天使用厕所 0.4 次）等关键要素，对智能化改造后的现有卫生间，在一天内的使用情况进行全面模拟。

算法模拟流程涵盖了对不同时间段内游客到达率、性别分布、如厕需求产生时间等因素的综合考量，如图 4.42 所示。通过建立复杂的数学模型，模拟游客在景区内的活动轨迹以及对公厕的使用行为，从而实现对各厕所不同时段使用频率、排队人数变化等情况的精准预测，为合理规划公厕资源提供了科学依据。

2. 跨年模式特殊活动的模拟

杭州西湖及湖滨路附近在跨年期间人流量规模庞大。相关数据显示，跨年期间人流量可达 40 万人次。如此巨大的人流量，对模拟算法的精准度和适应性提出了极高的要求。跨年模式特殊活动的模拟页面如图 4.43 所示。

为应对这一复杂场景，项目团队多次运用 MarsCode 对模拟算法进行优化。在模拟配置方面，开启跨年模式后，游客流量预计将增加 7.5 倍，考虑到跨年期间人员聚集、活动氛围等因素导致的如厕时间延长，将如厕时间延长至原来的 2.5 倍。同时，特别增加了 22:30-00:30 的跨年高峰时段设定，模拟时间也相应延长至次日凌晨 2:30，以完整覆盖跨年活动时段。在此期间，相关配置项（包括每天时间长度、男女如厕时间、高峰时段倍数等）均自动进行合理调整。

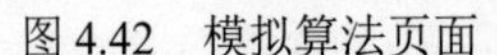

图 4.42　模拟算法页面

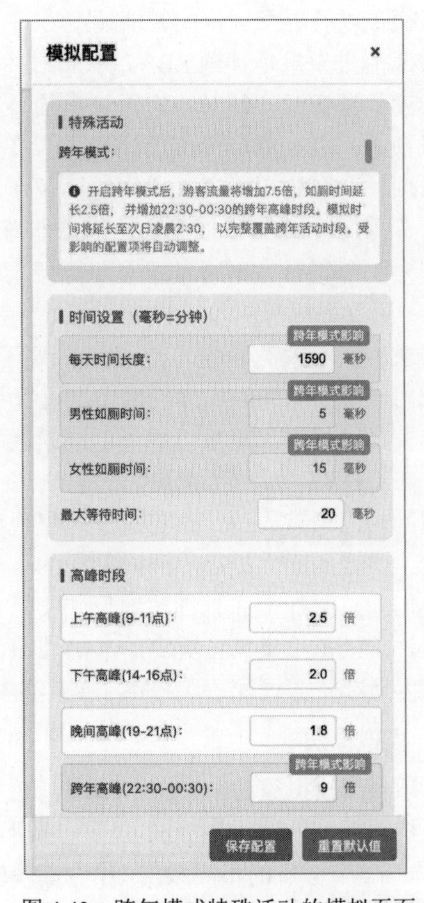

图 4.43　跨年模式特殊活动的模拟页面

尽管项目团队付出诸多努力，但由于跨年活动场景下人流量的高度复杂性和不确定性，目前模拟结果与实际情况仍存在一定差距。

未来，期望借助 DeepSeek 的技术支持，进一步优化算法，提升模拟结果的准确性，为跨年等特殊活动期间的公厕资源调配提供更可靠的决策依据。

3. 公厕规模临时、短期、中长期规划策略

基于上述不同配置下的模拟结果，项目制定了全面且具有针对性的公厕规模调整策略，涵盖临时、短期和中长期三个时间维度，以满足不同阶段的实际需求。

（1）临时策略。在短期内，当模拟结果显示女性如厕排队问题较为突出时，管理人员可依据模拟数据反馈，手动灵活调整男女厕位比例。例如，在某个时段女性排队人数过多，可将部分通用厕位或备用厕位临时调整为女厕使用，以快速缓解女性如厕压力，保障用户的使用体验。

（2）短期策略。从中短期来看，若模拟预测到某区域在特定时间段内人流量将超出公厕现有承载能力，系统将自动给出增加临时厕所的方案，包括推荐合适的临时厕所设置地址以及合理的厕位配置建议。同时，系统还会考虑引导游客前往附近商场或商家的卫生间，

通过合作共享的方式，有效分流如厕人群，减轻公厕的使用压力，确保公共卫生服务的高效性。

（3）中长期策略。从长远发展角度出发，根据长期模拟数据和区域发展趋势分析，若某个位置长期存在人流量大、公厕使用紧张的情况，在进行城市规划或基础设施建设时，应考虑增加相关位置的固定厕所。通过合理布局和建设固定厕所设施，从根本上解决公厕供需矛盾，提升区域公共卫生服务水平，满足人们日益增长的生活需求。

通过采纳优化建议中给出的所有临时厕所方案，并再次进行模拟验证，结果显示未如厕率显著降低，几乎达到零排队状态。这一成果充分验证了规划策略的有效性和可行性，为公厕的科学管理和资源优化配置提供了有力的实践依据。模拟公厕规模临时厕所方案如图 4.44、图 4.45 所示。

图 4.44　模拟公厕规模临时厕所方案 1

图 4.45　模拟公厕规模临时厕所方案 2

在本项目中，流量模拟对于优化厕位资源配置、提升用户体验起着至关重要的作用。通过精准模拟不同时段、不同场景下的人流量及如厕需求，我们能够为管理人员提供科学决策依据，提前做好应对措施。以下展示的 simulation.js 是进行流量模拟的关键代码，由系统自动生成，并配有详细注释，方便开发人员理解与维护。

```
// 模拟配置
const SIMULATION_CONFIG = {
    DAY_DURATION: 1440,            // 1440ms 代表一天（1440min）
    MALE_DURATION: 2,              // 男性如厕时间 2min
```

```
    FEMALE_DURATION: 6,                      // 女性如厕时间 6min
    FEMALE_WAIT_LIMIT: 20,                   // 女性最大等待时间 20min
    // 跨年活动特殊配置
    NEW_YEAR_EVENT: {
        enabled: false,                      // 是否开启跨年模式
        visitorMultiplier: 7.5,              // 游客量倍数（根据西湖跨年活动历史数据预估）
        durationMultiplier: 2.5,             // 如厕时间延长倍数（考虑拥挤、寒冷天气等因素）
        timeRange: {
            start: 1080,                     // 18:00 开始
            end: 150,                        // 次日凌晨 2:30 结束（跨天）
        },
        peakHours: [
            { start: 22.5, end: 24, ratio: 4.0 }, // 跨年倒计时高峰 22:30-24:00
            { start: 0, end: 0.5, ratio: 5.0 }    // 跨年后高峰 00:00-00:30
        ],
        specialSuggestions: [
            "在重点区域设置 LED 大屏实时显示各公厕排队情况",
            "设置移动支付快速通道，鼓励使用小程序预约系统",
            "在公厕周边设置暖气设施和休息区，提供热饮服务",
            "组建志愿者团队，帮助引导和维持秩序",
            "与周边商家合作延长营业时间，开放卫生间使用",
            "设置老年人、孕妇等特殊人群绿色通道",
            "在公厕周边设置临时医疗点，以防不适",
            "提供免费暖贴和一次性暖手宝服务",
            "增设临时照明设施，确保夜间安全",
            "配备应急发电机，防止供电问题"
        ]
    },
    PEAK_HOURS: [ // 高峰时段配置（24 小时制）
        { start: 9, end: 11, ratio: 2.5 },         // 上午高峰
        { start: 14, end: 16, ratio: 2.0 },        // 下午高峰
        { start: 19, end: 21, ratio: 1.8 }         // 晚间高峰
    ],
        // 西湖景区日均游客流量（根据 2023 年统计数据）
    DAILY_VISITORS: {
        WEEKDAY: 50000,                            // 工作日平均
        WEEKEND: 100000,                           // 周末平均
        HOLIDAY: 150000                            // 节假日平均
    },
    // 不同区域的游客分布比例
    AREA_DISTRIBUTION: {
        '西湖公园公厕': 0.3,                       // 核心景区
        '断桥公厕': 0.25,                          // 热门景点
        '雷峰塔公厕': 0.2,                         // 重要景点
        '苏堤公厕': 0.15,                          // 一般景点
        '其他公厕': 0.1                            // 其他区域
    },
    // 如厕需求比例（每人平均每天使用厕所的次数）
    TOILET_USAGE_RATIO: 0.4
};
// 批量处理的记录数
const BATCH_SIZE = 100;
// 模拟结果管理器
const SimulationManager = {
    results: null,                                 // 当前模拟结果
```

```
    isSimulating: false,                                    // 模拟状态

    // 内存中的临时数据
    memoryData: {
        toilets: [],                                        // 厕所数据副本
        records: [],                                        // 使用记录
        stats: {                                            // 统计数据
            male: { total: 0, failed: 0 },
            female: { total: 0, failed: 0 },
            toilets: {}
        }
    },

    // 初始化模拟
    async init() {
        // 清理旧的模拟历史
        try {
            localStorage.removeItem('simulationHistory');
        } catch (e) {
            console.warn('Failed to clear simulation history:', e);
        }

        // 从 localStorage 中获取厕所数据的副本
        const toiletsData = JSON.parse(localStorage.getItem('toiletsData') || '[]');
        this.memoryData.toilets = JSON.parse(JSON.stringify(toiletsData));
        this.memoryData.records = [];
        this.resetStats();
    },

    // 重置统计数据
    resetStats() {
        this.memoryData.stats = {
            male: { total: 0, failed: 0 },
            female: { total: 0, failed: 0 },
            toilets: {}
        };
        // 清空缓存
        recordsCache = {};
    },

    // 保存模拟结果
    saveResults() {
        const results = {
            timestamp: Date.now(),
            stats: this.memoryData.stats,
            config: { ...SIMULATION_CONFIG }
        };

        // 只保存最新的模拟结果
        try {
            localStorage.setItem('simulationHistory', JSON.stringify([results]));
        } catch (e) {
            console.warn('Failed to save simulation history:', e);
            // 如果存储失败，尝试只保存关键数据
```

```
            const simplifiedResults = {
                timestamp: results.timestamp,
                stats: {
                    male: results.stats.male,
                    female: results.stats.female,
                    toilets: Object.fromEntries(
                        Object.entries(results.stats.toilets).map(([name, data]) => [
                            name,
                            {
                                male: data.male,
                                female: data.female,
                                stalls: {
                                    male: data.male.stalls,
                                    female: data.female.stalls
                                }
                            }
                        ])
                    )
                }
            };
            localStorage.setItem('simulationHistory', JSON.stringify
                                ([simplifiedResults]));
        }

        return results;
    }
};
```

这段代码的核心思路是基于多种预设条件，如不同性别如厕时间、高峰时段、日均游客流量等，模拟一天内各个时间段的如厕需求，从而分析出不同场景下的厕所使用情况，帮助管理人员提前规划和调整。

上述代码中，SIMULATION_CONFIG 对象定义了各种模拟参数，包括一天的时长、不同性别如厕时间、特殊活动（如跨年）的配置、高峰时段、日均游客流量、不同区域游客分布比例以及如厕需求比例等。这些参数是流量模拟的基础，通过调整这些参数可以适应不同场景和需求。

SimulationManager 对象负责管理模拟过程和结果。init 方法用于初始化模拟，包括清理旧的模拟历史和从本地存储中获取厕所数据副本。resetStats 方法重置统计数据，saveResults 方法将模拟结果保存到本地存储，以便后续查看和分析。

4.8.2 人流量策略规划

1. 策略分析

对于公共卫生间而言，传统的男女厕位固定分配模式常常无法解决不同时段、不同场景下的实际需求，尤其是人员密集场所女性排队时间长的难题。

如图 4.46 所示，智能卫生间系统提出的“通用空间厕位”解决方案，突破了传统厕位只能单一性别使用的限制。其独特的单向开锁技术，确保了用户的隐私安全。例如，假设中间 3 个厕位为通用空间厕位，男厕只能开左门锁，女厕只能开右门锁。当该厕位被设定为“男”时，仅左侧可以打开；设定为“女”时，则仅右侧可以打开，实现了某一时间段内的单向使用。这种解决方案，使得厕位能够根据实际人流特征动态调整，极大地提高了空间利用率。

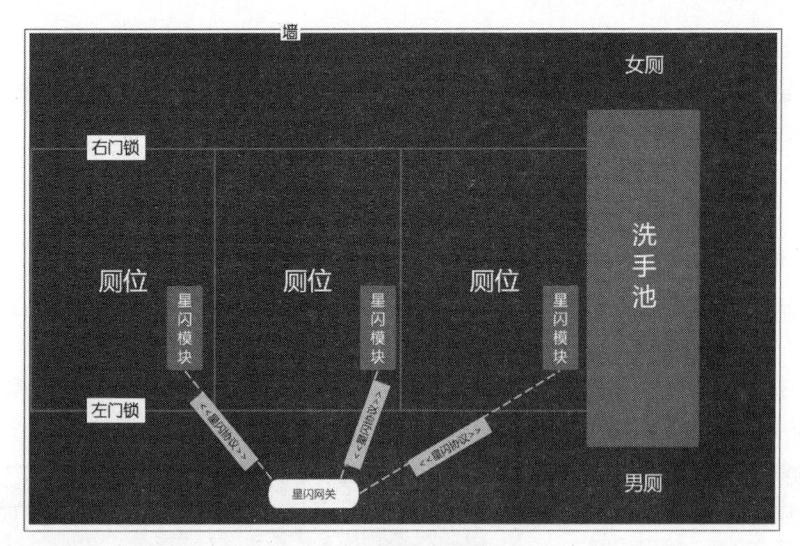

图 4.46 通用空间厕位模型

同时，智能卫生间系统通过 LBS 技术实现了公厕定位功能，帮助用户快速找到附近的公共卫生间。系统配备实时监测功能，可直观显示男女厕位的使用情况，使用户提前了解卫生间的空余状态。结合 DeepSeek-R1 大模型语音控制技术，用户可以通过语音指令快速查询并选择可用厕位，显著提升了操作便捷性。

在实际应用场景中，高峰时段人流量激增，传统厕位分配机制容易导致女性排队时间过长。为解决这一问题，管理人员可根据实时监测的人流量数据和排队情况，运用 LBS 流量智能算法模拟（支持工作日、周末、节假日、跨年活动等场景），将通用空间厕位临时设置为女性专用，有效缓解女性如厕压力。例如：在商场周末购物高峰或景区节假日人流密集时段，通过灵活调配通用空间厕位，能够显著缩短女性等待时间，提升用户体验；在非高峰期，将通用空间厕位恢复为男性使用，避免资源闲置，实现厕位资源的高效利用。

2. 公厕空余男女厕位实时显示

在城市公共设施的高效管理与服务优化进程中，实时掌握公厕男女厕位的使用情况对于提升用户体验、合理分配公共资源至关重要。在本项目的实际运用场景里，实时监测公厕男女厕位的占用状态是实现系统精准分配男女厕位数量的核心前提。

为实现这一目标，项目构建了一套智能交互系统，将人流信息及卫生间的实时使用数据传输至 DeepSeek 平台。通过分析输入数据，并基于逻辑规则和优化策略，系统生成科学合理的男女厕位配比调整方案。

根据上述需求，我们制定了如下提示词，以确保与 DeepSeek 的交互指令格式准确且高效。

```
你是一名卫生间管理员，
可以调控男卫生间与女卫生间的配比。
本场所一共有 10 个卫生间，
我会告诉你一个卫生间使用数，
```

```
请你返回调整后的卫生间配比，
请严格按照下面格式输出：
{{{ 开放男卫生间：3，开放女卫生间：7 }}}
```

在实际运行过程中，程序通过对应接口与分布在各个公厕的传感器网络实现无缝对接。这些传感器能够实时、准确地采集每个卫生间的使用状态信息，最后输出标准格式的结果。

```
当前有 6 个男卫生间，其中 2 个正在被使用。
当前有 4 个女卫生间，其中 4 个正在被使用。
```

3. 男女卫生间人数的调整

为了实现男女卫生间人数的精准调控，本项目构建了一套基于人工智能与物联网技术的智能调控系统。该系统借助传感器网络实时采集卫生间的使用数据，包括各厕位的占用状态、使用时长等信息，并通过物联网技术将这些数据传输至数据处理中心。同时，该系统利用 LBS 技术获取周边区域的实时人流量数据，结合历史数据和数据分析模型，预测不同时间段的男女如厕需求。项目架构如图 4.47 所示。

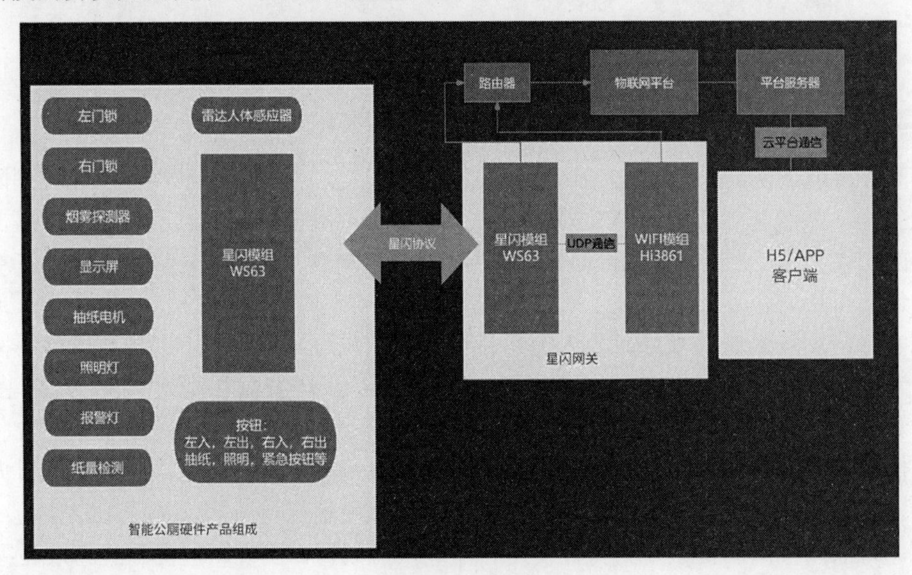

图 4.47 项目架构

将整合后的人流信息或当前卫生间使用情况发送给 DeepSeek 平台。DeepSeek 作为智能决策引擎，基于深度学习算法和大量的历史数据训练，能够根据输入信息快速分析并生成合理的男女卫生间配比方案。

其核心综合考虑了多种因素，包括不同时间段的人流量变化规律、男女如厕习惯差异、排队等待时间阈值等，以确保输出的调配方案既能满足实际需求，又能最大化资源利用效率。

为准确获取 DeepSeek 返回的控制指令，本项目开发了专门的指令截取程序。通过编写正则表达式匹配规则，程序能够过滤 DeepSeek 返回内容中的无关信息，如思考过程标签等。具体代码如下。

```
# 获取 content 中的控制指令
def get_cmd(content):
    # 1. 用于匹配 <think></think> 删除 DeepSeek 的思考过程
    # 正则表达式模式，用于匹配 <think></think> 标签
    pattern = r'<think>.*?</think>'
```

```
    # 使用 re.sub 函数替换匹配的子字符串为空字符串
    cleaned_text = re.sub(pattern, '', content, flags=re.DOTALL)

    # 2. 截取多余控制指令
    # 正则表达式模式
    pattern = r'{{{.*?}}}'
    # 查找所有匹配的子字符串
    cmd = re.findall(pattern, cleaned_text)
    # 如果找到了匹配的子字符串
    return cmd[0]
```

在获取控制指令后，系统通过 MQTT 协议将指令发送至对应的执行设备，如智能门锁、电子显示屏等，实现对男女卫生间人数的实时动态调整，代码如下。

```
def send_message(cmd:str):
    message = str  # 消息内容
    # 在连接后立即发布消息
    topic = "toilet/1"  # 替换为你想要发布的主题
    client.publish(topic, message)
    print(f"消息='{message}' 主题='{topic}'.")
    return message
```

接下来，系统根据卫生间实时使用情况，通过与 Ollama 模型交互获取卫生间配比调控指令，并利用 MQTT 协议进行消息传输，从而实现对卫生间资源的智能化调配，代码如下。

```
import ollama
import re
import paho.mqtt.client as mqtt
import time

# 提示词
prompt="""
你是一名卫生间管理员，
可以调控男卫生间与女卫生间的配比。
本场所共有 10 个卫生间，
我会告诉你一个卫生间使用数量，
请你返回调整后的卫生间配比，
请严格按照下面格式输出：
{{{ 开放男卫生间：3，开放女卫生间：7 }}}
"""

#———————————————————MQTT 部分———————————————————
# MQTT Broker 的地址和端口
broker_address = "127.0.0.1"  # 替换为你的 MQTT Broker 地址
broker_port = 1883  # 默认 MQTT 端口

# 创建一个新的实例
client = mqtt.Client()
# 设置用户名和密码，注意这里需要填写自己设置的用户名和密码哦
client.username_pw_set(username="123", password="123")
# 发送消息
def send_message(cmd:str):
    message = str(cmd)  # 消息内容
    # 在连接后立即发布消息
    topic = "toilet/1"  # 替换为你想要发布的主题
    client.publish(topic, message)
```

```
    print(f"消息='{message}' 主题='{topic}'.")
    return message

#——————————————————Ollama 部分——————————————————
# 获取 content 中的控制指令
def get_cmd(content):
    # 1. 用于匹配 <think></think> 删除 DeepSeek 的思考过程
    # 正则表达式模式，用于匹配 <think></think> 标签
    pattern = r'<think>.*?</think>'
    # 使用 re.sub 函数替换匹配的子字符串为空字符串
    cleaned_text = re.sub(pattern, '', content, flags=re.DOTALL)

    # 2. 截取多余控制指令
    # 正则表达式模式
    pattern = r'{{(.*?)}}'
    # 查找所有匹配的子字符串
    cmd = re.findall(pattern, cleaned_text)
    # 如果找到了匹配的子字符串
    return cmd[0]


def main():
    print("请输入你的指令：",end="")
    # 模拟输入
    text = """
    当前有 6 个男卫生间，其中 2 个正在被使用。
    当前有 4 个女卫生间，其中 4 个正在被使用。"""
    text = input()

    # 通过 Python 访问 Ollama 模型，请在使用时保证 model 中的模型已经准备完毕
    back = ollama.chat(model="deepseek-r1:14b",
                       stream=False,
                       format= {
        'type': 'json_object'
        },messages=[{
            "role":"system",
            "content": prompt
        },{
            "role": "user",
            "content": text
        }],stream = False )
    # 获取回复的内容
    content = back.message.content

    # 获取控制指令
    cmd = get_cmd(content)
    # 发送消息，并打印返回值
    print(send_message(cmd))

# 定义回调函数
def on_connect(client, userdata, flags, rc):
    print(f"成功连接到 MQTT 代理，返回码：{rc}")

def on_disconnect(client, userdata, rc):
    print("已断开与 MQTT 代理的连接")
```

```
# 绑定回调函数
client.on_connect = on_connect
client.on_disconnect = on_disconnect

# 连接到 MQTT Broker
client.connect(broker_address, broker_port)
# 启动客户端循环
client.loop_start()

# 等待一段时间以确保 MQTT 连接成功
time.sleep(4)

while True:
    main()

# 断开与 Broker 的连接
client.disconnect()

# 停止客户端循环
client.loop_stop()
```

第 5 章　DeepSeek 的跨行业 UX 设计

DeepSeek 作为强大的工具平台，已广泛应用于各行各业的工作与生活场景中，为个人用户及企业客户提供前所未有的全新视野与体验。DeepSeek 的核心价值在于其多模态理解能力与场景化落地能力，目前已广泛应用于内容创作、数据分析、客户服务、教育、编程及设计等领域。其中，智能内容生成与优化（占比 35%）和数据分析与决策支持（占比 25%）是当前最主要的应用方向，体现了 DeepSeek 在提升效率与创造力方面的独特优势。同时，DeepSeek 在客户服务、教育和编程领域的应用也展现出显著的商业化潜力。展望未来，随着技术的持续迭代，DeepSeek 有望在更多垂直领域实现深度渗透，推动 AI 技术的产业化进程。

5.1　DeepSeek 引领 AI 时代跨行业 UX 设计

随着 AI 技术向金融、医疗、教育等领域的纵深渗透，DeepSeek AI 工具凭借“智能设计中枢”的定位重构了跨行业 UX 标准。该工具突破单一场景优化的传统路径，通过数据驱动的动态模型弥合产业链间的体验鸿沟，其跨行业赋能模式不仅为 UX 设计从“功能实现”到“价值创造”的升级构建了技术基座，更以算法迭代和认知计算为支点，开启了用户体验底层逻辑的系统性进化——这种进化正通过智能化的设计范式迁移，持续重塑人机交互的价值坐标系。

5.1.1　AI 如何提升体验设计的无缝性与个性化

AI 的引入标志着从手工到数据驱动的范式转变，为 UX 设计带来了新的可能性。AI 通过整合多源数据，优化设计流程，从而实现了无缝性与个性化的普遍趋势。AI 技术的核心优势在于通过自动化分析和实时洞察，满足用户对无缝个性化体验的普遍期望。这种转型的普适性体现在硬件、软件和氛围的协同提升。

1. 传统 UX 设计的局限：手工流程与用户期望的脱节

传统 UX 设计依赖以人工为主的流程操作，从用户访谈、手绘草图到静态原型测试，旨在通过迭代理解需求并优化体验。然而，随着智能汽车/机器人、智能家居和智慧医疗领域对硬件（如可穿戴设备）、软件（如应用界面）和氛围（如沉浸式环境）的无缝个性化体验需求日益增长，传统方法的局限逐渐显现。共性难题源于数据采集的零散、分析滞后及决策的主观臆断，致使设计无法迅速适应用户行为的多样变化。

在智能汽车/机器人领域，设计师需手动调整车载界面的布局和交互，但有限的测试样本难以覆盖多样化的驾驶场景（如高峰期、夜间长途），结果往往是界面功能匮乏，难以兼顾安全与舒适的需求。智能家居的联网设备设计依赖用户访谈获取反馈，但主观评价（如灯光欠缺温馨感）难以转化为具体可量化的改进指标，致使用户体验仅停留在功能层面，未能触及情感层面。智慧医疗中，手工流程的低效性尤为突出，如健康监测设备的界面设计需反复测试以适配患者需求，但长周期迭代难以跟上健康状态的动态变化。

我曾亲历一个自动驾驶团队耗时数月手动调整中控屏布局，自以为贴合了用户需求，岂料驾驶员试用后反馈："紧急时刻难以迅速定位关键功能，布局显得杂乱无章。"这种低效性在行业中普遍存在。

设计的首要任务是理解用户的生活方式。然而，传统流程因缺乏系统性数据支持，难以高效捕捉硬件使用模式的细微变化、软件交互的个性化偏好以及氛围体验的情感需求。从"第一性原理"看，传统 UX 设计的核心缺陷在于未能全面贴合用户的"基础需求"，即功能性，以及"效率需求"，即无缝性，这一不足直接造成了设计与用户期望之间的显著差距。这种低效性不仅限制了体验设计的深度，还让创新停滞于表面优化。

2. AI 驱动的 UX 设计转型：无缝性与个性化的共性趋势

AI 技术的引入，标志着用户体验设计领域从传统手工方式向数据驱动的范式转变。这一转变的核心在于 AI 工具能够自动化分析过程，提供实时洞察，从而帮助设计师满足用户对无缝个性化体验的普遍期望。AI 技术的核心优势在于整合多源数据（如用户行为日志、传感器反馈、环境变量），并通过预测建模优化设计决策。这种转型的普适性体现在硬件、软件和氛围的协同提升。

在硬件层面，AI 通过分析用户交互数据，优化人体工学设计。例如：智能汽车的方向盘触觉反馈可根据驾驶场景动态调整，增强安全性与舒适性；在可穿戴设备中，腕带弧度可适配佩戴习惯，提升使用感。在软件层面，AI 技术凭借实时反馈机制，重新定义了交互流程，例如：智能家居应用能够依据用户的使用习惯，智能调整界面布局，从而大幅降低操作复杂度；在智慧医疗中，软件界面可动态展示健康趋势，满足个性化需求。在氛围层面，AI 预测用户情绪需求，调整环境元素，如智能汽车的灯光随驾驶状态变化，智能家居的音效与氛围同步。

AI 凭借数据驱动的深刻洞察，超越了传统流程的低效束缚，实现了从"盲目猜测用户需求"到"精确满足用户需求"的转变。这种转型的共性趋势让硬件更贴合人体，软件更直观高效，氛围更具情感共鸣，为行业 UX 设计的 AI 时代奠定了基础。

3. DeepSeek 的角色奠基：跨行业体验设计的先锋推动力

DeepSeek 在 AI 驱动的 UX 设计转型中扮演先锋角色。DeepSeek 的能力不仅在于流程自动化，更在于为跨行业体验设计注入创新性与普适性。与传统手工流程的低效性相比，DeepSeek 通过场景分析和实时用户反馈，综合优化硬件、软件和氛围的体验设计。DeepSeek 的核心在于数据整合与动态洞察，确保设计决策从静态推向动态，从通用推向个性化。

在智能汽车/机器人领域，DeepSeek 通过分析驾驶场景数据，推荐动态交互模式，如"夜间疲劳时简化界面并增强触觉反馈"，从而提升硬件（触觉响应）、软件（UI 流畅性）和氛围（灯光提示）的协同性。在智能家居中，DeepSeek 解析用户生活习惯，优化多设备协同体验，如"灯光与音效的实时联动"，以增强环境设计的沉浸感。在智慧医疗领域，DeepSeek 能够精准预测患者需求的变化，并据此调整硬件提示（如振动节奏的变化）和软件界面（如健康趋势的直观可视化），从而增强用户的情感共鸣。

DeepSeek 的角色不仅在于提升效率，更在于拓展体验设计思维。Bill Buxton 曾说："设计的未来在于工具与人类的协同进化。"借助数据驱动的深刻洞察，DeepSeek 超越了传统手工流程的局限，为设计师提供了跨越行业的全新视角，确保了硬件、软件以及整体氛围的无缝整合。这种能力奠定了 DeepSeek 在 AI 时代 UX 设计中的基础地位，为其后续的独特功能和多功能应用提供了坚实支撑。

5.1.2 DeepSeek 的独特之处

DeepSeek 不仅在通用功能上表现出色，还凭借其独特的技术优势，有效解决了行业中的诸多瓶颈问题。DeepSeek 的核心竞争力体现在其高级的预测建模、跨平台仿真设计以及实时用户反馈整合能力，这些技术共同推动了体验设计的系统性革新。

1. AI 工具的共性功能与行业局限：预测与仿真的边界

顶级 AI 工具在 UX 设计中的共性功能包括预测用户行为和仿真交互流程。这些工具通过机器学习分析历史数据，预测用户需求趋势，或通过虚拟仿真优化设计方案。然而，其局限性在跨行业应用中尤为明显。预测模型若仅依赖单一数据源，易偏离实际需求；仿真结果若无跨平台一致性，则难以有效落地。智能汽车/机器人领域，AI 虽能预测驾驶员需求，却难以在硬件触觉与软件界面间实现体验一致。在智能家居中，仿真可能优化单一设备交互，却忽视多设备协同的整体体验；在智慧医疗中，预测可能准确，但未充分考虑患者的情感需求，导致体验设计缺乏人性化。

唐·诺曼认为"技术若不能触及用户情感，便无法真正提升体验。"从"第一性原理"看，AI 工具的挑战在于未能全面满足体验设计的"基础需求"（功能准确性）与"效率需求"。这种局限性限制了 AI 在复杂场景中的普适性，尤其是在需要硬件、软件和氛围协同的行业中，常规工具的边界成为创新的瓶颈。

2. DeepSeek 的核心能力：超越常规的体验设计优化

DeepSeek 的独特之处在于其高级预测建模、跨平台设计仿真和实时用户反馈综合能力，超越常规 AI 工具，为体验设计带来系统性突破。其高级预测建模整合多模态数据（如驾驶行为、家居环境变量、患者健康指标），生成精准的体验洞察，如"智能汽车疲劳场景需简化和情感化交互"。跨平台设计仿真则模拟硬件（如触觉反馈设备）、软件（如动态 UI）和氛围（如灯光或音效）的协同效果，确保设计在不同维度上的一致性。实时用户反馈机制能够动态调整建议，例如根据驾驶员的即时反应优化触觉反馈的强度，或依据患者的情绪状态调整提示信息的节奏。

这些功能的独特贡献包括优化硬件交互体验（如智能汽车方向盘的触觉布局设计建议），以及提升软件界面的情感共鸣（如智能家居 UI 的个性化动态调整）。Jakob Nielsen 说："用户体验的成功在于细节的精确性。"DeepSeek 通过数据驱动的精准洞察，确保硬件设计更贴合人体工学，软件交互更直观高效，氛围体验更具情感深度。与其他工具的单一预测或仿真相比，DeepSeek 的综合能力实现了体验设计的系统性优化，打破了行业中的功能性与情感性的割裂。

3. 体验设计的边界拓展：赋予设计师创新能力

DeepSeek 的核心能力赋予设计师突破日常工作界限的潜力，其普适性在于从细节优化到整体体验的提升。在智能汽车/机器人中，DeepSeek 通过预测建模优化"动态触觉交互"，让硬件体验更直观，软件界面更适应驾驶场景，氛围设计更具情感支持，设计师得以从重复调整转向创新探索。在智能家居领域，DeepSeek 模拟了"多设备协同体验"，保证了硬件响应、软件流程以及氛围提示的高度统一，助力设计师跨越单一设备优化的束缚。在智慧医疗中，DeepSeek 综合实时反馈设计"情感化提示"，提升硬件触觉、软件可视化和氛围关怀的体验深度。

体验设计的本质是满足用户需求并激发愉悦感。因此，DeepSeek 的价值也在于它通过精准洞察满足功能性（基础需求），通过跨平台整合提升无缝性与个性化（效率需求），并通过情感优化超越传统功能边界。DeepSeek 不仅提升了设计效率，更通过数据驱动的灵感拓展了体验设计的可能性，为设计师提供了从局部优化到系统创新的工具支持。

4. 行业的共性挑战：复杂性与多样性的设计平衡

智能汽车/机器人、零售和智慧医疗领域在体验设计中面临共性挑战：复杂性与多样性的平衡。智能汽车需兼顾安全（如实时反馈、车云通信安全信任体系建立）与多样性（如多场景交互需求），零售需平衡商店氛围的沉浸性与用户需求的个性化，智慧医疗需在法规遵从性（如数据隐私保护）与体验多样性（如患者关怀）间取舍。这些挑战的共性在于，设计需同时满足功能性要求与用户的情感期望，而传统手工流程因缺乏灵活性和系统性支持，难以实现这种平衡。

Bill Buxton 说："设计的真正考验在于复杂环境中的适应性。"从"第一性原理"看，这些挑战的根源是未能高效整合多维度需求（硬件功能、软件交互、氛围体验），从而使得设计在复杂多变的场景中缺乏广泛的适用性。传统方法的局限性导致体验设计仅局限于局部优化，难以有效应对各行业间日益增长的多样化需求。

5. DeepSeek 的适应性优势：跨行业体验设计的融合

凭借其多功能应用，DeepSeek 在多个行业应对特定挑战，并通过创新技术提升体验设计的普适性。DeepSeek 的核心在于数据驱动的灵活性与跨平台一致性，确保硬件、软件和氛围的无缝协同。在智慧医疗中，DeepSeek 分析患者行为数据，优化"面向患者的设备界面"，如手环触觉提示随心率变化，确保法规遵从性（本地存储隐私数据）与体验个性化（动态调整提示）；在零售中，DeepSeek 仿真"商店氛围设计"，推荐"动态灯光与用户情绪同步"，提升硬件响应、软件协调和氛围沉浸感；在智能汽车/机器人中，DeepSeek 优化"车内 UX"，如方向盘触觉与导航界面的实时协同，确保安全与多样性。

DeepSeek 通过场景分析和实时反馈，跨越行业间的复杂性障碍，掌控体验设计链路，从需求洞察到跨平台验证，确保设计决策在不同行业中的一致性与针对性。此外，DeepSeek 不仅能有效解决如法规遵从性等特定问题，还凭借强大的数据整合能力，极大地提升了设计的普遍适用性。

6. 跨行业体验设计的创新红利：普适性与差异化的统一

DeepSeek 的多功能应用促进行业间的创意交叉，推动了体验设计的普适性与差异化融合。DeepSeek 的普适性在于通过数据驱动的洞察，优化了硬件、软件和氛围设计的共性需求。例如，智能汽车的触觉反馈可迁移至医疗手环，零售的氛围灯光可启发家居设计，医疗的个性化提示可应用于汽车 UX。这种跨行业借鉴的共性提升了设计的整体效率与一致性。

差异化的红利则体现在行业特定需求的深化。个性化是体验设计的灵魂。在智能汽车中，DeepSeek 优化“动态 UX”以适应驾驶场景；在零售中，DeepSeek 提升“沉浸式氛围”以匹配购物情绪；在智慧医疗中，它强化“情感化提示”以满足患者关怀。这种普适性与差异化的统一，让设计师突破单一行业的局限，推动硬件（人体工学）、软件（个性化交互）和氛围（情感共鸣）的全方位体验设计的创新融合。DeepSeek 通过跨行业洞察，为体验设计带来了普遍提升的创新红利，让原本模糊的用户需求变得清晰明确。

5.2 深入挖掘并验证用户体验需求

DeepSeek 通过其先进的技术手段，能够深入挖掘用户的真实需求，并通过精准的验证方法，确保这些需求在体验设计中得到有效的体现。这一过程不仅显著增强了设计的科学性和可靠性，还极大地提升了用户体验的个性化和流畅度。

5.2.1 DeepSeek 如何支持产品优化

本节，我们将探讨 DeepSeek 如何通过数据驱动的方法，支持产品从“市场契合”到“场景契合”的优化过程。DeepSeek 的数据驱动解决方案能够超越低效的传统方法，提供深入且精确的洞察，以及切实可行的优化建议。

1. 契合的定义与传统研究的痛点：体验洞察的复杂性

产品－市场契合（PMF）指产品满足市场需求，产品－场景契合（PSF）（梁宁）指产品适配特定使用场景，二者是体验设计的核心基石。然而，传统 UX 研究在实现这两方面时面临显著的共性痛点：数据不完整、主观反馈依赖和高概率不确定性。智能汽车与机器人领域，驾驶员多样化需求（安全、娱乐、舒适）致使数据采集分散，传统访谈方式难以全面捕捉。智能家居领域，用户对灯光、音效氛围的反馈多为感性描述（如“感觉不够温馨”），缺乏具体量化标准。智慧医疗领域，患者需求场景多变（紧急情况与日常监测），导致验证结果充满变数。

某健康手环团队曾通过问卷调查患者需求，自认为抓住了重点，结果上线后患者抱怨：“提示太频繁，不实用。”这种低效性在行业中普遍存在。

理解用户需求是设计的起点。但传统方法的样本有限性和主观偏差，使其难以高效揭示硬件使用模式的细微变化、软件交互的个性化偏好以及氛围体验的情感需求。从“第一性原理”来看，这些痛点的根本在于未能整合多源数据并实现实时分析，限制了体验研究的科学性与精准性。

2. DeepSeek 的数据驱动解决方案：从低效到精确洞察

DeepSeek 通过数据驱动的精确性，将契合挑战转化为可解决的问题。DeepSeek 的核心在于整合多模态数据（如用户行为日志、传感器反馈、环境变量），并通过高级分析解读产品与市场、场景的契合度。DeepSeek 的普适性体现在对硬件、软件和氛围需求的全面优化。在智能汽车/机器人中，DeepSeek 分析驾驶数据，揭示“高峰期用户需简洁导航”的市场契合性，优化硬件触觉（如方向盘振动）、软件界面（如导航优先级）和氛围提示（如灯光变化）；在智能家居中，DeepSeek 解析用户习惯与场景需求，推荐“灯光随活动自适应”的设计；在智慧医疗中，DeepSeek 挖掘患者数据，验证“紧急时需高频提示”的场景契合性。

Jakob Nielsen 提出“数据是可用性研究的基石。”DeepSeek 通过实时数据分析，超越传统方法的低效性和主观性，确保体验设计从“猜测需求”转向“精准洞察”。DeepSeek 在此基础上优化了契合分析，确保硬件功能、软件交互和氛围体验与用户需求的无缝对齐，提升了 UX 研究的科学性与效率。

3. 契合的体验设计红利：从不确定性到设计依据

UX 研究的目的是什么？是提供精准的用户需求洞察，作为体验设计的坚实依据。DeepSeek 的解决方案从概率性猜测转向数据驱动的科学验证，确保设计决策的可靠性。其共性红利在于，智能汽车的交互设计更安全与直观，智能家居的氛围体验更贴合生活节奏，智慧医疗的提示设计更符合患者场景需求。Bill Buxton 说：“设计的价值在于满足用户未言明的期望。”DeepSeek 通过精确的契合分析，减少了设计过程中的偏差与试错，为硬件、软件和氛围的体验优化提供了可信的依据，推动行业设计的整体进步。

5.2.2 DeepSeek 通过多模态洞察数据

本节将探讨 DeepSeek 如何通过多模态洞察数据，揭示用户的真实需求。DeepSeek 的多模态数据洞察能够挖掘用户未言明的行为，为体验设计提供深层洞察。

1. 传统研究的盲区：隐藏需求的共性挑战

传统 UX 研究往往聚焦显性需求的挖掘，却容易忽视那些隐藏于背后的真实需求，这一盲区在智能汽车/机器人、智能家居及智慧医疗等前沿领域表现得尤为明显。在智能汽车中，驾驶员可能未明确表达“疲劳时的情感支持需求”，传统问卷难以捕捉；在智能家居中，用户可能未意识到“氛围对情绪的潜移默化影响”，访谈无法量化；在智慧医疗中，患者可能未提及“提示的个性化偏好”，主观反馈难以挖掘。

某音箱团队曾通过用户调查优化指令，自认为“功能齐全”，结果用户试用后表示：“太复杂，不贴心。”这种盲区在行业中普遍存在。

用户的真实需求，往往深藏于他们那些未曾言明的行为细节之中。从“第一性原理”看，传统研究的根本挑战在于未能充分利用多源数据挖掘隐藏需求，限制了体验设计的深度与情感共鸣。硬件使用模式、软件交互偏好和氛围体验的情感需求，因缺乏系统性分析而被忽视，导致设计停留于表面满足而非深层联结。

2. DeepSeek 的多模态数据洞察：揭示体验设计的深层需求

DeepSeek 利用多模态数据分析技术，包括硬件使用模式、软件交互数据和氛围偏好反馈，深入挖掘用户行为和偏好，以揭示用户的真实需求，并为体验设计提供深刻的洞察。DeepSeek 的普适性在于整合未充分利用的数据，转化为可操作的设计建议。在智能汽车和机器人领域，DeepSeek 通过分析驾驶行为日志及传感器数据，精准捕捉用户在疲劳状态下的情感化需求，进而提出了“柔声提醒+灯光渐变”的创新设计，这一设计有效优化了硬件的触觉反馈、软件的交互逻辑以及整体的氛围体验；在智能家居中，DeepSeek 解析环境反馈数据，揭示“灯光与情绪关联”的需求，建议“动态氛围调节”；在智慧医疗中，DeepSeek 挖掘患者行为和健康数据，推荐“个性化触觉提示节奏”，提升硬件响应与情感支持。

DeepSeek 的共性优势在于，通过数据掌控跨越传统研究的盲区，将硬件（如触觉反馈）、软件（如动态 UI）和氛围（如情绪提示）的设计从显性功能推向隐性需求的满足。它支持资深设计师将直觉与证据结合，确保体验设计不仅实用，更具人性化深度。功能价值模型进一步佐证 DeepSeek 的价值：它在满足“基础需求”（功能性）的同时，通过情感洞察满足“效率需求”（个性化与无缝性）。

3. 真实需求的体验设计价值：从功能满足到情感共鸣

“第一性原理”追问：揭示真实需求的意义是什么？是深化体验设计的情感共鸣，提升用户连接。DeepSeek 凭借多模态洞察能力，促使设计从仅仅满足表面功能向深度响应用户内在需求转变。其普适性红利在于，智能汽车的交互设计从“操作便利”升华为“情感支持”，智能家居的氛围体验从“功能实现”转向“生活融入”，智慧医疗的提示设计从“信息传递”提升为“关怀感受”。Jakob Nielsen 说：“体验设计的终极目标是让用户感到被理解。”DeepSeek 通过揭示隐藏需求，为硬件、软件和氛围设计注入情感价值，推动行业 UX 研究从浅层优化走向深层共鸣。

5.2.3 DeepSeek 以精准性验证需求

本节将探讨 DeepSeek 如何通过精准性验证需求，提升体验研究的可靠性。DeepSeek 凭借其精准的验证机制，有效保障了设计在不同平台间的一致性以及适应各种场景的能力，进而增强了用户体验的可靠性和稳定性。

1. 传统验证的低效性：主观性与概率性的行业制约

传统 UX 需求的验证依赖用户测试和主观反馈，其低效性在智能汽车/机器人、智能家居和智慧医疗领域表现为共性制约：验证周期长、结果不确定。在智能汽车领域，车载界面的优化往往需要经过多次驾驶测试，但主观反馈难以准确量化；在智能家居方面，灯光效果的验证则主要依赖用户的描述，缺乏统一的客观标准；在智慧医疗领域，手环提示设计的调整更是需要患者反复试用，其结果往往因个体差异而呈现较高的不确定性。

Jakob Nielsen 说：“验证是设计的试金石。”但传统方法的共性问题是主观性与概率性，缺乏实时、客观的验证机制。从“第一性原理”看，低效的根源在于未能通过系统性数据分析消除不确定性，限制了硬件、软件和氛围设计的优化可靠性。

2. DeepSeek 的精准验证机制：实时调整与跨平台一致性

DeepSeek 凭借 AI 技术驱动的验证手段，如自动用户旅程模拟、多触点情感深度剖析以及基于真实场景的测试，极大地提升了体验研究的精确度和可靠性。其共性在于通过数据分析和实时调整，确保设计的跨平台一致性与场景适应性。在智能汽车/机器人领域，DeepSeek 建议采用 XR 技术的柔性台架进行整车人机虚拟验证，模拟驾驶场景（如高峰期、夜间），实时调整触觉提示（如方向盘振动频率）与软件界面（如导航优先级），以验证硬件、软件和氛围（如灯光提示）的一致性。在智能家居中，它能够帮助用户从众多维度中，筛选必要的分析维度，分析多设备的情感反馈，优化灯光与声音的协同，确保体验无缝性；在智慧医疗中，它基于患者场景测试提示效果，动态调整振动频率与音效，以验证设计的关怀性。

尤其是当指令模糊、覆盖面不完整时，DeepSeek 真的是及时雨，主动为我们指出新的方向。

实时反馈是交互设计的未来。DeepSeek 的普适性在于，它通过数据驱动的验证机制，超越传统方法的低效性，确保硬件体验的精确性、软件交互的直观性以及氛围设计的贴合性。DeepSeek 不仅验证功能性（基础需求），还通过实时优化提升无缝性与个性化（效率需求），为体验设计提供可靠支持。

3. 验证的体验设计红利：从试错到科学决策

验证的终极价值是什么？是为体验设计提供科学决策依据，消除不确定性。DeepSeek 的精准验证机制带来行业共性红利：在智能汽车中，交互设计从“试错调整”转为“安全直观”的科学优化；在智能家居中，氛围体验从“主观猜测”升华为“沉浸贴合”的可靠设计；在智慧医疗中，提示设计从“概率验证”转向“关怀精准”的体验提升。

可靠的设计源于可靠的洞察。DeepSeek 通过帮助用户搭建平台工具，用来自动模拟和实时调整，确保硬件（如触觉反馈）、软件（如动态 UI）和氛围（如情感提示）的体验设计经得起多场景考验。这种从试错到科学决策的转变，不仅提升了 UX 研究的效率，更为行业体验设计的创新奠定了坚实基础，推动硬件功能、软件交互和氛围体验的整体优化。

5.3　用户需求与体验并行

在前面的章节中，我们探讨了 DeepSeek 如何深入挖掘并验证用户体验需求。接下来，我们将聚焦如何通过差异化思路和创意赋能，打造契合行业的产品设计。

5.3.1　DeepSeek 如何引入差异化思路

产品同质化是当前设计领域面临的一个重要问题。DeepSeek 通过其独特的技术能力，为体验设计注入了新颖的思路，从而打破了这一困境。

1. 同质化的根源与体验瓶颈：行业设计的创新停滞

在智能汽车/机器人、智能家居和智慧医疗领域，产品同质化已成为体验设计的重大障碍。其根源在于行业对“安全设计模式”的过度依赖：团队倾向于复制已验证的硬件布局、软件交互流程和氛围体验，以规避风险。虽然这种策略短期内降低了失败的风险，但却造成了硬件功能上的趋同、软件交互的单一化，以及氛围设计上情感深度的缺失。以智能汽车为例，许多车载系统采用相似的触控屏布局和语音指令，驾驶员常抱怨“换车如未换，体验毫无新意”。智能家居的联网智能灯具多局限于标准亮度调节，用户难以感知独特价值。智慧医疗的健康手环则停留在基本数据展示，患者觉得“功能齐全却无灵魂”。

优秀的设计不仅满足功能，更要激发用户的情感共鸣。然而，依赖安全模式的惯性让硬件停滞于功能叠加，如智能汽车按键布局忽视人体工学创新；软件体验趋于模板化，如智能家居 UI 缺乏个性化定制；氛围设计流于表面，如智慧医疗设备提示音单一，未能触及用户内心需求。从“第一性原理”看，同质化的本质是未能回归用户体验的核心：满足基础需求并提升效率。这种停滞不仅削弱用户体验，还让企业在竞争中失去辨识度。

2. DeepSeek 的差异化突破：为体验设计注入新颖思路

DeepSeek 作为一个 AI 驱动平台，不直接生成设计成品，而是通过场景分析和新概念启发，为团队提供差异化的体验设计思路。在智能汽车/机器人领域，车载机器人设计常受限于传统语音和触屏交互。DeepSeek 分析驾驶场景数据（如高峰期情绪波动、夜间疲劳模式），建议“非常规硬件布局：将触觉反馈集成到方向盘侧缘”，团队据此设计侧缘振动提示转向，软件优化为预测性导航语音，氛围融入“动态表情交互”，如堵车时机器人“无奈耸肩”。用户盛赞“这车独具个性，操作界面既直观又充满乐趣”，远超同类产品。

在智能家居领域，若几年前联网智能灯具设计有 DeepSeek，它能分析用户生活习惯，推荐“非线性亮度调节曲线”以提升夜晚助眠体验，避免标准线性变化的单调感。团队成员提到用 DeepSeek 重开发智能灯具功能，它建议“基于环境音的自适应光线”，如检测到音乐时同步闪烁，硬件团队优化感应器，软件实现动态调节，用户表示“氛围感强，太有新意了”。在智慧医疗中，DeepSeek 若早年介入健康手环设计，能分析患者行为数据，推荐“触觉与情绪关联的提示模式”，如心率异常时轻振加柔声提示，一定会别出新意。

DeepSeek 的突破性在于，它凭借跨行业的深刻洞察（如将医疗触觉技术融入汽车方向盘设计）以及对用户行为的细致分析，激发了硬件领域的触觉创新、软件层面的预测交互以及氛围营造中的情感提示等前所未有的创意。Jakob Nielsen（可用性专家）曾说：“差异化设计是用户忠诚度的基石。”DeepSeek 定位为增强设计师创新自信的工具，其建议经过数据验证，让团队敢于跳出安全模式，探索体验设计的边界，确保差异化与实用性兼得。

3. 差异化的体验价值：从功能重复到用户共鸣

体验设计的目标是超越功能满足，创造与用户需求的深度共鸣。DeepSeek 凭借极具延展性的思维，开展超越行业标准的差异化设计，引领行业产品从同质化迈向创新之路。在智能汽车/机器人领域，车载机器人团队曾计划采用“自适应交互模式”设计，即在高速行驶时简化语音提示，低速时提供更丰富的交互信息，同时通过硬件触觉优化握感，并让氛围灯随用户情绪变化。这种设计旨在让用户感受到“每辆车的体验都独一无二”，从而显著提升品牌辨识度。然而，当时由于缺乏相应的工具和平台，尽管几十名专家在会议室反复讨论，最终仍未能提出创新方案。若智能家居领域在早期采用 DeepSeek 设计音箱，便可引入“动态环境反馈”功能，例如根据天气变化自动调整灯光，为用户提供更个性化的氛围体验。最近，某团队利用 DeepSeek 优化音箱设计，开发了“情绪感知灯光”功能，用户评价其为“像懂我的家”。

在智慧医疗领域，DeepSeek 已启发多个团队重新开发监护设备，建议采用“个性化提示节奏”设计，例如根据患者习惯调整振动频率，并通过软件 UI 动态展示健康趋势。患者反馈称“不再千篇一律，很贴心”。交互设计专家 Bill Buxton 在 *Sketching User Experiences* 一书中指出：“体验设计的价值在于创造用户无法忘怀的瞬间。” DeepSeek 通过硬件布局的创新、软件流程的深度优化以及氛围体验的独到设计，使团队有信心打破同质化困境，打造贴合行业需求、深化用户体验感知价值的产品。

5.3.2 发散创意源泉

本节将探讨 DeepSeek 如何为体验设计提供灵感，并支持这些创意的落地实施。DeepSeek 不仅提供了创意的源泉，还通过其实用的工具和方法，确保这些创意能够转化为实际的产品设计。

1. 创意枯竭的体验挑战：行业设计的灵感匮乏

在智能汽车/机器人、智能家居及智慧医疗等多个领域，创意枯竭已成为体验设计领域普遍面临的严峻挑战。尽管资深设计师拥有长达 20 年的丰富经验，但却可能因固化思维而限制其创新空间。在智能汽车中，车载系统 UI 常沿用传统布局，设计师囿于熟悉模式，难以突破常规交互。智能家居中的灯具、家具或音箱设计多停留在功能优化，缺乏情感层面的新意。智慧医疗的手环提示局限于标准模式，未能满足个性化体验需求。

某智能家居团队曾为新品绞尽脑汁，设计师叹气：“我们试了所有老办法，还是没亮点。”这种依赖经验的局限让硬件、软件和氛围设计停滞，创意库逐渐枯竭。

创意匮乏让产品失去灵魂。传统设计流程过度依赖内部头脑风暴，忽视了外部数据驱动的灵感，致使行业产品缺乏新意，体验设计的深度和广度均受到限制。

2. DeepSeek 的创意赋能：为体验设计提供灵感库

DeepSeek 定位为“创意工具库”，通过场景分析和跨行业洞察，为体验设计提供硬件人体工程学建议、软件 UI 变化和氛围情绪概念。在智能汽车/机器人领域，车载机器人团队面临交互设计的创意瓶颈。DeepSeek 分析驾驶数据，推荐“人体工程学方向盘触觉提示”，如侧缘振动替代传统按键；建议“软件 UI 动态切换”，如夜间简化界面；并提出“氛围情绪灯同步”，如疲劳时渐亮暖光。团队据此设计新原型，用户表示“操作舒适又有惊喜”，硬件触觉、软件界面和氛围灯光的创意融合提升了体验层次。

在智能家居领域，若几年前音箱设计采用 DeepSeek 技术，它能分析用户习惯，推荐“人体工程学触控区域”以优化手势操作，提出“软件 UI 个性化主题”以适配用户喜好，并启发“氛围情绪音效”，例如雨天播放自然音。近期，一家团队利用 DeepSeek 技术对音箱交互进行了创新开发，提出了“动态灯光与声音联动”的概念。硬件方面，麦克风响应得到了优化；软件方面，实现了实时同步功能。这些改进使得用户体验得到了显著提升。用户对这一创新的评价极高，认为它“像艺术品，很有灵魂”，这与 DeepSeek 在 AI 领域的高客户满意度相呼应。在智慧医疗中，DeepSeek若早年介入手环设计，能推荐“人体工程学腕带弧度”提升佩戴舒适度，提出“软件UI情绪反馈”功能，例如心率变化时显示动态图标，并启发“氛围振动模式”设计，如通过轻柔振动提示用户放松。最近，某团队用DeepSeek技术优化手环，设计了“个性化触觉节奏”功能，患者反馈称“很贴合我的需求”。

DeepSeek凭借跨行业的灵感汲取（如从医疗触觉领域到汽车方向盘设计的借鉴）以及深入的用户数据分析，有效弥补了设计师即便拥有20年经验也可能存在的认知局限。在此基础上，DeepSeek进一步为体验设计融入了情感价值，为团队提供了丰富的灵感种子，使他们能够在现有工具上迅速进行验证和完善，从而不断拓展创意的边界。

3. 创意落地的体验实践：快速原型与用户价值

DeepSeek的创意赋能不仅限于灵感激发，还支持快速原型制作，确保体验设计的有效落地。在智能汽车和机器人领域，车载机器人团队采纳DeepSeek的技术建议，在一周内成功开发出“触觉方向盘+动态UI”原型，通过硬件优化提升握感，软件实现自适应界面，同时利用氛围灯增强情感连接。用户测试表明“体验独特且实用”。若智能家居行业当年采用DeepSeek快速分析设计出的各类灯具，并快速搭建“情绪光线调节”原型，通过硬件调整感应器，软件实现动态变化，用户将享受更个性化的体验。企业也能第一时间实现产品创新，打破传统价格战的束缚。

在智慧医疗领域，DeepSeek激发了团队重新开发手环，迅速打造“个性化触觉提示”原型，硬件方面优化了振动模块，软件则根据患者习惯进行了适配，用户反馈称“就像专属助手一样”。Jakob Nielsen说：“用户体验的提升源于创意的可实施性。”DeepSeek通过灵感和验证，让硬件（人体工程学）、软件（UI变化）和氛围（情绪概念）的创意从概念走向实践，丰富行业体验设计的可能性，为用户带来更高价值。

5.3.3 探索DeepSeek与人类的协作动态

本节将探讨DeepSeek与人类设计师的协作动态，以及这种协作如何深化体验设计的用户连接。通过这种协作，DeepSeek能够更好地理解用户需求，从而设计更具情感共鸣的产品。

1. 传统设计的单兵作战：体验创新的局限

在传统体验设计中，设计师往往独自肩负创意与实施的重任。他们尽管拥有20年的宝贵经验，但由于缺乏外部协助，其创造力受到限制。在智能汽车/机器人领域，车载系统设计多依赖个人判断，难以覆盖多场景的体验需求。智能家居的音箱交互设计因单一视角而缺乏情感深度。智慧医疗的手环设计因经验固化，难以突破常规提示模式。

某手环团队曾为新功能苦思无果，设计师感慨：“我尽力了，但总觉得缺了点什么。”这种各自为战的局面，使得硬件、软件和氛围的体验设计仅仅徘徊在舒适区的边缘，错失与用户建立联系的宝贵契机。

Bill Buxton曾说：“体验设计需要协作才能触及用户内心。”人机伙伴关系为行业提供了新机遇，AI可弥补人类局限，推动体验设计的创新深度。

2. DeepSeek 的协作动态：创意生成与行业情境化

DeepSeek 与人类形成动态协作：AI 生成创意，人类根据行业知识情境化完善。在智能汽车/机器人领域，车载机器人团队用 DeepSeek 生成“触觉与语音混合交互”创意，AI 建议“方向盘振动提示转向”，设计师结合驾驶场景完善为“高速时振动增强，低速时语音主导”，硬件团队优化触觉反馈，软件实现自适应逻辑。DeepSeek 根据用户反馈迭代，建议“情绪感知交互”，团队落地为“疲劳时柔声提醒”，用户表示“无缝切换，很贴心”，体验设计深度显著提升。

在智能家居领域，就有设计师有自生成的“动态光线”创意，设计师精心将其完善为“夜晚助眠模式”，硬件团队细致调整感应器灵敏度，软件团队则巧妙实现光线渐变逻辑，整个过程中投入了大量精力与时间成本，导致研发周期不得不一再延长。最近，某团队用 DeepSeek 优化音箱交互，AI 建议“环境音联动”，设计师结合家庭场景完善为“雨天自然音效”，硬件优化麦克风，软件实现同步，用户评价“很温馨”。在智慧医疗中，DeepSeek 若早年介入手环设计，生成“个性化提示”创意，设计师完善为“心率异常时柔声提醒”，硬件调整振动模块，软件适配患者习惯，患者本可感到关怀。

DeepSeek 的迭代工作流增强特定行业设计：如制造业的触觉硬件（振动优化）、教育中应用的直观软件（简洁 UI）。协作让设计更有生命力。DeepSeek 与人类的伙伴关系确保创意落地契合行业需求，提升体验设计的针对性。

3. 用户连接的深化：体验设计的终极价值

体验设计的目标是与用户建立情感连接。DeepSeek 与人类的协作进一步深化了这一目标。在智能汽车/机器人领域，车载机器人团队利用 DeepSeek 设计了“情绪感知”模式，一旦检测到驾驶员焦虑情绪（如堵车导致心率上升），机器人就会以微笑回应：“别急，我们同在。”同时，硬件发出轻柔振动提示，软件则智能推荐舒缓音乐，用户感慨道：“仿佛有了懂我的朋友，开车不再孤单。”这种设计不仅提升了效率（快速响应），更满足功能价值，还通过情感共鸣深化体验。

在智能家居领域，若数年前音箱便融入了 DeepSeek 技术，它便能提出“环境情绪联动”方案：雨天时自动播放自然音效，并调节灯光氛围。硬件与软件无缝协同，完美适配用户生活习惯，让用户真切感受到：“家，因智能而更加温馨。”在智慧医疗中，DeepSeek 与团队协作重开发手环，设计了“动态关怀提示”功能：心率异常时，手环会轻柔振动并轻声提示“休息一下”。硬件优化触觉强度，软件根据患者数据个性化调整提示方式，患者由衷赞叹：“它不再是冷冰冰的设备，而是如同拥有灵魂的贴心伴侣。”若早年采用此设计，患者本可从“被监控”转为“被关怀”。正如梁宁所说：“功能价值是基础需求与效率需求的结合。”DeepSeek 在此基础上加入情感需求，让体验设计触及用户内心。

情感是体验设计的核心驱动力。Jakob Nielsen 补充：“可用性是基础，愉悦感是升华。”DeepSeek 与人类的协同，从硬件（人体工程学优化）、软件（个性化交互）到氛围（情绪反馈），打造与用户深度共鸣的体验设计。Bill Buxton 说：“体验设计的目标是创造用户无法忘怀的瞬间。”在智能汽车中，DeepSeek 成为驾驶时的温暖陪伴；在智能家居中，DeepSeek 营造了家的个性氛围；在智慧医疗中，DeepSeek 提供健康时的关怀支持。这种人机协作不仅满足功能，更通过差异化与情感化，重新定义了体验设计的行业标准，为用户带来持久的连接与价值。

5.4 UX 交互革新

本节将聚焦 UX 交互的革新和 DeepSeek 如何引领各行业产品操作体验与体验美学的新趋势。

5.4.1 追溯交互从静态到动态多模态的转变

交互设计的发展历程中，从静态到动态多模态的转变是一个重要的里程碑。DeepSeek 通过其先进的技术，推动了这一交互范式的革新。

1. 从静态到动态：行业交互设计的转型困境

交互设计的历史，从静态的键盘输入到如今的动态多模态（如语音、手势、环境提示），反映了技术与用户需求的双重驱动。然而，这一转型在智能汽车/机器人、智能家居和智慧医疗领域带来了显著挑战。在智能汽车中，传统静态界面（如物理按钮和固定屏幕）难以适应自动驾驶的多场景需求，用户常因信息过载或操作复杂而感到困惑。智能家居的交互也从单一开关转向多设备协同，但联网智能灯具或音箱的语音控制常因响应延迟或指令不统一而受挫。在智慧医疗中，远程监护设备需从按键操作转为更直观的模式，但早期设计常因缺乏动态性而让患者感到生硬。

2. DeepSeek 如何推动动态交互：模拟与一致性优化

DeepSeek 作为一个 AI 驱动平台，通过交互模拟和跨平台一致性分析，推动行业向动态多模态交互转型。在智能汽车/机器人领域，车载机器人的交互设计需整合语音、手势和环境提示。DeepSeek 通过解析复杂驾驶场景（如高速巡航和夜间疲劳驾驶），建议优先采用手势控制，以减少语音干扰，并通过模拟用户操作路径，确保跨硬件的动作响应与软件界面反馈之间的一致性。团队据此优化设计：手势触发导航调整，语音仅用于简短确认，用户反馈“操作顺畅，像直觉反应”。

在智能家居领域，若几年前设计联网音箱时采用 DeepSeek 技术，它能够深入分析用户的语音习惯和设备响应时间，推荐“动态优先处理常用指令”的策略，并模拟多设备间的协同效果，从而避免响应延迟的问题。最近，某团队用 DeepSeek 技术重新开发音箱交互，它建议“结合环境灯光提示优化语音反馈”，团队调整后，音箱在指令执行时同步闪烁灯光，用户表示“更有沉浸感”。在智慧医疗中，DeepSeek 若早年介入监护设备设计，能模拟患者操作场景，推荐“语音激活结合触觉反馈”，提升直观性。最近，某团队用 DeepSeek 优化健康手环交互，建议“手势切换模式并验证一致性”，患者评价“简单易上手”。

DeepSeek 不会直接生成交互方案，而是通过数据驱动的模拟和跨平台验证，确保动态交互的适应性。它助力团队精准预测用户行为，例如在驾驶过程中注意力的分配情况，进而优化硬件性能（如动作响应速度）、软件体验（如界面操作的流畅性）以及环境氛围（如灯光提示的智能化），从而提升设计的日常实用性。

3. 动态交互的影响：适应性与用户愉悦感的双赢

交互设计的价值在于让技术服务于用户，而非用户适应技术。DeepSeek 推动的动态交互革新，让行业设计从静态约束转向灵活适应。在智能汽车/机器人中，车载机器人团队用 DeepSeek 洞察“用户在不同驾驶场景需不同交互强度”，设计“自适应交互模式”：低速时语音主导，高速时手势优先，用户表示“切换自然，像老司机助手”，愉悦感与安全性并存。

在智能家居领域，我们为一家地产公司设计了“灯光随场景自适应亮度”的概念，利用 DeepSeek 技术优化智能灯具交互。家中的传感器能够综合分析用户对环境氛围的动态需求，并推荐相应的灯光亮度设置，从而提升居住舒适感。近期，某团队通过 DeepSeek 进一步优化了智能灯具的交互体验，实现了“语音调节亮度”的功能，用户反馈称这一功能“很人性化，就像了解我的房间一样”。在智慧医疗中，DeepSeek 启发团队重开发手环交互，建议“根据患者状态调整提示强度”，如夜间轻柔振动，用户表示“贴心又不扰人”。

DeepSeek 通过模拟和验证，让动态交互适应用户生活节奏，提升了日常 UX 工作的效率与愉悦感，为行业设计注入了新活力。

5.4.2 DeepSeek 如何优化新形式、界面和逻辑

本节将探讨 DeepSeek 如何通过优化新形式、界面和逻辑，加速人机间的沟通体验。DeepSeek 的技术不仅提升了沟通的效率，还增强了用户体验的愉悦感。

1. 人机沟通的瓶颈：传统设计的响应与理解难题

人机沟通的理想状态是无缝、自然，但在智能汽车/机器人、智能家居和智慧医疗领域，传统设计常因响应迟缓或理解不足而受阻。在智能汽车领域，若车载系统语音交互延迟严重或识别精度不足，将分散驾驶员注意力，进而可能危及行车安全。智能家居的对话式 UI（如音箱）常因指令复杂或反馈不及时，让用户感到“智能不智”。智慧医疗中，监护设备的触觉反馈若过于单一或不直观，患者可能错过关键提示。

体验设计先驱唐•诺曼曾说：“沟通的核心是理解与响应。”但传统设计依赖手动调整和有限测试，难以应对多模态交互的复杂性。某音箱团队曾推出复杂指令系统，设计师信心满满：“这能满足所有需求！”结果用户试用后皱眉：“太难用，反应还慢。”智能汽车需要敏捷响应，智能家居呼唤简洁对话，智慧医疗则要求精准信息传达，这些挑战令传统手段显得力不从心。

2. DeepSeek 的加速作用：优化新形式、界面与逻辑

DeepSeek 通过分析用户行为和场景数据，优化人机沟通的新形式（触觉反馈）、界面（对话式 UI）和逻辑（预测性响应）。在智能汽车/机器人领域，车载机器人需通过语音和触觉与驾驶员沟通。DeepSeek 分析驾驶数据，建议“优化触觉反馈频率以匹配紧急场景”，团队设计方向盘轻微振动提示转向，语音简化为“左转确认”，用户反馈“反应快，像直觉延伸”。它还验证对话逻辑，推荐“预测性短语减少响应时间”，如预判堵车时自动建议“调整音乐”，驾驶员评价“很聪明”。

在智能家居领域，若几年前设计音箱时采用 DeepSeek，它能分析用户指令频率，推荐“简化对话式 UI 并同步灯光反馈”，提升响应速度。最近，某团队用 DeepSeek 重开发音箱交互，建议“预测用户意图并优化麦克风灵敏度”，团队设计“单句切换模式”并缩短响应延迟，用户表示“对话流畅，像和人聊天”。在智慧医疗中，DeepSeek 若早年介入监护设备设计，能分析患者反应数据，推荐“触觉与语音结合的预测提示”，如心率异常时轻振并低声提醒“休息一下”。近日，某团队用 DeepSeek 优化手环交互，建议“动态调整触觉强度”，患者评价“提示清晰又温和”。

DeepSeek 不直接设计界面，专注于提供实用的优化策略。例如，智能汽车设计师可将“触觉反馈频率”融入方向盘设计，智能家居团队可简化 UI 逻辑，智慧医疗团队可调整提示强度。这些建议均经过实际场景验证，确保沟通既高效又自然流畅。

3. 沟通加速的价值：效率与情感的融合

DeepSeek 的优化让行业设计实现这一双重目标。在智能汽车/机器人中，车载机器人团队用 DeepSeek 分析“用户在疲劳时的沟通偏好”，设计“低频触觉提示搭配幽默语音”，如堵车时说“别急，我们一起等”，用户表示“既快又有趣”。若智能家居行业当年采用 DeepSeek 设计音箱，可优化“预测性响应”让灯光与语音同步，用户本可享受更流畅体验。最近，某团队用 DeepSeek 优化音箱，设计“意图预测对话”，用户评价“像懂我的助手”。

在智慧医疗中，DeepSeek 激发了团队灵感，重新设计了手环交互系统，提出了“依据心率预测需求并提示”的创新方案，该方案采用“轻柔振动与温馨语音提醒”方式，患者反馈如同医生贴身陪伴，既迅速又安心。彼得·蒂尔说：“创新是为用户创造惊喜。”DeepSeek 通过加速沟通，融合效率与情感，让设计不仅实用，更富有人性化温度。

5.4.3 深化人与环境的连接

最后，我们将探讨 DeepSeek 如何通过设计美学与情感，深化人与环境的连接。DeepSeek 的设计不仅注重功能，还注重情感的表达，从而提升了用户体验的整体质量。

1. 连接的挑战：传统设计的冷漠与单一

人机交互的终极目标是建立深层连接，但传统设计常因缺乏预测能力和个性化而显得冷漠。在智能汽车/机器人中，车载系统若不能理解驾驶员情绪，交互会显得机械，难以建立信任。智能家居若仅提供标准功能，难以融入用户生活节奏。智慧医疗中，监护设备若仅重复提示，患者可能感到被“监控”而非关怀。

设计需深入触动用户情感层面。然而，传统设计流程受限于静态模板和通用解决方案，难以精准预测用户需求或打造个性化体验。智能汽车需情感共鸣，智能家居求生活融入，智慧医疗要关怀感，这些挑战让传统设计显得单一而疏远。

2. DeepSeek 的深化作用：预测与个性化设计

DeepSeek 建议设计师和产品经理通过预测用户需求和个性化优化，帮助行业设计深化连接。在智能汽车/机器人领域，车载机器人需感知驾驶员状态。DeepSeek 分析驾驶数据，建议“根据心率预测疲劳并调整交互”，团队设计“疲劳时微笑并轻声建议休息”，硬件适配握感方向盘，软件学习驾驶习惯，用户表示“像活的伙伴，很暖心”。

DeepSeek 通过数据洞察，塑造直观、响应式系统，让硬件（如握感适配）、软件（如习惯学习）和氛围（如光线变化）“有生命感”。

3. DeepSeek 进一步支持使用者的美学与情感的提升：设计的深层价值

作为一名 UX 设计师，我深知美学与情感在用户体验中的核心地位，而 DeepSeek 这样的 AI 工具正通过增强这两方面的能力，重新定义设计的价值。假设我在为一个冥想应用设计界面，目标是让用户感到平静和专注。传统流程中，我可能凭经验选择蓝色调和简洁布局。但 DeepSeek 可以分析用户行为数据——例如他们在压力高峰时段打开应用——并结合情感识别技术，建议使用动态渐变背景，从深蓝过渡到浅紫，搭配微妙的呼吸节奏动画。它能智能分析用户历史反馈，精心推荐柔和圆角按钮设计，有效减轻视觉负担。这种精准的美学调整和情感引导，让用户在打开应用的第一秒就感到放松，显著提升沉浸感。

对普通用户，DeepSeek 也能降低 UX 设计的门槛。例如一个非设计师的小店主想优化自己的电商页面，他告诉 DeepSeek：“我想让顾客觉得我的品牌很亲切。” DeepSeek 可能分析他的目标客群（如 30～40 岁女性），建议用温暖的杏色调，搭配手写风格字体，并在结账页面添加一个微笑表情的微交互动画。这种设计不仅美观，还通过情感化细节增强用户信任和好感度，直接影响转化率。如果搭配相关其他 AI 工具，可以进一步快速搭建视觉模型。

在 UX 领域，设计的深层价值在于它不仅是界面的呈现，更是用户与产品之间情感纽带的构建。凭借数据洞察与个性化美学方案，DeepSeek 助力我迅速迭代设计，精准满足用户心理预期，例如在健身 APP 中用鲜艳色块激励初学者，或在阅读 APP 中用复古排版吸引文艺青年。它让我从烦琐的手动调整中解放出来，把精力集中在理解用户的需求上，最终打造出既有视觉吸引力又有情感温度的体验。这正是 DeepSeek 赋予 UX 设计师的真正力量：让设计成为连接用户内心与数字世界的桥梁。

5.5　智能流程再造

接下来，我们将聚焦于智能流程再造，以及 DeepSeek 如何助力行业产品的自动化体验设计规划。

5.5.1　自动化设计流程：从烦琐到高效的转变

本节将探讨 DeepSeek 如何通过自动化设计流程，实现从烦琐到高效的转变。DeepSeek 技术不仅提高了设计效率，还显著降低了设计成本。

1. 传统设计的低效陷阱：烦琐流程如何阻碍创新

在智能汽车/机器人、智能家居及智慧医疗领域，设计的初衷在于提升用户生活品质，然而传统流程却常使团队陷入低效的困境。以智能汽车为例，自动驾驶系统的中控屏设计需要手动调整按钮布局和信息优先级，团队耗费数月制作原型，却发现用户在紧急情况下的反应迟缓。类似地，在智能家居领域，联网智能灯具的设计需人工绘制光线对情绪影响的曲线，通过访谈验证，耗时长且效果不稳定。在智慧医疗中，远程监护设备的警报设计因反复试错而延误，用户最终反馈“频繁响铃太扰人”。

设计应让用户感到自然，而非强加复杂性。然而，传统设计采用线性试错法，严重依赖人工操作和孤立的工具，如硬件设计依赖 CAD，软件设计使用 Figma，而氛围测试则仅凭主观臆断，显然缺乏系统性的整合。这种方式让创新被琐碎细节扼杀。智能汽车/机器人领域因安全要求试错成本高，智能家居因设备协同增加复杂性，智慧医疗因隐私与功能平衡加剧低效。

某自动驾驶团队曾围着白板争论界面布局，设计师提议加实时图表，工程师却摇头：“传感器吃不消。”经过三个月的反复调整，当进行测试时，驾驶员却面露难色，坦言道：“信息量太大，我根本反应不过来。”这种低效，几乎是行业的常态。

2. 自动化如何重塑设计：DeepSeek 的场景分析与验证

DeepSeek 作为一个 AI 驱动平台，不直接生成设计成品，而是基于现有工具和数据，提供场景分析、新概念启发和逻辑验证，提升设计效率。在智能汽车/机器人领域，车载机器人（涉及表情、语言、动作）的交互设计常因场景复杂而低效。DeepSeek 通过分析驾驶数据，发现夜间长途驾驶时用户更需要简短的鼓励。基于此洞察，团队利用动画工具设计了“微笑”表情，并搭配鼓励语“坚持一下，马上就到”。硬件团队进一步验证了点头动作的可行性，确保了这一交互方式的自然和舒适。用户反馈：“这种设计非常贴心，其效率和效果远超传统方法”。

DeepSeek 通过场景分析和逻辑验证，跨越硬件、软件、氛围界限，让设计从烦琐走向高效。

3. 回归设计本质：从重复劳动到用户洞察

在智能汽车和机器人领域，车载机器人团队运用 DeepSeek 分析数据，发现用户在驾驶过程中更需要情感支持，而非复杂功能。因此，他们设计了“疲劳关怀”模式：机器人会歪头微笑，并询问“要不要听点音乐？”用户感觉“仿佛有个朋友在身边”。如果智能家居团队当初采用 DeepSeek 来设计智能灯具，他们就能洞察到“用户追求的是放松而非炫技”，从而优化色温设置，而非仅仅堆砌功能。在智慧医疗中，DeepSeek 启发了团队重新开发监护设备，他们聚焦于“提升用户的控制感”，并加入了动态提醒功能，用户对此评价“更加贴心”。

DeepSeek 让设计从重复劳动转向洞察，推动行业创造人性化体验。

5.5.2 智能协同创新网络：连接人与技术的桥梁

接下来，我们将探讨 DeepSeek 如何构建智能协同创新网络，连接人与技术。DeepSeek 的平台不仅促进了团队间的协作，还提升了创新的效率。

1. 协作的孤岛困境：行业团队的沟通瓶颈

在智能汽车/机器人、智能家居和智慧医疗领域，设计复杂性让协作成为难题。以智能汽车为例，自动驾驶界面设计需要硬件、软件及 UX 团队间的无缝协作，然而，硬件团队常受限于传感器性能，与软件团队的需求产生冲突，进而引发项目延期、功能缩减，最终影响用户体验。在智能家居中，联网音箱和智能灯光的交互设计因不同厂商标准不统一，造成体验碎片化，用户常抱怨“配置太麻烦”。智慧医疗领域亦面临类似挑战，远程监护设备的设计往往因医生对实时数据的迫切需求与技术实现的局限性相脱节，团队虽多次调整，但仍难以满足患者的期望。

然而，在传统设计流程中，团队间的信息壁垒和缺乏统一的数据支持导致沟通成本高昂。在智能汽车团队中，界面设计的讨论变得激烈。硬件工程师指出：“软件逻辑过于复杂，现有的传感器难以跟上需求。”UX 设计师则坚持：“如果界面不够丰富，用户将难以有效使用。”结果项目拖延数月，用户试用后叹气：“还不如老系统。”智能汽车/机器人领域因涉及安全性需跨学科协作，智能家居因多设备互联需统一标准，智慧医疗因需平衡多方利益而加剧协作难度，孤岛困境成为创新的拦路虎。

2. 打破壁垒：DeepSeek 的协作整合能力

DeepSeek 凭借对多源数据的整合与现有工具的优化运用，成功打破了团队间的协作隔阂，为行业设计领域带来了勃勃生机。在智能汽车/机器人领域，车载机器人交互设计（包括表情、语言和动作）需要硬件、软件和 UX 团队协同完成。在传统模式下，各团队常常各自为战，摸索前行，这往往导致设计方向上的分歧与混乱。DeepSeek 介入后，通过分析驾驶场景数据（如高峰期堵车、低速巡航、夜间长途），指出“高速驾驶时用户更倾向于简洁的手势控制，而非复杂的语音交互”。它将这一洞察转化为具体建议：硬件团队据此设定了动作幅度的合理限制，软件团队则明确了指令的优先级排序，而 UX 团队更是巧妙设计了“无奈耸肩”的表情动画，以缓解用户在特定情境下的焦虑情绪。当最终产品测试时，用户反馈“这个机器人很会察言观色”，团队从数月的争执转向几天的高效共创。

在智能家居领域，协作壁垒同样常见。以联网音箱为例，若几年前设计时采用 DeepSeek，它能整合用户使用习惯（如常用指令）和设备规格（如麦克风灵敏度），推荐“统一简化语音指令”以减少配置复杂性，避免体验碎片化。最近，某团队用 DeepSeek 重新开发音箱功能，它分析用户数据后建议“基于使用频率动态简化指令”，硬件团队调整麦克风响应范围，软件团队优化识别算法，UX 团队设计更直观的反馈音效，新版本让用户评价“操作自然，像老朋友一样”。相比传统流程中各团队各自为战，DeepSeek 凭借其强大的整合能力，显著提升了团队间的协作效率。

智慧医疗中，DeepSeek 的协作支持同样关键。若几年前远程监护设备设计时采用 DeepSeek，它能整合医生对实时数据的需求、患者对隐私的关注以及硬件的技术限制，推荐“低频警报结合本地存储”的方案，避免团队在需求冲突中反复调整。最近，某团队用 DeepSeek 优化健康手环的提醒功能，它分析患者活动数据和反馈后，建议“根据活动水平动态调整提醒频率并提供关闭选项”，硬件团队优化传感器功耗，软件团队调整算法，UX 团队则设计简洁的通知界面，患者试用后表示：“提醒贴心，又不扰人”。DeepSeek 不直接执行设计，而是通过数据整合和场景洞察，将团队从对立引向共创。

这种协作方式的核心在于，DeepSeek 并非简单传递信息，而是基于多维度数据生成可执行的建议，确保硬件、软件和用户体验的无缝衔接。它减少了传统流程中的沟通损耗，让团队聚焦于实现用户价值，而非内部矛盾。

3. 跨界启发：从行业融合中挖掘潜力

DeepSeek 的独特价值不仅在于连接团队，还在于通过跨行业数据分析激发创新灵感。在智能汽车/机器人领域，车载机器人团队面临如何优化老年用户体验的挑战。DeepSeek 分析智慧医疗领域的数据，发现"老年患者更喜欢简短、重复的提示语以降低认知负担"，团队受此启发，将导航指令从"请在下一个路口右转"调整"右转，右转"，并搭配轻微点头动作。老年驾驶员试用后称赞道："简单好记，就像老伴的叮咛"，这一设计不仅提高了实用性，还意外赋予了产品的亲和力。

智能家居的设计也能从跨界中受益。若几年前联网 thermostat（恒温器）设计时采用 DeepSeek，它可能从智能汽车的触控屏交互中提取灵感，推荐"滑动式温度调节"以增强熟悉感，避免传统按钮布局的烦琐。近期，某团队借助 DeepSeek 重新开发了 thermostat 功能，借鉴智慧医疗的动态监测逻辑，提出"根据用户习惯与时间段优化温控算法"的建议。硬件团队提升了感应器灵敏度，软件团队实现了自适应调节，UX 团队则设计了直观的滑动界面，用户反馈称："新版更稳定，仿佛量身定制。"这种跨界洞察让设计突破了单一行业的局限。

在智慧医疗中，跨界启发同样适用。以远程监护设备为例，若当年设计时采用 DeepSeek，它能从智能家居的语音交互技术中汲取灵感，提出"简化语音控制选项"，从而降低患者的使用难度。最近，某团队用 DeepSeek 优化健康手环，通过分析智能汽车中的疲劳检测逻辑，它建议"结合心率数据动态调整提醒强度"。团队据此创新设计出"轻柔提示模式"，患者反馈："提醒自然柔和，宛如医生的轻声叮咛"。这种跨行业借鉴显著提升了设计的人性化程度。

从"第一性原理"出发，协作的本质是什么？不是简单地将团队拼凑，而是创造超出个体能力的价值。DeepSeek 通过整合团队资源和跨界数据，打破了行业间的知识壁垒，推动设计从局部优化走向系统性创新。例如，在智能汽车中，DeepSeek 不仅优化了车载机器人的交互，还启发团队考虑"情感陪伴"的新方向；在智能家居中，DeepSeek 将温度调节从功能性提升为舒适性；在智慧医疗中，DeepSeek 让设备从冷冰冰的工具变为温暖的支持。这种全链路的协同能力，从需求端至供给端，每一环节均得到优化，最终呈现的产品不仅功能完备，更触动了用户的心弦。

5.5.3 从直觉到洞察的飞跃

接下来，我们将探讨 DeepSeek 如何通过数据驱动优化设计选择，实现从直觉到洞察的飞跃。DeepSeek 采用的数据驱动方法，不仅提升了设计的科学性，还极大地增强了设计的可靠性。

1. 直觉的盲区：行业设计的决策陷阱

直觉在设计中曾被视为核心驱动力，但在智能汽车、机器人、智能家居和智慧医疗等复杂场景中，过度依赖直觉可能导致设计失误。在智能汽车领域，自动驾驶界面设计团队常凭直觉堆砌信息，例如加入滑动菜单以展示更多功能，测试却发现用户在高速驾驶时分心严重，反应时间延长。在智能家居中，联网音箱团队可能认为多样化的语音指令更智能，但用户反馈“指令太多，记不住，太麻烦”。在智慧医疗中，远程监护设备团队凭感觉设计高频警报以提高警觉性，结果患者抱怨“吵得睡不着，压力更大”。

设计师的每一项假设都需经过用户实践的检验。然而，传统流程中的试错方式不仅效率低下，而且过度依赖反复的调整和主观臆断，难以有效应对复杂多变的多场景需求。智能汽车关乎生命安全，容错空间极为有限；智能家居旨在简便易用，复杂性却易致用户反感；智慧医疗则需巧妙平衡隐私保护与功能完善，直觉决策的不足常致设计难以精准贴合用户实际需求。

DeepSeek 通过数据驱动的分析和洞察，优化行业设计决策，帮助团队从直觉转向科学依据。在智能汽车/机器人领域，车载机器人交互设计需平衡功能与用户注意力。

在智能机器人领域，直觉决策常常失灵。若几年前联网音箱设计时采用了 DeepSeek 技术，它便能分析用户的语音交互数据，推荐“简化常用指令并降低学习成本”，避免过度复杂的指令堆砌。近期，某团队借助 DeepSeek 等工具对音箱功能进行了全面升级。通过分析用户操作习惯，DeepSeek 建议“增加滑动式音量调节功能，并优化反馈音效”。基于此，硬件团队调整了麦克风响应速度，软件团队优化了算法逻辑，UX 团队则设计了直观易用的触控界面，最终赢得了用户“操作直观，如同使用手机般便捷”的高度评价。相比传统依赖直觉设计的低效迭代，DeepSeek 的建议使决策更加精准。

在智慧医疗领域，DeepSeek 的赋能同样显著。若早年远程监护设备设计时采用了 DeepSeek 技术，它能分析患者的睡眠和警报响应数据，推荐“动态调整夜间警报频率并优先本地存储”，避免高频响铃的扰民问题。最近，某团队利用 DeepSeek 优化健康手环的提醒功能，分析用户活动及反馈后，提出根据心率动态调整提醒强度并增设关闭选项。硬件团队优化了传感器功耗，软件团队设计了自适应算法，UX 团队则采用了简洁的通知样式。用户反馈称“提醒更加贴心且不突兀”。DeepSeek 并不直接生成设计，而是通过数据洞察为团队提供决策依据，确保选择符合用户的真实需求。

这种数据赋能的优势在于，它超越了直觉的局限性，提供了多维度的视角。例如，在智能汽车领域，DeepSeek 不仅关注驾驶场景，还考虑用户情绪；在智能家居领域，DeepSeek 平衡功能与简便性；在智慧医疗领域，DeepSeek 兼顾隐私与实用性。这种方法使设计决策从单一假设转向全面分析，避免了传统流程中的低效试错。

2. 洞察驱动：重新定义行业设计逻辑

在智能汽车/机器人领域，车载机器人团队起初凭直觉设计多样化交互，试图覆盖所有场景。DeepSeek 分析驾驶数据后指出：“用户在车内的核心需求是情绪支持，而非复杂功能。”受此启发，团队设计“情绪感知”模式：当检测到用户焦虑（如堵车时的心率升高），机器人播放舒缓音乐并露出微笑，用户评价“像有个朋友陪着，心情好多了”。这一转变源于对用户需求的本质洞察，而非功能叠加。类似地，若设计自动驾驶提示音，DeepSeek 可能建议“短促低音提示以减少分心”，确保安全与舒适并存。

智能家居中，直觉决策也需重塑。若联网智能灯具设计之初引入 DeepSeek 技术，它能洞悉用户行为，识别出“夜间用户渴求放松而非技术炫耀”，团队或可专注于色温优化，而非亮度堆砌。最近，某团队用 DeepSeek 重开发智能灯具功能，DeepSeek 建议“依据时间段与活动模式动态调节光线"，硬件团队据此优化感应器，软件团队实现自适应算法，用户反馈："夜晚开灯，如归家般温馨舒适。"这种设计不再是直觉驱动，而是洞察用户生活方式的结果。

智慧医疗领域同样受益于洞察驱动。若早年远程监护设备设计时采用 DeepSeek 技术，它能分析患者反馈，发现"用户更需要控制感而非被动接受"，推荐"个性化警报设置"。近日，某团队用 DeepSeek 优化健康手环功能，它建议"结合心率和活动数据设计轻柔提示模式"，团队据此调整提醒逻辑，用户表示"不再被设备绑架，更有掌控感"。这种从"技术为中心"到"用户为中心"的转变，正是 DeepSeek 带来的决策逻辑革新。

DeepSeek 让团队质疑直觉的可靠性，转而挖掘用户需求的本质。例如，在智能汽车中，它揭示了"陪伴胜于功能"的真相；在智能家居中，它强调"简便即舒适"；在智慧医疗中，它突出"控制感即信任"。从"第一性原理"看，设计的根本目的是解决问题，而非展示技术。DeepSeek 通过数据洞察和逻辑验证，为团队提供了科学依据，让决策从艺术直觉转向用户导向的科学洞察。这种转变不仅提升了效率，更重新定义了行业设计的价值：从满足功能需求，到触及用户内心，成为体验优化的新基石。

第 6 章　智能硬件开发实战

6.1　智能硬件开发的基本流程与挑战

智能硬件是指融合了传统物理元件（如传感器、执行器、电路板等）与计算能力，能够通过软件进行操控和数据处理的设备。常见的例子包括智能玩具、智能手机、智能家居设备、可穿戴设备以及各类物联网（IoT）产品。简单来说，这些设备通过代码赋予硬件“智慧”，使其能够感知环境、决策和自动执行任务。图 6.1 展示的是 LOVOT 陪伴机器人。

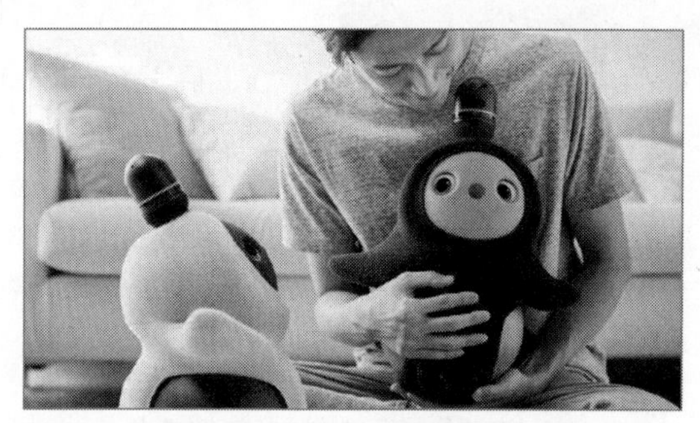

图 6.1　LOVOT 陪伴机器人

6.1.1　智能硬件开发的基本流程

智能硬件开发是一个跨学科的工程项目，主要包含以下几个阶段。

1. 概念设计与需求分析阶段

在该阶段，开发者需要明确设备的目标功能和使用场景。例如，一款智能温控器可能需要实时监测环境温度、调节空调或暖气。对于初学者来说，这一步骤相当于为项目“设定目标”，确保在后续的设计中不偏离初衷。

2. 组件选择与电路设计阶段

在该阶段，开发者可根据需求选择合适的传感器（如温度、湿度传感器）、处理器（如微控制器或单片机）和其他硬件部件。电路设计则涉及如何将这些元件通过电路连接起来，这一过程往往需要一定的电子基础知识。为了方便新手用户上手，人们研发出了多种方便易用的扩展版，以及可随插随拔的模组，如图 6.2 所示。

3. 原型制作与测试阶段

在该阶段，开发者需要利用面包板（见图 6.3）、3D 打印或小批量生产的 PCB（印制电路板）进行原型制作，并通过实际测试验证设计是否符合预期。这个阶段是发现问题、优化设计的重要环节。

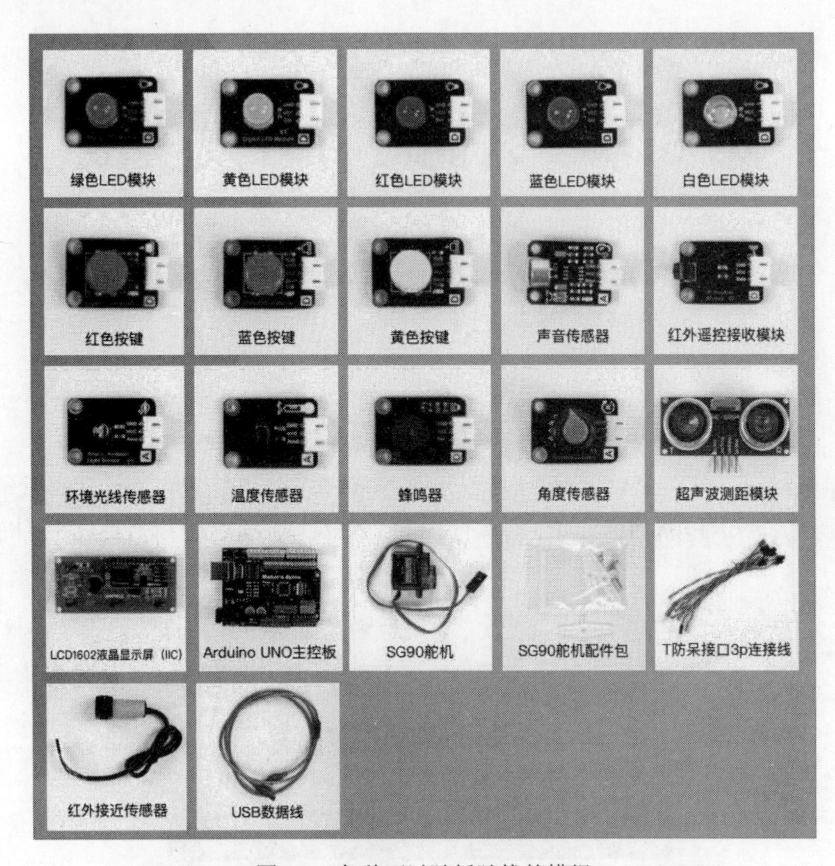

图 6.2 各种可以随插随拔的模组

图 6.3 用面包板快速搭建电路

4．软件开发与硬件集成阶段

在该阶段，开发者需要编写代码，以控制硬件的运行，如读取传感器数据、处理数据并控制执行器。新手通常会使用 Arduino、Raspberry Pi 或其他开发板上的简单编程环境，逐步理解硬件与软件协同工作的过程。

以下是一个简洁的 Arduino 代码示例（仅展示代码片段），旨在模拟读取传感器数据并将其打印输出。通过此示例，读者可以直观地理解软件和硬件之间的协同工作原理。

```
void setup () {
    // 初始化串口通信，波特率为 9600
    Serial.begin (9600) ;
}

void loop () {
    // 模拟读取传感器数据，假设传感器连接到 A0 引脚
    int sensorValue = analogRead (A0) ;

    // 将传感器值转换为温度值（假设传感器输出范围为 0～1023，对应 0～5V）
    float voltage = sensorValue * (5.0 / 1023.0) ;
    // 假设传感器为 LM35，输出范围为 0～5V，对应-50° C～+150° C
    float temperature = (voltage - 0.5) * 100.0;

    // 输出当前温度值到串口监视器
    Serial.print ("当前温度: ") ;
    Serial.print (temperature) ;
    Serial.println ("° C") ;

    // 延时 1s
    delay (1000) ;
}
```

5. 调试、优化与量产阶段

软件和硬件初步结合后，需要不断调试和优化。例如，代码可能需要针对实时响应做出调整，硬件在实际环境中可能受到温度、湿度等外部因素的影响，进而影响性能。只有设备经过多次迭代优化后，才会进入量产阶段。

6.1.2　开发者面临的挑战

对于没有硬件开发背景的人来说，开发智能硬件存在几个主要门槛。

（1）硬件知识的缺乏。相比于纯软件开发，智能硬件要求开发者对电路、传感器原理、PCB 设计等有一定了解。虽然现在有很多开源硬件和学习资源，但理解实际的电子元件和物理连接仍是一大挑战。

（2）工具和设备的获取和使用困难。软件开发一般只需要一台电脑和相应的编程环境，而硬件开发往往需要购买各种传感器、开发板、焊接工具、调试仪器（如万用表、示波器等），这对初学者来说成本较高且不易上手。

（3）调试环境复杂。软件调试主要依赖于调试器和日志输出，而硬件调试则需要借助物理设备来检测电路状态。问题可能来源于电路接触不良、信号干扰或硬件故障，使得问题排查难度增加。

开发智能硬件面临的挑战如下。

（1）软硬件协同工作。智能硬件的核心在于硬件和软件的深度融合，开发者不仅要编写高效的代码，还要确保硬件接口、供电和信号传输稳定可靠。任何一环出现问题都可能导致整个设备失效。

（2）实时性与响应速度。很多智能设备需要在极短时间内处理数据和响应外部事件，

如自动驾驶系统、智能安防系统等，这对代码的效率和硬件的处理能力提出了较高要求。

（3）能源管理。智能设备通常需要长时间独立运行，因此如何优化能源使用，延长设备寿命，也是一个重要挑战。开发者需要在代码设计中考虑节能策略，如使用低功耗睡眠模式和高效数据处理算法。

（4）环境适应性和可靠性。智能设备需要在各种环境下正常工作，如高温、低温、潮湿或灰尘较多的环境，这要求硬件具有良好的防护设计，同时，软件也要有健壮的异常处理机制。

（5）安全性。随着智能设备越来越多地连接到互联网，数据安全和设备安全也变得至关重要。开发者需要在设计初期就考虑安全加密、数据保护和防御外部攻击等问题。

总的来说，智能硬件开发不仅需要扎实的电子和编程基础，还要求开发者具备跨领域的综合能力。对于编程新手来说，理解硬件基本概念和开发流程是进入这个领域的第一步。

6.2 DeepSeek：代码生成加速器

在智能硬件开发中，嵌入式系统往往需要编写底层代码来控制传感器、执行器以及其他硬件组件。对于编程新手来说，从零开始编写这些代码既复杂又费时。DeepSeek 作为一款先进的大模型，能有效降低开发门槛——它可以通过自然语言描述，快速生成嵌入式代码，从而大幅提升开发效率。下面来看 DeepSeek 是如何做到的。

6.2.1 从自然语言到代码的转换

借助于自然语言处理技术，用户只需通过简单的文字描述需求，DeepSeek 模型便能自动解析任务并生成相应的代码。

例如，用户输入：“请生成一段代码，读取传感器数据并在串口打印。” DeepSeek 会根据这一描述生成对应的嵌入式 C 或 C++ 代码，甚至加入必要的初始化和错误处理逻辑。这种方式不仅编程新手可以轻松上手，也大大缩短了项目原型开发的时间。

下面来看 DeepSeek 生成的 C 语言代码片段。

```
#include <stdio.h>
#include "sensor.h"  // 假设有一个传感器驱动库

int main(void) {
    // 初始化传感器
    if (sensor_init() != 0) {
        printf("传感器初始化失败! \n");
        return -1;
    }
    // 循环读取传感器数据
    while (1) {
        float temperature = sensor_read_temperature();
        printf("当前温度: %.2f° C\n", temperature);
        // 延时 1s
```

```
        delay_ms (1000) ;
    }
    return 0;
}
```

这个代码示例虽然简单，但已经涵盖了初始化、数据读取和输出等基本步骤。新手可以借此了解如何构建一个嵌入式应用，而无须直接面对复杂的硬件细节。

DeepSeek-Coder 系列支持 300 多种编程语言。这一特性不仅适用于嵌入式系统的 C/C++ 开发，还能满足 Python、Java 以及其他高级语言的代码生成需求。此外，DeepSeek 能够针对不同场景（如数学推理、代码补全、自动调试）生成高质量代码，进一步提升了开发效率。

DeepSeek-Coder 系列在处理代码自动生成任务时，准确率和逻辑连贯性均超越了许多现有的开源模型。后续的 R1 版本通过进一步的预训练和强化学习，其代码生成和数学推理任务上已接近甚至部分超越了闭源系统，如 GPT-4o。

6.2.2　与 Cursor 结合提升开发效率

DeepSeek 的代码生成能力不仅使得初步代码生成变得快速高效，还能大幅提升整个开发流程的效率。结合 Cursor 这一智能代码编辑器后，开发者的工作效率得到了显著提升。

1. 快速响应与精确提示

借助 DeepSeek 的强大自然语言处理和代码生成能力，Cursor 能够更精准地理解开发者输入的需求并生成对应代码。无论是复杂的算法实现，还是简单的函数模板，DeepSeek 都能迅速输出高质量代码，减少开发者在手动编码、调试和文档查找上花费的时间。

例如，通过一句话即可生成贪吃蛇小游戏代码，如图 6.4 所示。

图 6.4　通过一句话生成贪吃蛇小游戏代码

2. 无缝集成与自动化协作

通过将 DeepSeek 模型接入 Cursor，开发者可以直接在编辑器中调用 DeepSeek API 进行代码生成与优化（见图 6.5）。Cursor 内置的 AI 助手不仅支持多种编程语言，还能针对特定场景（如嵌入式编程、前后端接口生成等）自动补全代码。因此，开发者无须频繁切换至外部平台或手动翻阅文档，便能即时获取代码建议及错误修正提示，从而大幅缩短了编码与调试的时间周期。

图 6.5 Cursor 代理协作功能

3. 成本低廉与高并发支持

DeepSeek 模型以其低成本、高性能的特点在全球同类模型中具有竞争优势。通过与 Cursor 的结合，开发者不仅可以享受到企业级的代码生成效率，同时还能降低模型使用成本。无问芯穹大模型服务平台提供的 DeepSeek API 让用户可以按需调用，并支持并发服务包模式，确保在多任务并行场景下依然能够保持高效响应。DeepSeek 的价格如图 6.6 所示。

模型 & 价格细节

模型		deepseek-chat	deepseek-reasoner
上下文长度		64K	64K
最大思维链长度		-	32K
最大输出长度		8K	8K
标准时段价格（北京时间 08:30-00:30）	百万tokens输入（缓存命中）	0.5元	1元
	百万tokens输入（缓存未命中）	2元	4元
	百万tokens输出	8元	16元
优惠时段价格(6)（北京时间 00:30-08:30）	百万tokens输入（缓存命中）	0.25元（5折）	0.25元（2.5折）
	百万tokens输入（缓存未命中）	1元（5折）	1元（2.5折）
	百万tokens输出	4元（5折）	4元（2.5折）

图 6.6 DeepSeek 的价格

4. DeepSeek+Cursor 的效率提升

DeepSeek 与 Cursor 的结合构成了一个高效开发生态。很多企业和开发团队在接入

DeepSeek-R1 与 Cursor 后，开发效率提升了数倍。例如，在一个典型的应用场景中，开发者利用 DeepSeek 自动生成的代码框架，在 Cursor 中仅需进行少量修改即可完成复杂项目的原型构建，从而节省了大量手动编码和调试的时间。这一效率提升不仅体现在代码生成上，还包括后续的代码调试和优化阶段，真正实现了“从需求到产品”的高速迭代。

对于开发者来说，这种组合既降低了技术门槛，又显著提高了开发效率，推动了整个开发流程的智能化转型。

6.2.3　嵌入式代码生成的优势

嵌入式代码生成的优势如下。

（1）降低了技术门槛。传统的嵌入式开发需要开发者熟悉硬件原理、电路设计以及底层编程语言。DeepSeek 的自然语言代码生成能让用户跳过烦琐的细节，直接得到可运行的代码示例，帮助初学者快速理解基本结构与流程。

（2）提升了开发效率。开发者不必从零开始编写每一行代码，可以将更多精力集中于整体系统架构设计和硬件接口优化。这种代码生成加速器功能，在原型开发和快速迭代阶段，尤其显得重要。

（3）可确保代码的一致性与质量。DeepSeek 基于大规模训练数据，对常见嵌入式开发模式和最佳实践有较高的把握。因此，生成的代码通常符合行业标准和规范，减少了因手写代码而出现的低级错误和不一致性问题。

总之，多语言，速入门，高效、稳定的辅助工具，以及这种从“描述到代码”的转变，正是智能化、代码驱动未来的重要一步。

6.2.4　用对话创造硬件

1. 跟着学：实现一款温感蜂鸣器

下面以实现一款温度报警器为例，一起学习从语音指令到可运行代码实现的全过程。

（1）用户输入指令。假设用户输入：“用 ESP32 做一个温度超过 30℃就响的蜂鸣器装置。”

（2）DeepSeek 进行解析。其主要内容如下：

☑ 传感器驱动初始化。能自动识别并选择适合的温度传感器（如 DHT11 或 DHT22），并初始化驱动程序。

☑ 阈值判断逻辑。根据用户需求设置温度阈值，当温度超过 30℃时，则触发蜂鸣器。

☑ 引脚安全配置。自动配置蜂鸣器连接的 GPIO 引脚，确保正确和安全的硬件连接。

（3）DeepSeek 输出带注释的完整代码。

该代码通过感知温度变化来智能控制蜂鸣器的开关，且每一步操作均附有详细注释，旨在帮助初学者轻松掌握。

```
cpp
// 引入 DHT 传感器库
#include <DHT.h>
#define DHTPIN 2                                    // 设定 DHT 传感器接入引脚
```

```
#define DHTTYPE DHT11                                 // 使用 DHT11 传感器

DHT dht (DHTPIN, DHTTYPE) ;                           // 初始化 DHT 传感器

#define BUZZER_PIN 3                                  // 设定蜂鸣器接入引脚

void setup () {
   Serial.begin (9600) ;                              // 初始化串口
   dht.begin () ;                                     // 启动 DHT 传感器
   pinMode (BUZZER_PIN, OUTPUT) ;                     // 设置蜂鸣器为输出模式
}
void loop () {
   float temperature = dht.readTemperature () ;       // 读取当前温度
   if (isnan (temperature) ) {
      Serial.println ("温度读取失败！") ;
      return;
   }

   if (temperature > 30) {                            // 温度超过 30 ℃时触发蜂鸣器
      digitalWrite (BUZZER_PIN, HIGH) ;               // 打开蜂鸣器
   } else {
      digitalWrite (BUZZER_PIN, LOW) ;                // 关闭蜂鸣器
   }
   delay (2000) ;                                     // 每 2s 读取一次温度
}
```

上述案例实现的技术原理和技术亮点如下。

（1）DeepSeek-R1 模型的 3 层转换架构如下：

☑ 自然语言层：用户用简单的自然语言描述需求，如“温度超过 30℃时响蜂鸣器”。

☑ 硬件语义层：系统理解语义，识别出温度传感器、蜂鸣器等硬件组件，自动生成硬件控制逻辑。

☑ 平台特定代码层：生成适用于 ESP32 的特定代码，确保硬件与代码无缝对接。

（2）用到的主要技术亮点有 3 个。

☑ 知识图谱应用：DeepSeek 内嵌传感器参数知识图谱，能够自动识别各种传感器的响应时间、通信协议（如 I2C 或 SPI）和误差补偿方法，确保在不同硬件之间的兼容性与准确性。例如，对于温度传感器，系统会自动选择适当的通信协议并处理可能的误差，确保数据传输的准确性。

☑ 安全防护设计：为了防止新手在硬件连接时发生损坏，DeepSeek 会自动检测蜂鸣器、电压传感器等元件的工作电压，并建议添加限流电阻等保护措施。与传统手动开发相比，DeepSeek 可以显著减少硬件损坏的风险。

☑ 实时纠错机制：当用户的指令中存在逻辑矛盾时，例如，当同时指定使用 I2C 和 SPI 接口进行数据传输时，DeepSeek 会弹出“智能疑问框”提示用户检查并修正错误。这样，可以防止开发者在没有经验的情况下犯错，提高开发效率和成功率。

2. 跟着练——实现智能植物浇水系统

现在，请各位读者尝试练习，试着用五句中文对话来构思一个智能植物浇水系统的开发。

（1）输入指令“检测土壤湿度”→DeepSeek 解析：自动选择电容式传感器。

（2）输入指令“干燥时启动水泵”→DeepSeek 解析：生成继电器控制代码。

（3）输入指令“每天最多浇 3 次”→DeepSeek 解析：添加计数保护逻辑，防止过度浇水。

（4）输入指令“LCD 显示状态”→DeepSeek 解析：配置 I2C 显示屏驱动，实时显示土壤湿度和浇水次数。

（5）输入指令“低电量警报”→DeepSeek 解析：插入电压监测模块，确保系统稳定运行。

相信读者能够深切体会到，相较于传统开发方式，采用 DeepSeek 进行开发极大地降低了技术门槛与难度，展现出无可比拟的开发优势。

☑ 传统开发需要学习传感器手册，DeepSeek 开发可自动匹配驱动参数。

☑ 传统开发需要手动配置寄存器，DeepSeek 开发采用自然语言进行描述。

☑ 传统开发需要调试易损坏硬件，DeepSeek 开发可虚拟仿真，先行验证。

以下是几个难度各异的案例，读者可根据自身学习进度选择练习与挑战。经由实践，您将能更深刻地领理解自然语言与硬件交互的精髓所在。

3. 初级挑战——让 LED 每秒闪烁一次

输入指令：“让 LED 每秒闪烁一次。”

DeepSeek 解析要点：

☑ 硬件组件：ESP32、LED。

☑ 需求描述：每秒让 LED 灯闪烁一次。

生成的代码如下：

```
cpp
#define LED_PIN 13                    // 设置 LED 引脚为 13

void setup () {
  pinMode (LED_PIN, OUTPUT) ;         // 将 LED 引脚设置为输出
}

void loop () {
  digitalWrite (LED_PIN, HIGH) ;      // 点亮 LED
  delay (1000) ;  // 延迟 1s
  digitalWrite (LED_PIN, LOW) ;       // 熄灭 LED
  delay (1000) ;  // 延迟 1s
}
```

该示例展示了如何自动生成点亮和熄灭 LED。

4. 中级挑战——用加速度计检测摔倒并发送警报

输入指令：“用加速度计检测摔倒并发送警报。”

DeepSeek 解析：

☑ 硬件组件：ESP32、加速度计、蜂鸣器。

☑ 需求描述：监测加速度计的值，当加速度值超出预设范围（摔倒）时，蜂鸣器发出警报。

生成的代码如下：

```
cpp
```

```
#include <Wire.h>
#include <Adafruit_Sensor.h>
#include <Adafruit_MPU6050.h>

Adafruit_MPU6050 mpu;
#define BUZZER_PIN 3

void setup() {
  Serial.begin(115200);
  if (!mpu.begin()) {
    Serial.println("无法找到加速度计");
    while (1);
  }
  pinMode(BUZZER_PIN, OUTPUT);
}

void loop() {
  sensors_event_t event;
  mpu.getAccelerometerSensor()->getEvent(&event);

  if (event.acceleration.x > 10 || event.acceleration.y > 10 || event.
acceleration.z > 10) {
    digitalWrite(BUZZER_PIN, HIGH);    // 发出警报
    delay(1000);                       // 保持蜂鸣器响 1s
    digitalWrite(BUZZER_PIN, LOW);     // 关闭蜂鸣器
  }

  delay(200);                          // 延迟，防止数据过于频繁
}
```

该示例展示了如何利用加速度计监测摔倒，当发生摔倒时触发蜂鸣器警报。

5. 高级挑战——用温湿度传感器监测环境，超过阈值时启动风扇

输入指令：“用温湿度传感器监测环境，超过阈值时启动风扇。”

DeepSeek 解析：

☑ 硬件组件：ESP32、温湿度传感器、风扇。

☑ 需求描述：根据环境温湿度监测，当温度或湿度超过预设阈值时，启动风扇。

生成的代码如下：

```
cpp
#include <DHT.h>
#define DHTPIN 2
#define DHTTYPE DHT101
DHT dht(DHTPIN, DHTTYPE);
#define FAN_PIN 5

void setup() {
  Serial.begin(9600);
  dht.begin();
  pinMode(FAN_PIN, OUTPUT);
}
void loop() {
  float temperature = dht.readTemperature();
  float humidity = dht.readHumidity();
```

```
    if (isnan(temperature) || isnan(humidity)) {
      Serial.println("读取传感器失败！");
      return;
    }

    if (temperature > 30 || humidity > 70) {
      digitalWrite(FAN_PIN, HIGH);  // 启动风扇
    } else {
      digitalWrite(FAN_PIN, LOW);   // 关闭风扇
    }

    delay(2000);                    // 每 2s 读取一次
  }
```

该示例展示了如何使用温湿度传感器检测环境温湿度，当超过设定阈值时，自动控制风扇的开关。

6. 错误示例分析

在硬件开发的入门阶段，不小心输入错误指令是屡见不鲜的。在这种情况下，关键在于查明错误原因，并对指令进行重新优化。接下来，让我们分析一个具体的错误案例。

错误指令："同时读取 10 个 DHT11。"

问题分析：DHT11 传感器不支持同时读取多个设备，因此尝试同时读取多个 DHT11 时，会导致读取失败或数据不准确。

优化方案：使用支持多点连接的传感器，如 DHT22 或 SHT30，或者通过循环逐个读取 DHT11 的数据来解决这一问题。

本节给出的所有案例，读者都可以反复练习，以帮助我们更好地理解使用自然语言指令控制硬件的核心。

总之，DeepSeek 提供的智能转译和调试功能不仅降低了硬件开发门槛，还帮助用户快速构建功能丰富的硬件系统。通过动手实践，读者将深刻感受到这一创新技术的巨大魅力。

6.2.5　像搭积木一样开发硬件

随着技术的进步，硬件开发正朝着更加直观和高效的方向发展。未来，开发者可以像搭积木一样，通过可视化界面和智能工具，轻松构建复杂的硬件系统。

1. 拖拽式编程界面

开发者可以通过拖拽式编程界面，将不同的硬件模块（如传感器、执行器）组合在一起，自动生成相应的联动代码。例如，将"温度传感器"和"LED 灯"模块拖曳到工作区，系统会自动生成当温度超过设定值时，点亮 LED 灯的代码。

2. 硬件兼容性自动适配

选择开发板型号后，系统会自动识别并下载对应的驱动程序，简化了硬件配置过程。例如，连接 ESP32 或树莓派时，系统会自动安装所需的驱动程序，确保硬件与开发环境的兼容性。例如，连接 ESP32 开发板时，系统会自动安装相应的驱动程序，确保开发环境与硬件的兼容性。

3. 实时效果模拟器

开发者可以在计算机上使用实时效果模拟器，虚拟运行硬件程序，像玩沙盒游戏一样调试代码。例如，使用 DevEco Studio 的模拟器，可以在虚拟环境中测试和调试应用程序，无须实际硬件设备。

4. 新手友好

即便是没有任何编程经验的用户，也能在短时间内完成一个硬件项目。例如，使用拖曳式编程工具，快速实现 LED 灯的闪烁功能。此外，驱动精灵等工具可以帮助用户快速安装硬件驱动，进一步降低硬件开发的门槛。

6.3 嵌入式开发：从硬件选型到代码生成

自本节起，我们将从理论转向实践，探讨如何在实际开发中运用前面所学的知识。

6.3.1 ESP32 开发板选型指南

对于初学者来说，选择一款合适的开发板至关重要。ESP32 是目前非常受欢迎的嵌入式平台之一，因其低成本、双核处理器、丰富的外设接口和内置 Wi-Fi/Bluetooth 功能而备受青睐。下面介绍初学者选择 ESP32 开发板时应重点考量的几个关键指标。

1. 性能与功能需求

（1）处理器与内存。ESP32 通常搭载双核处理器，运行速度可达 240MHz，并配备了较为充足的内存（RAM 和闪存），如图 6.7 所示，适合处理常见的物联网任务和基本的实时控制应用。如果项目对性能要求较高，可以选择内存和闪存容量更大的版本。

图 6.7　ESP32-S3-Pico 2.4GHz Wi-Fi 开发板 240MHz 双核处理器

（2）无线通信能力。内置 Wi-Fi 和蓝牙模块是 ESP32 的一大亮点。对于需要无线连接的应用，如远程数据采集或智能家居控制，ESP32 能够轻松应对。

2. 外设接口与扩展性

（1）I/O 接口数量。应根据项目需要，选择具有足够 GPIO、ADC、I2C、SPI 等接口的开发板，确保能够满足连接传感器、执行器以及其他外设的基本需求。

（2）板载传感器和模块。一些 ESP32 开发板集成了更多实用模块，如 OLED 显示屏、RTC，甚至外部天线接口。这些集成模块可以降低搭建系统的复杂度，非常适合初学者尝试。

3. 开发环境与社区支持

（1）软件兼容性。选购 ESP32 开发板时，请确认其支持 Arduino IDE、PlatformIO 或 ESP-IDF 等开发环境。这些环境提供了丰富的库和示例代码，可以帮助初学者快速上手。

（2）社区资源与文档。ESP32 拥有庞大的社区支持和丰富的在线教程、示例项目。初学者在遇到问题时，可以从社区和论坛中获得大量帮助和指导（见图 6.8）。

图 6.8　ESP32 官方中文社区

4. 成本与性价比

（1）价格因素。ESP32 开发板种类繁多，价格从几美元到十几美元不等。对于初学者来说，性价比高且稳定可靠的入门级开发板是不错的选择。

（2）品牌与质量。尽量选择有良好口碑和稳定质量的品牌，知名品牌不仅能提供完善的技术支持，还能确保板子的稳定性和长期可用性。

5. 实例对比：ESP32 与 Arduino Uno R4 Wi-Fi

Arduino Uno R4 Wi-Fi 尽管是一个值得考虑的选择，并且也配备了 ESP32 芯片，但主要针对的是传统的 Arduino 生态系统，更适合一些基础项目。相比之下，ESP32 在功能上提供了更大的灵活性和更强的性能。

☑ 无线连接：ESP32 内置 Wi-Fi 和蓝牙，适合物联网应用。

☑ 处理能力：双核处理器和更高的运行频率使其能处理更复杂的任务。

☑ 扩展性：ESP32 板上常见的多种接口和丰富的外设支持让它更具灵活性。

6. 入门板推荐

对于初学者，推荐以下几款 ESP32 开发板。

（1）ESP32-S3 开发板。ESP32-S3 是乐鑫科技推出的一款高性能开发板，支持 Wi-Fi 和蓝牙 5.0，内置 8 MB Flash 和 8 MB PSRAM，适合需要处理能力和存储空间的多模态大模型应用。开发者可以利用其丰富的 I/O 接口和强大的处理能力，构建复杂的智能硬件系统（见图 6.9）。

（2）ESP32-S3-EYE 开发板。这款开发板搭载 ESP32-S3 芯片，内置两百万像素摄像头、LCD 显示屏和麦克风，适用于图像识别和音频处理等应用。它支持 Wi-Fi 和蓝牙功能，具备 8 MB Flash 和 8 MB PSRAM，提供充足的存储空间。开发者可以利用 ESP-WHO 开发框架，快速实现人脸识别、语音识别等功能（见图 6.10）。

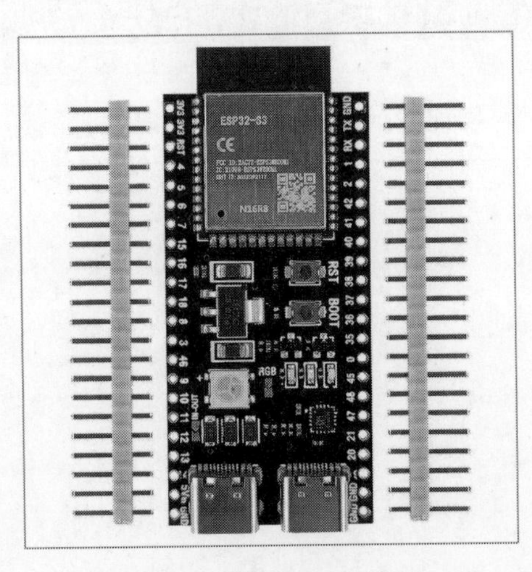

图 6.9 ESP32-S3 开发板

图 6.10 ESP32-S3-EYE 开发板

（3）Arduino Uno R4 Wi-Fi。这款开发板结合了 Renesas 的 RA4M1 微控制器和 Espressif 的 ESP32-S3，无线连接能力强大，内置 Wi-Fi 和蓝牙功能，适合需要无线通信的项目（见图 6.11）。

（4）Arduino Uno R3 Wi-Fi。这款开发板基于 ATmega328P 微控制器，集成了 ESP8266 Wi-Fi 模块，适合需要 Wi-Fi 功能的项目（见图 6.12）。

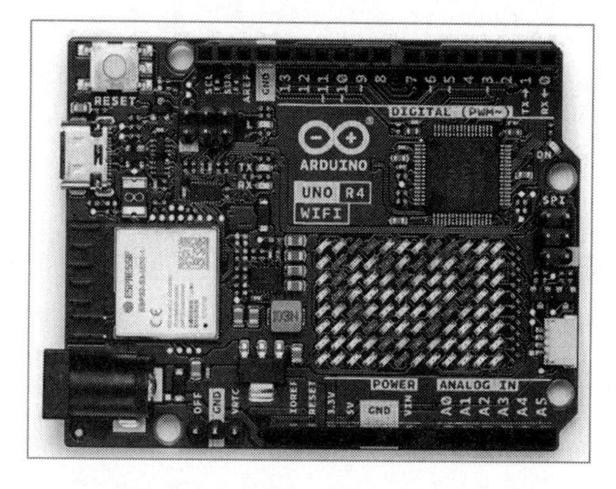

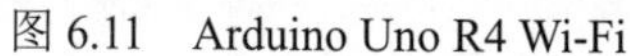
图 6.11　Arduino Uno R4 Wi-Fi

图 6.12　Arduino Uno R3 Wi-Fi

6.3.2　DeepSeek 生成基础代码框架

1. 如何使用 DeepSeek 生成基础代码框架

（1）描述需求并发送请求。

用户可以用自然语言描述想要实现的基本功能。例如，用户在 DeepSeek 中输入：“请生成一个适用于 ESP32 开发板的基础代码框架，该框架应包括初始化 Wi-Fi、GPIO 配置以及一个主循环，用于周期性读取传感器数据并通过串口打印输出。”

（2）DeepSeek 生成基础代码框架。

DeepSeek 将自动生成相应的代码框架（注意：代码示例仅占整体内容的一小部分）：

```
#include <WiFi.h>
#include <Arduino.h>

// Wi-Fi 配置
const char* ssid = "YOUR_SSID";
const char* password = "YOUR_PASSWORD";

// GPIO 配置
const int sensorPin = 34;       // 假设传感器连接在 GPIO34 (ADC1_CH6)
const int ledPin = 2;           // 使用板载 LED (GPIO2)

// 全局变量
unsigned long previousMillis = 0;
const long interval = 2000;     // 数据读取间隔 (2s)

void setup () {
// 初始化串口
Serial.begin (115200) ;
while (!Serial) ;               // 等待串口连接

// 初始化 GPIO
pinMode (ledPin, OUTPUT) ;
pinMode (sensorPin, INPUT) ;

// 连接 Wi-Fi
WiFi.begin (ssid, password) ;
Serial.print ("Connecting to WiFi") ;
```

```
while (WiFi.status() != WL_CONNECTED) {
delay(500);
Serial.print(".");
}
Serial.println("\nConnected to WiFi");
Serial.print("IP Address: ");
Serial.println(WiFi.localIP());
}

void loop() {
unsigned long currentMillis = millis();

// 定时执行传感器读取
if (currentMillis - previousMillis >= interval) {
previousMillis = currentMillis;

// 读取传感器数据（假设是模拟传感器）
int sensorValue = analogRead(sensorPin);
// 通过串口输出
Serial.print("Sensor Value: ");
Serial.println(sensorValue);

// LED 闪烁指示工作状态
digitalWrite(ledPin, HIGH);
delay(50);
digitalWrite(ledPin, LOW);
}

// 这里可以添加其他非阻塞任务
}
```

这个基础框架展示了如何初始化 Wi-Fi、设置串口通信以及配置主循环来不断读取传感器数据和执行其他操作。读者可以根据项目需求在此基础上进行扩展和修改。

（3）后续调整与集成。

DeepSeek 所提供的代码框架为你搭建了一个出发点。用户可以对代码进行修改，以增添更多功能，例如整合更多传感器、增强错误处理机制，或实现更为复杂的数据处理逻辑。

利用 DeepSeek 进行初始代码生成，再结合实际测试反馈进行调整，这种方法既能减少重复劳动，又能帮助用户快速验证项目原型。

6.4 实战项目：ESP32 与 DeepSeek 的联合

在掌握了嵌入式开发的基本技能之后，我们再来探讨如何将智能硬件与 LLM 对接。LLM 的引入，为智能硬件赋予了更强的智能和交互能力，使其能够更好地理解和响应用户的需求。

6.4.1 项目概述

1. 系统架构概述

这种自然语言交互系统通常包括以下几个部分。

硬件层：开发板（例如 ESP32、Arduino、树莓派等）作为前端设备，负责采集用户输入（文本或语音）、控制外设（如 LED、传感器、执行器）以及通过网络与后端服务器通信。

☑ 通信层：通过 Wi-Fi、蓝牙或有线网络将采集到的用户输入发送至后端的 LLM 服务。由于大部分嵌入式设备资源有限，通常采用云端 API 调用方式来接入 LLM。
☑ 服务层：部署有 LLM 模型（如 DeepSeek 系列）的服务器，处理来自设备的请求，完成自然语言解析和任务指令生成，然后将结果返回给设备。
☑ 反馈层：开发板接收后端返回的信息后，根据指令执行相应操作，如调整设备状态、反馈语音提示或更新显示屏内容。

这种从硬件到自然语言交互的完整流程，实现了设备与用户之间更自然、更智能的互动。

2. 实现步骤

（1）硬件准备与网络连接。

☑ 选择合适的开发板（如 ESP32）并配置基础外设（例如麦克风、扬声器、显示屏等）。
☑ 用板载 Wi-Fi 模块建立网络连接，将设备接入互联网，从而能调用云端 API 服务。

（2）采集与处理用户输入。

☑ 利用语音识别模块或简单的按钮、串口输入，将用户的语音或文本转换为数字信息。
☑ 预处理输入数据，例如降噪、格式化处理等，确保数据能被后端正确解析。

（3）调用 LLM 服务。

通过 HTTP 请求或 WebSocket 协议将预处理后的文本发送给部署在云端的 DeepSeek LLM 服务。此处需要设备内置一个简单的 HTTP 客户端模块来完成通信。

示例代码（伪代码）如下：

```
// 初始化 Wi-Fi 和 HTTP 客户端
setupWiFi ();
httpClient.begin ("https://api.deepseek.com/v1/chat");
// 构造请求数据
String payload = "{\"message\": \"请打开 LED 灯\"}";
int httpCode = httpClient.POST (payload);
if (httpCode == 200) {
    String response = httpClient.getString ();
    // 解析响应并执行相应操作
    processResponse (response);
}
```

这段代码展示了如何将用户的请求发送到 DeepSeek API，并根据响应内容执行设备控制操作。

（4）执行响应并反馈。

根据 LLM 返回的指令，开发板执行具体的控制任务（如控制 LED、读取传感器数据等）。同时可以通过语音合成模块或显示屏反馈操作结果，让用户知道设备状态已更新。

6.4.2　端到端案例：语音控制灯光

本节将以语音控制灯光系统为例，向初学者展示如何从硬件搭建到软件对接，再到自然语言交互，实现一个完整的嵌入式系统应用。读者将学会如何利用 ESP32 开发板、语音识别模块和 DeepSeek 大模型，构建一个可以根据语音指令自动控制 LED 灯的智能系统。

1. 硬件部分

（1）ESP32 开发板：提供 Wi-Fi 通信、GPIO 控制以及足够的处理能力，适合连接外部传感器和执行控制任务。

（2）麦克风模块：用于采集用户的语音输入。常见模块有 I2S 数字麦克风或模拟麦克风模块，可通过 ADC 接口采集音频信号。

（3）LED 灯和驱动电路：LED 灯通过一个简单的驱动电路（如使用一个小继电器或 MOSFET）连接到 ESP32，用于物理控制灯光的开关。

（4）电源模块：为整个系统供电，确保 ESP32 和外设能够稳定运行。

提示：初学者可以选择带有预装外设的 ESP32 开发板，既便于连接麦克风和 LED，又有丰富的示例和社区支持。

2. 软件架构与工作流程

整个系统的工作流程如下。

（1）语音采集与预处理：麦克风模块采集用户语音，通过 ESP32 的 ADC 接口进行数字化处理。对音频信号进行简单预处理（如降噪、采样率调整）以确保语音数据质量。

（2）语音识别：将预处理后的音频数据上传到一个语音识别服务（可以是内置在 DeepSeek 解决方案中的语音识别 API），将语音转换成文本。例如，用户说"打开灯"，系统需要将此语音转换为相应的文本命令。

（3）自然语言处理与命令解析：将识别到的文本通过 HTTP 请求发送给 DeepSeek 的自然语言模型 API。DeepSeek 根据输入文本生成结构化的控制指令（例如，"控制 LED 开"或"控制 LED 关"）。

（4）执行控制命令：ESP32 接收 DeepSeek 返回的指令后，通过 GPIO 控制 LED 灯的状态，实现物理开关灯光的效果。同时，可以通过串口或 OLED 屏幕向用户反馈当前操作状态。

提示：这种端到端方案不仅实现了语音交互，还将复杂的自然语言解析与硬件控制有机结合，极大提升了交互的智能化水平。

3. 软件实现示例

下面是一段基于 Arduino 框架的示例代码，展示了如何实现上述流程。注意：此示例中语音识别部分可以通过调用外部 API 实现，代码中以伪代码形式示例如何发送 HTTP 请求获取控制指令。

```
#include <WiFi.h>
#include <HTTPClient.h>

// Wi-Fi 配置
const char* ssid = "your_SSID";
const char* password = "your_PASSWORD";

// API 配置（DeepSeek API 端点）
const char* apiEndpoint = "https://api.deepseek.com/v1/chat";

// 定义 LED 引脚
const int ledPin = 2; // 根据实际接线定义

// 模拟函数：语音识别，将音频转换为文本
```

```
String performSpeechRecognition () {
    // 此处应调用语音识别模块或 API，返回识别后的文本，例如："打开灯"
    // 这里直接返回模拟文本
    return "打开灯";
}

// 解析 DeepSeek 返回的指令，决定 LED 状态
void processCommand (String command) {
    command.trim ();
    if (command == "打开灯") {
        digitalWrite (ledPin, HIGH);
        Serial.println ("灯已打开");
    } else if (command == "关闭灯") {
        digitalWrite (ledPin, LOW);
        Serial.println ("灯已关闭");
    } else {
        Serial.println ("无法识别的命令");
    }
}

// 调用 DeepSeek API，发送识别到的文本，并获取解析后的命令
String getControlCommand (String textCommand) {
    HTTPClient http;
    String payload = "{\"message\": \"" + textCommand + "\"}";
    http.begin (apiEndpoint);
    http.addHeader ("Content-Type", "application/json");
    int httpCode = http.POST (payload);
    String response = "";
    if (httpCode == 200) {
        response = http.getString (); // 假设返回的 response 是纯文本命令
    } else {
        Serial.print ("HTTP 错误码: ");
        Serial.println (httpCode);
    }
    http.end ();
    return response;
}

void setup () {
    // 初始化串口和 LED 引脚
    Serial.begin (115200);
    pinMode (ledPin, OUTPUT);

    // 连接 Wi-Fi
    WiFi.begin (ssid, password);
    Serial.print ("连接 Wi-Fi");
    while (WiFi.status () != WL_CONNECTED) {
        delay (500);
        Serial.print (".");
    }
    Serial.println ("\nWi-Fi 已连接");
}

void loop () {
    // 1. 采集语音并转换为文本
    String voiceText = performSpeechRecognition ();
```

```
    Serial.print("识别结果：");
    Serial.println(voiceText);

    // 2. 将文本发送给 DeepSeek，获取控制指令
    String controlCommand = getControlCommand(voiceText);
    Serial.print("DeepSeek 返回指令：");
    Serial.println(controlCommand);

    // 3. 执行指令，控制 LED 状态
    processCommand(controlCommand);

    // 延时等待下一次指令
    delay(5000);
}
```

注意：上述代码中语音识别部分以模拟函数形式展示。实际应用中，可通过集成第三方语音识别模块或服务实现音频到文本的转换。同时，DeepSeek API 的返回格式可能需要解析 JSON 数据，为便于说明，此处我们假设其直接返回为文本命令。

4. 总结

通过本节的端到端案例，读者可以掌握：

（1）利用 ESP32 开发板采集语音数据。

（2）将语音数据转换为文本后发送至 DeepSeek 大模型进行自然语言解析。

（3）根据 DeepSeek 返回的指令控制 LED 灯的开关。

这种从硬件到云端，再回到硬件的闭环交互，不仅让设备更加智能化，还为开发者提供了一个低门槛、高效率的嵌入式开发实践模式。掌握这一流程，读者就可以将自然语言交互应用于更多智能控制场景，如智能家居、工业监控等，从而迎接万物互联的新时代。

6.5 实战项目：SparkBot 对接火山引擎（DeepSeek 全流程支持）

在理解了 DeepSeek 作为桥梁的角色之后，接下来我们将通过一个实战项目深入探讨如何将其应用于实际开发。该项目将展示 DeepSeek 在从硬件选择到代码生成，再到系统集成和优化的整个流程中所发挥的关键作用。

6.5.1 项目架构设计

在本项目中，我们将构建一个基于 SparkBot（采用 ESP32-S3 开发板）的端到端智能设备，通过火山引擎 RTC 实现实时通信，并利用 DeepSeek 全流程辅助开发。整个项目架构既涵盖硬件平台的选型与接入，也涉及云端实时通信服务的整合，同时借助 DeepSeek 提供的自然语言到代码生成能力，加速原型构建和迭代更新（见图 6.13）。

1. 系统总体架构

系统主要分为以下 4 个层次。

1）硬件层（SparkBot）

（1）核心平台：采用 ESP32-S3 开发板，其具备更高的处理性能和更丰富的接口资源，适合处理图像、语音以及传感器数据。

（2）外设：包括摄像头、麦克风、LED 灯、传感器等（见图 6.14），用于采集数据并执行控制任务，以下是物料清单。

- ☑ ESP32-S3-WROOM-1-N16R8。
- ☑ 4P pogopin 磁吸连接器。
- ☑ 摄像头 OV2640。
- ☑ 1.54 寸（3.91cm）显示屏。
- ☑ 4Ω3W3020 方形腔体喇叭。
- ☑ 小聚合物 3.7V 锂电池，需备注接 1.25 红黑插头。
- ☑ 1.27mm 单排母弯针母座 15P。
- ☑ 麦克风：B4013AM422-42 驻极体电容 ϕ4.0*1.3mm 1.0V-10V 咪头。
- ☑ 黑色小履带。
- ☑ N20 减速电机。
- ☑ 3D 打印外壳。

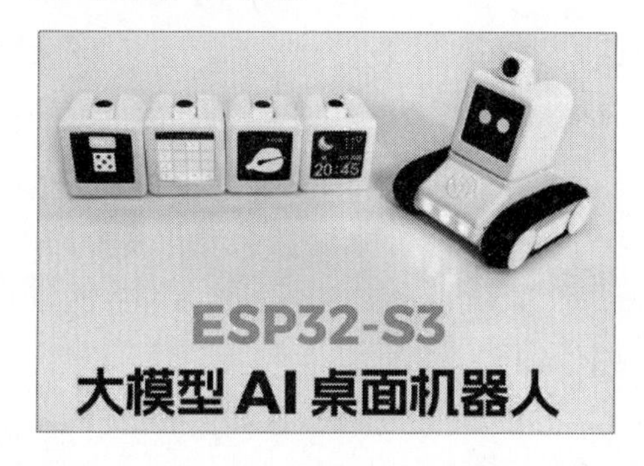

图 6.13　ESP-SparkBot: ESP32-S3 大模型 AI 桌面机器人

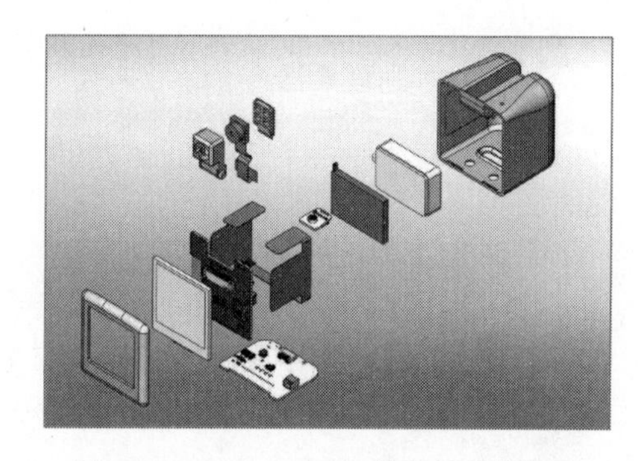

图 6.14　ESP-SparkBot 的主体结构视图

（3）本地通信：通过 Wi-Fi 模块实现与互联网和云端服务的连接。

2）通信层（网络连接与 RTC 接入）

（1）Wi-Fi 连接：通过 ESP32-S3 内置 Wi-Fi 模块，设备连接到局域网或互联网。

（2）火山引擎 RTC：利用火山引擎 RTC 服务，实现设备与云端的实时音视频或数据通信，支持远程控制和状态反馈（https://github.com/volcengine/rtc-aigc-embedded-demo）。

对接火山引擎 RTC 的前置准备如下。

首先，参考乐鑫平台开发环境配置文档（https://docs.espressif.com/projects/esp-techpedia/zh_CN/latest/esp-friends/get-started/environment-setup.html），配置好开发环境，并准备好开发工具。

然后，配置 client\espressif\esp32s3_demo\main\Config.h。

```
// 服务端的地址
#define DEFAULT_SERVER_HOST "127.0.0.1:8080"

// 默认的智能体 ID
#define DEFAULT_BOT_ID "ep-20240729********"
```

```
// 默认声音 ID
#define DEFAULT_VOICE_ID "zh_female_*******"

// RTC APP ID
#define DEFAULT_RTC_APP_ID "5c833ef********"
```

最后，从火山引擎官网获取 VolcEngineRTCLite 库并放置在 client/espressif/esp32s3_demo/components/目录下。目录结构如下。

```
VolcEngineRTCLite
├── CMakeLists.txt
├── idf_component.yml
├── include
│   └── VolcEngineRTCLite.h
└── libs
    └── esp32s3
        └── libVolcEngineRTCLite.a
```

使用方法如下：

① 将 client/espressif/esp32s3_demo 复制到 esp-adf 工程的 examples 目录下。

② 在乐鑫的 ESP-IDF 控制台中执行下列命令。

```
# 工作目录 esp-adf 工程的 examples/esp32s3_demo
idf.py fullclean
idf.py set-target esp32s3
idf.py build
idf.py flash
```

3）服务层（云端 RTC 服务）

（1）RTC 服务平台：火山引擎 RTC 提供高并发、低延迟的实时通信能力，负责处理来自 SparkBot 的实时数据流，并实现多端交互（见图 6.15）。

图 6.15　火山引擎 RTC 云服务

（2）API 接口：提供标准 REST/WebSocket 接口，供 SparkBot 调用，实现消息发送、会话管理、数据传输等功能。

4）开发辅助层（DeepSeek 助力）

（1）代码生成与优化：利用 DeepSeek 大模型的自然语言处理能力，快速生成基础代码框架和各模块接口代码，从而降低开发门槛。

（2）自动化调试与迭代：在项目开发过程中，DeepSeek 还可提供调试提示和优化建议，使得项目能更快速迭代和完善。

2. 模块功能与工作流程

1）硬件接口与数据采集

（1）ESP32-S3 控制：SparkBot 的主控芯片负责采集摄像头、麦克风和传感器数据。

（2）本地预处理：设备对采集的数据进行初步处理（如语音降噪、图像压缩），以便通过 Wi-Fi 上传。

2）网络通信与 RTC 集成

（1）数据上传：通过 ESP32-S3 的 Wi-Fi 功能，设备将预处理后的数据上传至火山引擎 RTC 服务。

（2）实时通信：RTC 服务实现设备间的实时音视频传输和数据交互，如语音指令反馈等。

3）云端服务处理

（1）火山引擎 RTC 服务：云端服务器处理实时数据，确保通信稳定和低延迟；同时，提供 API 接口供设备查询会话状态、发送控制命令等（见图 6.16）。

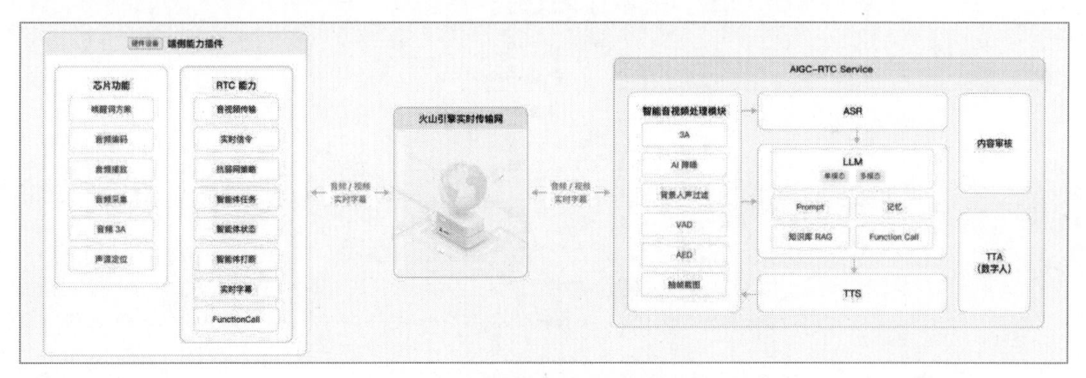

图 6.16　火山引擎提供 RTC 服务的技术方案

（2）数据反馈：云端根据业务逻辑（如指令解析或用户互动），将处理结果返回 SparkBot（见图 6.17）。

4）开发辅助与代码生成（DeepSeek）

（1）自然语言生成代码：开发者也可以通过描述需求（例如“生成对接火山引擎 RTC 的代码框架”），由 DeepSeek 自动生成对应的代码骨架（见图 6.18）。

（2）快速迭代：借助 DeepSeek 提供的自动化调试和优化建议，开发者能够快速修改和完善各模块代码，从而加速原型验证和后续功能拓展。

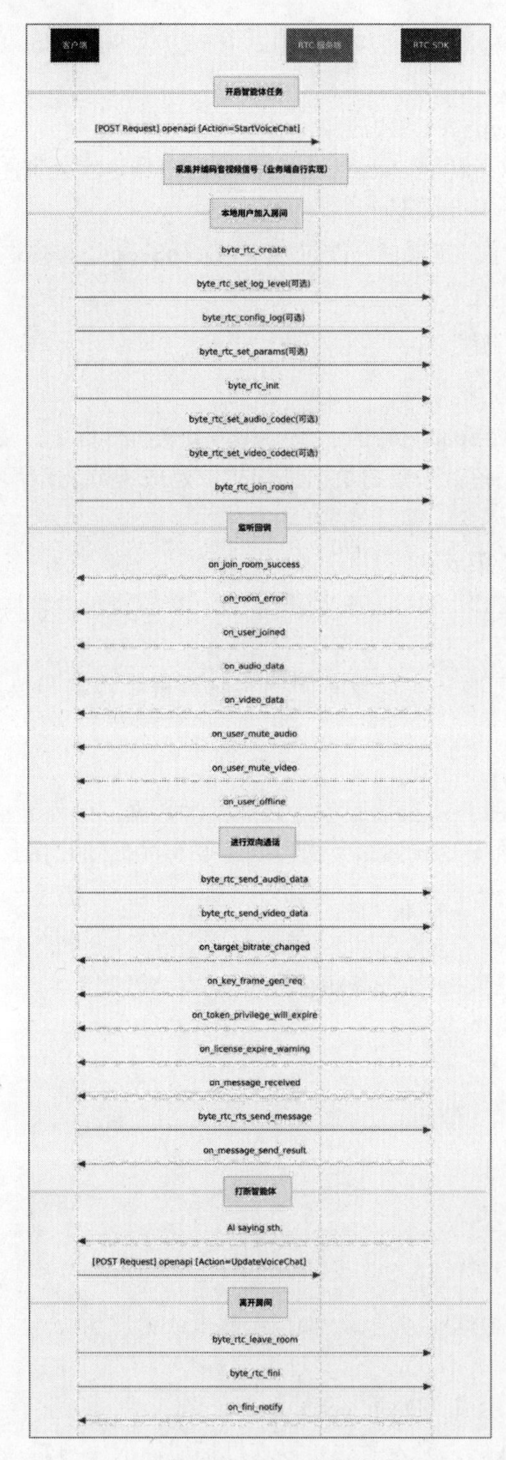

图 6.17　构建嵌入式硬件的基本流程

3. 项目架构设计示例

1）硬件层示意图

```
SparkBot（ESP32-S3）
```

```
    └── 连接：摄像头、麦克风、LED、传感器
    └── 通信：Wi-Fi 模块
```

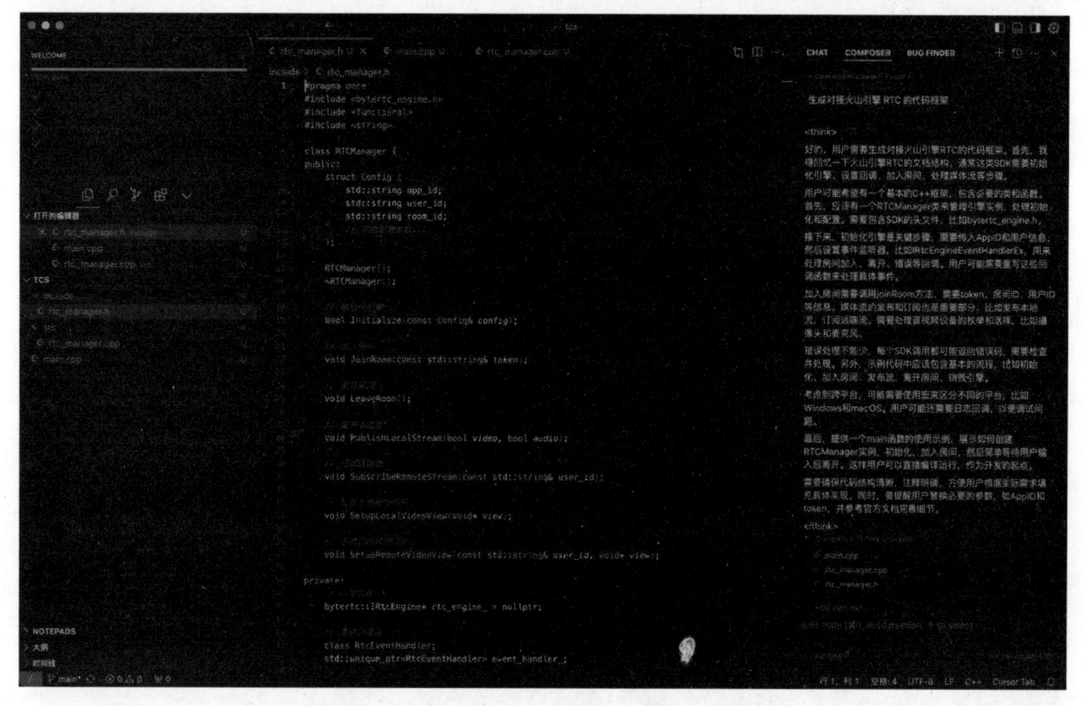

图 6.18　生成对接火山引擎 RTC 的代码框架

2）通信与服务层示意图

```
SparkBot 通过 Wi-Fi 将数据上传 → 火山引擎 RTC 云端服务
    └── RTC 服务处理音视频流、实时数据
    └── 返回控制指令或状态反馈
```

3）开发辅助层示意图

开发者使用 DeepSeek 生成基础代码框架。

```
    └── 生成对接 RTC 的网络请求代码、数据解析模块
    └── 在 Cursor 等开发工具中快速集成与调试
```

4.开发流程中的 DeepSeek 助力

（1）需求描述与代码生成：开发者在 Cursor 或其他编辑器中输入需求描述，DeepSeek 自动生成对接火山引擎 RTC 的代码框架。

（2）代码集成与调试：基于生成的代码，开发者可在 ESP32-S3 上测试网络连接与数据传输，并结合 RTC 服务的反馈进行调试。

（3）持续优化：在项目迭代过程中，开发者可利用 DeepSeek 提供的调试建议持续优化代码，确保低延迟和高并发通信效果。

以上架构设计实现了从硬件（SparkBot-ESP32-S3）到云端服务（火山引擎 RTC），再到利用 DeepSeek 辅助生成和优化代码的全流程开发模式。这种设计不仅大幅提升了开发效率，还实现了设备与用户之间的自然语言交互，为嵌入式智能应用的开发开辟了全新的可能性。

6.5.2 调试与优化

在项目开发过程中，调试和代码优化是确保系统稳定性和高性能运行的关键步骤。传统的调试手段依赖于手动排查和大量试错，而 DeepSeek 利用其大模型能力，为开发者提供智能化的辅助，显著提升调试和优化效率。以下是如何使用 DeepSeek 调试和优化代码的关键点。

1. 智能错误诊断

1）自动解析错误日志

当代码出现异常或错误时，开发者只需将错误日志、堆栈信息以及相关代码片段输入 DeepSeek 中，并描述问题。DeepSeek 能够理解这些信息，自动生成可能的错误原因及修复建议（见图 6.19）。

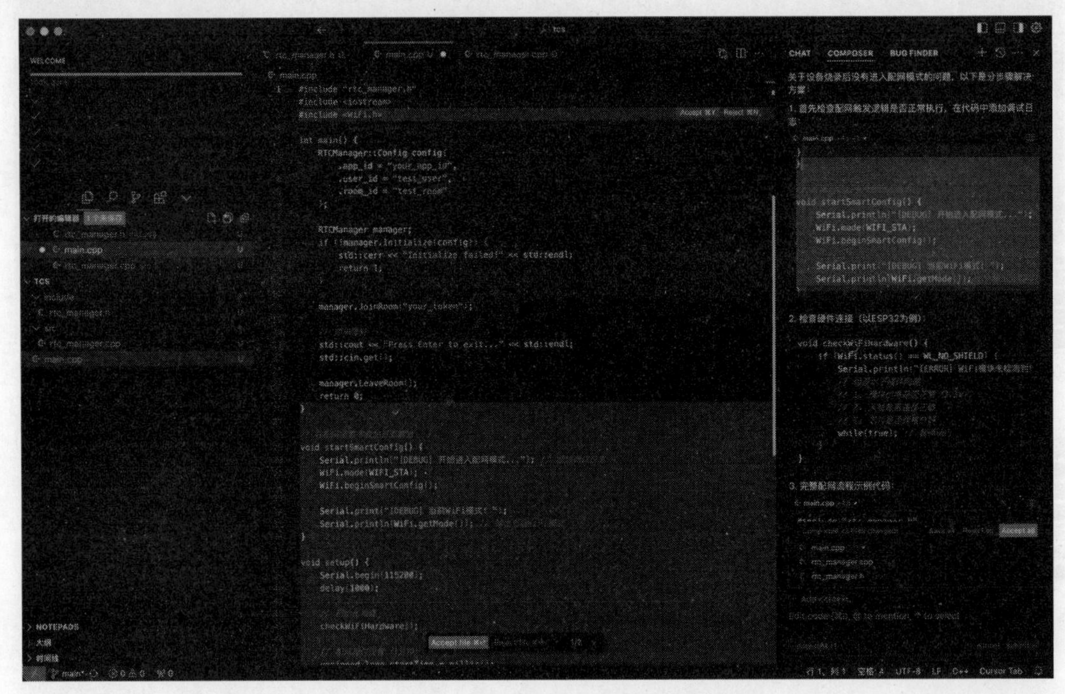

图 6.19 自动生成可能的错误原因及修复建议

2）定位问题根源

通过对比错误信息和代码逻辑，DeepSeek 帮助开发者快速定位问题，例如内存泄漏、数组越界或逻辑判断失误，从而节省大量调试时间。

2. 优化代码结构

1）自动生成优化建议

除了诊断错误，DeepSeek 还能对代码进行全面分析，识别低效算法、重复代码或资源浪费部分，并给出针对性的优化方案。

2）生成优化后的代码片段

开发者可直接请求 DeepSeek 生成经过优化后的代码版本，或提供优化需求（例如“改进循环结构，提高内存管理效率”），DeepSeek 自动生成相应的改进方案，帮助你提升整体代码性能。

3. 集成开发环境中的调试支持

1）实时调试提示

在 Cursor 等智能代码编辑器中编写代码时，通过集成 DeepSeek 的调试模块，编辑器可以在后台实时分析代码，并在出现问题时自动弹出调试建议。

2）自动化测试与反馈

结合 DeepSeek 与 CI/CD 工具，可实现自动化代码检测与优化。代码提交后，DeepSeek 会对代码进行静态分析，检查潜在问题，并将优化建议反馈给开发者，形成闭环的持续改进流程。

4. 实际案例

假设在一个嵌入式项目中，ESP32 程序在长时间运行后出现内存泄漏问题。开发者可将相关的错误日志和部分代码段描述给 DeepSeek，模型可能给出如下建议。

（1）检查动态内存分配的释放情况。

（2）优化循环中内存分配和释放的逻辑。

（3）考虑使用更高效的内存管理策略，如内存池。

通过这些建议，开发者可迅速定位问题并修改代码，使程序在长期运行中保持稳定。

DeepSeek 通过其强大的自然语言理解和代码生成能力，为调试与优化提供了一种全新的智能化解决方案。无论是自动诊断错误、生成优化建议，还是与智能编辑器（如 Cursor、Trae）（见图 6.20）的深度集成，DeepSeek 都使得开发者能够更高效、更精准地改进代码质量。这不仅大大缩短了问题排查时间，也使得整个开发流程更加智能化、自动化，从而提高项目的整体效率和稳定性。

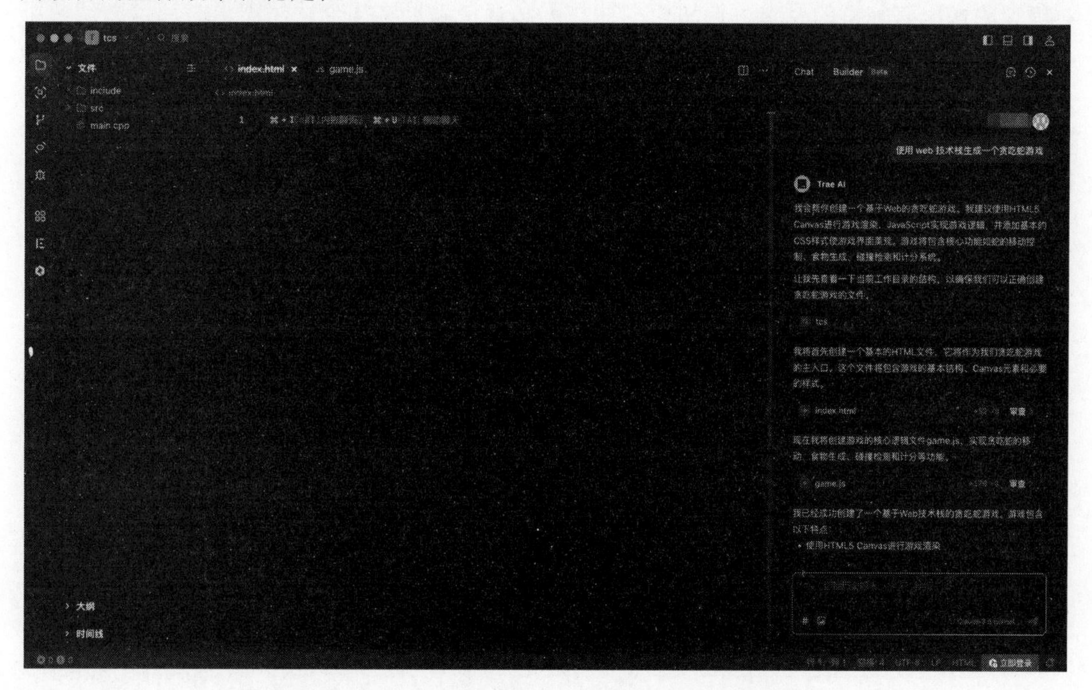

图 6.20　Trae 是字节开发的一款基于 AI 的开发工作台

第 7 章　DeepSeek-R1 模型优化与微调入门

在当今的人工智能领域，模型的性能表现直接决定了其在各种任务中的应用效果。目前，细分的垂直领域模型生态已经非常丰富，大模型针对不同人群、不同设备开发了多种分类。优化大模型旨在运用大模型时减少内存成本，提升运行速度，并减少冗余，从而帮助我们更好地利用大模型，实现资源的最大化利用。对大模型进行微调旨在提高其在特定任务下的泛化推理能力。针对需要解决问题的信息实时性和准确性，可以通过 RAG 等方案来解决。此外，优化提示词也能显著提升大模型的性能。模型的优化和微调更侧重于提升大模型本身的性能，但这些方法只能在一定范围内提升模型的性能。

模型优化是提升模型整体性能的关键步骤。在训练阶段，硬件资源和时间成本是不可忽视的因素。通过混合精度训练和梯度累计策略等优化方法，能够在有限的资源条件下，加速模型的训练过程，减少训练所需的时间和内存占用，使模型更快地收敛到较好的性能状态。在推理阶段，模型量化、算子融合以及动态计算图优化等技术能显著提升模型的推理速度，降低内存需求，使模型能够在不同的硬件环境下高效运行，满足实时性和资源受限场景的需求。

微调则是让通用模型更好地适应特定任务或领域的重要手段。不同的行业和应用场景对模型的输出有独特的要求，通用模型往往无法直接满足这些个性化需求。通过微调，可以在不改变模型核心架构的基础上，利用少量的特定领域数据对模型进行调整，使模型能够准确地处理特定任务，提升模型在该领域的性能和表现。无论是模型优化还是微调，都旨在挖掘模型的最大潜力，使其在不同的应用场景中发挥出最佳性能，为人工智能技术在各个领域的广泛应用提供坚实的支持。

7.1　DeepSeek-R1 模型基础剖析

图 7.1　DeepSeek-R1 界面

DeepSeek-R1 模型现已可在手机上下载并使用。该模型的基座模型为 DeepSeek-V3，后者以其强大的性能著称，能够协助我们处理绝大多数任务。对于那些需要复杂推理的任务，只需单击下方的 R1 按钮，我们便能体验模型的 GRPO 能力。DeepSeek-R1 拥有思考链功能，使我们能够洞察其思考过程。此外，DeepSeek-R1 还支持联网搜索功能，让我们能够获取实时信息，而不仅局限于模型内置的知识库。DeepSeek-R1 界面如图 7.1 所示。

7.1.1　DeepSeek 模型架构探秘

DeepSeek-R1 采用的 MoE 架构是其实现弹性部署的关键。在这一架构中，模型由多个“专家”模块组成，每个专家负责处理特定类型的信息或任务。当模型接收到输入时，它会根据输入内容的特点，动态地选择合适的专家模块进行处理。这种机制极大地提高了模型的处理效率和灵活性。

DeepSeek-R1 支持从移动端到超算集群弹性部署，其原理在于 MoE 架构允许模型根据不同设备的计算资源和性能需求，灵活调整参与计算的专家数量和规模。在移动端设备上，由于计算资源有限，模型可以仅激活少数几个专家模块，以降低计算量和能耗，确保在低资源环境下也能流畅运行。在超算集群中，丰富的计算资源使得模型能够充分发挥其潜力，激活更多的专家模块，从而实现更复杂、更精确的计算，满足大规模数据处理和高性能计算的需求。这种弹性部署能力使得 DeepSeek-R1 能够广泛应用于各种不同的场景，从资源受限的移动设备到强大的超算平台，都能展现出良好的性能。

DeepSeek-R1 集成的多种技术特性为其性能提升提供了强大支撑。Flash Attention 3 技术显著提高了模型在处理长序列数据时的效率。传统的注意力机制在处理长序列时计算量呈二次增长，而 Flash Attention 3 通过优化算法，将计算复杂度降低，使得模型能够更快地处理长文本，提升了整体的推理速度。

动态量化推理技术则在保证模型精度的前提下，有效降低了显存占用。它根据数据的动态范围，自适应地调整量化参数，使得模型在不同的数据分布下都能以较低的精度表示数据，同时又不会损失过多的信息，从而减少了对显存的需求，提高了模型的运行效率。

专家路由优化技术进一步增强了 MoE 架构的性能。它能够更精准地将输入数据路由到最合适的专家模块，确保每个专家都能高效地处理其擅长的任务，避免了不必要的思维开销，提高了模型的整体性能和处理能力，使得 DeepSeek-R1 在各种自然语言处理任务中表现更为出色。

7.1.2　DeepSeek-R1 一种新的强化范式

DeepSeek-R1 的训练过程分为多个阶段，结合监督微调（SFT）、强化学习（RL）与数据蒸馏技术，旨在提升模型的推理能力、语言一致性和安全性。核心流程的详细说明如下。

1. 冷启动阶段：监督微调

☑ 目标：初始化模型的语言生成能力和基础推理能力。

☑ 方法：使用已有的高质量 SFT 数据集（如 DeepSeek-V3 的微调数据）对基础模型进行初步训练。引入包含思维链（chain-of-thought，CoT）的推理数据（约 20 万条），通过 Prompt 引导模型生成符合逻辑的中间推理步骤。

2. 强化学习第一阶段：增强推理能力

☑ 目标：提升模型在数学、代码和逻辑问题上的推理能力。

☑ 方法：基于规则的奖励模型（RM）：设计准确性奖励（检查答案正确性）和格式奖

励（确保 CoT 符合指定格式）。

☑ GRPO 算法：替代传统 PPO，直接通过强化学习优化模型生成高奖励 token 的概率，减少对价值模型的依赖。

☑ 数据来源：通过构造 Prompt 模板生成训练数据（非 SFT 数据），类似 R1-Zero 的实验方法。

3. 数据收集与过滤

☑ 推理数据为 60 万条。在 RL 接近收敛时，从模型生成的轨迹中筛选高质量数据。

☑ 使用拒绝采样策略：结合规则式 RM 和 DeepSeek-V3 模型判断，过滤低质量或不符合要求的输出。

☑ 非推理数据（20 万条）：从已有 SFT 数据集中选取高质量问答对，并通过 Prompt 引导生成带 CoT 的数据。

4. 强化学习第二阶段：优化安全性与有用性

☑ 目标：提升模型的帮助性（helpfulness）和无害性（harmlessness）。

☑ 方法：沿用类似 DeepSeek-V3 的训练流程，结合人类偏好数据优化模型。使用混合奖励模型，同时评估答案准确性、语言一致性和安全性。

5. 模型蒸馏与最终优化

☑ 目标：压缩模型规模并保持性能。

☑ 方法：将 RL 训练后的模型知识蒸馏回基础模型，提升推理效率。对最终模型进行多轮迭代微调，确保稳定性和泛化能力。

7.2 常见模型优化方法

在深入理解 DeepSeek-R1 模型的基础架构和训练范式之后，我们将探讨模型优化的领域。为了确保模型在实际应用中能够发挥最佳性能，并适应各种不同的场景需求，掌握一系列常见的模型优化方法显得尤为关键。下面将详细阐述这些优化技巧。

7.2.1 训练阶段优化

1. 混合精度训练

混合精度训练是一种结合不同精度数据类型以优化模型训练的技术。在深度学习领域，常用的单精度（FP32）数据类型能提供较高的计算精度，但其缺点是占用较多内存，并且计算速度相对较慢。相比之下，半精度（FP16）数据类型精度有所降低，但其内存占用仅为单精度的一半，且计算速度更快。

混合精度训练的核心原理在于，在整个训练过程中，对于那些对计算精度要求不高的部分（如矩阵乘法）采用半精度数据类型进行计算，而对于那些对精度要求较高的操作（如梯度计算）则采用单精度数据类型。

在计算机科学和深度学习领域，FP32 和 FP16 是两种关键的数据类型，它们在存储需求、计算效率和精度方面具有显著的差异。以下是对这两种数据类型的详细介绍。

1）FP32（单精度浮点数）的定义与表示

FP32 即单精度 32 位浮点数，遵循 IEEE 754 标准。在 32 位的表示中，1 位用于符号（S），8 位用于指数（E），而 23 位用于尾数（M）。其数值范围为 1.2×10^{-38}～3.4×10^{38}，能够表示较高精度的数字。

优点如下：

☑ 高精度。在大多数科学计算和早期深度学习模型训练中，FP32 能够提供足够的精度，确保计算结果的准确性。许多复杂的数值计算和模型训练依赖于其高精度特性，以获得可靠的结果。

☑ 兼容性广泛：几乎所有的硬件和软件都原生支持 FP32，这使得它在各种计算环境中都能方便地使用，无须额外的转换或适配。

缺点如下：

☑ 存储成本高。每个 FP32 数据占用 4 个字节（32 位）的存储空间。在处理大规模数据集或参数众多的深度学习模型时，大量的 FP32 数据会占用大量的内存和存储资源，这可能导致内存不足或存储成本增加。

☑ 计算速度相对较慢：因其高精度表示方式，硬件在进行计算时需要处理更多位，导致计算速度下降。在深度学习训练中，大量计算操作会使这种速度差异更为显著，从而延长训练时间。

2）FP16（半精度浮点数）定义与表示

FP16 即半精度 16 位浮点数，同样基于 IEEE 754 标准。在 16 位中，1 位用于符号（S），5 位用于指数（E），10 位用于尾数（M）。其表示范围为 6.1×10^{-5}～6.5×10^{4}，精度相对较低。

优点如下：

☑ 存储高效：每个 FP16 数据仅占用 2 个字节（16 位）的存储空间，相比 FP32 减少了一半。这在处理大规模数据或模型时，能显著降低内存和存储需求，使得可以在有限的资源下处理更大的数据量或模型规模。

☑ 计算速度快：由于其位数较少，在支持 FP16 计算的硬件上，计算速度通常比 FP32 更快。在深度学习中，尤其是在使用现代 GPU 进行加速计算时，FP16 可以充分利用硬件的并行计算能力，大大缩短训练和推理时间。

缺点如下：

☑ 精度受限：由于指数和尾数的位数较少，FP16 的精度相对较低。在一些对精度要求极高的计算任务中，FP16 可能导致计算结果的误差较大，甚至出现数值不稳定的情况。例如，在某些科学模拟或高精度数值计算中，FP16 的精度可能无法满足要求。

☑ 兼容性有限：并非所有的硬件和软件都原生支持 FP16。一些较老的硬件设备或特定的软件库可能不具备处理 FP16 数据的能力，这在一定程度上限制了其应用范围。在使用 FP16 时，需要确保硬件和软件环境的支持，否则可能需要进行额外的转换或处理。

2. 在深度学习中的应用

在深度学习训练中，早期通常默认使用 FP32 数据类型，以保证模型训练的稳定性和准确性。但随着模型规模的不断增大和计算需求的提升，FP16 的优势逐渐凸显。许多现代深度学习框架和硬件都支持混合精度训练，即同时使用 FP32 和 FP16。在这种训练方式中，模型的权重通常以 FP32 存储，以保证精度；而在计算过程中，数据和中间结果则使用 FP16，以提高计算速度和减少内存占用。这种方式可以在不显著损失模型精度的前提下，大幅提升训练效率。例如，在大规模图像识别或自然语言处理模型的训练中，混合精度训练已成为一种常用的优化策略。这不仅在不显著影响模型训练效果的前提下有效提升训练效率，而且由于半精度数据占用内存更少，使得模型可以在相同内存条件下处理更大的数据集，进一步加快训练速度，减少训练所需的时间成本。

1）梯度累计策略

梯度累计是指在模型训练过程中，不立即根据每个批次的数据计算得到的梯度更新模型参数，而是将多个批次的度进行累加，然后根据累加后的梯度来更新参数。其主要作用是在内存资源有限的情况下，通过增加每次参数更新所基于的梯度信息量，模拟更大批次数据的训练效果。

通过调整梯度累计步数，可以灵活地平衡内存和训练速度。当内存不足时，可以适当增加梯度累计步数，减少每个批次计算梯度后立即更新参数的频率，从而降低内存的瞬时压力。然而，梯度累计步数并非越多越好，过多的步数可能导致梯度信息的延迟更新，使得模型训练的收敛速度变慢。因此，需要根据具体的模型规模、硬件资源以及训练任务的特点，合理选择梯度累计步数，以达到内存和训练速度的最佳平衡。

2）梯度累计策略在不同领域的应用案例

（1）高考志愿填报领域：在高考志愿填报中，“梯度”策略通过设置不同层次的志愿来平衡风险和机会。例如，假设一位理科考生高考预估分为 580 分，全省排名 5000 名左右，其志愿填报方案如下：

```
| 梯度类型 | 院校名称 | 录取分数（2023 年） | 备注 |
| ---- | ---- | ---- | ---- |
| 冲 | 清华大学     | 650 分 | 存在特殊招生计划 |
| 冲 | 北京大学     | 640 分 | 专业竞争激烈 |
| 稳 | 浙江大学     | 600 分 | 录取规则相对宽松 |
| 稳 | 复旦大学     | 610 分 | 专业匹配度较高 |
| 保 | 武汉大学     | 580 分 | 确保录取 |
| 保 | 华中科技大学 | 570 分 | 专业就业前景较好 |
```

通过这样的梯度设置，考生既有冲击顶尖院校的机会，又能在中等院校中找到稳妥选择，还能确保最低录取标准。

（2）深度学习领域：在 LLM 训练时，由于显存不足以支撑大批量（batch）训练，通常会采用梯度累计策略。该方法允许模型在多个批量的梯度回传累计并求均值之后，再更新一次权重，相当于模拟一个更大的批量大小，同时减少内存使用，并享受等价大批量带来的训练稳定性和模型泛化能力。以 PyTorch 为例，神经网络正常训练过程如下：

```
for i,(inputs, labels) in enumerate(trainloader):
optimizer.zero_grad()          # 梯度清零
```

```
outputs = net(inputs)                     # 正向传播
loss = criterion(outputs, labels)         # 计算损失
loss.backward()                           # 反向传播，计算梯度
optimizer.step()                          # 更新参数
if (i+1) % evaluation_steps == 0:
evaluate_model()
```

使用梯度累加的训练过程如下：

```
for i,(inputs, labels) in enumerate(trainloader):
outputs = net(inputs)                     # 正向传播
loss = criterion(outputs, labels)         # 计算损失函数
loss = loss / accumulation_steps          # 损失标准化
loss.backward()                           # 反向传播，计算梯度
if (i+1) % accumulation_steps == 0:
optimizer.step()                          # 更新参数
optimizer.zero_grad()                     # 梯度清零
if (i+1) % evaluation_steps == 0:
evaluate_model()
```

不过，近期研究发现，几乎所有使用梯度累积策略的库，包括 HuggingFace 的一系列库，都存在一个 bug。在 LLM 的后训练阶段，使用梯度累积并不一定等价于大批量训练，会有明显的精度损失。这是因为开源库中基于平均交叉熵损失（loss）求和后进行梯度累积的实现方式，导致在输出序列长度不等时，过度重视短输出序列的损失，而忽略长输出序列的损失。目前，不少开源库正在针对这个问题进行修复 。

7.2.2　推理阶段优化

1. 模型量化

模型量化的核心思想是将模型中的高精度数据（通常是 32 位浮点数 FP32）转化为低精度的数值表示（如 8 位整数 INT8），以减少模型的内存占用和计算开销，从而加速推理过程。其工作原理是通过特定的量化算法，将连续的浮点数映射到有限的离散整数值集合中。

常见的量化形式有权重量化和激活量化。权重量化直接对模型的权重参数进行量化，激活量化则针对模型中间计算结果（激活值）进行处理。

量化阶段可分为训练后量化和量化感知训练。训练后量化是在模型训练完成后进行量化操作，无须重新训练模型，但可能导致一定的精度损失。量化感知训练则是在训练过程中引入量化操作，让模型在训练阶段就适应量化带来的变化，从而更好地保持模型性能。

在实际应用中，模型量化在减少内存占用方面效果显著，原本占用大量存储空间的模型，经过量化后可以大幅缩小体积，便于在资源受限的设备上部署。同时，低精度的计算在一些硬件上能够更快地执行，有效加速了推理过程，使得模型能够更快速地给出预测结果，满足实时性要求较高的应用场景。

1）高精度数据类型

在不同领域，对于数据精度有着不同的要求和定义。一般来说，高精度数据类型能够更精确地表示数值，可容纳更广泛的数值范围且在表示数值时能保留更多的有效数字，从而在进行复杂计算或处理对精度要求苛刻的任务时能提供更准确的结果。

以计算机科学中的浮点数为例，常见的高精度浮点数类型如双精度（double precision）浮点数，它通常用 64 位来表示一个实数，其中包含 1 位符号位、11 位指数位和 52 位尾数位。这种数据类型的高精度和广泛数值范围使其成为处理极端数据的理想选择。例如，在科学计算领域，进行微观粒子物理实验时，对瞬间数据的捕捉以及对微弱信号的采集等，都需要在极短时间内获取高精度数据，以支撑理论的验证与突破，双精度浮点数就能很好地满足此类需求。

在华为云相关业务场景中，多处提及高精度数据的应用。例如：在设备端实时推理进行初次筛选后，云上进行二次精确识别，通过端云协同来平衡低时延与高精度；在 AR 体验方面，WebARSDK 可提供厘米级的定位能力和 1 度以内的定姿能力，实现随时随地高精度的空间计算；在园区智能体相关应用中，基于深度学习等领先技术对园区内人、车辆、事件、行为等进行高精度的感知和处理等。这些场景都依赖高精度的数据处理来保证业务的高效运行 。

2）低精度数据类型

低精度数据类型则是相对高精度而言，在存储数值时占用较少的存储空间，但相应地，其表示数值的精度也会有所降低。仍以浮点数为例，半精度（half precision）浮点数是一种常见的低精度格式，主要用于对存储和计算效率要求较高的场景。它由 16 位组成，包括 1 位符号位、5 位指数位和 10 位尾数位，数值范围为$\pm 6.1 \times 10^4$，精度约为 3 位十进制有效数。在一些对精度要求不是极高，但需要快速处理大量数据且存储空间有限的情况下，例如某些大规模深度学习模型的训练过程中，当显存不足以支撑使用高精度数据类型进行运算时，就可能采用半精度浮点数来在一定程度上平衡计算速度和存储需求，便于在资源受限的设备上部署。同时，低精度的计算在一些硬件上能够更快地执行，有效加速了推理过程，使得模型能够更快速地给出预测结果，满足实时性要求较高的应用场景。

2. 算子融合优化

在计算机科学中，算子是一种抽象概念，本质上是用于执行函数、算法或表达式中特定操作（例如，简单算术运算）的数据结构。它可以理解为对给定状态数据进行收集和操作的“运算器”，也被称为操作符、替换符、运算符或操作模式。算子广泛用于编写程序设计语言（PL）中，并可能在实际使用某些形式的语言（如数学或算法）中出现。其类型可分为以下几类。

（1）算术算子：比较广泛，用于实现基本的计算功能，例如+、−、×、÷等。这些算子是链接算术表达式的锚点。

（2）逻辑算子：比较常见且多样，用于定义条件或表达逻辑功能，例如<、>、=、&&、! 等。

（3）其他类型：可以用于实现更为复杂的功能，例如收集和设置变量（例如，赋值符号 =）和逻辑运算（例如，逻辑“非”或“否定”算子）。在网络模型中，算子对应层中的计算逻辑，例如：卷积层（convolution layer）和全连接层（full-connect layer，FC layer）中的权值求和过程都是算子。深度学习算法由一系列这样的计算单元（算子）组成，输入张量（tensor）经过算子处理后，得到输出张量，而中间的计算过程通过算子隐藏了细节，使得用户更清晰地理解该算子的计算内容。像 MindSpore 这样的深度学习框架支持多种类型的算子，用户还可根据需求开发自定义算子，如自定义 Ascend（昇腾）算子、AI Core 算子、

AI CPU 算子、自定义 GPU 算子、自定义 CPU 算子等。不同类型的自定义算子在不同的计算核心或处理器中有其相应的执行场景和作用。

算子融合是指将多个计算算子合并为一个更高效的算子进行计算的技术。在深度学习模型的推理过程中，模型的计算图由众多的算子组成，这些算子之间存在复杂的依赖关系和数据传输。传统的计算方式下，每个算子独立执行，会带来大量的中间数据存储和数据传输开销，从而影响推理速度。

算子融合的作用在于，通过将一些可以合并的算子融合成一个新的算子，减少了中间数据的存储和传输，降低了计算的冗余度。例如，将矩阵乘法和加法算子融合在一起，直接计算出最终结果，避免了分别计算矩阵乘法结果和加法结果所带来的额外开销。这样一来，能够显著提升推理速度，使模型在处理输入数据时更加高效，减少推理所需的时间，提高系统的整体性能。

3. 动态计算图优化

动态计算图（dynamic computation graph，DCG）优化是一种根据输入数据的特点和变化，动态地调整模型的计算图结构，以提高推理效率。在深度学习中，计算图描述了模型的计算流程和数据流向。传统的静态计算图在模型构建时确定了固定的结构，无法根据输入数据的不同进行灵活调整。

动态计算图优化则能够在推理过程中，根据输入数据的大小、形状、分布等特征，自动选择最优的计算路径和算法。例如，对于不同分辨率的图像输入，动态计算图可以调整卷积层的参数和计算方式，以达到最佳的计算效率。这种优化方法的优势在于能够充分利用硬件资源，避免不必要的计算和存储开销，提高模型的适应性和通用性，从而在各种输入情况下都能实现高效的推理。

动态计算图是一种在深度学习框架中广泛应用的计算图构建方式，尤其在神经网络的训练和推理过程中发挥重要作用。它与静态计算图的主要区别在于计算图的构建时机、灵活性和执行方式等方面。

☑ 工作原理即时构建与执行：以 PyTorch 为例，其动态计算图在每次前向传播时构建。这意味着网络结构可以在运行时改变，无须像静态计算图那样在执行计算之前完全定义并优化计算图。在 PyTorch 中，每条语句都会在计算图中动态添加节点和边，并立即执行正向传播得到计算结果。例如，当定义了 Y_hat = X@w.t() + b 后，其正向传播会被立即执行，与其后面的损失函数定义语句无关。

☑ 反向传播后销毁：PyTorch 的动态计算图在反向传播后立即销毁。下次调用需要重新构建计算图。也就是说，如果在程序中使用了 backward 方法执行了反向传播，或者利用 torch.autograd.grad 方法计算梯度，那么创建的计算图会被立即销毁，释放存储空间，下次调用时则需要重新创建。

1）组成元素

PyTorch 的计算图由节点和边组成，节点表示张量或者函数，边表示张量和函数之间的依赖关系。这里的函数实际上就是 PyTorch 中各种对张量操作的函数，它们和 Python 中的普通函数有较大区别，即同时包括正向计算逻辑和反向传播的逻辑。例如，可以通过继承 torch.autograd.Function 来创建支持反向传播的函数，如自定义的 MyReLU 函数，它既有正向传播逻辑（如 return input.clamp(min = 0)），也有反向传播逻辑（根据输入情况计算梯度返回）。

2）应用场景

（1）自适应学习：能够根据输入数据实时调整模型结构。例如在一些需要根据不同输入特征动态改变网络架构的任务中，动态计算图可以方便地实现这种自适应调整。

（2）强化学习：适用于处理不确定环境下的策略优化。在强化学习场景中，环境和任务的动态性较强，动态计算图可灵活应对这种变化，根据不同的状态和反馈及时调整模型的计算过程。

（3）生成对抗网络（GAN）：在 GAN 的训练过程中，动态计算图可用于动态调整网络参数。GAN 的训练涉及生成器和判别器之间的动态博弈，动态计算图能够很好地支持这种在训练过程中不断调整参数以达到最优效果的需求。

（4）自然语言处理：对于处理可变长度的序列数据非常有用。自然语言文本的长度通常是不固定的，动态计算图可以根据不同长度的输入序列灵活地构建计算路径，进行有效的处理和分析。

3）优势

☑ 灵活性高：由于可以在运行时动态构建和改变计算图，使得模型的开发和调试更加自然和便捷。开发者可以根据实际情况随时调整网络结构、输入数据等，而不需要像静态计算图那样受限于预先定义好的固定结构。

☑ 更符合实际应用需求：在很多实际的深度学习任务中，数据和任务的情况往往是动态变化的，动态计算图能够更好地适应这种变化，提供更贴合实际应用场景的计算方式，从而在自适应学习、处理可变长度数据等方面表现出色。

总之，动态计算图以其独特的即时构建、动态调整以及在多种应用场景下的优势，为深度学习中的模型训练和推理等提供了一种灵活且高效的计算方式，在诸多领域都有着重要的应用价值。

7.2.3 边缘部署优化

1. DeepSeek 模型边缘部署优化

（1）选择适配的硬件平台：不同的边缘计算设备具有不同的硬件特性，选择与 DeepSeek 模型相适配的硬件平台至关重要。例如，移远通信搭载高通 QCS8550 平台的边缘计算模组 SG885G，成功实现了 DeepSeek-R1 蒸馏小模型的稳定运行，实测生成 token 的速度超过 40 个/s，且随着性能优化，速度还能进一步提升。景嘉微电子的 JM 系列与景宏系列 GPU 全面兼容 DeepSeek-R1 系列模型，其中 JM 系列支持从 1.5B 到 7B 参数的蒸馏模型推理部署，用户可通过 MTT S80 和 MTT S4000 加速卡实现边缘设备的快速部署，使模型推理时延降低至毫秒级响应。中星微技术将星光智能 AI 芯片与 DeepSeek 大模型深度融合，通过 XPU 芯片架构优化内存占用，使 70B 参数模型在边缘设备的运行功耗控制在 15W 以内。

（2）针对硬件的模型优化：根据边缘设备的硬件资源情况对 DeepSeek 模型进行针对性优化。如研华科技基于昇腾 Atlas 平台边缘 AI Box MIC-ATL3S 部署 DeepSeek-R1 模型时，选取了 DeepSeek-R1-Distill-Qwen-1.5B 这个精度和对硬件配置要求相对平衡的蒸馏模型进行适配和部署，还通过模型轻量化、算子适配等技术实现大模型边缘端部署。

（3）采用蒸馏技术：DeepSeek-R1 版本通过高效蒸馏技术，将大模型的推理能力迁移到更小、更高效的版本中，成为端侧部署的理想选择。例如，理工雷科成功实现了 DeepSeek 模型在边缘计算场景的轻量化部署，完成了 DeepSeek-R1-Distill-Qwen-1.5B、DeepSeek-R1-Distill-Qwen-7B、DeepSeek-R1-Distill-Qwen-14B 等蒸馏模型与“山海”边缘智算模组的适配，充分展示了模组的大模型快速适配及边缘侧推理能力。

（4）动态蒸馏与量化：DeepSeek 采用动态蒸馏技术对模型进行轻量化处理，壁仞科技通过自主研发的壁砺 TM 产品线，仅用数小时即完成全系列模型适配，使 1.5B 参数模型在边缘设备的存储占用压缩至 800MB 以下。同时，引入自适应计算框架，根据设备算力动态调整模型参数量，在低功耗场景下自动切换至 4bit 量化模式，内存带宽需求降低 60%。

2. 软件及生态优化

（1）优化部署流程与工具：在软件层面优化部署流程，提供便捷的部署工具。例如，研华在昇腾 310P + openEuler22.03 部署 DeepSeek-R1 时，详细给出了安装驱动包以及 CANN、安装依赖组件、安装 mindspore（昇思模型框架）、拉取模型、模型转换等一系列部署步骤，以确保模型能顺利在边缘设备上运行。

（2）生态构建与协作：众多厂商形成适配联盟构建生态，促进 DeepSeek 模型在边缘部署的优化。例如，16 家国产 AI 芯片厂商组成的适配联盟形成技术矩阵，华为昇腾、沐曦等企业的硬件平台均实现 DeepSeek 模型部署，覆盖从 5TOPS 到 200TOPS 算力区间的边缘设备。中国电信天翼云打造的运营商级边缘节点，通过模型分片技术将计算任务智能分配至边缘服务器，使智慧城市视频分析场景的带宽消耗减少 75%。

通过上述多方面的优化措施，DeepSeek 模型能够在边缘计算场景下更高效、稳定地运行，从而为各类智能终端设备和应用场景提供更强大的 AI 能力，满足不同行业在边缘端对人工智能的需求。

在边缘计算场景中，DeepSeek-R1 模型的部署需要综合考虑硬件适配和模型优化。硬件适配方面，要选择适合边缘设备性能的硬件平台，如具备一定计算能力的嵌入式芯片或小型服务器。由于这些硬件通常资源有限，因此需要对模型进行针对性的优化。

3. DeepSeek 模型边缘部署的真实案例

1）本地计算机部署案例

☑ 个人计算机部署满足多样需求：在日常生活和工作场景中，不少用户选择在自己的本地计算机上部署 DeepSeek-R1 模型，以满足如数据隐私保护、定制化训练等需求。例如，有医药行业的工作者尝试在本地部署 DeepSeek 模型来辅助日常工作优化。通过本地部署，可利用模型本身的推理和理解能力来帮助进行思考和分析，例如上传文献进行摘要总结、生成思维导图，或者根据需求生成对应解决方案以定制自己的文档处理程序等。不过，本地部署也存在一些劣势，像受本地算力影响可能导致模型“智商”受限，且若模型数据库未及时更新，回答内容可能基于较旧的知识体系等。

☑ 不同硬件配置的适配部署：DeepSeek-R1 对硬件资源比较友好，能根据用户计算机硬件配置选择合适的模型版本。例如：入门级设备拥有 4GB 内存和核显就能运行 1.5B 版本；进阶设备 8GB 内存搭配 4GB 显存就能驾驭 7B 版本；高性能设备则可选择 32B 版本。即使是没有独立显卡的低配置电脑，只要有足够的空余硬盘空间（如部署最大的 6710 亿参数的大模型需要至少 1TB 的空余空间），就能完成部署。以联想 ThinkPad X13 笔记本计算机为例，其硬件配置为 16GB 内存、1TB 硬盘，可按照相应步骤完成 DeepSeek-R1 大模型的部署，且不需要使用者具备专业的计算机基础知识，只要会使用 Windows 操作系统即可。在本地计算机部署时，可通过 Ollama 等开源的本地化大模型部署工具来简化安装、运行和管理流程。先访问 Ollama 官网下载安装应用程序，然后在官网找到 DeepSeek-R1 模型并根据计算机显存容量选择合适版本，复制下载指令到命令行执行即可完成部署，之后还可通过与 Open-WebUI 系统集成来获得更美观的交互界面用于对话操作。

2）边缘计算设备部署案例

☑ 智能家居监控系统应用：在智能家居监控系统场景中，存在使用低配置摄像头设备的情况，这些设备资源有限，无法运行复杂的 AI 模型。通过引入 DeepSeek 的边缘计算技术，将 AI 模型部署到摄像头设备上，利用其模型优化（如采用模型量化、剪枝等技术减少存储和计算开销、缩小模型规模）和资源调度（根据设备实时资源情况和任务优先级动态分配计算资源）能力，使得模型可以在低资源的摄像头设备上高效运行。摄像头能够在本地对监控画面进行实时处理，只将检测到的异常信息上传到云端。采用 DeepSeek 边缘计算技术后，监控系统的响应时间从原来的 5s 缩短到了 1s，网络流量消耗降低了 80%，同时异常检测的准确率也提高了 10%。

☑ InHand EC3000 边缘计算机部署：InHand AI 技术团队将 DeepSeek-R1 蒸馏模型部署在 InHand EC3000 边缘计算机上进行了实践。该边缘计算机采用国产瑞芯微 RK3588 平台，其 8 核 CPU 架构（4×Cortex-A76 + 4×Cortex-A55）与 6TOPS 算力的 NPU 结合，为轻量化模型推理提供了基础硬件支撑。部署过程中，首先在运行 Linux 系统的计算机中完成模型文件转换操作，包括获取模型文件（如以 DeepSeek-R1-Distill-Qwen-1.5B 为例，通过 git lfs install 及 git clone 等命令获取）、下载 RKNN-LLM 工具包并安装、执行模型文件转换等步骤。然后将转换后的.rkllm 模型文件和相关文件夹下载到 EC3000 设备中，并运行官方 LLM 推理服务 demo，最后通过在新终端执行相应命令即可与 DeepSeek-R1 蒸馏模型实时对话。实测使用 W8A8 参数量化构建的 DeepSeek-R1-Distill-Qwen-1.5B 模型在 EC3000 系列边缘计算机中的推理速度高达 15.4 token/s。

3）大规模部署案例

在智算中心的快速部署：据相关报道，燧原科技在 2025 年 2 月 6 日宣布，DeepSeek 的全量模型已在庆阳、无锡、成都等智算中心完成了数万卡的快速部署。例如，庆阳智算中心是亿算智能于 2024 年 12 月 20 日在甘肃庆阳点亮的全国首个国产万卡推理集群，该集群全部搭载了燧原科技最新一代算力卡，供给超过 2500P 的算力服务。通过在这些智算中心的部署，将为客户及合作伙伴提供高性能计算资源，提升模型推理效率，同时降低使用门槛，大幅节省硬件成本。

4）GPU 加速优化

GPU 加速的原理是利用 GPU 强大的并行计算能力，将深度学习模型中的大量矩阵运算等计算密集型任务从 CPU 转移到 GPU 上进行处理。与 CPU 相比，GPU 拥有更多的计算核心，能够同时处理多个计算任务，大大提高了计算速度。

在进行 GPU 配置和优化时，首先，要确保系统安装了正确的 GPU 驱动和相关的深度学习框架支持库。然后，在模型训练和推理代码中，合理设置 GPU 相关的参数，如指定使用的 GPU 设备编号、分配合适的显存大小等。此外，还可以通过优化 GPU 的内存管理、调整计算任务的并行度等方式，进一步提升 GPU 的利用率和计算效率，充分发挥 GPU 加速的优势。

7.3　对 DeepSeek-R1-1.5B 版本本地优化试验

☑　试验设备：Mac M1Pro 8GB 512GB 版本。
☑　模型文件：DeepSeek-R1-1.5B。

下载好的模型结构如图 7.2 所示。

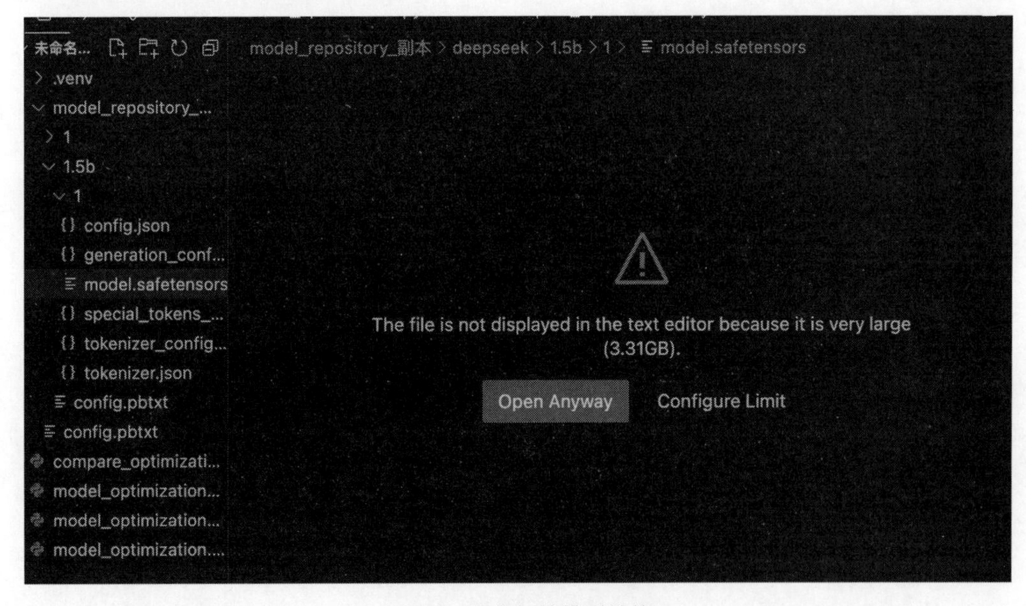

图 7.2　下载好的模型结构

优化代码展示 V1。

```
from transformers import AutoModelForCausalLM, AutoTokenizer, AutoConfig
import torch
import platform
from accelerate import init_empty_weights
from typing import List, Dict
import numpy as np
import time
import psutil
```

```
def load_quantized_model(model_name="deepseek-ai/deepseek-coder-1.3b-base"):
# 检测是否为M1 Mac
is_m1_mac = platform.processor() == 'arm'

# 更激进的优化设置
model = AutoModelForCausalLM.from_pretrained(
model_name,
torch_dtype=torch.float16,
device_map='mps' if is_m1_mac else 'auto',  # 直接指定MPS
max_memory={'mps': '3GB'},                  # 进一步降低内存限制
low_cpu_mem_usage=True,
use_cache=True,
local_files_only=True,
trust_remote_code=True,                     # 信任远程代码以加快加载
)

# 优化tokenizer
tokenizer = AutoTokenizer.from_pretrained(
model_name,
local_files_only=True,
model_max_length=512,                       # 限制最大长度
padding_side='left',                        # 左侧填充可能更快
)
return model, tokenizer


def batch_inference_with_model(
model,
tokenizer,
input_texts: List[str],
batch_size: int = 1,                        # 单样本处理可能更快
max_new_tokens: int = 50,                   # 进一步减少生成长度
is_warmup: bool = False
):
"""优化的批处理推理函数"""
all_outputs = []

# 更激进的生成配置
generation_config = {
'max_new_tokens': 20 if is_warmup else max_new_tokens,
'num_beams': 1,                             # 使用贪婪搜索
'do_sample': False,                         # 禁用采样以加快速度
'use_cache': True,
'pad_token_id': tokenizer.pad_token_id,
'eos_token_id': tokenizer.eos_token_id,
'early_stopping': True,
'return_dict_in_generate': False,           # 禁用详细输出
}

# 预处理所有输入
all_inputs = tokenizer(
input_texts,
padding=True,
truncation=True,
```

```
max_length=512,
return_tensors="pt"
)

if torch.backends.mps.is_available():
all_inputs = {k: v.to('mps') for k, v in all_inputs.items()}

# 批处理生成
with torch.no_grad():
for i in range(0, len(input_texts), batch_size):
batch_inputs = {
k: v[i:i+batch_size] for k, v in all_inputs.items()
}

outputs = model.generate(**batch_inputs, **generation_config)
decoded_outputs = tokenizer.batch_decode(
outputs,
skip_special_tokens=True
)
all_outputs.extend(decoded_outputs)

return all_outputs


def optimize_model_inference(model):
"""更激进的模型优化"""
if torch.backends.mps.is_available():
# 优化内存访问模式
model = model.to('mps')
model = model.to(memory_format=torch.channels_last)

# 启用融合优化
model.config.use_cache = True
model.eval() # 确保在评估模式

# 尝试冻结权重
for param in model.parameters():
param.requires_grad = False

return model


def load_original_model(model_name="deepseek-ai/deepseek-coder-1.3b-base"):
model = AutoModelForCausalLM.from_pretrained(
model_name,
device_map="auto"
)
tokenizer = AutoTokenizer.from_pretrained(model_name)
return model, tokenizer


def compare_models(test_inputs):
try:
print("系统信息:")
print(f"处理器: {platform.processor()}")
```

```
print(f"Python 版本: {platform.python_version()}")
print(f"PyTorch 版本: {torch.__version__}")
print(f"MPS 可用: {torch.backends.mps.is_available()}")

# 清理内存
import gc
gc.collect()
torch.mps.empty_cache() if torch.backends.mps.is_available() else None

def get_memory_usage():
return psutil.Process().memory_info().rss / 1024**2  # MB

results = []
initial_memory = get_memory_usage()

# 加载和优化模型
print("\n 加载模型...")
model, tokenizer = load_quantized_model()
model = optimize_model_inference(model)

# 预热模型
print("\n 开始预热模型...")
warmup_inputs = ["def test():"]                                   # 减少预热样本
print("- 运行预热推理...")
batch_inference_with_model(
model,
tokenizer,
warmup_inputs,
batch_size=1,
is_warmup=True
)
print("预热完成! ")

# 清理缓存
if torch.backends.mps.is_available():
torch.mps.empty_cache()

# 性能测试
print("\n 开始性能测试:")
batch_sizes = [1, 2]                                              # 减少测试的批处理大小

for batch_size in batch_sizes:
print(f"\n 批处理大小: {batch_size}")
print("处理中...")

start_time = time.time()
outputs = batch_inference_with_model(
model,
tokenizer,
test_inputs,
batch_size=batch_size
)
total_time = time.time() - start_time

# 计算性能指标
```

```
tokens_per_second = sum(len(tokenizer.encode(o)) for o in outputs) / total_time

print(f"总处理时间: {total_time:.2f}秒")
print(f"平均每个样本时间: {total_time/len(test_inputs):.2f}秒")
print(f"令牌处理速度: {tokens_per_second:.2f} tokens/s")

# 显示部分输出示例
print("\n输出示例:")
for i, (inp, out) in enumerate(zip(test_inputs, outputs)):
if i < 2: # 只显示前两个样本
print(f"\n输入: {inp}")
print(f"输出: {out[:200]}..." if len(out) > 200 else out)

return {
'batch_results': outputs,
'performance_metrics': {
'tokens_per_second': tokens_per_second,
'avg_time_per_sample': total_time/len(test_inputs)
}
}

except Exception as e:
print(f"测试过程发生错误: {str(e)}")
return None


if __name__ == "__main__":
# 保持与之前相同的测试样本
test_inputs = [
"def fibonacci(n):",
"# 实现一个简单的计算器类",
"# 写一个简单的HTTP请求函数",
"def quicksort(arr):",
"class DatabaseConnection:",
"# 实现一个简单的缓存装饰器"
]

print("开始优化性能测试...")
results = compare_models(test_inputs)
```

优化代码展示 V2。

```
from transformers import AutoModelForCausalLM, AutoTokenizer, AutoConfig
import torch
import platform
from accelerate import init_empty_weights
from typing import List, Dict
import numpy as np
import time
import psutil


def load_quantized_model(model_name="deepseek-ai/deepseek-coder-1.3b-base"):
# 检测是否为M1 Mac
is_m1_mac = platform.processor() == 'arm'
```

```
# 更激进的优化设置
model = AutoModelForCausalLM.from_pretrained(
model_name,
torch_dtype=torch.float16,
device_map='mps' if is_m1_mac else 'auto',  # 直接指定MPS
max_memory={'mps': '3GB'},                   # 进一步降低内存限制
low_cpu_mem_usage=True,
use_cache=True,
local_files_only=True,
trust_remote_code=True,                      # 信任远程代码以加快加载
)

# 优化tokenizer
tokenizer = AutoTokenizer.from_pretrained(
model_name,
local_files_only=True,
model_max_length=512,                        # 限制最大长度
padding_side='left',                         # 左侧填充可能更快
)
return model, tokenizer


def batch_inference_with_model(
model,
tokenizer,
input_texts: List[str],
batch_size: int = 1,                         # 单样本处理可能更快
max_new_tokens: int = 50,                    # 进一步减少生成长度
is_warmup: bool = False
):
"""优化的批处理推理函数"""
all_outputs = []

# 更激进的生成配置
generation_config = {
'max_new_tokens': 20 if is_warmup else max_new_tokens,
'num_beams': 1,                              # 使用贪婪搜索
'do_sample': False,                          # 禁用采样以加快速度
'use_cache': True,
'pad_token_id': tokenizer.pad_token_id,
'eos_token_id': tokenizer.eos_token_id,
'early_stopping': True,
'return_dict_in_generate': False,            # 禁用详细输出
}

# 预处理所有输入
all_inputs = tokenizer(
input_texts,
padding=True,
truncation=True,
max_length=512,
return_tensors="pt"
)

if torch.backends.mps.is_available():
```

```
all_inputs = {k: v.to('mps') for k, v in all_inputs.items()}

# 批处理生成
with torch.no_grad():
for i in range(0, len(input_texts), batch_size):
batch_inputs = {
k: v[i:i + batch_size] for k, v in all_inputs.items()
}

outputs = model.generate(**batch_inputs, **generation_config)
decoded_outputs = tokenizer.batch_decode(
outputs,
skip_special_tokens=True
)
all_outputs.extend(decoded_outputs)

return all_outputs


def optimize_model_inference(model):
"""更激进的模型优化"""
if torch.backends.mps.is_available():
# 优化内存访问模式
model = model.to('mps')
model = model.to(memory_format=torch.channels_last)

# 启用融合优化
model.config.use_cache = True
model.eval() # 确保在评估模式

# 尝试冻结权重
for param in model.parameters():
param.requires_grad = False

return model


def load_original_model(model_name="deepseek-ai/deepseek-coder-1.3b-base"):
model = AutoModelForCausalLM.from_pretrained(
model_name,
device_map="auto"
)
tokenizer = AutoTokenizer.from_pretrained(model_name)
return model, tokenizer


def compare_models(test_inputs):
try:
print("系统信息:")
print(f"处理器: {platform.processor()}")
print(f"Python 版本: {platform.python_version()}")
print(f"PyTorch 版本: {torch.__version__}")
print(f"MPS 可用: {torch.backends.mps.is_available()}")

# 清理内存
```

```
import gc
gc.collect()
torch.mps.empty_cache() if torch.backends.mps.is_available() else None

def get_memory_usage():
return psutil.Process().memory_info().rss / 1024 ** 2 # MB

results = []
initial_memory = get_memory_usage()

# 加载和优化模型
print("\n 加载模型...")
model, tokenizer = load_quantized_model()
model = optimize_model_inference(model)

# 预热模型
print("\n 开始预热模型...")
warmup_inputs = ["def test():"] # 减少预热样本
print("- 运行预热推理...")
batch_inference_with_model(
model,
tokenizer,
warmup_inputs,
batch_size=1,
is_warmup=True
)
print("预热完成！")

# 清理缓存
if torch.backends.mps.is_available():
torch.mps.empty_cache()

# 性能测试
print("\n 开始性能测试:")
batch_sizes = [1, 2] # 减少测试的批处理大小

for batch_size in batch_sizes:
print(f"\n 批处理大小: {batch_size}")
print("处理中...")

start_time = time.time()
outputs = batch_inference_with_model(
model,
tokenizer,
test_inputs,
batch_size=batch_size
)
total_time = time.time() - start_time

# 计算性能指标
tokens_per_second = sum(len(tokenizer.encode(o)) for o in outputs) / total_time

print(f"总处理时间: {total_time:.2f}秒")
print(f"平均每个样本时间: {total_time / len(test_inputs):.2f}秒")
print(f"令牌处理速度: {tokens_per_second:.2f} tokens/s")
```

```
# 显示部分输出示例
print("\n 输出示例:")
for i, (inp, out) in enumerate(zip(test_inputs, outputs)):
if i < 2: # 只显示前两个样本
print(f"\n 输入: {inp}")
print(f"输出: {out[:200]}..." if len(out) > 200 else out)

return {
'batch_results': outputs,
'performance_metrics': {
'tokens_per_second': tokens_per_second,
'avg_time_per_sample': total_time / len(test_inputs)
}
}

except Exception as e:
print(f"测试过程发生错误: {str(e)}")
return None


if __name__ == "__main__":
# 保持与之前相同的测试样本
test_inputs = [
"def fibonacci(n):",
"# 实现一个简单的计算器类",
"# 写一个简单的 HTTP 请求函数",
"def quicksort(arr):",
"class DatabaseConnection:",
"# 实现一个简单的缓存装饰器"
]

print("开始优化性能测试...")
results = compare_models(test_inputs)
```

在对 DeepSeek-R1-1.5B 模型进行本地优化试验时，优化是关键步骤。图 7.3～图 7.9 展示了从模型加载到推理执行的各个环节的优化措施。通过合理的参数配置、内存管理和环境准备，确保了模型在本地环境中的高效运行。测试验证了优化措施的有效性，最终实现了显著的性能提升和资源利用效率的改善。

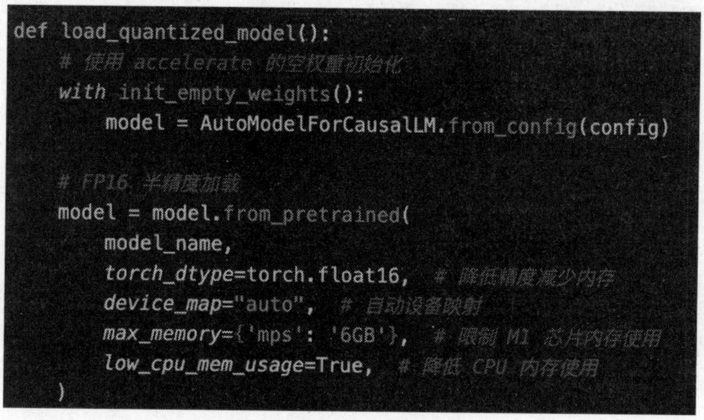

```
def load_quantized_model():
    # 使用 accelerate 的空权重初始化
    with init_empty_weights():
        model = AutoModelForCausalLM.from_config(config)

    # FP16 半精度加载
    model = model.from_pretrained(
        model_name,
        torch_dtype=torch.float16,  # 降低精度减少内存
        device_map="auto",  # 自动设备映射
        max_memory={'mps': '6GB'},  # 限制 M1 芯片内存使用
        low_cpu_mem_usage=True,  # 降低 CPU 内存使用
    )
```

图 7.3　模型加载优化图

```python
def inference_with_model():
    # 生成参数优化
    outputs = model.generate(
        max_new_tokens=200,        # 控制生成长度
        num_beams=4,               # beam search 提高质量
        do_sample=False,           # 贪婪解码提高速度
        early_stopping=True,       # 提前停止
        temperature=0.7,           # 控制生成的创造性
        repetition_penalty=1.1     # 避免重复
    )
```

图 7.4　参数优化图

```python
# 清理内存
gc.collect()
torch.mps.empty_cache()  # 清理 GPU 缓存

# 监控内存使用
def get_memory_usage():
    return psutil.Process().memory_info().rss / 1024**2
```

图 7.5　内存管理优化图

```bash
# 创建虚拟环境
python -m venv .venv
source .venv/bin/activate

# 安装依赖
pip install transformers torch accelerate psutil
pip install 'urllib3<2.0.0'  # 解决 SSL 警告
```

图 7.6　环境准备图

```python
test_inputs = [
    "def fibonacci(n):",
    "# 实现一个简单的计算器类",
    "# 写一个简单的HTTP请求函数"
]
results = compare_models(test_inputs)
```

图 7.7　测试验证

```
开始性能测试...
系统信息:
处理器: arm
Python版本: 3.9.6
PyTorch版本: 2.6.0
MPS 可用: True

加载量化模型...
模型内存使用: -53.03MB

性能测试:

测试输入: def fibonacci(n):
/Users/mac/Desktop/未命名文件夹 5/.venv/lib/python3.9/site-packages/transfor
s/generation/configuration_utils.py:677: UserWarning: `num_beams` is set to
However, `early_stopping` is set to `True` -- this flag is only used in beam
sed generation modes. You should set `num_beams>1` or unset `early_stopping`
  warnings.warn(
Both `max_new_tokens` (=200) and `max_length`(=512) seem to have been set. `
_new_tokens` will take precedence. Please refer to the documentation for mor
nformation. (https://huggingface.co/docs/transformers/main/en/main_classes/t
_generation)
Both `max_new_tokens` (=200) and `max_length`(=512) seem to have been set. `
_new_tokens` will take precedence. Please refer to the documentation for mor
nformation. (https://huggingface.co/docs/transformers/main/en/main_classes/t
_generation)
Both `max_new_tokens` (=200) and `max_length`(=512) seem to have been set. `
_new_tokens` will take precedence. Please refer to the documentation for mor
nformation. (https://huggingface.co/docs/transformers/main/en/main_classes/t
_generation)
Both `max_new_tokens` (=200) and `max_length`(=512) seem to have been set. `
_new_tokens` will take precedence. Please refer to the documentation for mor
nformation. (https://huggingface.co/docs/transformers/main/en/main_classes/t
_generation)
平均推理时间: 24.26秒
输出示例: def fibonacci(n):
    if n == 0:
        return 0
    elif n == 1:
        return 1
    else:
        return fibonacci(n-1) + fibonacci(n-2)
```

图 7.8　验证结果 1

```
测试输入：# 写一个简单的HTTP请求函数
Both `max_new_tokens` (=200) and `max_length`(=512) seem to have b
_new_tokens` will take precedence. Please refer to the documentati
nformation. (https://huggingface.co/docs/transformers/main/en/mai
_generation)
Both `max_new_tokens` (=200) and `max_length`(=512) seem to have b
_new_tokens` will take precedence. Please refer to the documentati
nformation. (https://huggingface.co/docs/transformers/main/en/mai
_generation)
Both `max_new_tokens` (=200) and `max_length`(=512) seem to have b
_new_tokens` will take precedence. Please refer to the documentati
nformation. (https://huggingface.co/docs/transformers/main/en/mai
_generation)
Both `max_new_tokens` (=200) and `max_length`(=512) seem to have b
_new_tokens` will take precedence. Please refer to the documentati
nformation. (https://huggingface.co/docs/transformers/main/en/mai
_generation)
平均推理时间：28.57秒
输出示例：# 写一个简单的HTTP请求函数

## 1. 函数定义

```python
def http_request(url, data=None, method='GET', headers=None):
    """
    发送HTTP请求
    :param url: 请求的URL
    :param data: 请求的数据
    :param method: 请求的方法
    :p...

=== 测试总结 ===
平均推理时间：23.84秒
内存使用：-53.03MB
```

图 7.9　验证结果 2

通过模型加载、推理参数、内存管理、环境准备、测试验证等多方面的优化措施，显著提升了模型的性能和效率。下一阶段，将进一步优化内存管理（见图 7.10）、设备指定（见图 7.11）、分词器（见图 7.12）、生成参数（见图 7.13）、批处理（见图 7.14）、输入处理（见图 7.15）和模型优化增强（见图 7.16），以进一步提升模型的推理速度和资源利用率，为实际应用中的模型部署提供更强大的支持和参考。

```
# 从
max_memory={'mps': '4GB'}
# 改为更激进的
max_memory={'mps': '3GB'}
```

图 7.10　内存管理优化

```
# 从
device_map="auto"
# 改为直接指定 MPS
device_map='mps' if is_m1_mac else 'auto'
```

图 7.11　设备指定优化

```
tokenizer = AutoTokenizer.from_pretrained(
    model_name,
    local_files_only=True,
    model_max_length=512,  # 新增：限制最大长度
    padding_side='left',   # 新增：左侧填充优化
)
```

图 7.12　分词器优化
```

```
# 从多配置方案改为单一激进配置
generation_config = {
    'max_new_tokens': 20 if is_warmup else max_new_token
    'num_beams': 1,          # 改为贪婪搜索
    'do_sample': False,      # 禁用采样
    'use_cache': True,
    'return_dict_in_generate': False,  # 禁用详细输出
}
```

图 7.13　参数优化

```
# 从
batch_size: int = 2
max_new_tokens: int = 100
# 改为
batch_size: int = 1  # 单样本处理
max_new_tokens: int = 50  # 减少生成长度
```

图 7.14　批处理优化

```
# 从逐批处理改为预处理所有输入
all_inputs = tokenizer(
    input_texts,
    padding=True,
    truncation=True,
    max_length=512,
    return_tensors="pt"
)
```

图 7.15　输入处理优化图

```
def optimize_model_inference(model):
    if torch.backends.mps.is_available():
        model = model.to('mps')
        model = model.to(memory_format=torch.channels_la
        model.eval()  # 确保评估模式
        # 新增：冻结权重
        for param in model.parameters():
            param.requires_grad = False
```

图 7.16　模型优化增强图

测试结果如图 7.17、图 7.18 所示。

```
Open folder in new window (cmd + click)
/Users/mac/Desktop/未命名文件夹 5/.venv/lib/python3.9/site-packages/urllib3/__i
nit__.py:35: NotOpenSSLWarning: urllib3 v2 only supports OpenSSL 1.1.1+, curren
tly the 'ssl' module is compiled with 'LibreSSL 2.8.3'. See: https://github.com
/urllib3/urllib3/issues/3020
  warnings.warn(
开始优化性能测试...
系统信息:
处理器: arm
Python版本: 3.9.6
PyTorch版本: 2.6.0
MPS 可用: True

加载模型...

开始预热模型...
- 运行预热推理...
/Users/mac/Desktop/未命名文件夹 5/.venv/lib/python3.9/site-packages/transformer
s/generation/configuration_utils.py:677: UserWarning: `num_beams` is set to 1.
However, `early_stopping` is set to `True` -- this flag is only used in beam-ba
sed generation modes. You should set `num_beams>1` or unset `early_stopping`.
  warnings.warn(
预热完成!

开始性能测试:

批处理大小: 1
处理中...
总处理时间: 20.15秒
平均每个样本时间: 3.36秒
令牌处理速度: 17.47 tokens/s

输出示例:

输入: def fibonacci(n):
def fibonacci(n):
    if n == 0:
        return 0
    elif n == 1:
        return 1
    else:
        return fibonacci(n-1) + fibonacci(n-2)
```

图 7.17　测试结果 1

接下来对第一阶段和第二阶段优化进行对比测试。

首先，创建对比脚本（见图 7.19）。

两次阶段优化性能对比结果如图 7.20 所示。

```
    if n == 0:
        return 0
    elif n == 1:
        return 1
    else:
        return fibonacci(n-1) + fibonacci(n-2)

输入: # 实现一个简单的计算器类
# 实现一个简单的计算器类

class Calculator:
    def __init__(self, a, b):
        self.a = a
        self.b = b

    def add(self):
        return self.a + self.b

批处理大小: 2
处理中...
总处理时间: 18.79秒
平均每个样本时间: 3.13秒
令牌处理速度: 18.73 tokens/s

输出示例:

输入: def fibonacci(n):
def fibonacci(n):
    if n == 0:
        return 0
    elif n == 1:
        return 1
    else:
        return fibonacci(n-1) + fibonacci(n-2)

输入: # 实现一个简单的计算器类
# 实现一个简单的计算器类

class Calculator:
    def __init__(self, a, b):
        self.a = a
        self.b = b

    def add(self):
        return self.a + self.b
(.venv) (base) mac@A56MacBook-Pro 未命名文件夹 5 %
```

图 7.18　测试结果 2

```
import time
import psutil
import torch
from model_optimization_v1 import compa
from model_optimization_v2 import compa

def run_comparison():
    test_inputs = [
        "def fibonacci(n):",
        "# 实现一个简单的计算器类",
        "# 写一个简单的HTTP请求函数",
        "def quicksort(arr):",
```

图 7.19　测试脚本

```
=== 性能对比 ===
第一阶段总时间: 45.35秒
第二阶段总时间: 42.27秒
性能提升: 7.3%

=== 输出质量对比 ===

样本 1:
V1 长度: 140 字符
V2 长度: 140 字符
输出相似度: 100.0%

样本 2:
V1 长度: 151 字符
V2 长度: 151 字符
输出相似度: 100.0%

样本 3:
V1 长度: 128 字符
V2 长度: 128 字符
输出相似度: 100.0%

样本 4:
V1 长度: 161 字符
V2 长度: 161 字符
输出相似度: 100.0%

样本 5:
V1 长度: 202 字符
V2 长度: 202 字符
输出相似度: 100.0%

样本 6:
V1 长度: 76 字符
V2 长度: 76 字符
输出相似度: 100.0%
```

图 7.20　性能对比结果

7.4 大模型微调基础概念详解

经过对 DeepSeek-R1-1.5B 版本的本地优化试验，我们对模型优化有了更直观的认识。在实际应用中，除了优化模型，微调也是提升模型在特定任务表现的重要手段。接下来，让我们深入了解大模型微调的基础概念。

7.4.1 微调的定义与目的

微调是在预训练通用模型的基础上，针对特定任务或领域，对模型参数进行小规模调整的过程。通用模型经过大规模数据训练，具备一定的通用能力，通过微调可以解决对特定任务下大模型的泛化推理能力。

微调的目的在于让通用模型更好地适应特定任务或领域。以医疗领域的疾病诊断文本分类任务为例，通用语言模型虽能理解文本基本语义，但对医疗专业术语和疾病特征的把握不够精准。通过微调，模型可以学习到医疗文本的独特模式、疾病相关的特定词汇组合等，从而显著提升在疾病诊断文本分类任务上的准确性。微调使得模型能够聚焦于特定任务的关键信息，挖掘数据中的领域特征，进而在特定应用场景中发挥出更强大的性能，为实际应用提供更有效的支持。表 7.1 展示了不同微调类型的对比情况。

表 7.1 微调的类型

微调类型	概念	适用场景	优点	缺点
全微调	对预训练模型的所有参数进行调整，使其全面适应特定任务	当特定任务的数据特征与预训练模型的训练数据差异较大，且有充足的计算资源和数据时适用	能够充分利用特定任务的数据，最大限度地适应新任务，可能获得较好的性能提升	计算成本高，训练时间长，容易出现过拟合，尤其是在数据量有限的情况下
部分微调	只对预训练模型的部分参数进行调整，如最后几层或特定的模块	数据量相对较少，或者希望在保持模型大部分预训练知识的基础上进行微调时使用	计算资源需求较低，训练速度快，不容易过拟合，能较好地保留预训练模型的泛化能力	对特定任务的适应程度相对有限，性能提升可能不如全微调明显

7.4.2 微调的流程

微调的流程包含多个关键环节。首先是数据集准备，需收集与特定任务相关的数据，并进行清洗，去除噪声数据和错误标注。接着进行预处理，如文本数据的分词、数值化，图像数据的归一化等。还需进行标注，确保数据标签准确反映任务目标。

模型选择也很重要，要依据任务类型和数据特点挑选合适的预训练模型。例如，自然语言处理任务可选择 BERT、GPT 等模型，计算机视觉任务可考虑 ResNet、VGG 等。

然后是微调策略参数设置，确定学习率、批次大小、训练轮数等参数。学习率影响模型参数更新的步长，批次大小决定每次训练的数据量，训练轮数控制训练的整体迭代次数。

训练模型阶段，使用准备好的数据集和选定的参数对模型进行微调训练。在此过程中，监控模型在验证集上的性能指标，如准确率、损失值等，以判断模型是否过拟合或欠拟合。

最后是评估模型，使用测试集对微调后的模型进行全面评估，计算各项性能指标。若性能未达预期，需返回前面环节进行调整，如重新选择模型、优化参数或扩充数据集等，直至模型性能满足要求。

7.4.3　热门微调工具概述

1. Unsloth 框架

Unsloth 框架是一款在大模型微调领域表现卓越的工具，具备诸多独特的特点与优势。它最大的亮点在于将推理与微调功能整合为一体，为开发者提供了便捷高效的一站式解决方案，极大地简化了微调流程。Unsloth 的详细介绍如图 7.21 所示。

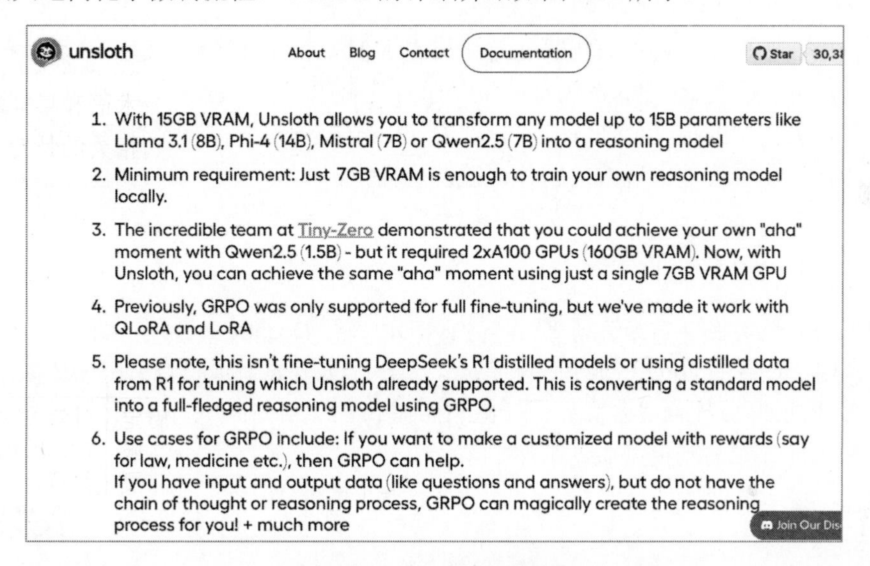

图 7.21　Unsloth 的详细介绍

在提高微调速度方面，Unsloth 框架进行了深度优化。它采用了先进的算法和优化策略，能够充分利用硬件资源，加速模型参数的更新过程，从而大幅缩短微调时间，显著提升了开发效率。

在显存占用上，Unsloth 框架同样表现出色。通过创新的内存管理机制，它能够在保证微调效果的同时，尽可能降低对显存的需求。以 8B 模型为例，在最低 INT4 情况下仅需 7GB 显存即可运行，这使得在硬件资源有限的情况下，开发者依然能够顺利开展微调工作，降低了微调的硬件门槛。这些特性使得 Unsloth 框架在众多微调工具中脱颖而出，成为开发者进行大模型微调的有力助手。

2. 其他微调工具

1）Colossal-AI

功能特点：已收获近 4 万 GitHub Star 的 Colossal-AI 发布了开源大模型后训练工具箱，具备多种优势。该工具箱包含 DeepSeek-V3 和 DeepSeek-R1 满血 671B LoRA 低成本 SFT

微调功能；有完整的强化学习工具链，如 PPO、GRPO、DPO、SimPO 等；可无缝适配 DeepSeek 系列蒸馏模型在内的 HuggingFace 开源模型；兼容支持英伟达 GPU、华为昇腾 NPU 等多种硬件；支持混合精度训练、gradient checkpoint 等训练加速降低成本；还提供灵活的训练配置接口，支持自定义奖励函数、损失函数等，以及灵活的并行策略配置接口，包括数据并行、模型并行、专家并行、ZeRO 和 Offload 等，以适应不同硬件规模。

2）Kaggle

功能特点：可以作为云 IDE 使用，因为它能提供免费的 GPU 资源，对于一些不想使用本地硬件资源或者本地硬件资源不足的开发者来说，是一个进行 DeepSeek-R1 微调的可选环境。在 Kaggle 环境中，可以像在本地开发一样启动 Notebook，安装相关依赖包等进行微调操作，例如安装 Unsloth 等微调所需的 Python 包，以及进行后续的模型加载、数据准备和微调训练等一系列流程。

3）Weights & Biases（wandb）

功能特点：在微调过程中可用于初始化权重和偏差，并且能够创建新项目以跟踪实验和微调进展。通过登录 Weights & Biases 并进行相关配置，可以更好地监控微调过程中的各项指标变化，如模型的损失值（loss）、学习率（learning rate）等参数的变化情况，有助于及时发现微调过程中可能出现的问题并进行调整优化。

7.4.4 云平台选择考量

使用 Kaggle（见图 7.22）等云平台作为云 IDE 进行 DeepSeek-R1 优化微调试验具有诸多优势。其中，免费的 GPU 资源是一大亮点。对于个人开发者或资源有限的团队来说，购买和维护专业的 GPU 硬件成本高昂，而 Kaggle 提供的免费 GPU 资源能够大大降低试验成本，使更多人能够参与到模型微调工作中。

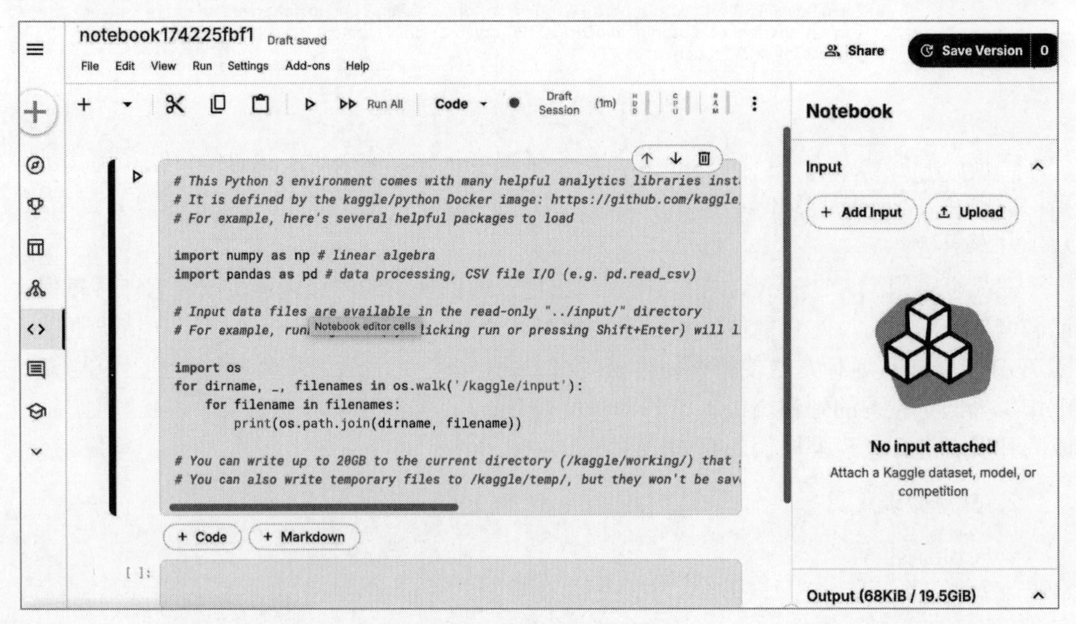

图 7.22 Kaggle 介绍

此外，云平台具有便捷的环境配置。Kaggle 等平台已经预先安装了许多常用的深度学习框架和工具，用户无须在本地进行烦琐的安装和配置，即可快速开始试验。云平台的可扩展性强，用户可以根据试验需求灵活调整计算资源，避免了本地硬件资源不足或过剩的问题。

在云平台上进行相关设置也并不复杂。以 Kaggle 为例，用户首先需要注册并登录账号。进入平台后，创建一个新的 Notebook。在 Notebook 设置中，可以选择启用 GPU 加速。然后，通过上传或链接的方式将所需的数据集和模型文件导入 Notebook 中。接下来，就可以在 Notebook 中编写代码，进行模型的微调试验。通过合理利用云平台的优势，能够更高效地完成 DeepSeek-R1 的优化微调试验。

7.4.5 Unsloth 快速入门

1. 安装 Unsloth

在安装 Unsloth 前，我们需确保计算机已安装 Python 环境和 Anaconda 环境。

安装 Unsloth 步骤如下。

首先，开启服务器下载加速，执行 source /etc/network_turbo 命令。然后，执行命令 pip install unsloth 和 pip install --force-reinstall --no-cache-dir --no-deps git+https://github.com/unslothai/unsloth.git（注意：这两行是一条命令，需复制在一起运行）进行安装。安装过程中可能遇到网络问题或依赖冲突，若网络不佳，可尝试更换网络环境；若遇依赖冲突，需根据报错信息解决相关依赖问题，确保安装顺利完成。

2. 镜像设置

在网络受限的情况下，设置镜像站能确保顺利访问模型资源。以常见的 pip 镜像为例，可在用户主目录下创建或编辑 pip 配置文件（pip 文件夹下的 pip.ini 文件）。打开该文件后，添加如下配置内容。

```
[global]
index-url = https://pypi.tuna.tsinghua.edu.cn/simple
```

上述配置将 pip 的镜像源设置为清华大学的镜像站，这样可以有效提升下载速度。对于其他可能用到的镜像，如 conda 镜像，也可在.condarc 文件中进行类似设置。通过合理设置镜像站，可避免因网络问题导致的下载缓慢或失败，保障后续操作的顺利进行。

3. 模型加载

使用 Unsloth 加载模型十分便捷。首先导入 Unsloth 库，然后通过特定函数加载模型。例如，若要加载 DeepSeek-R1 模型，可使用如下代码。

```
from unsloth import load_model
model = load_model("DeepSeekR1", device="cuda:0")
```

这里的 load_model 函数用于加载模型，第一个参数指定要加载的模型名称，第二个参数 device 用于指定模型加载到的设备，cuda:0 表示加载到第一块 GPU 上。此外，还有一些其他参数可设置，如 revision 参数可指定模型版本，cache_dir 参数可指定模型缓存目录等。

合理设置这些参数，能根据实际需求灵活加载模型，为后续的微调与推理工作做好准备。

4. LoRA 配置

LoRA（low-rank adaptation）配置是对模型进行高效微调的重要手段。其概念在于通过引入低秩矩阵来近似权重矩阵的更新，只训练少量新增参数，从而大大降低微调成本，同时能较好地保留原模型的结构和大部分知识。

进行 LoRA 配置时，首先要确定 LoRA 的超参数，如 r（低秩矩阵的秩）、alpha 等。一般来说，r 的取值为 16～128，需根据模型大小和任务复杂程度调整。在 Unsloth 中配置 LoRA，可通过如下代码示例实现。

```
from unsloth import LoRAConfig
lora_config = LoRAConfig(r=32, alpha=64)
```

这里创建了一个 LoRA 配置对象，设置 r 为 32，alpha 为 64。之后在加载模型或微调模型时，将此配置对象传入相应函数，即可完成 LoRA 配置，使模型在微调过程中按照 LoRA 的方式进行参数更新。

5. 数据集准备

准备适合微调的数据集需经过多个关键步骤。

首先是数据清洗，要仔细检查数据，去除其中的噪声数据，如文本数据中的乱码、无效字符，图像数据中的模糊不清或损坏的图像等。同时，纠正错误标注，确保数据的准确性。

接着进行预处理，对于文本数据，常见的操作有分词，将文本分割成一个个词语或子词；数值化，将词语映射为数字向量，方便模型处理。对于图像数据，需进行归一化，将像素值映射到特定范围，如[0, 1]或[-1, 1]，以提升模型训练效果。

最后是标注环节，根据任务类型对数据进行准确标注。例如：在文本分类任务中，为每个文本样本标注对应的类别标签；在目标检测任务中，为图像中的目标物体标注位置和类别信息。只有经过高质量的清洗、预处理和标注，数据集才能满足微调需求，帮助模型学习到特定任务的特征。

6. 模型训练

使用 Unsloth 进行模型训练时，首先要定义训练参数。示例代码如下。

```
from unsloth import Trainer
trainer = Trainer(
model=model,
train_dataset=train_dataset,
args={
"learning_rate": 1e - 4,
"num_train_epochs": 3,
"per_device_train_batch_size": 8
}
)
```

这里创建了一个 Trainer 对象，传入模型、训练数据集以及训练参数。其中，学习率控制模型参数更新的步长，num_train_epochs 表示训练轮数，per_device_train_batch_size 是每个设备上的训练批次大小。

训练过程中，可通过 trainer.train()启动训练。为监控训练进度，可使用 Unsloth 提供的日志功能，查看训练过程中的损失值、准确率等指标变化。若发现模型在验证集上的性能不再提升或出现下降趋势，可能是过拟合，此时可调整参数，如降低学习率、减少训练轮数等；若模型收敛缓慢，可适当增大学习率或增加训练轮数。

7. 模型推理

使用微调后的模型进行推理，首先要加载微调后的模型。假设微调后的模型已保存，加载模型代码如下。

```
from unsloth import load_model
model = load_model("path/to/saved/model")
```

这里的路径需替换为实际保存模型的路径。加载模型后，即可进行推理。对于文本任务，示例代码如下。

```
input_text = "示例文本"
output = model.generate(input_text)
print(output)
```

对于图像任务，需先对图像进行预处理，转换为模型可接受的格式，再传入模型进行推理。推理时需注意输入数据的格式和类型要与模型要求一致，确保模型能正确处理数据并输出准确的结果。

8. 保存微调模型

保存微调后的模型以便后续使用十分简单。在 Unsloth 中，使用 Trainer 对象的 save_model 方法即可。示例代码如下。

```
trainer.save_model("path/to/save/model")
```

这里将微调后的模型保存到指定路径。保存的模型包含了可编辑的模型权重参数以及相关配置信息。保存模型时，要确保保存路径存在且有写入权限，避免保存失败。同时，为方便管理和识别，可采用有意义的命名方式，如结合任务名称、微调时间等信息命名保存路径和模型文件。

9. 加载微调模型并推理

加载保存的微调模型并进行推理，可验证微调效果。首先，加载模型。

```
from unsloth import load_model
model = load_model("path/to/saved/model")
```

加载成功后，准备推理数据。以文本推理为例，输入一段新的文本。

```
new_text = "新的待推理文本"
result = model(new_text)
print(result)
```

通过观察模型对新数据的推理结果，与微调前的模型或其他基准模型对比，可评估微调效果。若推理结果在准确性、合理性等方面有明显提升，说明微调取得了良好效果；若效果不佳，则需回顾微调过程，检查数据集、参数设置等环节是否存在问题，以便进一步优化。

7.4.6 DeepSeek-R1 微调试验环境搭建

1. 硬件环境准备

在对 DeepSeek-R1 进行微调试验时，不同尺寸模型和不同精度微调对显存的需求有所不同。一般来说，较小尺寸的模型微调所需显存相对较少，而随着模型尺寸增大，所需显存也会大幅增加。例如，对于基础版本的小模型，在进行常规精度微调时，可能 8GB 显存即可满足需求。但如果是高精度微调或者处理更大尺寸的模型，显存需求会显著提升。

以 8B 模型为例，要实现高效微调，硬件配置至关重要。首先，显存方面，建议至少配备 16GB 的显存，以确保模型在微调过程中能够顺利加载参数和处理数据，避免因显存不足导致的训练中断或性能下降。在处理器方面，选择多核心、高主频的 CPU 能够加速数据处理速度，提高整体训练效率。内存也不宜过小，32GB 及以上的内存可以更好地支持模型训练过程中的数据缓存和交换。

操作系统的选择也会影响微调效果。Ubuntu 和 CentOS 是较为常用的选择。Ubuntu 具有丰富的软件资源和活跃的社区支持，其对深度学习框架的兼容性较好，安装和配置各种依赖库相对方便。CentOS 则以稳定性和安全性著称，适合对系统稳定性要求较高的生产环境。在微调试验中，这两款操作系统都能提供良好的运行环境，用户可根据自身熟悉程度和需求进行选择。

2. 软件环境安装

进行 DeepSeek-R1 优化微调试验，软件环境的安装是关键步骤。首先是 Python 环境的安装，可从 Python 官方网站下载适合系统的安装包。在安装过程中，注意选中 Add Python to PATH 选项，以便在执行命令时能够直接调用 Python。

Anaconda 环境的安装也很重要。下载 Anaconda 安装程序后，按照提示进行安装。安装完成后，打开 Anaconda Prompt，通过命令创建一个新的虚拟环境，例如 conda create -n deepseek python=3.8，这将创建一个名为 deepseek 且 Python 版本为 3.8 的虚拟环境。激活该环境后，即可在其中安装所需的深度学习框架和相关依赖库。

若使用自己的计算机进行微调，有一些注意事项。首先，确保计算机硬件满足模型微调的要求，特别是显存和内存。其次，在安装软件时，要注意权限问题，避免因权限不足导致安装失败。另外，由于微调过程可能占用大量系统资源，建议关闭其他不必要的程序，以保证微调过程的稳定性和效率。同时，定期备份重要数据，防止在微调过程中出现意外情况导致数据丢失。

7.5 使用 Unsloth 训练自己的 GRPO 模型

掌握了大模型微调的基本原理后，我们急切地想要动手实践微调操作。接下来，让我们一起学习如何使用 Unsloth 来训练我们自己的 GRPO 模型。Unsloth 是一个功能强大的微调工具，能够帮助我们更高效地完成模型微调工作。

7.5.1　GRPO 模型

DeepSeek 的 R1 研究揭示了一个 aha moment，R1-Zero 通过使用群体相对政策优化（GRPO）自主学习在没有人类反馈的情况下分配更多思考时间。该模型学会了通过重新评估其初始方法来延长其思考时间，而无须任何人工指导或预先定义的指示。

这种魔力可以通过 GRPO 重新创建。GRPO 是一种 RL 算法，无须值函数即可有效地优化响应，这与依赖值函数的近端策略优化（PPO）不同。在我们的计算机中，Unsloth 使用 GRPO 训练一个模型，旨在使其自主发展自己的自我验证和搜索能力——创建一个迷你的 aha moment。GRPO 案例效果展示如图 7.23 所示。

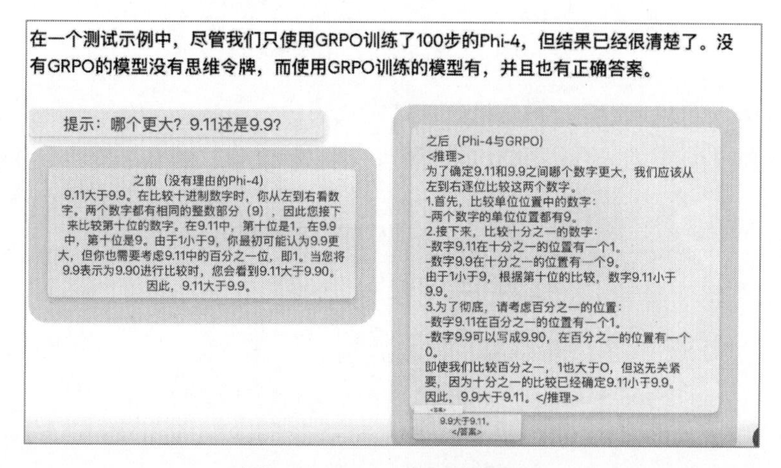

图 7.23　GRPO 案例效果展示

GRPO 其工作方式如下。

（1）该模型生成一组响应。

（2）每个响应都是根据正确性或某个集合奖励函数，而不是 LLM 奖励模型创建的另一个指标进行评分的。

（3）计算出该组的平均分。

（4）每个回复的分数都与小组平均值进行比较。

（5）该模型得到了加强，以支持得分更高的响应。

7.5.2　Llama3.1_(8B)-GRPO 微调试验（基于 Unsloth+Colab）

1. 训练平台——Colab

借助 Colaboratory（简称 Colab），用户可在浏览器中编写和执行 Python 代码，并且无须任何配置，免费使用 GPU 并实现轻松共享。无论是学生、数据科学家还是 AI 研究员，Colab 都能够帮助您更轻松地完成工作。

首先，注册并登录 Unsloth 官网，然后进入 GitHub 页面单击图 7.24 中标记的 Start for free 超链接即可进入 Colab 页面。

finetuned model which can be exported to GGUF, Ollama, vLLM or uploaded to Hugging Face

Unsloth supports	Free Notebooks	Performance	Memory use
Llama 3.2 (3B)	Start for free	2x faster	70% less
GRPO (R1 reasoning)	Start for free	2x faster	80% less
Phi-4 (14B)	Start for free	2x faster	70% less
Llama 3.2 Vision (11B)	Start for free	2x faster	50% less
Llama 3.1 (8B)	Start for free	2x faster	70% less
Gemma 2 (9B)	Start for free	2x faster	70% less
Qwen 2.5 (7B)	Start for free	2x faster	70% less
Mistral v0.3 (7B)	Start for free	2.2x faster	75% less
Ollama	Start for free	1.9x faster	60% less
DPO Zephyr	Start for free	1.9x faster	50% less

图 7.24　Unsloth GitHub 展示

进入 Colab 页面后，就能看到完整微调试验代码。单击图 7.25 中的"更改运行时类型"选项来更改 Colab 的运行模式，如图 7.26 所示。

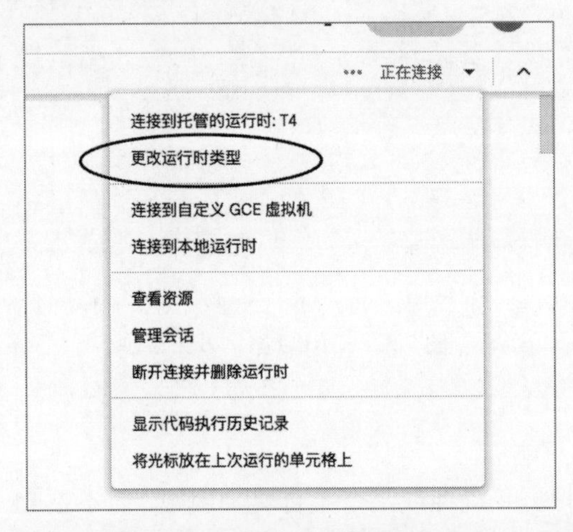

图 7.25　Colab 运行模式切换图

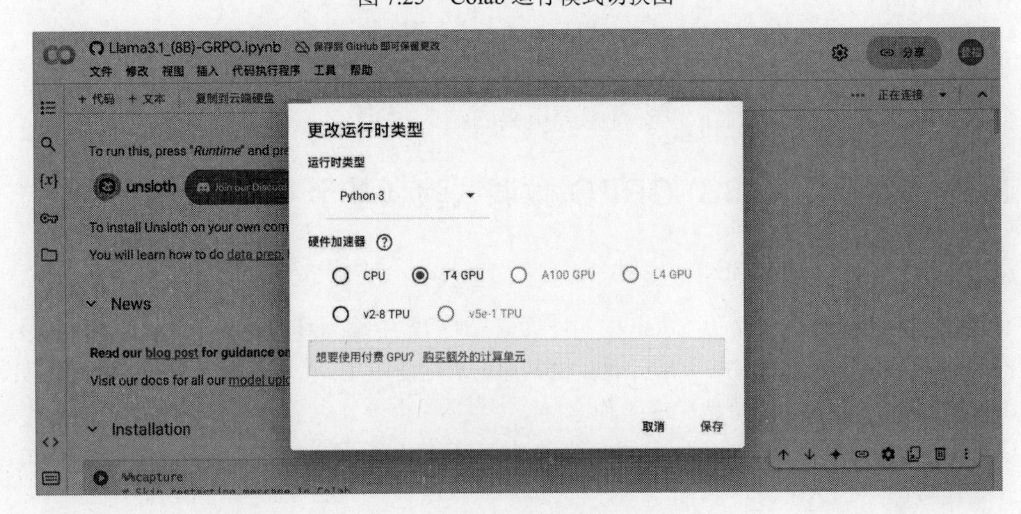

图 7.26　Colab 运行模式切换图

按照 7.26 所示的内容进行操作，然后单击“保存”按钮，如图 7.27 所示。

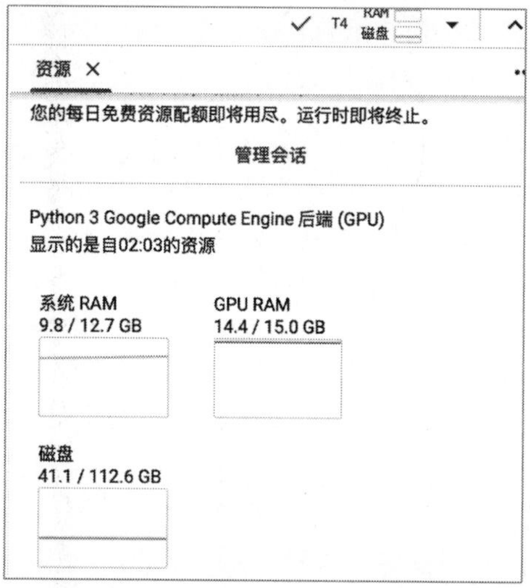

图 7.27　Colab 运行模式切换图

单击图 7.28 中的三角图标即可运行程序。

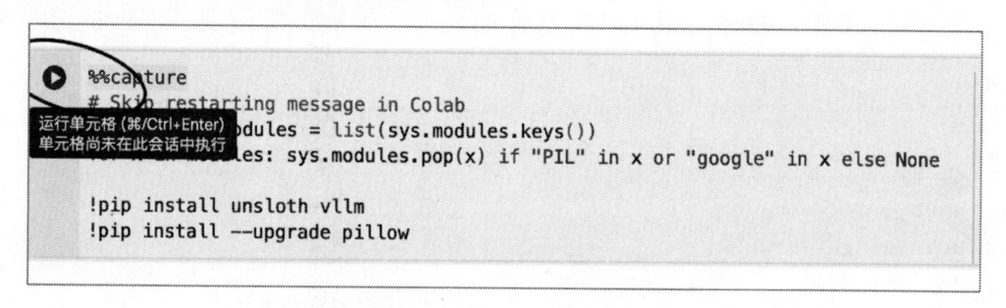

图 7.28　Colab 运行程序图

在菜单栏中单击“全部运行”（见图 7.29）。

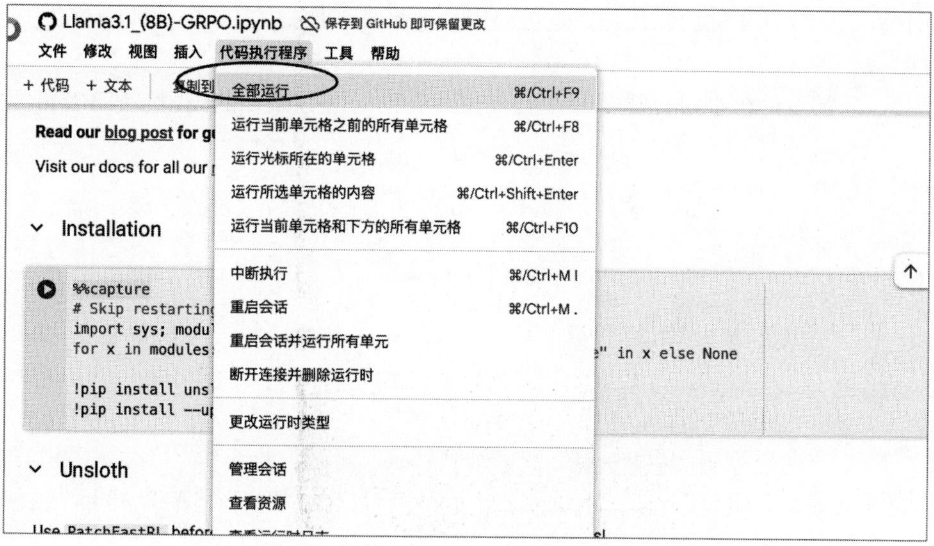

图 7.29　Colab 运行全部程序图

2. Llama3.1_(8B)-GRPO 微调代码解读

1）安装 Unsloth 训练框架及相关依赖训练框架

安装进行微调所需的 Unsloth 训练框架以及其他相关的依赖库，命令如下。

```
!pip install unsloth vllm
!pip install --upgrade pillow
```

这里先安装了 Unsloth 和 vLLM，并且升级了 Pillow 库。这些库对于后续模型的加载、微调以及推理等操作起到关键作用。具体而言，Unsloth 提供了便捷的微调功能，vLLM 用于加速推理过程，而 Pillow 则用于处理图像数据（如果有涉及）。

2）加载模型 Meta-Llama-3.1-8B 模型并设置参数

首先，从 Unsloth 库中导入相关函数，用于检查是否支持 bfloat16 数据类型。

```
from unsloth import is_bfloat16_supported
import torch
```

然后，设置一些模型相关的参数。

```
max_seq_length = 512                          # 可以根据需要增加以处理更长的推理轨迹
lora_rank = 32                                # 较大的秩可能意味着更智能，但训练速度会变慢
```

接下来，使用 FastLanguageModel 类从预训练模型中加载模型及其对应的分词器。

```
python
    model, tokenizer = FastLanguageModel.from_pretrained(
    model_name="meta-llama/meta-Llama-3.1-8B-Instruct",
    max_seq_length=max_seq_length,
    load_in_4bit=True,                    # 如果为 False，则使用 LoRA 16bit
    fast_inference=True,                  # 启用 vLLM 快速推理
    max_lora_rank=lora_rank,
    gpu_memory_utilization=0.6,           # 如果出现内存不足可降低此值
    )
```

这里指定了要加载的预训练模型名称为 meta-llama/meta-Llama-3.1-8B-Instruct，并设置了序列长度、是否以 4 位加载模型、是否启用快速推理、最大的 LoRA 秩以及 GPU 内存利用率等参数。

之后，对加载的模型进行进一步配置，使其成为可进行微调的模型（PEFT 模型）。

```
model = FastLanguageModel.get_peft_model(
model,
r=lora_rank,                 # 可选择大于 0 的任意数，建议值为 8、16、32、64、128
target_modules=[
"q_proj", "k_proj", "v_proj", "o_proj",
"gate_proj", "up_proj", "down_proj",
], # 如果出现内存不足，可移除 QKVO
lora_alpha=lora_rank,
use_gradient_checkpointing="unsloth",   # 启用长上下文微调
random_state=3407,
)
```

此步骤确定了 LoRA 微调的参数，如秩（rank）、目标模块、LoRA 的 alpha 值等，并且设置了梯度检查点相关的参数以支持长上下文微调。

3）数据集准备

首先，定义一些用于格式化输出和提取答案的字符串模板。

```
SYSTEM_PROMPT = """
Respond in the following format:
<reasoning>
...
</reasoning>
<answer>
...
</answer>
"""

XML_COT_FORMAT = """\
<reasoning>
{reasoning}
</reasoning>
<answer>
{answer}
</answer>
"""
```

这些模板规定了模型输出的预期格式，方便后续对输出结果进行处理和评估，接着定义了几个用于从文本中提取答案的函数。

```
def extract_xml_answer(text: str) -> str:
    answer = text.split("<answer>")[-1]
    answer = answer.split("</answer>")[0]
    return answer.strip()

    def extract_hash_answer(text: str) -> str | None:
    if "####" not in text:
    return None
    return text.split("####")[1].strip()
```

extract_xml_answer 函数用于从按照 XML_COT_FORMAT 格式的文本中提取答案部分，extract_hash_answer 函数则是从包含####分隔符的文本中提取答案（如果存在）。

然后，定义一个函数用于获取 gsm8k 数据集的问题部分，并将其格式化为适合微调的形式。

```
# uncomment middle messages for 1-shot prompting
def get_gsm8k_questions(split="train") -> Dataset:
data = load_dataset('openai/gsm8k', 'main')[split] # type: ignore
data = data.map(lambda x: { # type: ignore
'prompt': [
{'role': 'system', 'content': SYSTEM_PROMPT},
{'role': 'user', 'content': x['question']}
],
'answer': extract_hash_answer(x['answer'])
}) # type: ignore
return data # type: ignore
```

这里加载了 openai/gsm8k 数据集的指定分割（默认为 train），并对数据集中的每个样本进行映射操作，将问题部分与系统提示组合成新的提示格式，同时提取答案部分。然后将处理好的数据集返回。

最后，通过调用 get_gsm8k_questions 函数获取了微调所需的数据集：dataset = get_gsm8k_questions()。

4）对模型进行 GRPO 训练

首先，配置训练参数，使用 GRPOConfig 类来设置各种与训练相关的参数。

```
from trl import GRPOConfig, GRPOTrainer
training_args = GRPOConfig(
use_vllm=True,                          # 使用 vLLM 进行快速推理!
learning_rate=5e-6,
adam_beta1=0.9,
adam_beta2=0.99,
weight_decay=0.1,
warmup_ratio=0.1,
lr_scheduler_type="cosine",
optim="paged_adamw_8bit",
logging_steps=1,
bf16=is_bfloat16_supported(),
fp16=not is_bfloat16_supported(),
per_device_train_batch_size=1,
gradient_accumulation_steps=1,          # 可增加到 4 以获得更平滑的训练
num_generations=6,                      # 如果出现内存不足可降低此值
max_prompt_length=256,
max_completion_length=200,
# num_train_epochs = 1,                 # 设置为 1 可进行完整的训练运行
max_steps=250,
save_steps=250,
max_grad_norm=0.1,
report_to="none",                       # 可以使用 Weights & Biases
output_dir="outputs",
)
```

这些参数涵盖了学习率、优化器相关参数、日志记录步长、数据类型设置、批次大小、梯度累积步长、生成数量、提示和完成的最大长度、训练步数、保存步数、梯度裁剪等方面，它们共同决定了模型训练的过程和效果。

5）对微调后的模型进行 LoRA 配置和测试

首先，创建 GRPOTrainer 对象，将模型、分词器、奖励函数以及训练参数等传入。

```
trainer = GRPOTrainer(
    model=model,
    processing_class=tokenizer,
    reward_funcs=[
    xmlcount_reward_func,
    soft_format_reward_func,
    strict_format_reward_func,
    int_reward_func,
    correctness_reward_func,
    ],
    args=training_args,
    train_dataset=dataset,
    )
```

这里的奖励函数用于在训练过程中根据模型的输出给予相应的奖励，以引导模型朝着

期望的方向进行微调。

然后，通过调用 trainer.train()方法对模型进行实际的微调训练。

```
trainer.train()
```

6）将模型保存为 float16 格式

这部分代码主要涉及使用微调后的模型进行推理并输出结果。

首先，使用分词器对输入文本进行处理，应用聊天模板生成适合模型输入的格式。

```
text = tokenizer.apply_chat_template([
{"role": "user", "content": "Calculate pi."},
], tokenize=False, add_generation_prompt=True)
```

然后，设置采样参数，用于控制模型生成输出的一些特性，如温度、top-p 值、最大生成令牌数等。

```
from vllm import SamplingParams
sampling_params = SamplingParams(
temperature=0.8,
top_p=0.95,
max_tokens=1024,
)
```

最后，使用模型进行快速生成，并输出结果。

```
output = model.fast_generate(
[text],
sampling_params=sampling_params,
lora_request=None,
)[0].outputs[0].text

output
```

7）GGUF 格式模型转换

这部分代码主要涉及将微调后的模型保存为不同格式和推送到相关的模型库（如 Hugging Face Hub）的操作。

以下是分别针对不同格式的保存和推送操作示例。

（1）保存并推送至 16 位合并格式（merged_16bit）。

```
model.save_pretrained_merged("model", tokenizer, save_method="merged_16bit",)
model.push_to_hub_merged("hf/model", tokenizer, save_method="merged_16bit", token="")
```

（2）保存并推送至 4 位合并格式（merged_4bit）。

```
model.save_pretrained_merged("model", tokenizer, save_method="merged_4bit",)
model.push_to_hub_merged("hf/model", tokenizer, save_method="merged_4bit", token="")
```

（3）仅保存 LoRA 适配器格式（lora）。

```
model.save_pretrained_merged("model", tokenizer, save_method="lora",)
model.push_to_hub_merged("hf/model", tokenizer, save_method="lora", token="")
```

（4）保存至 8 位 Q8_0 格式的 GGUF。

```
    model.save_pretrained_gguf("model", tokenizer,)
```

```
# Remember to go to https://huggingface.co/settings/tokens for a token!
# And change hf to your username!
model.push_to_hub_gguf("hf/model", tokenizer, token="")
```

（5）保存至 16 位 GGUF 格式（使用 f16 量化方法）。

```
model.save_pretrained_gguf("model", tokenizer, quantization_method="f16")
model.push_to_hub_gguf("hf/model", tokenizer, quantization_method="f16", token="")
```

（6）保存至 q4_k_m GGUF 格式。

```
model.save_pretrained_gguf("model", tokenizer, quantization_method="q4_k_m")
model.push_to_hub_gguf("hf/model", tokenizer, quantization_method="q4_k_m", token="")
```

（7）保存至多种 GGUF 格式（支持同时保存多种格式，大大提升效率，尤其适合需要多种格式的用户）。

```
model.push_to_hub_gguf(
"hf/model", # Change hf to your username!
tokenizer,
quantization_method=["q4_k_m", "q8_0", "q5_k_m",],
token="",
)
```

第 8 章　DeepSeek-R1 部署工程化

在 AI 项目落地的复杂进程中，部署工程化扮演着举足轻重的角色。首先，它极大地提高了系统稳定性。通过严谨的工程化流程，对系统架构、网络配置等进行精细规划与优化，能够减少因环境差异、数据波动等因素引发的系统故障，确保模型能够持续稳定运行。其次，服务可用性得到显著提升。借助高效的部署策略和资源管理机制，能够快速响应请求，降低服务中断时间，让用户可以随时获取所需服务。此外，部署工程化还能优化用户体验。合理的资源分配与性能调优，使得模型推理速度加快，响应时间缩短，为用户带来流畅、高效的使用感受，增强用户对 AI 应用的满意度与信任度。

DeepSeek-R1 模型部署工程化涵盖多种常用方法。模型服务化是指将模型转换为可提供推理服务的关键步骤，如利用 Triton Inference Server 等框架实现高效服务。A/B 测试框架用于对比不同模型版本效果，辅助决策优化。性能压测方案则通过工具评估系统承载能力与性能瓶颈。监控与日志机制实时跟踪模型运行状态，便于及时发现问题。自动化部署借助 CI/CD 工具实现流程自动化，提高部署效率。同时，异构硬件支持针对不同硬件平台进行优化，资源管理与调度确保高负载下服务稳定运行，这些方法共同保障了模型部署工程化的顺利推进。本章将详细介绍 DeepSeek-R1 从 Triton 服务化到对抗防御的工业级实践，涵盖模型部署、服务优化及安全防护等关键环节。

8.1　模型服务化

模型服务化（model serving）是将 DeepSeek-R1 模型推向实际应用的第一步。Triton Inference Server 在这一过程中扮演着重要角色。下面就来认识 Triton Inference Server 的架构、功能，以及如何使用它进行模型部署。

8.1.1　Triton Inference Server 的架构与功能

Triton Inference Server 架构设计精妙，旨在实现高效、灵活的模型推理服务。其核心架构包含多个关键组件：模型存储库用于存放各种不同框架训练的模型，支持多种格式，如 TensorFlow、PyTorch 等，极大地提升了兼容性；调度器负责管理和分配推理请求，依据系统资源状况和模型负载，智能地将请求导向合适的执行引擎，确保资源的高效利用；执行引擎则负责实际的模型推理计算，具备强大的并行处理能力，能充分发挥硬件资源的性能。

在功能方面，Triton Inference Server 表现卓越。

- ☑ 支持多模型并发执行，可同时处理多个不同模型的推理请求，提高服务效率。
- ☑ 提供了丰富的优化功能，如动态批处理，能自动合并多个小请求为一个大批次进行处理，减少推理延迟。

☑ 具备良好的可扩展性，可轻松集成到各种规模的生产环境中，为大规模AI应用提供稳定可靠的推理服务支持。

8.1.2 使用 Triton Inference Sever 配置 DeepSeek

下面使用Triton Inference Sever配置DeepSeek，操作步骤如下。

（1）安装相关的依赖库和容器，代码如下：

```
# 基础依赖
pip install tritonclientlall] torch transformers acceler
pip install flask pandas matplotlib seaborn pyyaml reque
# 监控相关依赖
pip install plotly

# 安装 NVIDIA Container Toolkit
distribution=$(. /etc/os-release;echo $ID$VERSION_ID) \
    && curl -s -L https://nvidia.github.io/nvidia-docker/gpgkey | sudo apt-key add - \
    && curl -s -L https://nvidia.github.io/nvidia-docker/$distribution/nvidia-
docker.list | sudo tee /etc/apt/sources.list.d/nvidia-docker.list

sudo apt-get update
sudo apt-get install -y nvidia-docker2
sudo systemctl restart docker
```

（2）创建模型仓库。在部署DeepSeek-R1模型之前，需要创建一个模型仓库来存储相关的模型文件。创建模型仓库的代码如下：

```
mkdir -p model repository/deepseek/1.5b/1
```

（3）模型格式转换以实现DeepSeekR1-1.5B在Trion中的正确部署。首先加载模型，然后依次执行以下操作：加载分词器、封装模型、导出模型、保存模型、保存分词器。模型格式转换的代码如下：

```
import torch
from transformers import AutoModelForCausalLM, AutoTokenizer
import os
import logging
import warnings
import ssl

# 忽略 SSL 警告
warnings.filterwarnings('ignore')
logging.basicConfig(level=logging.INFO)
logger = logging.getLogger(__name__)

# 在文件开头添加环境变量以忽略 SSL 证书验证
os.environ['CURL_CA_BUNDLE'] = ""
os.environ['REQUESTS_CA_BUNDLE'] = ""

class ModelWrapper(torch.nn.Module):
    def __init__(self, model):
        super().__init__()
        self.model = model
        self.config = model.config
```

```
    def forward(self, input_ids, attention_mask=None):
        with torch.inference_mode():
            outputs = self.model(
                input_ids=input_ids,
                attention_mask=attention_mask,
                use_cache=False
            )
            return outputs.logits.to(torch.float32)

def convert_model():
    """转换模型为 Triton 格式"""
    try:
        model_dir = "model_repository/deepseek/1"
        os.makedirs(model_dir, exist_ok=True)

        # 加载模型
        logger.info("1. 加载模型...")
        model = AutoModelForCausalLM.from_pretrained(
            "deepseek-ai/DeepSeek-R1-Distill-Qwen-1.5B",
            torch_dtype=torch.float16,
            trust_remote_code=True,
            low_cpu_mem_usage=True
        )

        # 包装模型
        logger.info("2. 包装模型...")
        wrapped_model = ModelWrapper(model)
        wrapped_model.eval()

        # 导出模型
        logger.info("3. 导出模型...")
        example_input_ids = torch.ones(1, 32, dtype=torch.long)
        example_attention_mask = torch.ones(1, 32, dtype=torch.long)

        with torch.inference_mode():
            traced_model = torch.jit.trace(
                wrapped_model,
                (example_input_ids, example_attention_mask),
                strict=False,
                check_trace=False
            )

        # 保存模型
        logger.info("4. 保存模型...")
        model_path = os.path.join(model_dir, "model.pt")
        traced_model.save(model_path)

        # 保存分词器
        logger.info("5. 保存分词器...")
        tokenizer = AutoTokenizer.from_pretrained(
            "deepseek-ai/DeepSeek-R1-Distill-Qwen-1.5B",
            trust_remote_code=True
        )
        tokenizer.save_pretrained(model_dir)
```

```
            # 验证文件
            files = os.listdir(model_dir)
            logger.info(f"已保存的文件: {files}")

            logger.info("模型转换完成! ")
            return True

        except Exception as e:
            logger.error(f"转换失败: {str(e)}")
            return False

def verify_conversion():
    """验证转换是否成功"""
    model_dir = "model_repository/deepseek/1"
    required_files = [
        "model.pt",
        "tokenizer.json",
        "tokenizer_config.json",
        "precision_config.json"
    ]

    for file in required_files:
        if not os.path.exists(os.path.join(model_dir, file)):
            logger.error(f"缺少必要文件: {file}")
            return False

    logger.info("转换验证通过")
    return True

if __name__ == "__main__":
    convert_model()
```

图 8.1 显示了模型转换已完成。

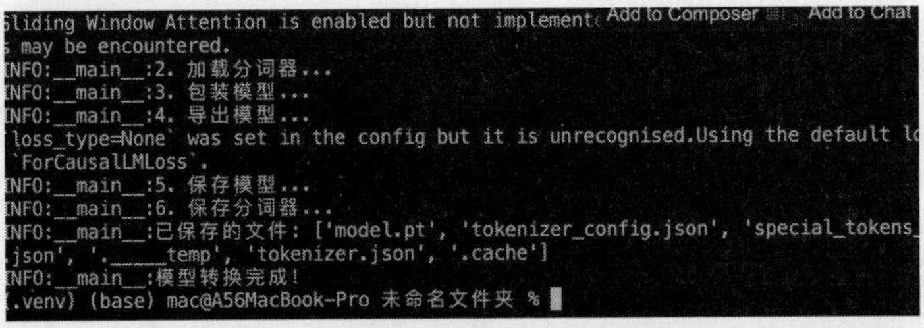

```
Sliding Window Attention is enabled but not implement Add to Composer    Add to Chat
s may be encountered.
INFO:__main__:2. 加载分词器...
INFO:__main__:3. 包装模型...
INFO:__main__:4. 导出模型...
`loss_type=None` was set in the config but it is unrecognised.Using the default lo
`ForCausalLMLoss`.
INFO:__main__:5. 保存模型...
INFO:__main__:6. 保存分词器...
INFO:__main__:已保存的文件: ['model.pt', 'tokenizer_config.json', 'special_tokens_
.json', '.____temp', 'tokenizer.json', '.cache']
INFO:__main__:模型转换完成!
(.venv) (base) mac@A56MacBook-Pro 未命名文件夹 %
```

图 8.1　模型转换过程中的日志输出

（4）启动 Triton 服务器，代码如图 8.2 所示。

（5）启动监控服务器，代码如图 8.3 所示。

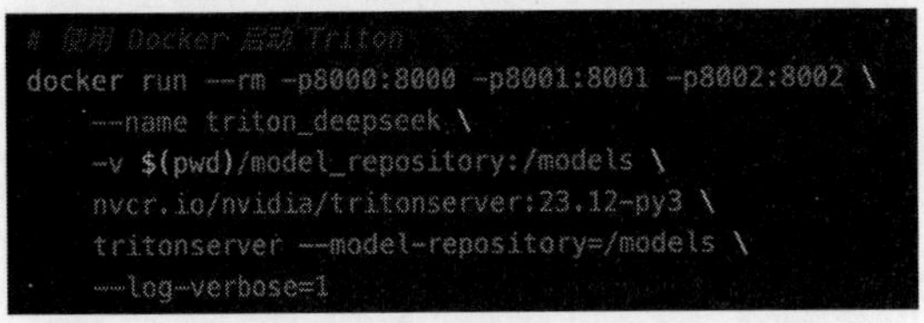

```
# 使用 Docker 启动 Triton
docker run --rm -p8000:8000 -p8001:8001 -p8002:8002 \
    --name triton_deepseek \
    -v $(pwd)/model_repository:/models \
    nvcr.io/nvidia/tritonserver:23.12-py3 \
    tritonserver --model-repository=/models \
    --log-verbose=1
```

图 8.2　启动 Triton 服务器

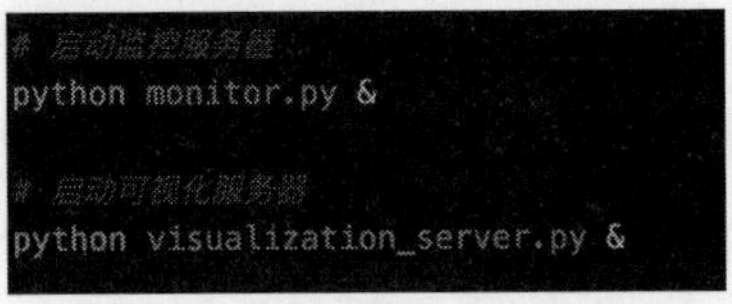

```
# 启动监控服务器
python monitor.py &

# 启动可视化服务器
python visualization_server.py &
```

图 8.3　启动监控服务器

（6）Triton 服务器启动成功，如图 8.4 所示。

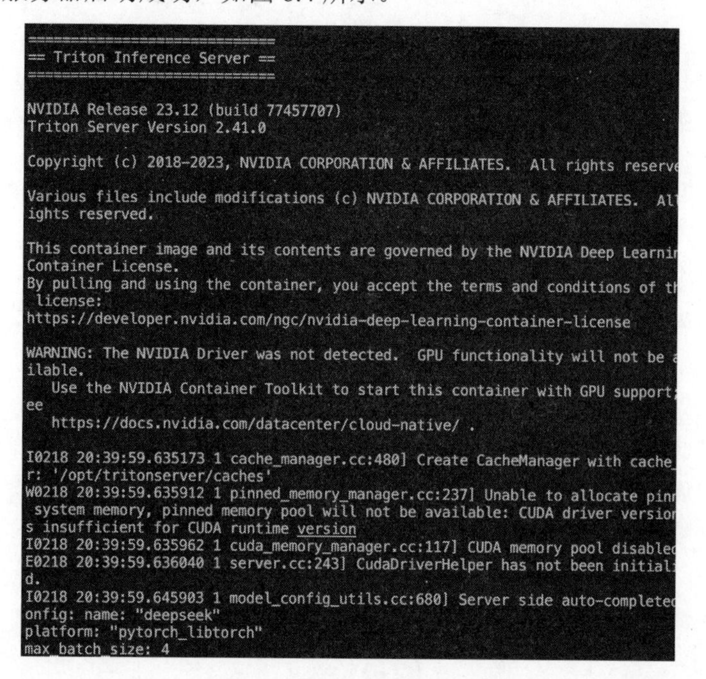

图 8.4　Triton 启动成功

8.1.3　Triton Inference Server 参数配置

配置 Triton Inference Server 参数，对于优化模型推理性能至关重要。

模型并发数是一个关键参数，它决定了服务器能够同时处理的推理请求数量。合理设置该参数需综合考虑硬件资源，如 CPU 核心数、GPU 显存大小等。若硬件资源充足，适当提高并发数，可提升服务的吞吐量；但并发数过高可能导致资源耗尽，引发性能下降。

推理批次大小（batch size）参数同样重要。较大的批次大小能利用硬件的并行计算能力，提高计算效率，降低单次推理的时间开销。然而，如果设置过大，可能超出内存限制，导致程序崩溃。因此，需要通过性能测试，找到适合当前硬件和模型的最佳批次大小值。

此外，内存分配策略、缓存设置等参数也会显著影响服务器性能。内存分配策略决定了服务器如何为不同模型和请求分配内存资源，合理的策略能避免内存碎片和溢出问题。缓存设置则可以缓存一些常用的模型数据和中间结果，减少重复计算，从而提高推理速度。

8.1.4　访问 Triton Inference Server 的协议

Triton Inference Server 支持多种协议访问，其中，gRPC 和 HTTP 是较为常用的两种。

gRPC 是一种高性能、轻量级的远程过程调用框架。使用 gRPC 访问 Triton Inference Server 时，首先要定义服务接口和消息格式，通过 protobuf 工具生成客户端和服务器端代码。客户端代码利用生成的接口，向服务器发送推理请求，服务器接收到请求后进行处理，并返回推理结果。gRPC 的优势在于其高效的二进制编码和低延迟，适用于对性能要求极高的场景，尤其在内部网络环境中，能充分发挥其速度优势。

HTTP 协议则具有更好的通用性和兼容性。通过发送 HTTP POST 请求到 Triton Inference Server 指定的端口，在请求体中包含推理所需的输入数据，服务器接收到请求后进行处理，并以 HTTP 响应的形式返回结果。这种方式简单直观，易于与各种编程语言和工具集成，适合在跨平台、跨网络环境下使用，方便外部系统与推理服务器进行交互。

8.1.5 使用 Python 调用 Triton Inference Server

以 Python 为例，调用 Triton Inference Server 进行推理并不复杂。

（1）安装必要的库，如 tritonclient。成功导入后，创建一个 Triton 客户端实例，指定服务器的地址和端口。代码如下：

```
import tritonclient.http as httpclient
triton_client = httpclient.InferenceServerClient(url="localhost:8000")
```

（2）准备推理所需的输入数据，将其转换为符合服务器要求的格式。例如，对图像数据、需进行预处理并转换为合适的张量。代码如下：

```
import numpy as np
input_data = np.random.rand(1, 224, 224, 3).astype(np.float32)
input_tensor = httpclient.InferInput('input', input_data.shape, 'FP32')
input_tensor.set_data_from_numpy(input_data)
```

（3）定义输出张量，指定要获取的输出结果。代码如下：

```
output_tensor = httpclient.InferRequestedOutput('output')
```

（4）发送推理请求，并获取结果。代码如下：

```
result = triton_client.infer(model_name='DeepSeekR1', inputs=[input_tensor],
outputs=[output_tensor])
output = result.as_numpy('output')
print(output)
```

其他语言，如 C++、Java 等，也有相应的客户端库。它们调用的方式类似，都是通过与 Triton Inference Server 建立连接，发送请求并接收推理结果，实现模型的远程推理服务调用。

8.1.6 其他 Serving 框架

除了 Triton Inference Server，还有其他一些常用的模型服务化框架，下面介绍两款。

- ☑ TensorFlow Serving：TensorFlow 官方推出的模型服务框架，专为部署 TensorFlow 模型而设计。它与 TensorFlow 生态系统紧密集成，能无缝支持各种 TensorFlow 模型的部署。其优势在于对 TensorFlow 模型的原生支持，能充分利用 TensorFlow 的优化技术，确保模型推理的高效性。同时，它提供了简单易用的 API，方便开发者快速搭建模型服务。
- ☑ TorchServe：针对 PyTorch 模型的服务框架，为 PyTorch 模型提供了便捷的部署方式，支持模型的打包、部署和管理。TorchServe 具备良好的扩展性，能轻松应对大规模的模型部署需求。它还提供了丰富的插件机制，可用于自定义模型的预处理、后处理等功能，满足不同应用场景的个性化需求。

这些框架在不同的应用场景和技术栈中各有优势，开发者可根据项目需求灵活进行选择。

8.2 A/B 测试框架

在实际应用场景中，我们经常需要对比不同模型版本的性能，以确定哪个模型最能满足业务需求。这时，A/B 测试框架（A/B testing framework）就显得尤为重要。接下来，我们将深入探讨 A/B 测试框架的原理、作用，以及如何对 DeepSeek-R1 模型进行 A/B 测试。

8.2.1 A/B 测试的原理和作用

A/B 测试的原理是将用户随机分为两组，分别向他们展示不同版本的内容，即 A 版本和 B 版本。在 AI 模型部署场景中，这两个版本可能是不同超参数设置、不同结构改进或不同训练数据量下训练出的模型版本。通过让这两组用户在相同时间内与对应版本的模型进行交互，收集并对比他们的反馈数据。

A/B 测试的作用显著。一方面，能精准评估不同模型版本的效果。通过对比不同版本模型在相同任务上的准确率、召回率、F1 值等指标，判断哪个版本在实际应用中表现更优。另一方面，有助于优化用户体验。从用户的角度出发，分析不同版本模型在响应时间、易用性等方面的差异，确定哪个版本能为用户带来更流畅、高效的使用感受，从而为模型的进一步优化和选择提供有力依据。

常用的 A/B 测试框架有以下 3 种。

☑ AB Testing for Deep Learning（ABDL）：一款专为深度学习模型设计的 A/B 测试框架。它提供了简洁易用的接口，可方便地集成到深度学习项目中。开发者可轻松地对不同版本的模型进行 A/B 测试，自动收集和整理测试数据，减少了手动操作的烦琐。

☑ Optimizely：常用的 A/B 测试框架之一，不仅适用于深度学习领域，在网页设计、产品功能优化等场景下也有广泛应用。它拥有直观的可视化界面，没有深厚技术背景的人员也能快速上手，进行实验设置、查看数据和结果分析非常方便。

☑ Google Optimize：与 Google 的其他产品（如 Google Analytics）紧密集成，能充分利用 Google 强大的数据收集和分析能力。进行 A/B 测试时可获取更全面、详细的数据洞察，为决策提供可靠的支持。

这些测试框架各有特点，开发者可根据项目需求和具体的技术栈，合理选择。

8.2.2 对 DeepSeek-R1 模型进行 A/B 测试

进行 A/B 测试前，需准备两个不同版本的 DeepSeek-R1 模型（具有不同的训练策略和参数），并分别标记为 A 版本和 B 版本。接着，选择合适的 A/B 测试框架，如 abdl。安装并配置 abdl 框架，确保其能与当前项目环境正常交互。在框架中定义测试参数，包括测试持续时间、参与测试的用户群体范围等，并利用框架将用户随机分配到 A 和 B 版本模型的测试组中。

测试期间，框架会自动记录每个用户与对应模型交互产生的数据，如输入内容、模型输出结果、用户操作时间等。测试结束后，从框架中导出收集到的数据。这些数据将作为后续分析的基础，涵盖了模型在不同用户场景下的表现情况，为全面评估两个版本模型的优劣提供了丰富信息。

对 DeepSeek-R1-1.5B 模型进行 A/B 测试的详细过程如下。

（1）配置环境。首先创建项目结构，代码如下：

```
# 创建项目目录
mkdir deepseek_ab_test
cd deepseek_ab_test

# 创建必要的子目录
mkdir -p model_repository/deepseek/1.5b/1
mkdir -p test_results
```

（2）创建并激活虚拟环境，代码如下：

```
# 创建虚拟环境
python -m venv venv

# 激活虚拟环境
source venv/bin/activate # Linux/Mac
.\venv\Scripts\activate # Windows
```

（3）安装依赖库，代码如下：

```
# 创建 requirements.txt
cat > requirements.txt << EOF
torch>=2.0.0
transformers>=4.36.0
requests>=2.31.0
pandas>=1.5.0
EOF

# 安装依赖
pip install -r requirements.txt
```

（4）安装模型。首先，创建模型仓库，代码如下：

```
mkdir -p model_repository/deepseek/1.5b/1
```

然后，安装必要的依赖，代码如下：

```
pip install torch transformers
```

（5）运行下载脚本 python download_model.py，代码如下：

```
import os
import logging
from transformers import AutoModelForCausalLM, AutoTokenizer
import torch
import warnings
import ssl

# 忽略 SSL 警告
warnings.filterwarnings('ignore', category=UserWarning)
```

```
try:
    _create_unverified_https_context = ssl._create_unverified_context
except AttributeError:
    pass
else:
    ssl._create_default_https_context = _create_unverified_https_context

# 配置日志
logging.basicConfig(
    level=logging.INFO,
    format='%(asctime)s - %(levelname)s - %(message)s'
)
logger = logging.getLogger(__name__)

def download_model():
    """下载并保存模型"""
    try:
        # 创建目录
        model_dir = "model_repository/deepseek/1.5b/1"
        os.makedirs(model_dir, exist_ok=True)

        # 设置模型 ID
        model_id = "deepseek-ai/DeepSeek-R1-Distill-Qwen-1.5B"
        logger.info(f"开始下载模型: {model_id}")

        # 设置环境变量使用镜像
        os.environ['HF_ENDPOINT'] = 'https://hf-mirror.com'
        os.environ['HF_HUB_ENABLE_HF_TRANSFER'] = '1'           # 启用 HF transfer

        # 下载模型
        logger.info("1. 下载模型...")
        model = AutoModelForCausalLM.from_pretrained(
            model_id,
            torch_dtype=torch.float16,
            trust_remote_code=True,
            low_cpu_mem_usage=True,
            resume_download=True,                                # 支持断点续传
            local_files_only=False                               # 强制从网络下载
        )

        # 下载分词器
        logger.info("2. 下载分词器...")
        tokenizer = AutoTokenizer.from_pretrained(
            model_id,
            trust_remote_code=True,
            resume_download=True
        )

        # 保存模型和分词器
        logger.info("3. 保存模型和分词器...")
        model.save_pretrained(model_dir, safe_serialization=True) # 使用安全序列化
        tokenizer.save_pretrained(model_dir)

        # 验证文件
        files = os.listdir(model_dir)
        logger.info(f"已保存的文件: {files}")
```

```
        # 检查文件大小
        for file in files:
            file_path = os.path.join(model_dir, file)
            size_mb = os.path.getsize(file_path) / (1024 * 1024)
            logger.info(f"文件 {file}: {size_mb:.2f}MB")

        logger.info("模型下载完成！")
        return True

    except Exception as e:
        logger.error(f"下载失败: {str(e)}")
        return False

def verify_model():
    """验证模型文件"""
    model_dir = "model_repository/deepseek/1.5b/1"
    required_files = [
        "config.json",
        "pytorch_model.bin",
        "tokenizer.json",
        "tokenizer_config.json"
    ]

    missing_files = []
    for file in required_files:
        if not os.path.exists(os.path.join(model_dir, file)):
            missing_files.append(file)

    if missing_files:
        logger.error(f"缺少文件: {missing_files}")
        return False

    logger.info("模型文件验证通过")
    return True

if __name__ == "__main__":
    logger.info("开始下载模型...")

    if download_model():
        if verify_model():
            logger.info("模型准备完成，可以进行测试")
        else:
            logger.error("模型文件验证失败")
    else:
        logger.error("模型下载失败")
```

窗口提示如图 8.5 所示的信息，则说明模型已下载完成。

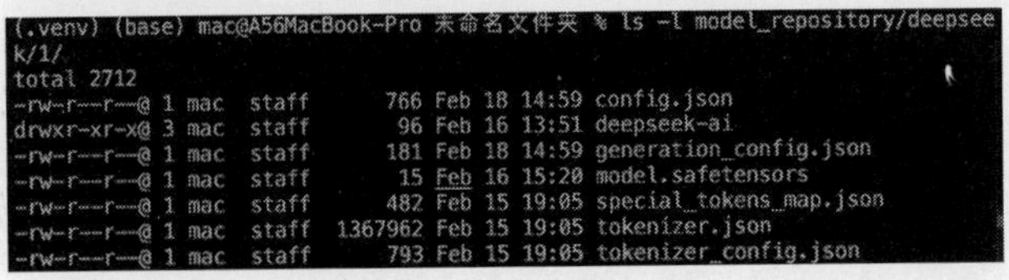

```
(.venv) (base) mac@A56MacBook-Pro 未命名文件夹 % ls -l model_repository/deepsee
k/1/
total 2712
-rw-r--r--@ 1 mac  staff      766 Feb 18 14:59 config.json
drwxr-xr-x@ 3 mac  staff       96 Feb 16 13:51 deepseek-ai
-rw-r--r--@ 1 mac  staff      181 Feb 18 14:59 generation_config.json
-rw-r--r--@ 1 mac  staff       15 Feb 16 15:20 model.safetensors
-rw-r--r--@ 1 mac  staff      482 Feb 15 19:05 special_tokens_map.json
-rw-r--r--@ 1 mac  staff  1367962 Feb 15 19:05 tokenizer.json
-rw-r--r--@ 1 mac  staff      793 Feb 15 19:05 tokenizer_config.json
```

图 8.5 模型下载成功

（6）配置 Triton 服务器。首先确保 Docker 已安装运行，然后使用以下命令拉取 Triton 服务器镜像（见图 8.6）。

```
docker pull nvcr.io/nvidia/tritonserver:23.10-py3
```

```
.venv) (base) mac@A56MacBook-Pro 未命名文件夹 % docker pull nvcr.io/nvidia/tritonserver:23.10-py3
23.10-py3: Pulling from nvidia/tritonserver
391327a0f1d: Pulling fs layer
f074145f5a29: Extracting  25.62MB/129.1MB
64de3c6dec3: Downloading  117.4MB/145.2MB
098e3e7d96f: Pulling fs layer
a6fb9455297: Downloading  94.59MB/2.893GB
9d18d5bbdca: Pulling fs layer
7e1ffe62a8d: Pulling fs layer
2c04c6ca982: Pulling fs layer
ef1eef57a90: Pulling fs layer
0878274e08a: Pulling fs layer
a6fb9455297: Downloading  8.419MB/2.893GB
4f4d1c5e3a9: Waiting
2e860159229: Waiting
ca6a25dfeca: Waiting
161fb44a31a: Waiting
aa3742e701f: Waiting
9634a31c47b: Waiting
3b725b10920: Waiting
9e5a8446aa7: Waiting
7ac961abda1: Waiting
aba8b2523d3: Waiting
8a4b406baf8: Waiting
1de23de2d62: Waiting
```

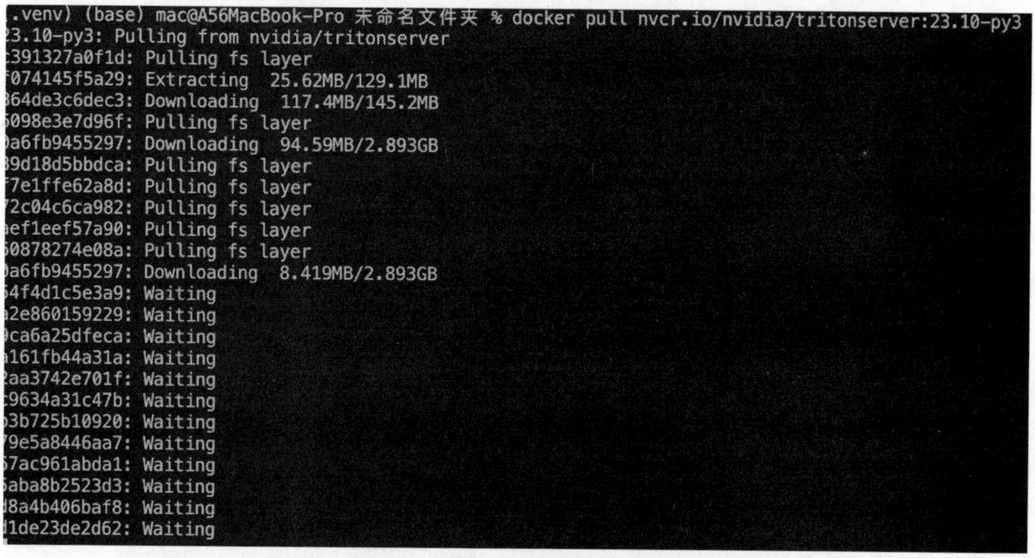

图 8.6　拉取 Triton 服务器镜像

（7）转换模型格式。模型转换成功如图 8.7 所示。

```
.venv) (base) mac@A56MacBook-Pro 未命名文件夹 % python convert_model.py
/Users/mac/Desktop/未命名文件夹/.venv/lib/python3.9/site-packages/urllib3/__in
__.py:35: NotOpenSSLWarning: urllib3 v2 only supports OpenSSL 1.1.1+, current
 the 'ssl' module is compiled with 'LibreSSL 2.8.3'. See: https://github.com/
rllib3/urllib3/issues/3020
  warnings.warn(
2025-02-18 16:01:08,289 - INFO - 开始模型转换...
2025-02-18 16:01:08,289 - INFO - 加载模型...
2025-02-18 16:01:20,284 - INFO - 包装模型...
2025-02-18 16:01:20,291 - INFO - 导出模型...
 loss_type=None` was set in the config but it is unrecognised.Using the defaul
 loss: `ForCausalLMLoss`.
/Users/mac/Desktop/未命名文件夹/.venv/lib/python3.9/site-packages/transformers
models/qwen2/modeling_qwen2.py:714: TracerWarning: Converting a tensor to a Py
hon boolean might cause the trace to be incorrect. We can't record the data fl
 of Python values, so this value will be treated as a constant in the future.
This means that the trace might not generalize to other inputs!
  if sequence_length != 1:
2025-02-18 16:01:45,304 - INFO - 保存模型...
2025-02-18 16:02:23,498 - INFO - 保存分词器...
2025-02-18 16:02:24,387 - INFO - 已保存的文件: ['model.pt', 'tokenizer_config.
son', 'special_tokens_map.json', '._____temp', 'tokenizer.json', '.cache']
2025-02-18 16:02:24,387 - INFO - 文件 model.pt: 6779.75MB
2025-02-18 16:02:24,387 - INFO - 文件 tokenizer_config.json: 0.01MB
2025-02-18 16:02:24,387 - INFO - 文件 special_tokens_map.json: 0.00MB
2025-02-18 16:02:24,387 - INFO - 文件 ._____temp: 0.00MB
2025-02-18 16:02:24,387 - INFO - 文件 tokenizer.json: 10.89MB
2025-02-18 16:02:24,387 - INFO - 文件 .cache: 0.00MB
2025-02-18 16:02:24,387 - INFO - 转换完成！
```

图 8.7　模型转换成功

（8）启动 Triton 服务器，命令如下，具体代码如图 8.8 所示。

```
docker run --gpus all --rm -p8000:8000 \
   -v $(pwd)/model_repository:/models \
   nvcr.io/nvidia/tritonserver:23.10-py3 \
   tritonserver --model-repository=/models --log-verbose=1
```

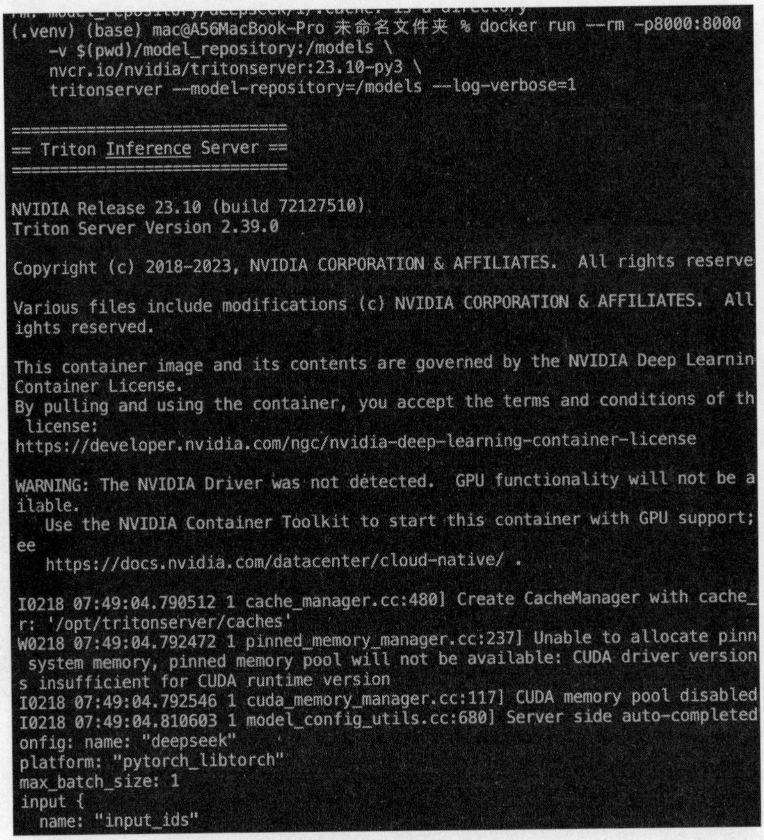

```
(.venv) (base) mac@A56MacBook-Pro 未命名文件夹 % docker run --rm -p8000:8000
    -v $(pwd)/model_repository:/models \
    nvcr.io/nvidia/tritonserver:23.10-py3 \
    tritonserver --model-repository=/models --log-verbose=1

=============================
== Triton Inference Server ==
=============================

NVIDIA Release 23.10 (build 72127510)
Triton Server Version 2.39.0

Copyright (c) 2018-2023, NVIDIA CORPORATION & AFFILIATES.  All rights reserve

Various files include modifications (c) NVIDIA CORPORATION & AFFILIATES.  All
ights reserved.

This container image and its contents are governed by the NVIDIA Deep Learnin
Container License.
By pulling and using the container, you accept the terms and conditions of th
 license:
https://developer.nvidia.com/ngc/nvidia-deep-learning-container-license

WARNING: The NVIDIA Driver was not detected.  GPU functionality will not be a
ilable.
   Use the NVIDIA Container Toolkit to start this container with GPU support;
ee
   https://docs.nvidia.com/datacenter/cloud-native/ .

I0218 07:49:04.790512 1 cache_manager.cc:480] Create CacheManager with cache_
r: '/opt/tritonserver/caches'
W0218 07:49:04.792472 1 pinned_memory_manager.cc:237] Unable to allocate pinn
 system memory, pinned memory pool will not be available: CUDA driver version
s insufficient for CUDA runtime version
I0218 07:49:04.792546 1 cuda_memory_manager.cc:117] CUDA memory pool disabled
I0218 07:49:04.810603 1 model_config_utils.cc:680] Server side auto-completed
onfig: name: "deepseek"
platform: "pytorch_libtorch"
max_batch_size: 1
input {
  name: "input_ids"
```

图 8.8　启动 Triton 服务器的过程和相关信息

（9）进行 A/B 测试。测试用例和部分代码实例如图 8.9 所示。

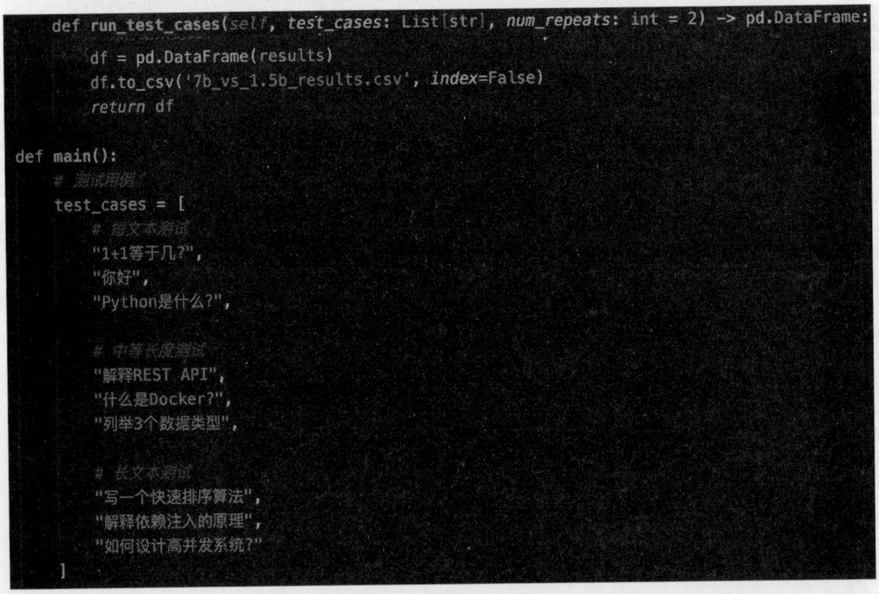

```
    def run_test_cases(self, test_cases: List[str], num_repeats: int = 2) -> pd.DataFrame:

        df = pd.DataFrame(results)
        df.to_csv('7b_vs_1.5b_results.csv', index=False)
        return df

def main():
    # 测试用例
    test_cases = [
        # 短文本测试
        "1+1等于几?",
        "你好",
        "Python是什么?",

        # 中等长度测试
        "解释REST API",
        "什么是Docker?",
        "列举3个数据类型",

        # 长文本测试
        "写一个快速排序算法",
        "解释依赖注入的原理",
        "如何设计高并发系统?"
    ]
```

图 8.9　A/B 测试案例

模型 A 和模型 B 的测试过程分别如图 8.10 和图 8.11 所示。

```
== 测试模型 A ===
NFO:__main__:加载模型: deepseek-ai/deepseek-coder-7b-base
oading checkpoint shards: 100%|                  | 2/2 [00:17<00:00,  8.85s/i
ARNING:accelerate.big_modeling:Some parameters are on the meta device becaus
hey were offloaded to the disk.
NFO:__main__:
试用例: 你好
etting `pad_token_id` to `eos_token_id`:32014 for open-end generation.
NFO:__main__:响应: 你好, 这里是《中国少年说》, 我是主播小青。
天是六一儿童节, 孩子们的节日。
到这个时候...
NFO:__main__:延迟: 339.921秒
NFO:__main__:
试用例: 1+1等于几?
etting `pad_token_id` to `eos_token_id`:32014 for open-end generation.
NFO:__main__:响应: 1+1等于几?

 + 1 = 2

 + 1 = 3

 + 1 = 4

 + 1 = 5

 + ...
NFO:__main__:延迟: 341.017秒
NFO:__main__:
试用例: Python是什么编程语言?
etting `pad_token_id` to `eos_token_id`:32014 for open-end generation.
NFO:__main__:响应: Python是什么编程语言?
 Python是全世界最受欢迎的编程语言之一, 其原因在于它是免费的, 易于安装和使用
..
NFO:__main__:延迟: 479.524秒
NFO:__main__:
```

图 8.10　模型 A 测试

```
== 测试模型 B ===
NFO:__main__:加载模型: deepseek-ai/DeepSeek-R1-Distill-Qwen-1.5B
ARNING:accelerate.big_modeling:Some parameters are on the meta device because
hey were offloaded to the disk.
NFO:__main__:
试用例: 你好
etting `pad_token_id` to `eos_token_id`:151643 for open-end generation.
NFO:__main__:响应: 你好, 我最近在做一个关于数学的项目, 想从数学的各个角度来探
, 包括代数、几何、微积分这些, 但具体如何...
NFO:__main__:延迟: 111.050秒
NFO:__main__:
试用例: 1+1等于几?
etting `pad_token_id` to `eos_token_id`:151643 for open-end generation.
NFO:__main__:响应: 1+1等于几? 11+11等于几? 111+111等于几? 1111+1111等于几...
NFO:__main__:延迟: 111.941秒
NFO:__main__:
试用例: Python是什么编程语言?
etting `pad_token_id` to `eos_token_id`:151643 for open-end generation.
NFO:__main__:响应: Python是什么编程语言? It's a programming language that all
s you to create
ython is a programming langua...
NFO:__main__:延迟: 111.993秒
NFO:__main__:
== 测试结果总结 ===
NFO:__main__:
型 A:
NFO:__main__:成功率: 100.0%
NFO:__main__:平均延迟: 386.821秒
NFO:__main__:
型 B:
NFO:__main__:成功率: 100.0%
NFO:__main__:平均延迟: 111.661秒
```

图 8.11　模型 B 测试

（10）测试结果解读。

说明：由于服务器限制、本机内存过小以及网络因素等一系列影响，模型加载速度较慢，延迟较高，因此未进行进一步的 A/B 测试。读者可以通过对比数据来观察模型 A 和模型 B 的性能差异（仅供参考）。

8.2.3 分析 A/B 测试结果并做出决策

在分析 DeepSeek-R1 模型的 A/B 测试结果时，我们首先关注关键性能指标。准确率、召回率等指标能直接反映模型处理任务的正确性和完整性。对比 A、B 两个版本模型在这些指标上的表现，若 A 版本模型的准确率显著高于 B 版本，则说明 A 版本在识别和判断方面更具优势。

同时，我们还需考虑用户体验相关指标，如推理延迟。如果 B 版本模型虽然在准确率上稍逊于 A 版本，但推理延迟更短，能更快地响应用户请求，那么在对响应速度要求较高的场景下，B 版本可能更具优势。

综合各项指标分析后，我们做出决策。若 A 版本在多个关键指标上都优于 B 版本，且没有明显的短板，那么在后续应用中可选择 A 版本。若两个版本各有优劣，则需根据项目的重点需求，如更看重模型精度还是响应速度，来决定最终采用哪个版本，以确保所选模型版本能最大程度满足项目目标和用户需求。

8.3 性能压测方案

完成 A/B 测试后，相信读者对不同版本的 DeepSeek-R1 模型已有了更清晰的认识。在将模型正式投入使用前，我们还需要了解系统在不同负载情况下的性能表现，这就需要进行性能压测。本节将详细介绍性能压测的原理、作用，以及如何使用工具对 DeepSeek-R1 模型服务进行性能压测。

8.3.1 性能压测的原理和作用

1. 原理

模拟不同程度的负载条件，让系统在这些压力环境下运行，以观察系统的各项性能指标变化。对 DeepSeek-R1 模型服务进行性能压测，即利用工具向模型服务发送大量请求，模拟多用户同时使用的场景。

2. 作用

性能压测至关重要。一方面，它能精准评估系统的承载能力，确定系统在不出现性能问题的前提下，能够同时处理的最大请求数量，为规划系统规模和资源配置提供依据；另一方面，它有助于发现性能瓶颈。通过分析压测过程中各项指标的变化，如响应时间延长、资源利用率达到极限等，可以定位到系统中存在性能问题的环节，以便进行针对性优化，确保模型服务在实际运行中能够稳定、高效地为用户提供服务。

常用的性能压测工具如下。

☑ Locust：这是一款基于 Python 的性能测试工具，具备分布式测试能力，能够轻松模拟大量用户并发访问。其优势在于简单易用，只需编写 Python 代码即可快速定义用户行为和负载模式，适合开发人员快速上手进行性能测试。例如，能方便地设置用户的启动速度、持续时间等参数，灵活控制测试场景。

☑ JMeter：这是一款功能强大的开源性能测试工具，支持多种协议，如 HTTP、FTP 等。它拥有直观的图形化界面，无须编写大量代码，通过简单的配置即可创建复杂的测试场景。此外，JMeter 还提供了丰富的插件和组件，可用于收集各种性能指标数据，对系统性能进行全面评估，因此在企业级项目中应用广泛。

8.3.2 对 DeepSeek-R1 模型服务进行性能压测

下面以 Locust 为例，讲解如何对 DeepSeek-R1 模型服务进行性能压测。首先需要安装 Locust 工具。安装完成后，创建一个 Python 脚本用于定义用户行为。在脚本中定义一个类，继承自 Locust 的 HttpUser 类，在类中定义具体的任务函数，如发送推理请求到 DeepSeek-R1 模型服务，代码如下。

```
from locust import HttpUser, task, between
class DeepSeekUser(HttpUser):
wait_time = between(1, 5)
@task
def inference_task(self):
data = {
"input": [1, 2, 3] # 示例输入数据
}
self.client.post("/inference", json=data)
```

保存脚本后，在命令行中运行 Locust 命令，并指定脚本文件路径以启动压测。此时，我们可以在浏览器中访问 Locust 的 Web 界面，设置并发用户数、每秒启动用户数等参数，然后单击 Start swarming 按钮，即可开始压测。在压测过程中，Locust 会实时收集并显示 DeepSeek-R1 模型服务的各项性能指标，如请求响应时间、吞吐量等。

对 DeepSeek-R1 模型服务进行压测的具体操作步骤如下。

（1）安装 Locust，代码如下：

```
pip install locust
```

（2）启动模型服务。如果出现如图 8.12 所示的信息，则说明模型启动成功。

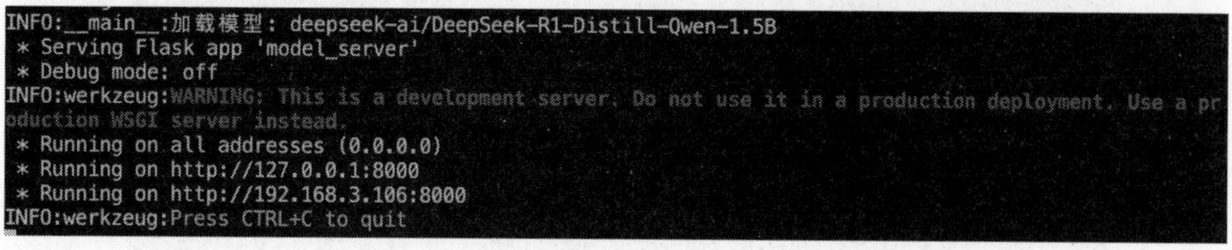

```
INFO:__main__:加载模型: deepseek-ai/DeepSeek-R1-Distill-Qwen-1.5B
 * Serving Flask app 'model_server'
 * Debug mode: off
INFO:werkzeug:WARNING: This is a development server. Do not use it in a production deployment. Use a production WSGI server instead.
 * Running on all addresses (0.0.0.0)
 * Running on http://127.0.0.1:8000
 * Running on http://192.168.3.106:8000
INFO:werkzeug:Press CTRL+C to quit
```

图 8.12 模型启动成功

（3）运行 Locust，效果如图 8.13 所示。

（4）开始压测。测试参数为“ 发送 10 个请求，使用两个并发线程”。共测试 3 种不同的场景：

☑ 简单问候：你好。

☑ 简单计算：1+1 等于几？

☑ 知识问答：Python 是什么编程语言？

```
http://localhost:8000 --web-port=8089
Users/mac/Desktop/未命名文件夹/.venv/lib/python3.9/site-packages/urllib3/__ini
__.py:35: NotOpenSSLWarning: urllib3 v2 only supports OpenSSL 1.1.1+, currentl
 the 'ssl' module is compiled with 'LibreSSL 2.8.3'. See: https://github.com/u
llib3/urllib3/issues/3020
 warnings.warn(
2025-02-18 20:18:46,993] A56MacBook-Pro/INFO/locust.main: Starting Locust 2.32
9
2025-02-18 20:18:46,993] A56MacBook-Pro/WARNING/locust.main: Python 3.9 suppor
 is deprecated and will be removed soon
2025-02-18 20:18:46,994] A56MacBook-Pro/INFO/locust.main: Starting web interfa
e at http://0.0.0.0:8089
```

图 8.13　运行 Locust

测试结果如图 8.14 所示，测试后台如图 8.15 所示。

```
 warnings.warn(
INFO:__main__:开始测试: 10 请求, 2 并发
INFO:__main__:
进度: 5/10
INFO:__main__:成功率: 0.0%
INFO:__main__:
进度: 10/10
INFO:__main__:成功率: 40.0%
INFO:__main__:平均延迟: 31.40秒
INFO:__main__:
=== 测试结果 ===
INFO:__main__:总请求数: 10
INFO:__main__:成功请求: 4
INFO:__main__:成功率: 40.0%
INFO:__main__:平均延迟: 31.40秒
INFO:__main__:最小延迟: 30.86秒
INFO:__main__:最大延迟: 31.94秒
```

图 8.14　测试结果

```
 Serving Flask app 'model_server'
 Debug mode: off
FO:werkzeug:WARNING: This is a development server. Do not use it in a product
n deployment. Use a production WSGI server instead.
 Running on all addresses (0.0.0.0)
 Running on http://127.0.0.1:8000
 Running on http://26.26.26.1:8000
FO:werkzeug:Press CTRL+C to quit
FO:werkzeug:127.0.0.1 - - [18/Feb/2025 20:37:47] "POST /v1/chat/completions H
P/1.1" 200 -
FO:werkzeug:127.0.0.1 - - [18/Feb/2025 20:37:47] "POST /v1/chat/completions H
P/1.1" 200 -
FO:werkzeug:127.0.0.1 - - [18/Feb/2025 20:38:16] "POST /v1/chat/completions H
P/1.1" 200 -
FO:werkzeug:127.0.0.1 - - [18/Feb/2025 20:38:16] "POST /v1/chat/completions H
P/1.1" 200 -
FO:werkzeug:127.0.0.1 - - [18/Feb/2025 20:38:45] "POST /v1/chat/completions H
P/1.1" 200 -
FO:werkzeug:127.0.0.1 - - [18/Feb/2025 20:38:45] "POST /v1/chat/completions H
P/1.1" 200 -
FO:werkzeug:127.0.0.1 - - [18/Feb/2025 20:39:13] "POST /v1/chat/completions H
P/1.1" 200 -
FO:werkzeug:127.0.0.1 - - [18/Feb/2025 20:39:13] "POST /v1/chat/completions H
P/1.1" 200 -
FO:werkzeug:127.0.0.1 - - [18/Feb/2025 20:39:45] "POST /v1/chat/completions H
P/1.1" 200 -
FO:werkzeug:127.0.0.1 - - [18/Feb/2025 20:39:45] "POST /v1/chat/completions H
P/1.1" 200 -
```

图 8.15　测试后台

（5）使用本地服务器进行可视化的模型性能压力测试，如图 8.16 所示。测试后台如图 8.17 所示。

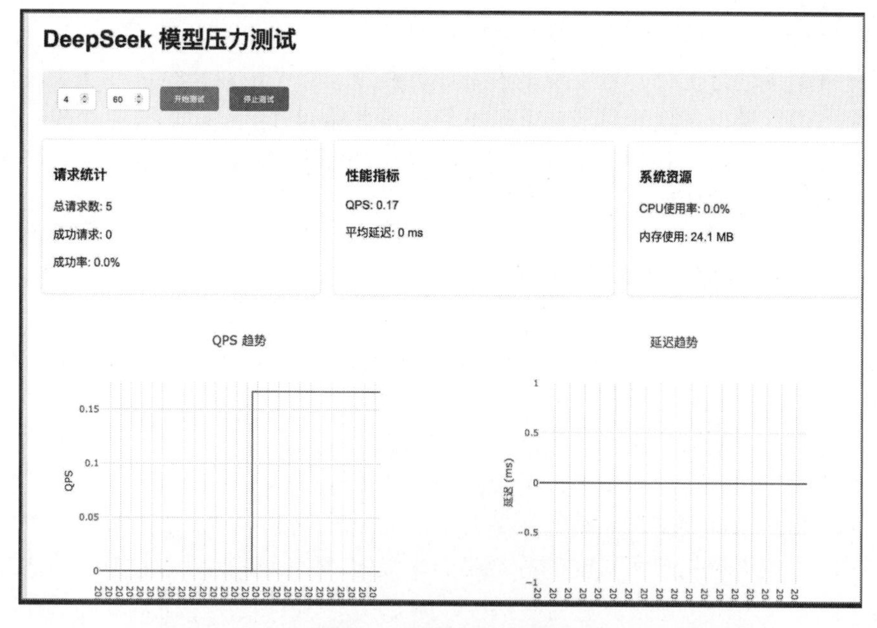

图 8.16　模型测试可视化

```
 Debug mode: on
RNING: This is a development server. Do not use it in a production deploy
 Use a production WSGI server instead.
 Running on all addresses (0.0.0.0)
 Running on http://127.0.0.1:5000
 Running on http://26.26.26.1:5000
ess CTRL+C to quit
 Restarting with stat
sers/mac/Desktop/未命名文件夹/.venv/lib/python3.9/site-packages/urllib3/__
_.py:35: NotOpenSSLWarning: urllib3 v2 only supports OpenSSL 1.1.1+, curre
the 'ssl' module is compiled with 'LibreSSL 2.8.3'. See: https://github.co
lib3/urllib3/issues/3020
 warnings.warn(
 Debugger is active!
 Debugger PIN: 685-174-509
7.0.0.1 - - [18/Feb/2025 20:46:35] "GET / HTTP/1.1" 200 -
7.0.0.1 - - [18/Feb/2025 20:46:37] "GET /favicon.ico HTTP/1.1" 404 -
7.0.0.1 - - [18/Feb/2025 20:46:40] "POST /start HTTP/1.1" 200 -
7.0.0.1 - - [18/Feb/2025 20:46:41] "GET /metrics HTTP/1.1" 200 -
7.0.0.1 - - [18/Feb/2025 20:46:41] "POST /start HTTP/1.1" 400 -
7.0.0.1 - - [18/Feb/2025 20:46:42] "GET /metrics HTTP/1.1" 200 -
7.0.0.1 - - [18/Feb/2025 20:46:42] "GET /metrics HTTP/1.1" 200 -
7.0.0.1 - - [18/Feb/2025 20:46:42] "POST /start HTTP/1.1" 400 -
7.0.0.1 - - [18/Feb/2025 20:46:43] "GET /metrics HTTP/1.1" 200 -
7.0.0.1 - - [18/Feb/2025 20:46:43] "GET /metrics HTTP/1.1" 200 -
7.0.0.1 - - [18/Feb/2025 20:46:43] "GET /metrics HTTP/1.1" 200 -
7.0.0.1 - - [18/Feb/2025 20:46:44] "GET /metrics HTTP/1.1" 200 -
7.0.0.1 - - [18/Feb/2025 20:46:44] "GET /metrics HTTP/1.1" 200 -
7.0.0.1 - - [18/Feb/2025 20:46:44] "GET /metrics HTTP/1.1" 200 -
7.0.0.1 - - [18/Feb/2025 20:46:45] "GET /metrics HTTP/1.1" 200 -
7.0.0.1 - - [18/Feb/2025 20:46:45] "GET /metrics HTTP/1.1" 200 -
7.0.0.1 - - [18/Feb/2025 20:46:45] "GET /metrics HTTP/1.1" 200 -
7.0.0.1 - - [18/Feb/2025 20:46:46] "GET /metrics HTTP/1.1" 200 -
7.0.0.1 - - [18/Feb/2025 20:46:46] "GET /metrics HTTP/1.1" 200 -
7.0.0.1 - - [18/Feb/2025 20:46:46] "GET /metrics HTTP/1.1" 200 -
7.0.0.1 - - [18/Feb/2025 20:46:46] "POST /start HTTP/1.1" 400 -
7.0.0.1 - - [18/Feb/2025 20:46:47] "GET /metrics HTTP/1.1" 200 -
```

图 8.17　测试后台

8.3.3　分析性能压测结果并优化系统性能

在分析性能压测结果时，需重点关注吞吐量和响应时间两个关键指标。吞吐量反映了系统在单位时间内处理请求的能力，如果吞吐量较低，可能意味着系统的处理速度有限，需要优化模型推理算法或增加资源。响应时间过长则会影响用户体验，若平均响应时间超出预期，要检查网络延迟、模型计算复杂度等因素。

根据分析结果进行优化：若发现是模型计算瓶颈，可考虑对模型进行优化，如采用更高效的算法、进行模型量化等；若是资源不足导致性能问题，可增加服务器数量或升级硬件配置。例如：如果 CPU 使用率持续过高，可增加 CPU 核心数；若内存不足，可增加内存容量，以此提升系统整体性能。

8.3.4 模拟真实用户流量与设置合理压测指标

模拟真实用户流量时，需要考虑用户的行为模式。例如，用户请求的时间间隔并非固定，可以通过分析实际业务数据，得出用户请求的时间分布规律，并在压测工具中设置相应的随机时间间隔。同时，不同用户的请求内容也存在差异，因此可以收集实际用户的请求数据，按照一定比例在压测中模拟不同类型的请求。

设置合理压测指标要结合系统的业务需求。对于 DeepSeek-R1 模型服务，关键指标如平均响应时间，应根据用户可接受的等待时间来设定；吞吐量指标则要满足预估的用户并发访问量。此外，还需考虑资源利用率指标，如 CPU、GPU 使用率等，以确保在高负载下资源不会过度消耗，保障系统稳定运行，从而使压测指标能真实反映系统在实际场景中的性能需求。

8.4 监控与日志

监控与日志（monitoring and logging）机制能够帮助我们及时发现模型服务中的问题，并为后续的优化和故障排查提供依据。接下来，我们将一起学习如何对 DeepSeek-R1 模型服务进行监控以及配置日志系统。

8.4.1 对 DeepSeek-R1 模型服务进行监控

对 DeepSeek-R1 模型服务进行监控是保障其稳定运行的关键环节。其中，重要的监控指标包括 CPU 使用率、内存使用率、GPU 使用率、推理延迟等。用户可通过系统自带的监控工具或第三方监控软件，实时查看这些重要参数的动态信息。

- ☑ CPU 使用率是一项核心监控指标。过高的 CPU 使用率可能意味着模型推理计算过于复杂，或服务器资源分配不合理。
- ☑ 内存使用率同样重要，若内存占用持续上升甚至接近满负荷，可能导致程序崩溃。此时，需及时排查内存泄漏等问题。
- ☑ 对于依赖 GPU 加速的模型服务来说，GPU 使用率至关重要。监控 GPU 的使用情况，可判断其并行计算能力是否得到充分利用。
- ☑ 推理延迟直接影响用户体验。通过监控推理延迟，可以及时发现模型性能波动，以便迅速采取优化措施，确保服务高效稳定运行。

对 DeepSeek-R1 模型服务进行监控的后台信息如图 8.18 所示。

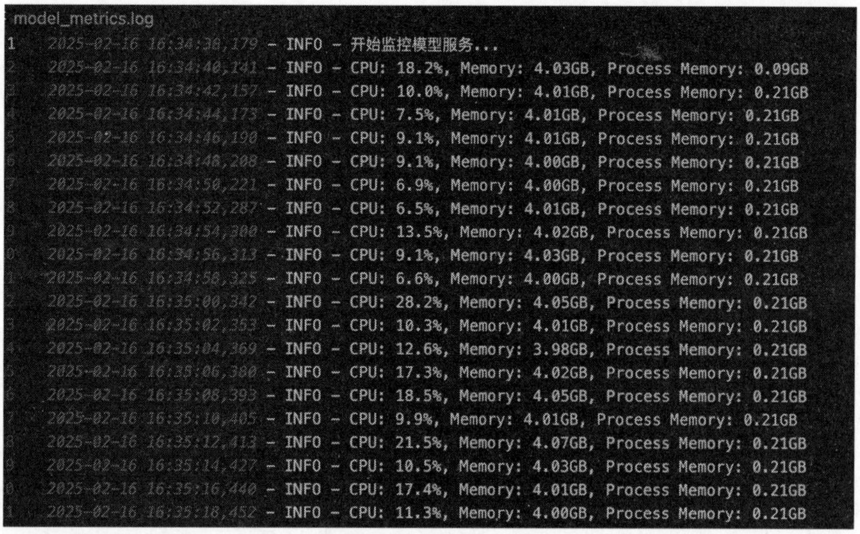

```
model_metrics.log
2025-02-16 16:34:38,179 - INFO - 开始监控模型服务...
2025-02-16 16:34:40,141 - INFO - CPU: 18.2%, Memory: 4.03GB, Process Memory: 0.09GB
2025-02-16 16:34:42,157 - INFO - CPU: 10.0%, Memory: 4.01GB, Process Memory: 0.21GB
2025-02-16 16:34:44,173 - INFO - CPU: 7.5%, Memory: 4.01GB, Process Memory: 0.21GB
2025-02-16 16:34:46,190 - INFO - CPU: 9.1%, Memory: 4.01GB, Process Memory: 0.21GB
2025-02-16 16:34:48,208 - INFO - CPU: 9.1%, Memory: 4.00GB, Process Memory: 0.21GB
2025-02-16 16:34:50,221 - INFO - CPU: 6.9%, Memory: 4.00GB, Process Memory: 0.21GB
2025-02-16 16:34:52,287 - INFO - CPU: 6.5%, Memory: 4.01GB, Process Memory: 0.21GB
2025-02-16 16:34:54,300 - INFO - CPU: 13.5%, Memory: 4.02GB, Process Memory: 0.21GB
2025-02-16 16:34:56,313 - INFO - CPU: 9.1%, Memory: 4.03GB, Process Memory: 0.21GB
2025-02-16 16:34:58,325 - INFO - CPU: 6.6%, Memory: 4.00GB, Process Memory: 0.21GB
2025-02-16 16:35:00,342 - INFO - CPU: 28.2%, Memory: 4.05GB, Process Memory: 0.21GB
2025-02-16 16:35:02,353 - INFO - CPU: 10.3%, Memory: 4.01GB, Process Memory: 0.21GB
2025-02-16 16:35:04,369 - INFO - CPU: 12.6%, Memory: 3.98GB, Process Memory: 0.21GB
2025-02-16 16:35:06,380 - INFO - CPU: 17.3%, Memory: 4.02GB, Process Memory: 0.21GB
2025-02-16 16:35:08,393 - INFO - CPU: 18.5%, Memory: 4.05GB, Process Memory: 0.21GB
2025-02-16 16:35:10,405 - INFO - CPU: 9.9%, Memory: 4.01GB, Process Memory: 0.21GB
2025-02-16 16:35:12,413 - INFO - CPU: 21.5%, Memory: 4.07GB, Process Memory: 0.21GB
2025-02-16 16:35:14,427 - INFO - CPU: 10.5%, Memory: 4.03GB, Process Memory: 0.21GB
2025-02-16 16:35:16,440 - INFO - CPU: 17.4%, Memory: 4.01GB, Process Memory: 0.21GB
2025-02-16 16:35:18,452 - INFO - CPU: 11.3%, Memory: 4.00GB, Process Memory: 0.21GB
```

图 8.18　模型监控

8.4.2　配置日志系统

通过配置日志系统，可以有效地记录模型的运行状态和错误提示信息。

首先，要确定日志级别。常见的日志级别包括 DEBUG、INFO、WARN、ERROR 等。其中：DEBUG 级别用于记录详细信息，便于开发调试；INFO 级别用于记录正常运行信息；WARN 级别用于提醒潜在问题；ERROR 级别用于记录错误信息。

接下来，要选择合适的日志记录库。例如，Python 中常用 logging 库，Java 中常用 log4j 库。

用户可在代码中初始化日志配置，指定日志输出路径、格式等。例如，在 Python 中做如下配置：

```
import logging
logging.basicConfig(
    level=logging.INFO,
    format='%(asctime)s - %(levelname)s - %(message)s',
    filename='model.log'
)
```

这样，模型运行过程中的关键信息和错误都会被记录到指定文件中，方便后续查看和分析，快速定位问题根源，为模型优化和故障排除提供有力支持。

下面介绍两款常用的监控和日志工具。

☑ Prometheus：这是一款强大的监控工具，可高效收集和存储各种指标数据，支持多种数据格式和数据源。通过定义抓取任务，可轻松获取 DeepSeek-R1 模型服务的 CPU、内存、GPU 等使用率数据，以及推理延迟等指标。Grafana 擅长数据可视化，与 Prometheus 结合使用，可将收集到的数据以直观的图表、仪表盘等形式展示出来。

☑ ELK Stack：由 Elasticsearch、Logstash 和 Kibana 三部分组成。Elasticsearch 用于存储日志数据，具备强大的搜索和分析能力；Logstash 负责收集、处理和转发日志数据；Kibana 提供可视化界面，方便用户查询和展示日志信息。这些工具相互配合，为 DeepSeek-R1 模型服务的监控和日志管理提供了全面、便捷的解决方案。

8.5 蓝绿部署与金丝雀发布

蓝绿部署和金丝雀发布是两种常用的部署策略，它们各自具有独特的优势和适用场景。持续集成和持续部署则是现代软件开发流程中的重要实践。下面就来了解它们。

1. 蓝绿部署和金丝雀发布

1）蓝绿部署

蓝绿部署是一种确保服务持续可用的部署策略。它可在同一时间内维护两个相同的生产环境，即蓝色环境和绿色环境。其中：蓝色环境运行当前版本的应用或模型，为用户提供稳定的服务；绿色环境则部署新版本，在完成全面测试后，可通过简单的流量切换，将用户请求导向绿色环境，使其正式投入使用。

蓝绿部署的优点很明显：操作相对简单，切换过程迅速。若新版本出现问题，能快速将流量切换回蓝色环境，实现快速回滚，保障服务不受影响。然而，该策略需要提供额外的硬件、软件和网络资源来维持两个环境的运行，成本较高。实施蓝绿部署时，需提前规划好两个环境的资源配置，并确保环境之间的一致性，通过自动化工具实现快速、可靠的环境切换。

2）金丝雀发布

金丝雀发布是一种更为谨慎的部署策略。它将少量的用户流量导向新版本的应用或模型，以探测新版本在真实环境中的运行状况。在这一过程中，需要密切观察新版本的性能、稳定性等指标以及用户反馈。如果一切运行正常，则逐步增加新版本的流量比例，直至新版本完全取代旧版本。

金丝雀发布的优势在于能够在大规模部署之前，及时发现新版本中潜在的问题，从而降低对大量用户造成影响的风险。同时，该策略给予开发团队更多时间来收集数据、评估效果，并根据实际情况进行调整。然而，金丝雀发布需要更完善的流量控制机制和监控系统，以实现流量的精确分配和监测。实施时，要合理确定初始流量比例和流量增加的节奏，同时建立有效的监控和反馈机制，以便及时做出决策。此外，部署的选择也至关重要。

选择蓝绿部署还是金丝雀发布，需要我们综合考虑多方面因素。

若项目对稳定性要求极高，且有足够的资源来支持两个并行环境，蓝绿部署是较好的选择。例如，一些关键业务系统不允许出现长时间的服务中断，蓝绿部署的快速切换和回滚能力可保障业务的连续性。当项目对风险的承受能力较低，希望在小规模范围内先验证新版本的效果时，金丝雀发布更为合适。特别是对于功能更新频繁、用户群体庞大的应用，通过逐步扩大流量的方式，能有效降低新版本带来的负面影响。此外，若项目对资源较为敏感，无法承担额外的环境成本，金丝雀发布因无须维持两个完整环境，可能更符合需求。

总之，应根据项目的具体情况、业务需求和风险偏好，权衡利弊后再做出最适合的部署策略。

2. 持续集成和持续部署

持续集成（CI）和持续部署（CD）是现代软件开发流程中的重要实践。

持续集成指开发团队成员频繁地将各自的代码更改合并到共享的存储库中，每次合并后都会自动进行构建和测试。这确保了代码冲突能被及时发现和解决，保证代码库始终处于可工作状态。持续部署则是在持续集成的基础上，将经过测试的代码自动部署到生产环境中。

CI/CD 可极大地提高开发效率，减少人工干预带来的错误和延误。通过自动化流程，开发人员可以专注于编写代码，无须担心烦琐的部署步骤。同时，频繁的集成和部署使得问题能够在早期被发现，降低了修复成本。对于 DeepSeek-R1 模型部署工程化而言，CI/CD 能够确保模型在不同环境中的一致性和稳定性，快速响应业务需求的变化，提升整体项目的交付速度和质量。

8.6 模型安全与对抗防御

随着 AI 技术的广泛应用，模型面临的安全威胁也日益增多。接下来，我们将深入探讨模型安全与对抗防御相关的知识，包括对抗攻击类型、防御方法和模型监控要点。

1. 对抗攻击类型

在模型安全领域，对抗攻击的手段繁多，且不断演化。以下是几种典型的对抗攻击方法。

- ☑ FGSM（fast gradient sign method）：是一种快速生成对抗样本的方法。通过计算输入样本关于损失函数的梯度，沿梯度符号方向添加小扰动来生成对抗样本。因其计算简便，能快速实现攻击，但生成样本质量有限。
- ☑ PGD（projected gradient descent）：是一种迭代式生成对抗样本的方法。通过多次重复计算梯度与添加扰动的步骤，逐步优化对抗样本，可生成质量更高、更具欺骗性的样本，不过计算成本相对较高。
- ☑ CW（Carlini & Wagner）攻击：基于优化思想，通过求解复杂的优化问题生成对抗样本。这些样本极为隐蔽，检测难度大，但计算复杂度高，对攻击者的计算资源要求苛刻。
- ☑ 黑盒攻击：是攻击者在无法获取模型内部结构与参数的情况下发起的攻击。基于迁移性的黑盒攻击利用在一个模型上生成的对抗样本对其他模型产生相似攻击效果的特性；基于查询的黑盒攻击则通过向目标模型发送大量查询，依据输出结果构建对抗样本，这类攻击更具现实威胁性。

2. 防御方法

针对不同的对抗攻击，需采用多种防御方法。对抗训练是一种有效的防御策略，在模型训练过程中，将生成的对抗样本加入训练集，使模型学习对对抗样本做出正确预测，增强模型的鲁棒性。

- ☑ 输入验证：通过检查输入数据是否符合预期来抵御攻击。例如，对于图像输入，限定像素值范围，检查数据格式等，阻止不符合要求的输入进入模型，降低攻击成功的可能性。

- ☑ 输入变换：对输入样本进行预处理，改变其特征表示。如采用图像压缩、去噪等技术，破坏对抗样本中的扰动信息，使模型不易被误导。
- ☑ 梯度掩盖：隐藏模型的梯度信息，让攻击者难以利用梯度生成对抗样本。该方法并非绝对可靠，易被更先进的攻击手段突破。
- ☑ 随机化：在模型的某些层引入随机噪声，增加模型对微小扰动的适应性，降低对抗样本的有效性。
- ☑ 防御蒸馏：训练一个防御性模型，模仿原始模型在对抗样本上的输出，使输出更加平滑，提升模型的抗攻击能力。

3. 模型监控要点

对模型进行监控是及时发现异常请求、保障模型安全的关键。监控模型输入，检查输入数据的特征分布是否与正常情况相符。例如，分析输入图像的像素值统计特征、数据维度等，若出现明显偏离正常范围的情况，可能是对抗攻击的迹象。

关注输出结果的置信度也是重要手段。若模型对某些输入的输出置信度异常低或异常高，与正常情况差异较大，可能意味着输入数据存在问题。

同时，监控模型的运行指标，如计算资源的使用情况。若在处理某些请求时，CPU、GPU 使用率出现异常波动，可能暗示这些请求是对抗攻击，导致模型计算复杂度大幅增加。通过实时监控这些关键指标，建立合理的阈值和预警机制，一旦发现异常请求，就会立即采取措施，如拒绝请求、记录相关信息并通知管理人员进行进一步分析处理，确保模型服务的安全性和稳定性。

8.7 异构硬件支持

为了让 DeepSeek-R1 模型能够在不同的硬件环境中高效运行，我们需要了解异构硬件支持方面的内容。不同的硬件平台，如 CPU、GPU、TPU 等，各有其特点和适用场景。下面我们将针对这些不同的硬件平台，探讨 DeepSeek-R1 模型的部署方案和优化措施。

1. CPU 部署

CPU 部署适用于对延迟要求相对不高，且计算资源有限的场景。在一些边缘设备或小型应用系统中，由于硬件条件的限制，无法配备高性能的 GPU 或其他专业加速硬件，此时 CPU 部署成为可行的选择。

在 CPU 上进行推理时，ONNX Runtime 是常用的推理引擎之一。它具有跨平台、轻量级等特点，能很好地支持多种深度学习框架导出的 ONNX 格式模型。除了 ONNX Runtime，OpenVINO 等推理引擎也可用于 CPU 推理。

为提升 CPU 推理性能，可采取一系列优化措施。模型量化是重要手段，使用 INT8 量化能显著减小模型大小，加快推理速度。通过将模型中的权重和激活值用 8 位整数表示，在精度损失可接受的情况下，大幅降低计算量和内存占用。调整线程数也很关键，合理设置线程数能充分利用 CPU 的多核能力，提高并行计算效率。此外，算子融合技术将多个算子合并为一个，减少计算过程中的数据传输和中间结果存储，有效降低计算开销，提升整体推理性能。

2. GPU 部署

GPU 部署通常用于对延迟要求较高，且计算资源充足的场景。在大规模深度学习应用、实时性要求高的图像和视频处理任务中，GPU 凭借其强大的并行计算能力，能显著提升模型推理速度。

Triton Inference Server 是 GPU 部署中常用的推理引擎，它对 GPU 的支持良好，能充分发挥 GPU 的性能优势。此外，TensorRT 也是一款专为 GPU 设计的高性能推理引擎，它通过优化网络结构、减少计算冗余等方式，极大地提高了模型在 GPU 上的推理效率。

在 GPU 上进行推理时，有多项优化措施。Batch Size 调整是关键，合理增大 Batch Size 可充分利用 GPU 的并行计算能力，提高计算效率。但需注意避免过大导致显存溢出。显存优化也不容忽视，通过合理管理显存的分配和释放，避免显存碎片和溢出问题，确保 GPU 始终有足够的显存用于模型推理。CUDA 图的使用能减少 Kernel Launch 的开销，将多个计算任务合并为一个 CUDA 图，一次性提交给 GPU 执行，提高执行效率。另外，采用混合精度训练，如使用 FP16 或 BF16 混合精度，既能减少内存占用，又能提高计算速度，进一步提升 GPU 的推理性能。

3. TPU 部署

在部署 DeepSeek-R1 模型时，若条件允许，OpenAI Cloud TPU 无疑是一个值得考虑的硬件加速平台，它专为深度学习设计，性能卓越。TPU 是专门为深度学习设计的硬件加速器，具备极高的计算性能，能够为大规模深度学习模型提供强大的计算支持。

在 TPU 上进行推理时，需要将模型转换为 TPU 支持的格式，例如 XLA（accelerated linear algebra）。XLA 是一种针对 TPU 优化的中间表示格式，通过将模型转换为 XLA 格式，可以充分发挥 TPU 的性能优势。

然而，由于 DeepSeek-R1 的规模较大，TPU 部署的成本和可行性需要仔细评估。TPU 的使用通常涉及较高的费用，并且其使用场景和资源分配可能受到一定限制。因此，在决定是否采用 TPU 部署时，需要综合考虑项目的预算、性能需求以及 TPU 资源的可获取性等因素，权衡利弊后做出决策。

8.8 资源管理与调度

在不同硬件平台上部署 DeepSeek-R1 模型后，为了确保模型服务的稳定运行和资源的高效利用，资源管理与调度就显得尤为重要。合理限制、调度资源以及实现自动扩缩容，能够让模型服务在不同负载情况下都能保持良好的性能。接下来，我们将详细了解资源管理与调度的相关知识。

1. 资源限制

在模型服务运行过程中，使用容器技术进行资源限制十分必要。以 Docker 为例，限制

CPU使用时，利用docker run命令的-c或--cpu-shares参数，可分配给容器特定比例的CPU资源，确保模型不会过度占用CPU，避免影响其他服务。对于内存限制，通过-m或--memory参数，能设定容器可使用的最大内存量，防止内存泄漏或过度消耗导致系统崩溃。而在GPU资源限制方面，NVIDIA Docker插件发挥着重要作用，它允许精确控制容器对GPU的访问和使用量，确保GPU资源合理分配。Kubernetes则提供更高级的资源管理功能，通过在Pod的资源配置中设置requests和limits字段，可分别指定模型服务所需的最小和最大资源量，实现对CPU、内存和GPU资源的精细控制，保障系统稳定运行。

2. 资源调度

Kubernetes作为一款强大的容器编排工具，在模型服务调度中发挥着关键作用。它具备自动部署和管理容器化应用的能力，能将模型服务的多个容器实例智能地调度到集群中的不同节点上。通过标签选择器和资源需求定义，Kubernetes可以根据节点的资源状况，如CPU、内存和存储容量，以及模型服务的资源需求，合理分配任务，确保资源的高效利用。同时，Kubernetes还提供了自我修复机制，当某个节点出现故障或容器崩溃时，能自动将模型服务重新部署到其他健康节点上，保证服务的高可用性。此外，它支持滚动更新和回滚操作，在进行模型更新时，可逐步替换旧版本容器为新版本，降低更新风险，若出现问题也能快速回滚到上一个稳定版本。

3. 自动扩缩容

Kubernetes的Horizontal Pod Autoscaler（HPA）为模型服务的自动扩缩容提供了便捷方案。HPA能够根据设定的指标，如CPU使用率、内存使用率或自定义指标，自动调整Pod的数量。例如，当模型服务的CPU使用率持续超过设定的阈值时，HPA会自动创建新的Pod实例，以分担负载压力，确保服务性能不受影响。相反，当负载降低，CPU使用率低于阈值时，HPA会自动减少Pod数量，释放资源，提高资源利用率。通过这种动态调整机制，模型服务能够在不同负载情况下保持稳定运行，既满足高并发请求时的性能需求，又避免资源浪费。只需在Kubernetes中简单配置HPA规则，就能实现模型服务的自动扩缩容，提升系统的弹性和适应性。

8.9 展　　望

未来的部署工程化将朝着更高效、智能、安全的方向发展。在效率方面，自动化技术会进一步深化，CI/CD流程将更加完善，实现更快速、稳定的模型部署，减少人工干预，提升整体开发和部署效率。在智能化上，借助人工智能和机器学习技术，系统能够自动根据负载、资源状况等因素进行智能调度和优化，实现自适应的资源分配与性能调优。在安全层面，随着对抗攻击手段的不断演变，模型安全防御技术将持续创新，研发出更强大、通用的防御机制，保障模型服务的安全性。此外，随着硬件技术的发展，对新硬件的支持和优化将成为趋势，如对新兴的量子计算硬件等的适配，以充分发挥其性能优势，推动AI应用迈向新的高度。